KB102291

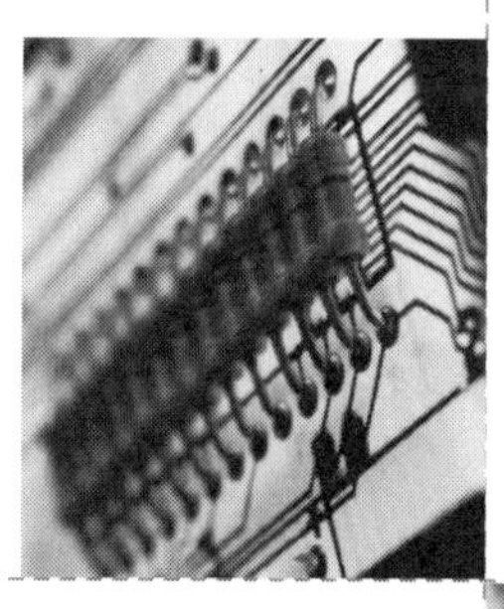

대·학·과·정

회로이론

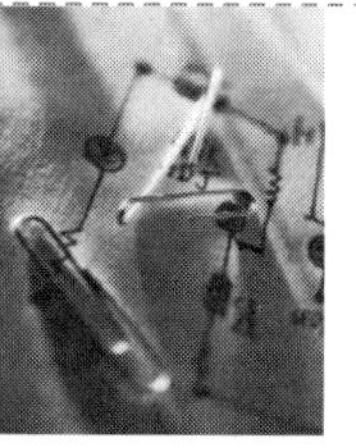

공학박사 **구춘근** 저

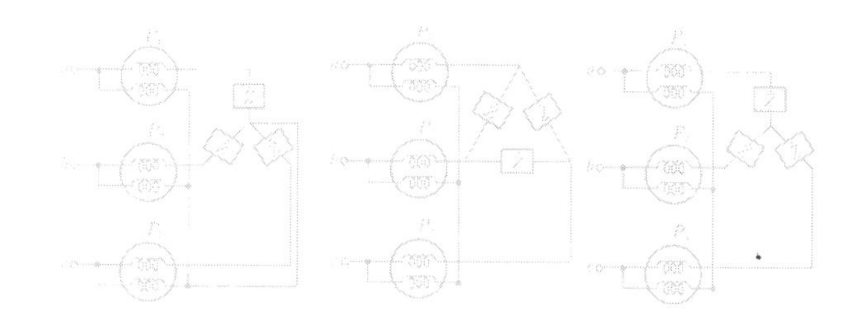

일진사

머리말

현대 사회는 정보화 산업사회로 지속적인 발전을 하고 있습니다. 모든 산업사회의 발달에 의해 전기의 활용범위도 그 만큼 다양하게 확대되어 나가고 있으므로 전기의 중요성을 잘 알고 있을 것입니다. 따라서 전기, 전자, 통신을 비롯한 네크워크를 전공하고자 하는 학생들은 각 분야의 회로망을 해석하는데 있어서 기초를 튼튼히 해야 합니다.

회로이론은 전기와 관련된 학문을 선택한 학생들에게는 가장 기초가 되는 과목 중의 하나입니다. 본 교재에서는 그 기초지식을 하나 하나 축적할 수 있도록 다년간 강의하면서 체험한 경험을 바탕으로 각 단원별로 이론과 법칙을 자세히 설명하였으며, 그 예제를 적용하여 기본개념을 쉽게 이해하고, 받아들일 수 있도록 하였습니다.

각 장의 끝에는 연습문제를 다루어 그 장에서의 지식을 한 단계 높여줄 수 있도록 응용문제를 제시하였고, 본인이 풀이한 결과가 정확한가를 비교할 수 있도록 정답을 수록하였습니다. 하지만, 본 교재를 이용하는 공학도들은 아무리 쉬운 내용을 제시하여도 본인 스스로 읽고, 쓰고, 풀기를 게을리한다면 회로이론의 실력향상은 기대할 수 없다는 것을 명심해야 합니다. 따라서 모든 문제를 직접 해결하여 나가는 능력을 키워야 할 것입니다.

필자가 상담할 때 과거에 수학을 멀리하여 온 학생들이 전기 공학을 전공하고 싶고, 전기 관련 공학을 선택하고는 싶으나 수학 실력이 부족하여 꺼리는 학생들이 많은데, 그러한 학생들은 크게 염려하지 않아도 되겠습니다. 왜냐하면 기초 과목에서 수학이 적용되는 것은 사실이나 고난이도의 미 · 적분학을 알아야만 전기 관련 과목을 이해할 수 있는 것이 아니기 때문입니다. 그러한 염려를 덜어주기 위해 전기 관련 공학에서 자주 사용하는 용어, 그리스 문자, 단위 등과 기본적인 수학 공식들을 부록에 수록하였습니다. 필요할 경우 자주 접하여 이용하면 염려했던 사항을 해소하는데 많은 도움이 될 것입니다.

본 교재를 끝내면서 필자는 세심한 노력을 기울여 최선을 다하였으나 그래도 부족한 점을 찾아서, 앞으로 지속적인 수정 · 보완을 약속드리겠습니다. 끝으로 교재를 끝내기까지 세심한 관심과 협조를 아끼지 않은 김문옥, 이남재 교수님, 일진사 직원 여러분과 나의 가족들에게 고개 숙여 깊은 감사를 표합니다.

저자 씀 (chkkoo@kopo.or.kr)

차 례

제 1 장 회로의 기초 개념

제 2 장 기본 교류회로

제 3 장 벡터 궤적과 결합회로

제 4 장 선형회로망 정리

제 5 장 다상 교류회로

제 6 장 비정현파 교류

제 7 장 2 단자망

제 8 장 4 단자망

제 9 장 분포정수회로

제 10 장 과도현상

부 록

1 CHAPTER 회로의 기초 개념

우리의 일상생활에서 없어서는 안 되는 것이 전기이다. 전기는 발전소에서 물리적인 에너지를 발전기라는 도구를 이용하여 전기적인 에너지로 바꾸어짐으로써 만들어진다. 이 전기는 산업현장에서는 동력으로, 가정에서는 반도체 소자 등을 이용한 전자, 전화기, TV 등으로, 인공위성 등을 운용하는 통신분야에서는 각 분야를 운용하는 에너지로서 사용되고 있다.

이 전기 · 전자 · 통신공학은 전기에너지, 전기신호의 발생, 변환, 전송과 그 외의 제어회로 등을 해석하고 이해하여 우리들의 생활에 이용하고자 하는 학문이다. 이러한 학문을 공부하는 것의 기초는 곧 회로이론이다. 가정용 전원과 산업용 동력, 전자회로, 통신회로 등은 각 소자의 연결에 의해 사용되는 것이다. 그 연결이 회로이므로 회로이론은 전기 · 전자 · 통신분야를 공부하는데 있어서 기본 학문이다. 따라서 각 분야의 학문을 공부하는 데에는 회로이론을 먼저 이해하고 다른 과목을 접해야 할 것이다.

본 장에서는 전류, 전압, 전력에 대한 이해와 전기의 기본법칙을 공부하게 된다.

1. 전하와 전류

전하는 전기에 있어서 기본이 되는 전기량 중의 하나이다. 이 전하는 양(+)전하와 음(−)전하로 구분한다. 또는 양이온(양자)과 음이온(전자)이라고도 한다. 이 전하의 단위는 쿨롬(coulomb)이라고 하고, 표기는 [C]으로 나타낸다. 이것은 MKS 단위계이다.

MKS → Meter − Kilogram − Second
CGS → Centimeter − Gram − Second

전자 한 개의 전하량은 1.602×10^{-19}[C]이며, 전하 1[C]은 $\dfrac{1}{1.602\times10^{-19}}=6.24\times10^{18}$ 개의 전자의 개수를 가지게 된다.

이 전하의 이동을 우리는 전류라고 하며, I로 표기한다. 전류의 크기는 회로의 어느 단면을 단위시간에 통과하는 전하의 양으로 정의하며, 단위는 암페어[A]로 표기한다. 1[A]는 1초간에 1[C]의 율로 전하가 어느 도체의 단면을 이동할 때의 전류이다. 즉 전류 I는 도체의 단면을 흐르는 전하 Q[C]가 시간 T[s]동안의 변화량이다.

$$I = \frac{Q\,[\mathrm{C}]}{t\,[\mathrm{s}]}\,[\mathrm{A}] \quad \text{or} \quad Q = I \cdot t\,[\mathrm{C}] \tag{1.1}$$

또한 전하가 도체의 단면을 이동하는 시간적 율이 일정치 않을 때 각 순간의 전류는 미소시간 dt[s] 동안 이동한 전하이다. 이 전하를 dq[C]이라 하면,

$$i = \frac{dq}{dt}\,[\mathrm{A}] \tag{1.2}$$

이고, 식 (1.2)로 부터 $dq = idt$이므로 식 (1.3)과 같다.

$$q = \int idt\,[\mathrm{C}] \tag{1.3}$$

도체의 단면을 흐르는 전하의 방향은 양전하와 음전하의 이동방향이 있다. 전류의 방향은 이 두 방향 중 양전하의 방향을 따른다. 그림 1-1에 전류의 방향을 간단하게 나타내어 보았다. 실제 회로에서는 각 전원의 양극에 따라서 전류의 방향이 정해지게 된다.

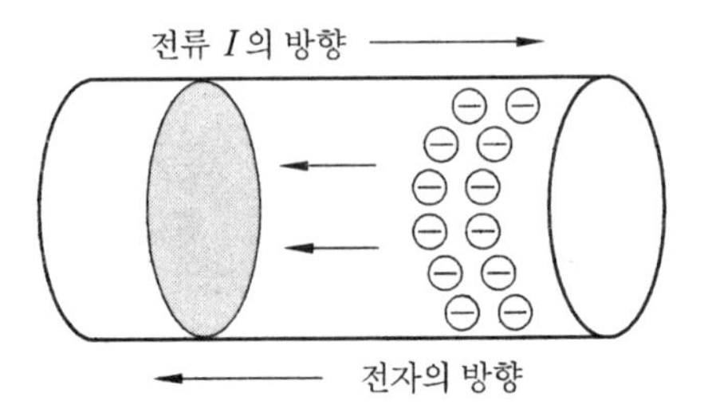

그림 1-1 전류와 전자의 방향

예제 1. 도체의 단면적을 50초 동안 전하량이 100 [C] 통과하였다면 그 동안에 흐른 전류의 크기는 몇 [A]인가?

해설 $I = \frac{Q}{t} = \frac{100}{50} = 2\,[\mathrm{A}]$

예제 2. 어느 도체에 10 [A]의 전류가 1분 동안 흘렀다. 이 때의 전하량은 몇 [C]인가?

해설 1분은 60초이므로

$Q = I \cdot t = 10 \times 60 = 600\,[\mathrm{C}]$

2. 전압과 기전력

전기를 사용할 때 우리는 일반적인 용어로 전류와 전압을 많이 사용하고 있다. 여기서는 전압과 기전력에 대한 정의와 계산 방법을 알아본다.

단위 전하가 임의의 회로 두 점 사이를 이동할 때 얻거나, 혹은 잃는 에너지의 크기를 두 점 사이의 전위차 또는 전압이라고 하며, 이 전압의 MKS 단위는 [Volt : V]라고 한다. 여기에서 1[V]의 의미는 1[C]의 전하가 두 점 사이를 이동할 때 얻거나, 잃는 에너지가 1[J]일 때의 전위차 곧 전압이다. 따라서 Q[C]의 전하가 일정한 두 점 사이를 이동할 때 얻거나, 잃는 에너지가 W[J]이라면 전위차(전압) V는

$$V=\frac{W}{Q}\,[\mathrm{V}] \quad 혹은 \quad W=VQ\,[\mathrm{J}] \tag{1.4}$$

이 된다. 또한 미소전하 dq[C]이 이동할 때 수반되는 에너지가 dw[J]이라면

$$v=\frac{dw}{dq}\,[\mathrm{V}] \tag{1.5}$$

가 되고, 윗 식으로부터 $dw=vdq$이므로 양변에 적분을 취하면

$$w=\int vdq\,[\mathrm{J}] \tag{1.6}$$

이 된다.

기전력은 전압을 발생하여 전류를 계속 흐르게 하는 전기적인 힘을 말한다. 그래서 전압 V와 구분하여 e나 E로 표시하는 것이 보통이지만, 요즘은 가리지 않고 표기하기도 한다. 이러한 기전력을 일으키는 장치를 전원이라고 하며, 이 전원은 직류전원과 교류전원, 전류전원과 종속전원 등이 있다. 직류전원은 우리가 사용하고 있는 건전지를 말할 수 있고, 교류전원은 수력발전소, 화력발전소, 풍력발전소, 조력발전소 등에서 만들어진다. 그리고 종속전원은 흔히 볼 수 있는 것이 아니라 전자회로의 해석에서 등장한다.

예제 3. 두 점 A와 B 사이에 15 [C]의 전하가 옮겨지는데, 120 [J]의 에너지가 소요된다. 이 때 두 점 사이에 걸리는 전압은 얼마인가?

해설 식 (1.4)에서 $V=\frac{W[\mathrm{J}]}{Q[\mathrm{C}]}=\frac{120}{15}=8\,[\mathrm{V}]$

예제 4. 어떠한 회로 양단에 25 [V]의 전압이 걸려 있다. 이 회로에 30 [C]의 전기량이 이동할 때 몇 [J]의 일을 하게 되는가?

해설 식 (1.4)에서 $V=\frac{W}{Q}\,[\mathrm{V}]$에서 $W=VQ\,[\mathrm{J}]$

$W=25\times30=750\,[\mathrm{J}]$

3. 회로소자

3－1 능동소자

전기적인 에너지를 자체에서 발생시키는 전원을 통틀어 능동소자라고 한다. 즉 전기에너지를 발생시켜 외부에 연결되어 있는 수동소자가 일을 할 수 있도록 하는 것이다.

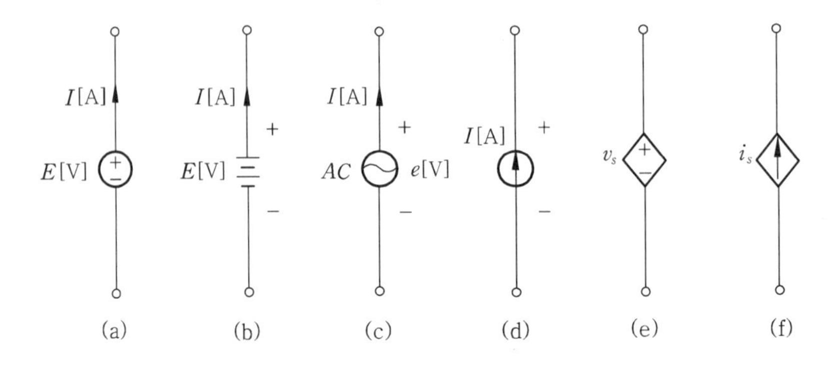

그림 1-2 각종 전원

먼저 전압원은 그림 1－2 의 (a), (b), (c), (e) 로서 전원에서 부하로 흐르는 전류에 관계없이 전원단자에 일정한 전압을 유지할 수 있는 이상적인 전원을 정전압전원이라 하며, 내부저항은 0 [Ω]의 값을 갖는다. 그러나 실제 우리가 사용하고 있는 전압원은 내부저항을 가지고 있으며, 실제 사용하는 전압원은 직류와 교류의 두 가지로 분류할 수 있다. 보통 직류는 건전지를, 교류는 발전소에서 발전기를 통하여 만들어지는 것을 말한다.

전류원은 그림 1－2의 (d), (f)로서 부하의 전압에 관계없이 개방으로부터 단락에 이르기까지 일정한 전류를 공급하는 이상적인 전원을 정전류전원이라 하며, 이것은 내부저항이 ∞[Ω]인 값을 가진다. 전류원 또한 실제 사용하는 전류원은 임의의 큰 내부저항을 가지고 있다. 따라서 큰 내부저항을 얻기 위해서는 트랜지스터, 진공관, 광전기 등을 이용하여 제작하면 거의 ∞[Ω]의 저항값을 얻을 수 있다.

종속전원은 그림 1－2의 (e), (f) 이며, 회로 내의 다른 부분에 존재하는 전압 또는 전류에 의해서 정해지는 종속전원으로서 TR, 진공관, 집적회로 등과 같은 전자장치의 등가회로에서 해석적인 경우 많이 등장한다.

3－2 수동소자

수동소자에는 전기회로에서 부하로 이용되는 저항, 인덕턴스(코일), 커패시턴스(콘덴서)를 일컫는다. 본 절에서는 이들 소자들의 계산법과 심벌 등을 공부한다.

(1) 저 항

전선을 포함한 도체에 전류가 흐르면 자유전자는 다른 전자와 충돌이 일어나 열에너지를 발생한다. 이것은 자유전자의 이동을 방해하는 작용을 하는데, 이러한 현상은 전류를 흐르지 못하도록 한다. 이를 저항이라 하며, 다음과 같은 계산을 통하여 그 값을 얻을 수 있다. 그림 1-3은 저항의 기호와 각종 저항의 종류들을 나타내고 있다.

그림 1-3 저항의 심벌과 종류

전기저항 R은 도체의 길이 l에 비례하고 단면적 S에 반비례한다.

$$R \propto \frac{l}{S}\ [\Omega] \tag{1.7}$$

도체의 고유저항(비례정수)이 ρ라면 다음과 같다.

$$R = \rho\frac{l}{S}\ [\Omega] \tag{1.8}$$

여기서 고유저항 ρ는 단위 체적당 저항으로서 단위는 [Ω·m]이다. 도체의 고유저항은 재료의 화학적 조성뿐만 아니라 그 물리적 조건에 따라서도 변한다. 즉, 금속인 경우 담금질, 뜨임 등의 열처리 및 늘임, 압축 등의 기계적 처리에 의해서도 심한 영향을 받는다. 그리고 컨덕턴스는 저항의 역수이며, 단위는 [℧ : mho] 또는 지멘스[S : siemens]를 사용한다.

$$G = \frac{1}{R} = \frac{S}{\rho l}\ [\mho] \tag{1.9}$$

또한 도체의 도전율은 고유저항 ρ의 역수로서 σ로 표시하며,

$$\sigma = \frac{1}{\rho} = \frac{l}{SR} = G\frac{l}{S}\ [\mho \cdot \mathrm{m}] \tag{1.10}$$

와 같다.

예제 5. 길이 100 m, 지름 4 mm, 연동선이 20℃일 때의 저항을 구하여라.

해설 $l = 100\,[\mathrm{m}]$, $S = 2^2 \times \pi \times 10^{-6}\,[\mathrm{m}^2]$, $\rho = 1.72 \times 10^{-8}\,[\Omega \cdot \mathrm{m}]$

$$\therefore\ R = \frac{1.72 \times 10^{-8} \times 100}{2^2 \times \pi \times 10^{-6}} = 0.137\,[\Omega]$$

% 도전율은 σ를 국제 표준 연동 20℃에서 1.7247×10^{-8}[Ω · m]의 고유저항을 갖는 것의 도전율 σ_s($\sigma_s=58\times10^6$ [℧ · m])를 100 [%]로 하여 [%]로 나타낸 것이며, 도선의 도전 상태를 표시하는 방법이다. 밀도 8.89 g/cm^3(20℃), 단면적 1mm^2, 길이 1m의 연동선의 저항이 0.01724 [Ω]인 것을 표준(이것을 표준 연동이라 한다)으로 취하고 각 재료의 도전율을 이에 대한 %로 표시한 것이다.

$$\% \text{ 도전율} = \frac{\sigma}{\sigma_s}\times100\% = \frac{1}{58\times10^6}\frac{l}{SR}\times100$$

$$= \frac{1}{58}\frac{l}{SR}\times10^{-4}\ [\%] \qquad (1.11)$$

배전선로나 송전선로에서 많이 사용되고 있는 전선들의 % 도전율은 연동선이 99[%], 경동선이 97 [%], Al선이 61[%] 이다.

예제 6. $\rho=2.83\times10^{-8}$[Ω · m]인 Al선의 % 도전율은?

해설 표준 연동의 고유저항 ρ_s[Ω · m]는

$R=0.01724$[Ω], $S=(10^{-3})^2$ [m^2], $l=1$[m]

$R=\rho_s\dfrac{l}{S}$ $\qquad 0.01724=\rho_s\dfrac{1}{(10^{-3})^2}$

$\therefore \rho_s=1.724\times10^{-8}$[Ω · m]

표시 연동의 도전율

$\sigma_s=\dfrac{10^8}{1.724}=5.8\times10^7$[℧ · m]

전용선 Al의 도전율

$\sigma=\dfrac{10^8}{2.83}$[℧ · m]

$\therefore$ Al선의 % 도전율 $=\dfrac{\sigma}{\sigma_s}\times100=\dfrac{1.724}{2.83}\times100\fallingdotseq61$[%]

이러한 금속도체들은 주위 온도가 변화하면 자유전자의 운동이 변화하게 된다. 따라서 저항값은 온도계수에 영향을 받는다. 금속은 온도가 상승하면 원자의 열운동이 심해져서 자유전자와의 충돌횟수가 많아지므로 전기저항이 증가하게 된다. 상온(20℃)에서의 도체의 저항값을 R_0, T[℃]의 온도상승 후의 저항값을 R_t라 하고 저항의 온도계수가 α라면

$$R_t=R_0(1+\alpha t)\,[\Omega] \qquad (1.12)$$

여기서, t : 기준 온도로부터의 변화분 ($T-20$)

식 (1.12)에서 온도계수 α는

$$\alpha=\frac{R_t-R_0}{R_0 t} \qquad (1.13)$$

이다. α는 기준 온도나 도체의 종류에 따라서 다르다.

일반적으로 금속도체는 온도가 상승하면 저항이 커져서 α가 정이지만, 전해용액, 기체 등은 온도가 상승하면 저항이 감소하는 부특성을 가진다. R_t에서 0[℃]의 경우 $\alpha=\alpha_0$로 보고 온도 변화분을 각각 t_1[℃], t_2[℃]에서의 저항을 각각 R_1, R_2 [Ω]이라고 하면

$$R_1 = R_0(1+\alpha_0 t_1) \tag{1.14}$$

$$R_2 = R_0(1+\alpha_0 t_2) \tag{1.15}$$

가 된다. R_2와 R_1의 비를 구하고, 분자에 $\alpha_0 t_1$을 더해주고 빼주면

$$\frac{R_2}{R_1} = \frac{1+\alpha_0 t_2}{1+\alpha_0 t_1} = 1+\frac{\alpha_0}{1+\alpha_0 t_1}(t_2-t_1) \tag{1.16}$$

$$R_2 = R_1\left\{1+\frac{\alpha_0}{1+\alpha_0 t_1}(t_2-t_1)\right\} = R_1\{1+\alpha_1(t_2-t_1)\}\ [\Omega] \tag{1.17}$$

이 된다. 여기서, t_1[℃]에서의 저항 온도계수 α_1은

$$\alpha_1 = \frac{\alpha_0}{1+\alpha_0 t_1} \tag{1.18}$$

이 된다. 그래서 이와 마찬가지로 t_2[℃]에서의 저항 온도계수 α_2는

$$\alpha_2 = \frac{\alpha_0}{1+\alpha_0 t_2} \tag{1.19}$$

이 된다. 따라서 α_1, α_2 사이의 관계식을 비교한다면

$$\alpha_2 = \frac{\alpha_1}{1+\alpha_1(t_2-t_1)} \tag{1.20}$$

가 된다. 식 (1.17)의 R_2에서 온도변화분 (t_2-t_1)을 구한다.

$$(t_2-t_1) = \left(\frac{R_2}{R_1}-1\right)\frac{1}{\alpha_1} = \left(\frac{R_2}{R_1}-1\right)\left(\frac{1}{\alpha_0}+t_1\right)[℃] \tag{1.21}$$

따라서, R_1, R_2 [Ω]를 측정하면 도체의 온도상승은 (t_2-t_1)[℃]임을 알 수 있다. 이 원리에 의한 온도상승 측정법을 저항 온도계법이라 하며, 전기기기 권선의 평균 온도상승의 측정에 이용한다. 전기기기에 사용한 권선이 연동선인 경우

$$\left(\alpha_0 \fallingdotseq 0.0042644 \fallingdotseq \frac{1}{234.5}\right)$$

$$t_2-t_1 = \left(\frac{R_2}{R_1}-1\right)(234.5+t_1) \tag{1.22}$$

를 사용하므로 사용 전후의 전기기기 저항을 측정하여 평균 온도상승을 계산할 수 있다.

예제 7. 상온(20℃)에서 어느 도체의 저항값 R_0가 30 [Ω]일 때, 온도가 100 [℃]까지 상승한 후의 저항값 R_t는 얼마인가? (단, 저항의 온도계수를 $\alpha_0 \fallingdotseq 0.0042644 \fallingdotseq \frac{1}{234.5}$ 라고 한다.)

해설 $R_t = R_0(1+\alpha t)[\Omega]$로부터

$R_t = 30\{1+0.0042644(100-20)\} \fallingdotseq 40.23[\Omega]$

(2) 유도성 소자 (인덕턴스 : inductance)

인덕턴스는 코일을 재료로 만들어졌다. 이것은 전기에너지를 전자에너지로 변환하는 소자이며, 전압 v가 가해질 때 전류 i가 변화하는 관계를 알 수 있다. 그림 1-4는 인덕턴스의 기호와 각종 인덕턴스의 종류들이다.

그림 1-4 인덕턴스의 심벌과 종류

코일 권수가 n회 감겨져 있을 때 자속이 ϕ[Wb] 작용하고 있다면 자속 쇄교수 λ[Wb · T]의 값은 식 (1.23)과 같다.

$$\lambda = n\phi = Li[\text{Wb} \cdot \text{T}] \tag{1.23}$$

여기서 L은 회로의 크기, 권수 및 주위 매질의 투자율에 의해 결정되는 상수로서 인덕턴스라고 한다. 인덕턴스의 단위는 헨리[H]를 사용한다. 패러데이 법칙에 의하여 자속 쇄교수가 변할 때 그 시간적 변화율에 따라 기전력이 유기되며 식 (1.24)와 같다.

$$v = \frac{d\lambda}{dt} = L\frac{di}{dt}[\text{V}] \tag{1.24}$$

식 (1.24)로부터 코일에 흐르는 전류를 구하면

$$i = \frac{1}{L}\int v\,dt[\text{A}] \tag{1.25}$$

로 구할 수 있다.

(3) 용량성 소자 (커패시턴스 : capacitance)

콘덴서는 극판과 극판 사이의 전압을 대전시키면 극판 사이에 축적되는 에너지의 정도가 극판의 면적, 떨어진 거리, 두 극판 사이에 존재하는 매질의 유전율에 따라 그 크기가 다르게 결정된다. 콘덴서 양단에 축적되는 전하와 전위차 간의 관계는 다음과 같다.

$$q = Cv[\text{C}] \tag{1.26}$$

여기서 C는 비례상수로서 커패시턴스라고 하고, 단위는 [F]이다. 그러나 [F]는 매우 큰 용량이므로 보통 [μF], [pF]를 많이 사용한다.

$$i = C\frac{dv}{dt}\,[\mathrm{A}] \tag{1.27}$$

$$v = \frac{1}{C}\int i dt\,[\mathrm{V}] \tag{1.28}$$

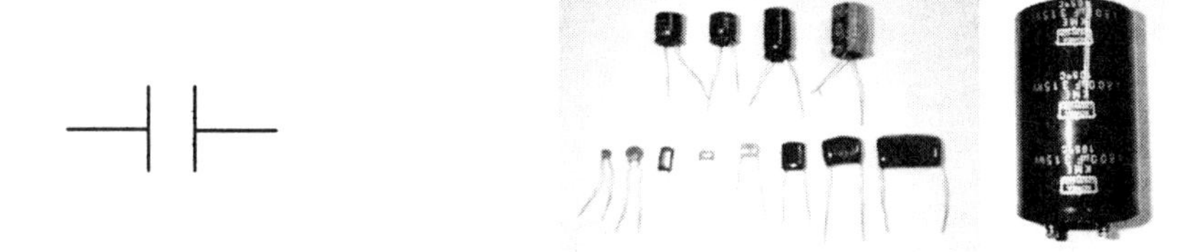

그림 1-5 콘덴서의 심벌과 종류

4. 옴의 법칙 (Ohm's law)

"전기회로의 도체에 흐르는 전류는 전압에 비례하고, 저항에 반비례한다."라는 법칙이 옴의 법칙이다. 이 법칙은 옴(Ohm)에 의해서 발견되었으며, 실험에 의해서 얻은 결과로 발표되었다. 그림 1-6과 같이 회로의 도체에 흐르는 전류의 크기는 도체에 공급한 전압과 저항과의 삼각관계를 가지고 있다.

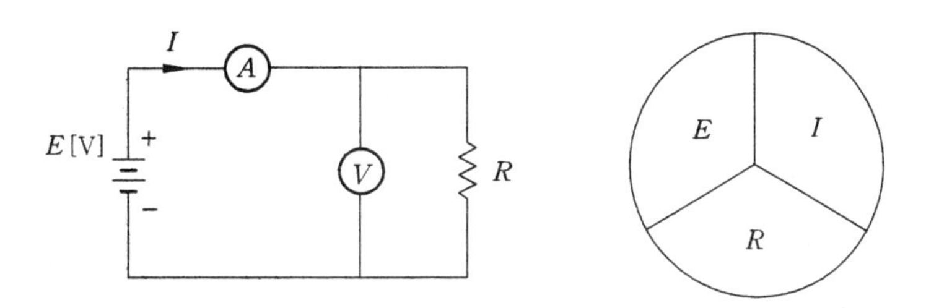

그림 1-6 옴의 법칙과 회로와의 관계

기본식은 식 (1.29)와 같다.

$$I = \frac{E}{R}\,[\mathrm{A}],\quad E = IR\,[\mathrm{V}],\quad R = \frac{E}{I}\,[\Omega] \tag{1.29}$$

예제 8. 저항이 50 [Ω]인 도체에 100 [V]의 전압을 가할 때 그 도체에 흐르는 전류는 몇 [A]인가?

해설 $I = \frac{V}{R} = \frac{100}{50} = [2\mathrm{A}]$

5. 키르히호프의 법칙 (Kirchhoff's law)

회로에는 폐회로와 개회로 두 가지의 회로가 있어 각각의 경우에 대하여 해석한다. 회로는 능동소자와 수동소자가 서로 연결되어 폐회로를 구성함으로서 비로소 회로에는 전류가 흐르게 된다.

단순한 회로의 해석은 옴의 법칙으로 간단하게 이루어진다. 그러나 능동소자와 수동소자가 각각 2개 이상으로 구성되는 회로망과 같은 복잡한 회로는 옴의 법칙으로 해석하는 것은 어렵다. 따라서 그러한 복잡한 회로는 키르히호프의 법칙(Kirchhoff's law)으로 해석하는 것이 좋다.

키르히호프의 법칙을 이용하여 해석할 경우 등장하는 용어에 관하여 다음 그림 1-7을 통하여 설명을 하자.

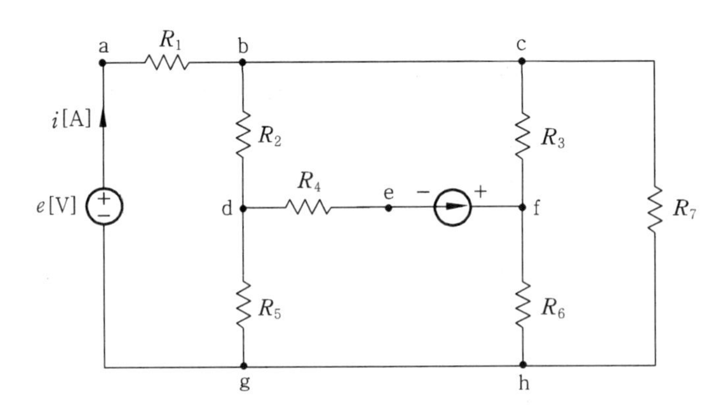

그림 1-7 회로망 예 1

그림 1-7에는 마디 (node), 가지 (branch)와 루프 (loop) 들이 있다. 이 세 가지 요소들은 키르히호프 법칙을 해석하는데 유용하게 사용된다. 여기에서 마디는 전류의 유입과 유출이 이루어지는 것을 해석하는 경우에 사용되며 6개 (a, bc, d, e, f, gh)이고, 가지는 각 소자의 전압강하를 해석하는데 쓰이며, 능동소자나 수동소자 하나를 포함한 9개 (ab, ag, bd, cf, de, ef, dg, fh, ch)이다. 루프는 회로망을 해석하는데 쓰이며, 능동소자와 수동소자를 포함한 폐회로를 구성한 하나의 회로로서 4개 (a - b - d - g - a, b - c - f - e - d - b, d - e - f - h - g - d, c - h - f - c)이다.

(1) 키르히호프의 전류법칙 (KCL ; Kirchhoff's Current Law)

회로망 중 임의의 마디(node)에서 흘러 나가는 전류의 전체 합은 0이다. 또는 임의의 마디에 유입 · 유출되는 전류의 전체 합은 0이다.

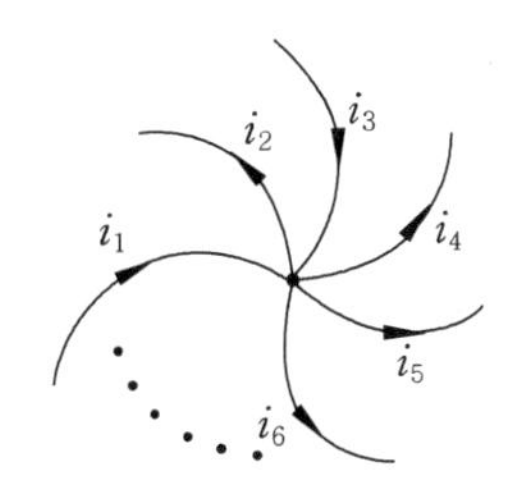

그림 1-8 유입 · 유출되는 전류

위의 그림에서 전류의 관계식을 알아본다. 유입 전류를 양(+)으로 본다면,

$$i_1+(-i_2)+i_3+(-i_4)+(-i_5)+(-i_6)+\cdots=0 \tag{1.30}$$

이고, 일반적으로 다음 식으로 간략하게 나타낸다.

$$\sum_{k=1}^{n} I_k=0 \tag{1.31}$$

k의 k번째 전류 n은 절점전류들의 수이다.

예제 9. 그림 1-9에서 $i_1=50$ [A], $i_2=20$[A], $i_4=40$ [A], $i_5=10$ [A], $i_6=15$ [A]면, 유입전류 i_3는 몇 [A]가 되는가?

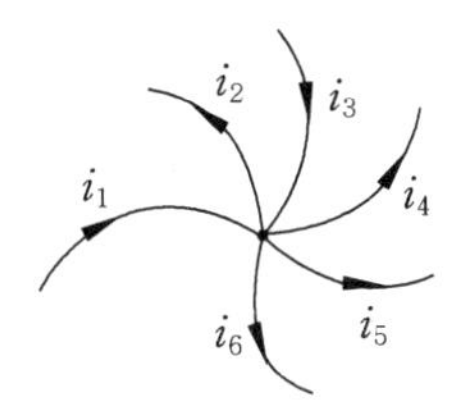

그림 1-9

해설 유입과 유출의 관계에서 유입을 "+", 유출을 "−"로 하여 식을 세운다.

$i_1+(-i_2)+i_3+(-i_4)+(-i_5)+(-i_6)=0$

$50-20+i_3-40-10-15=0$

$i_3=35$ [A]

(2) 키르히호프의 전압법칙 (KVL ; Kirchhoff's Voltage Law)

회로망 중의 임의의 폐회로에 걸리는 기전력의 전체 합과 전압강하의 전체 합은 같다.

$$\sum_{k=1}^{n} R_k I_k = \sum_{k=1}^{n} E_k \tag{1.32}$$

키르히호프의 전압법칙을 적용할 때는 다음과 같은 기준으로 식을 세워야만 정해를 구할 수 있다.

① 폐회로의 방향은 적용하는 폐회로의 loop의 방향을 기준한다.

② 각 저항을 흐르는 전류방향은 기준방향과 비교한다. 즉, 기준방향과 일치하는 경우

는 정(+)의 전류이고, 반대방향인 경우에는 부(−)의 전류방향을 부여한다.

③ 폐회로의 기전력의 방향도 ②항과 동일하게 설정한다.

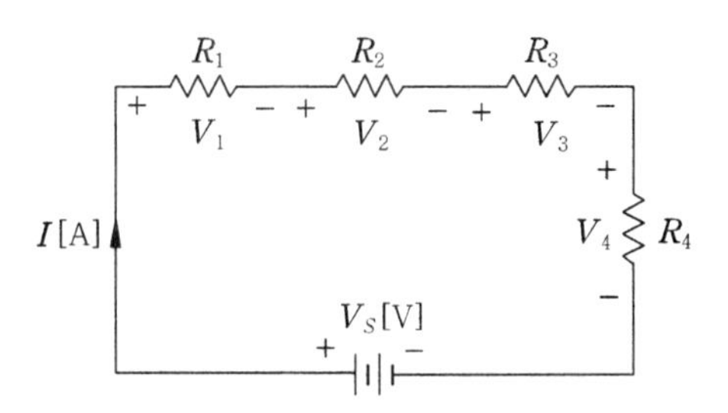

그림 1 - 10 회로망 예 2

그림 1−10의 식을 키르히호프 법칙에 적용하여 식을 정리해 본다.

$$V_S - V_1 - V_2 - V_3 - V_4 = 0$$

또는 다음 식과 같다.

$$V_S = V_1 + V_2 + V_3 + V_4$$

가지전류(branch current)법과 루프전류(loop current)법 두 가지가 있는데 주로 루프전류법을 많이 사용한다. 그러나 키르히호프의 법칙을 이용하여 회로망을 해석할 경우에 일반적으로 두 가지 방법을 동시에 적용하여 대수방정식을 세워서 해석하게 된다.

예제 10. 그림 1−11과 같은 회로망의 각 가지의 전류인 I_1, I_2, I_3를 구하시오.

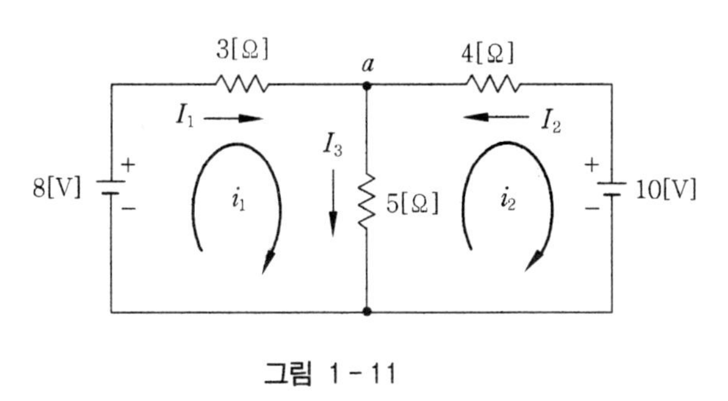

그림 1 - 11

해설 마디 a에서 KCL을 적용하여 식을 세우면

$I_1 + I_2 = I_3$ .... ①

폐회로 I_1과 I_2에 대하여 KVL을 적용하여 식을 세운다.

$3I_1 + 5I_3 = 8$ [V] .... ②

$-5I_3 - 4I_2 = -10$ [V] .... ③

식 ①, 식 ②, 식 ③을 풀면

$$I_1 = \frac{22}{47}, \quad I_2 = \frac{40}{47}, \quad I_3 = \frac{62}{47}$$

6. 전 력

물리적인 에너지를 발전기와 수력발전소나 화력발전소에서 터빈을 이용하여 전기적인 에너지로 변환시킨다. 이 전기에너지는 송전선로를 이용하여 전송되어 오는데, 이렇게 전송된 전기에너지는 전등이나 전동기 등의 부하에 연결되어 열에너지와 빛에너지로 바뀌어 소모된다. 이 때 변환되어 사용된 에너지를 전력이라고 한다. 이 전력은 전류에 의해 1초간 행해지는 일을 말한다. 즉, 1 [W]는 매초 변환되는 에너지가 1[J]일 때의 전력을 말하며, 단위는 [J/s] 또는 와트 [W : Watt]라고 한다. 어느 부하에서 t 초 동안에 W[J]의 에너지가 빛과 열로 변환된다면 소모되는 전력 P (power)는 다음 식 (1.33)과 같다.

$$P = \frac{W\,[\mathrm{J}]}{t\,[\mathrm{s}]}\ [\mathrm{W}] \tag{1.33}$$

식 (1.1)과 식 (1.4)를 식 (1.33)에 대입하면

$$P = \frac{W}{t} = \frac{QV}{t} = V \cdot \frac{Q}{t} = V \cdot I\,[\mathrm{W}] \tag{1.34}$$

와 같다. 부하저항 $R[\Omega]$에 전류 I[A]가 흐를 때 옴의 법칙을 식 (1.34)에 적용하면

$$P = I^2 R\ [\mathrm{W}] = \frac{V^2}{R}\ [\mathrm{W}] \tag{1.35}$$

와 같다. [W] 이외의 단위로는 [kW], [MW], [GW]를 용량에 따라 사용하고 있다. 또한 [kW] 외에 마력[HP]이 많이 사용되고 있다. 1 [HP]≒746 [W]의 관계가 있으며, 전동기 등 전력의 값을 나타낼 경우 주로 사용하고 있다. 그리고 전류가 어느 시간 내에 행한 일의 총량(전기에너지) 또는 전력과 시간의 곱으로 나타내는 전력량이 있다.

$$W = P \cdot t\,[\mathrm{Ws}] \tag{1.36}$$

단위에서 s는 초(sec)를, h는 시간(hour)으로 계산한다. 이는 일정 기간 내에 사용한 전력의 총량으로 가정이나 공장 등에서 사용하는 양이 크므로 식 (1.36)의 단위 외에 [kWh], [MWh], [GWh]를 사용한다. 가정용 적산 전력량계에서는 [kWh]를 일반적으로 사용한다.

예제 11. 부하저항에 200 [V]의 전압을 1시간 동안 인가하였을 때 360 [C]의 전하량이 이동되었다. 이 때 부하에서 소비된 전력은 몇 [W]인가?

해설 식 (1.34)로부터 $P = \frac{QV}{t} = \frac{360 \times 200}{3600} = 20\,[\mathrm{W}]$

예제 12. 직류전동기에 DC 100 [V]를 공급하였을 때 2.5 [A]의 전류가 흐른다면, 전동기에서 소비되는 전력은 얼마인가? 또한, 30일 동안 하루에 5시간을 사용할 경우 전력량은?

해설 식 (1.34)로부터 $P = VI = 100 \times 2.5 = 250\,[\mathrm{W}]$

식 (1.36)으로부터 $W = Pt = 250 \times 30 \times 5 = 37500\,[\mathrm{Wh}] = 37.5\,[\mathrm{kWh}]$

7. 줄의 법칙(Joule's law)

도체에 전원을 인가하면 전자의 이동에 의하여 전류가 흐른다. 이 때 자유전자는 도체 내에서 도체의 입자들과 충돌하면서 열이 발생한다. 즉, 저항 R[Ω]의 도체에 전류 I[A]를 t초간 흘릴 때 이 저항에 I^2Rt[J]의 열이 발생한다. 이와 같이 "단위시간 동안 도체에 흐르는 전류의 제곱과 저항의 곱에 비례한다."라는 발생열이 줄의 법칙(Joule's law)이며, 열량의 단위 환산관계는 열의 일당량으로서 식 (1.37)과 같이 환산할 수 있다.

$$1[\text{cal}]=4.185[\text{J}]\fallingdotseq 4.2[\text{J}]$$
$$1[\text{J}]=0.239[\text{cal}]\fallingdotseq 0.24[\text{cal}] \tag{1.37}$$

도체에 t초간 발생하는 열량은 다음 관계에 따라서 구할 수 있다.

$$P=V[\text{J/C}]\times I[\text{C/s}]=VI[\text{J/s}]=I^2R[\text{W}] \tag{1.38}$$

따라서 열량 H[J]의 계산변화는 식 (1.37)과 식 (1.38)을 적용하면 식 (1.39)와 같다.

$$H=Pt[\text{J}]=I^2Rt[\text{J}]=0.24I^2Rt[\text{cal}] \tag{1.39}$$

예제 13. 30[Ω]의 부하저항에 3[A]의 전류를 5분간 흘렸을 때의 발열량은 몇 [cal]인가?

해설 식 (1.39)를 이용하여 구하면

$$H=0.24I^2Rt=0.24\times 3^2\times 30\times 5\times 60=19440[\text{cal}]$$

예제 14. 1[kWh]의 전력량을 열량으로 환산하면 몇 [kcal]인가?

해설 전력량은 전력과 시간의 곱이므로, 식 (1.39)를 이용하여 구하면

$$1[\text{kWh}]=0.24\times 3600\times 1000=864\times 1000[\text{cal}]\fallingdotseq 860[\text{kcal}]$$

예제 15. 전력 P[kW]의 전열기로 m[kg]의 물을 θ[℃] 올리는데 필요한 시간 t[시]의 전열기의 효율이 η[%]라면 몇 시간이 소요되는가?

해설 식 (1.39)와 1[l]=1[kg]임을 적용하고, 예제 12의 관계를 사용하면,

$$0.24\times P\cdot t\cdot \eta\times 3.6\times 10^6=Pt\eta\times 860\times 10^3=m\theta\times 10^3 \qquad \therefore t=\frac{m\theta}{860P\eta}[\text{h}]$$

8. 저항의 접속

8-1 직류와 교류

부하에 전원을 공급하는 것은 직류(DC : direct current)와 교류(AC : alternating current)의 두 종류가 있다. 직류전원은 공급하는 전원의 크기가 시간에 따라 변화없이 일정

하게 공급되는 것이다. 우리 주위에서 찾아 볼 수 있는 것은 건전지가 있으며, 교류를 직류로 변환하여 쓰기도 한다. 교류를 직류로 변환하여 사용하는 장치를 어댑터(adapter)라고 하며 전자장치에 많이 사용된다.

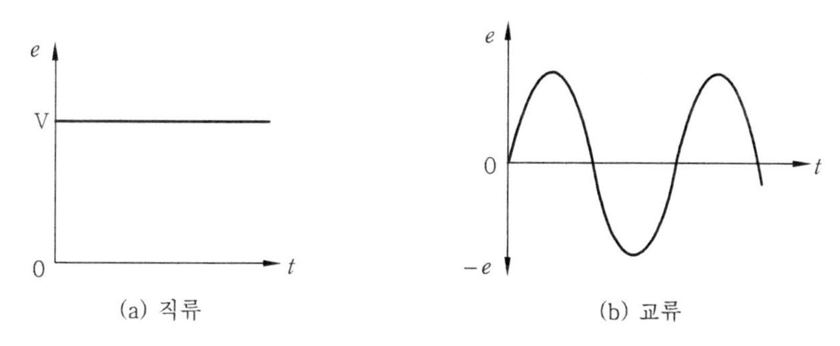

그림 1-12 직류와 교류

교류는 수력발전소, 화력발전소, 풍력발전소 등에서 발전기로부터 발생되는 전기를 송전선로와 배전선로를 통하여 우리의 가정 및 공장에 공급해 주는 것이다. 이것은 크기가 시간에 따라 일정하지 않고 변화되는 값을 가진다. 우리나라에서 사용하는 교류는 1초당 60주기로 변화하는 교류를 사용한다. 유럽이나 미주 지역에서는 50 [Hz] 또는 60 [Hz]를 지역마다 다르게 사용하기도 한다.

예제 16. 직류와 교류의 심벌을 그리시오.

해설 교류 ——(~)——　　　직류 —+|||−—

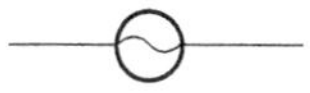

8-2 저항의 직렬연결회로

회로를 구성하는 요소는 소자들이다. 소자에는 능동소자와 수동소자가 있는데 여기서는 수동소자 중 저항에 관한 직렬접속과 병렬접속을 다룬다. 직렬로 접속된 것이나 병렬로 접속된 저항들의 각각의 전체 합을 합성저항이라 한다. 부하들의 접속은 거의 병렬로 되어 있으나, 계측기 등에 응용된 것은 직렬로 접속되어 응용되기도 한다. 그리하여 본 절에서는 저항의 직렬접속, 병렬접속과 직 · 병렬접속을 배우며, 저항을 이용한 간단한 그 응용 예를 들어 분석하고자 한다.

(1) 직렬접속

그림 1-13으로부터 KVL을 적용하여 식을 세우면

$$E = E_1 + E_2 \ [V] = IR_1 + IR_2$$

$$= I(R_1 + R_2) = IR_0 \qquad (1.40)$$

가 된다. 위의 식으로부터 합성저항 R_0는 식 (1.41)과 같다.

$$R_0 = R_1 + R_2 \, [\Omega] \tag{1.41}$$

위의 두 식으로부터 전체 회로의 전류를 구하면 식 (1.42)와 같이 구할 수 있다.

$$I = \frac{E}{R_0} = \frac{E}{R_1 + R_2} \, [\mathrm{A}] \tag{1.42}$$

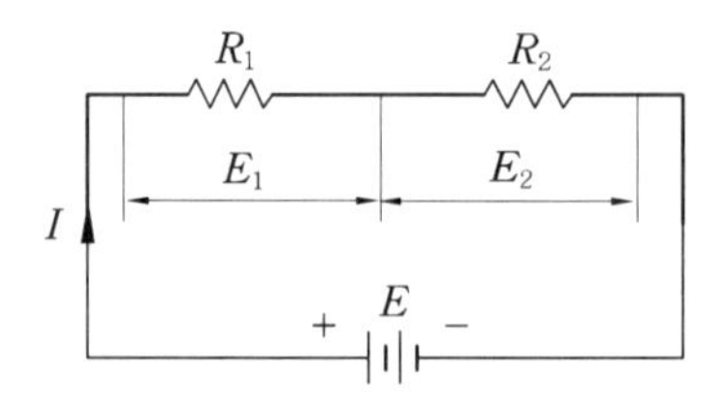

그림 1-13 저항의 직렬연결회로

앞에서는 두 개의 저항이 직렬로 연결된 경우를 계산하였다. 그러면 저항이 n개가 직렬로 연결된 경우를 계산해 본다.

저항 n개를 연결하고 회로에 전압 E [V]를 공급하면 전류 I [A]가 흐른다. 각 저항의 단자전압을 각각 E_1, E_2, $E_3, \cdots E_n$이라고 할 때 공급전압과 전체 단자전압 간의 관계를 구하면 식 (1.43)과 같다.

$$\begin{aligned} E &= E_1 + E_2 + E_3 + \cdots + E_n \\ &= IR_1 + IR_2 + IR_3 + \cdots + IR_n \\ &= I(R_1 + R_2 + R_3 + \cdots + R_n) = IR_0 \\ &= I \sum_{k=1}^{n} R_k [\mathrm{V}] \end{aligned} \tag{1.43}$$

따라서 전체 직렬합성저항은 식 (1.44)와 같다.

$$\begin{aligned} R_0 &= R_1 + R_2 + R_3 + \cdots + R_n \\ &= \sum_{k=1}^{n} R_k [\Omega] \end{aligned} \tag{1.44}$$

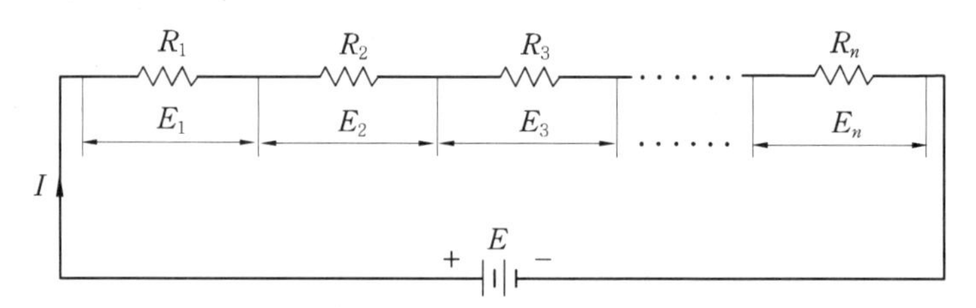

그림 1-14 저항 n 개의 직렬연결

그림 1−14의 직렬회로에 흐르는 전체 전류는 식 (1.45)와 같다.

$$I = \frac{E}{R_0} = \frac{E}{\sum_{k=1}^{n} R_k} \text{ [A]} \tag{1.45}$$

만약 크기가 같은 n개의 저항이 직렬로 연결되었다면, 즉, $R_1 = R_2 = R_3 = \cdots = R_n = R$ 이 되었다면 직렬로 연결되어 있는 전체 합성저항은 식 (1.46)과 같이 쉽게 구할 수 있다.

$$R_0 = nR \text{ [Ω]} \tag{1.46}$$

예제 17. 그림 1-13과 같은 회로에서 $R_1 = 100$[Ω], $R_2 = 200$[Ω]이고, 공급전압 $E = 3$ [V]를 공급할 때 합성저항 R_0[Ω]과 전류 I[mA]를 구하여라.

해설 식 (1.41)과 식 (1.42)에서

$R_0 = R_1 + R_2 = 100 + 200 = 300$[Ω]

$I = \frac{E}{R_0} = \frac{3}{300} = 0.01$ [A] = 10 [mA]

예제 18. 1[kΩ]의 저항이 100개가 직렬로 연결되어 있다. 이 때의 합성저항 R_0[kΩ]는?

해설 식 (1.46)에서 $R_0 = nR = 100 \times 1$ [kΩ] = 100 [kΩ]

(2) 배율기

저항의 직렬연결을 응용하여 계측기를 만들 수 있는데, 그것은 전압을 측정하는 전압계이다. 측정 범위가 작은 전압계에 일정 비율의 저항을 직렬로 접속하여 전압의 측정 범위를 넓히기 위한 저항기를 배율기라고 한다. 그 비율은 전압계의 내부저항을 기준으로 계산을 하며, 이상적인 전압계의 내부저항은 ∞이나 실제 아날로그 전압계의 내부저항은 측정 범위에 따라서 그 내부저항이 다르다. 여기서 배율기를 계산하는 방법을 설명하기로 한다.

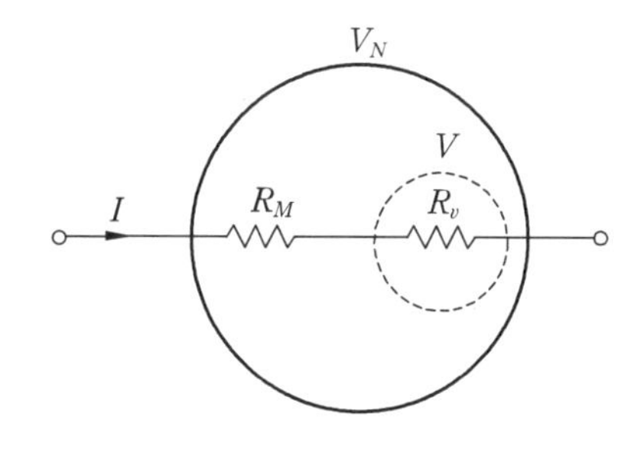

R_M : 배율기의 저항
R_v : 최대 눈금이 V[V]인 전압계 내부저항
V_N : 측정할 새로운 최대 전압(또는 확대할 전압)

(a) 배율기의 원리도

(b) 배율기를 이용한 전압계 예

그림 1-15 배율기

그림 1-15에서 새로운 전압계와 기존의 전압계 사이의 배율은 식 (1.47)과 같다.

$$m = \frac{V_N}{V} \tag{1.47}$$

그림에서 전류는

$$I = \frac{V}{R_v}\,[\mathrm{A}] \tag{1.48}$$

이고, 새로운 전압계의 측정할 수 있는 전체 전압은 KVL과 식 (1.48)에 의해서

$$V_N = V + IR_M = V\left(1 + \frac{R_M}{R_v}\right)[\mathrm{V}] \tag{1.49}$$

와 같다. 식 (1.49)에서 배율은 식 (1.50)과 같다.

$$m = \frac{V_N}{V} = \left(1 + \frac{R_M}{R_v}\right) \tag{1.50}$$

식 (1.50)에서

$$\frac{R_M}{R_v} = m - 1 \tag{1.51}$$

와 같고, 식 (1.51)에서 배율기의 저항 R_M은

$$R_M = (m-1)R_v\,[\Omega] \tag{1.52}$$

와 같다. 따라서 이러한 배율기를 구하여 여러 개의 저항을 직렬로 연결하여 보다 더 큰 전압을 측정할 수 있는 그림 1-15 (b)와 같은 전압계를 만들 수 있다.

예제 19. 최대 눈금이 2.5 [V], 내부저항이 5 [kΩ]인 전압계를 사용하여, 50 [V]까지 측정할 수 있는 배율기의 저항을 구하여라.

해설 식 (1.50)과 식 (1.52)로부터 $m = \frac{50}{2.5} = 20$

$$R_M = (m-1)R_v = (20-1) \times 5\,[\mathrm{k}\Omega] = 95\,[\mathrm{k}\Omega]$$

8-3 저항의 병렬연결회로

저항의 병렬연결은 우리의 가정이나 공장 등에서 부하들의 연결에 사용되고 있는 것이다. 모든 부하의 연결은 병렬로 이루어져 있으므로 그 연결의 계산법을 알아보고 그 응용 예를 들어 설명하고, 분석한다.

(1) 병렬접속

그림 1-16의 점 a에서 KCL을 적용하면 식 (1.53)을 얻을 수 있다.

$$I = I_1 + I_2$$
$$= \frac{E}{R_1} + \frac{E}{R_2} = \left(\frac{1}{R_1} + \frac{1}{R_2}\right)E \tag{1.53}$$

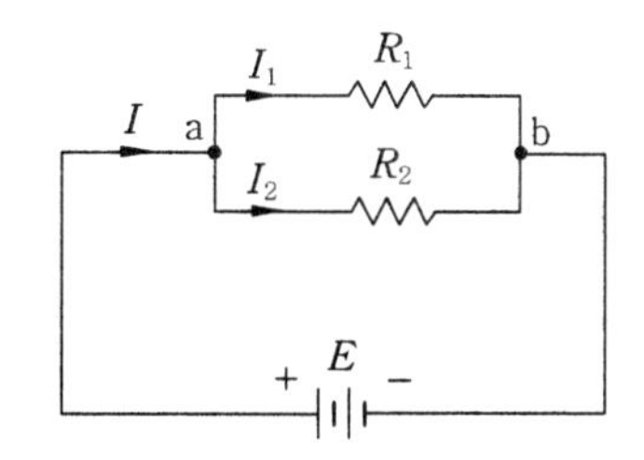

그림 1 - 16 저항 두 개의 병렬접속

식 (1.53)에서 합성저항 R_0를 구하면 식 (1.54)처럼 얻는다.

$$1=\left(\frac{1}{R_1}+\frac{1}{R_2}\right)\frac{E}{I}$$

$$R_0=\frac{E}{I}=\frac{1}{\frac{1}{R_1}+\frac{1}{R_2}}=\frac{R_1 R_2}{R_1+R_2}\ [\Omega] \tag{1.54}$$

식 (1.53)으로부터 각 가지의 전류 $I_1=\frac{E}{R_1}$, $I_2=\frac{E}{R_2}$는 식 (1.55)의 관계식을 얻는다.

$$E=I_1 R_1=I_2 R_2=IR_0$$

$$=I\frac{R_1 R_2}{R_1+R_2}\ [\mathrm{V}] \tag{1.55}$$

식 (1.55)에서 식 (1.56)이 얻어짐을 알 수 있다.

$$I_1=\frac{R_2}{R_1+R_2}I\ [\mathrm{A}]$$

$$I_2=\frac{R_1}{R_1+R_2}I\ [\mathrm{A}] \tag{1.56}$$

식 (1.56)으로부터 각 저항에 분배되는 전류의 크기는 병렬저항의 크기에 반비례함을 알 수 있다. 그림 1−17의 전체 전류는 식 (1.57)이 되고, 합성저항은 식 (1.58)로 구한다.

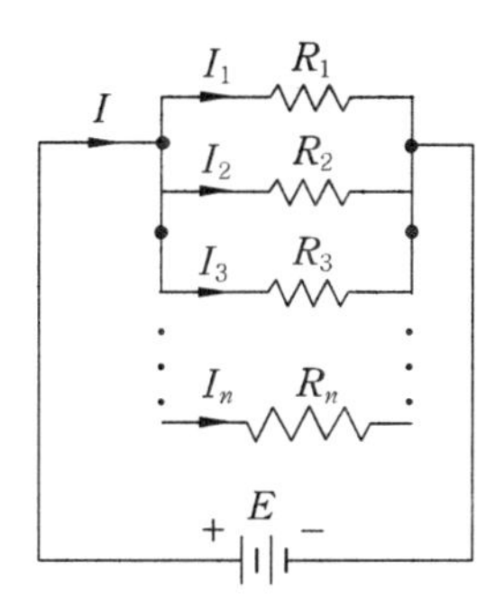

그림 1 - 17 저항 n개의 병렬연결회로

$$I = I_1 + I_2 + I_3 + \cdots + I_n$$
$$= \frac{E}{R_1} + \frac{E}{R_2} + \frac{E}{R_3} + \cdots + \frac{E}{R_n}$$
$$= \left(\frac{1}{R_1} + \frac{1}{R_2} + \frac{1}{R_3} + \cdots + \frac{1}{R_n}\right)E \tag{1.57}$$
$$R_0 = \frac{E}{I}$$
$$= \frac{1}{\frac{1}{R_1} + \frac{1}{R_2} + \cdots + \frac{1}{R_n}}$$
$$= \frac{1}{\sum_{k=1}^{n} \frac{1}{R_k}} \ [\Omega] \tag{1.58}$$

만약 크기가 같은 n개의 저항이 병렬로 연결되었다면, 병렬연결된 저항의 계산은 식 (1.59)와 같이 매우 간단하게 계산할 수 있다.

$$R_0 = \frac{R}{n} \ [\Omega] \tag{1.59}$$

예제 20. 그림 1-16에서 $R_1 = 3\ [\Omega]$, $R_2 = 6[\Omega]$이고, 공급전압 $E = 3[V]$일 때 합성저항 R_0와 각 저항에 흐르는 전류 I_1과 I_2를 구하여라.

해설 식 (1.54)와 식 (1.56)으로부터

$$R_0 = \frac{R_1 \cdot R_2}{R_1 + R_2} = \frac{3 \cdot 6}{3+6} = \frac{18}{9} = 2\ [\Omega], \quad I = \frac{E}{R_0} = \frac{3}{2} = 1.5\ [A]$$

$$I_1 = \frac{6}{3+6} \times 1.5 = 1\ [A], \qquad I_2 = \frac{3}{3+6} \times 1.5 = 0.5\ [A]$$

예제 21. 1[kΩ]의 저항을 100개로 병렬연결하였다. 이 때의 합성저항 R_0는 몇 [Ω]인가?

해설 식 (1.59)로부터 1[kΩ]=1000[Ω]이므로

$$R_0 = \frac{1000}{100} = 10\ [\Omega]$$

(2) 분류기

미소전류를 측정할 수 있는 전류계가 있을 경우 전류계의 측정 범위를 확대하여 보다 큰 전류를 측정하고자 할 때 분류기가 사용된다. 측정 배율의 정도에 따라 전류계에 병렬로 저항을 접속하여 전류계의 측정 전류의 범위를 확대할 수 있도록 계산된 저항기를 분류기라고 한다. 그림 1-18에서 A_N은 새롭게 만들어진 전류계를 의미한다.

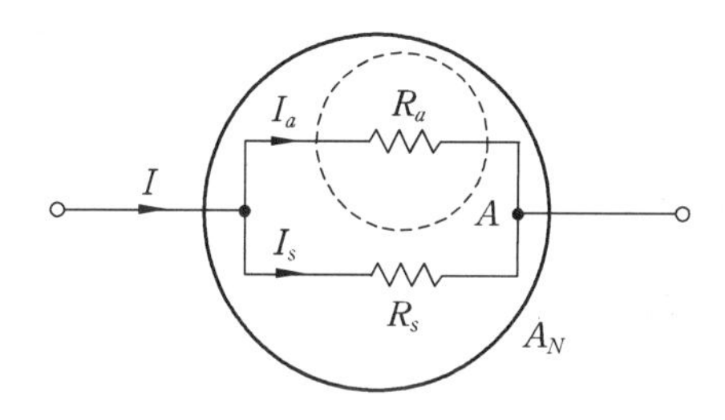

R_a : 전류계 내부저항, R_s : 분류기의 저항
I : 확대할 최대 측정 전류, I_s : 분류기의 전류
I_a : 전류계 A가 측정할 수 있는 최대 전류

(a) 분류기의 원리도

(b) 분류기를 이용한 전류계

그림 1-18 분류기

식 (1.56)으로부터 미소전류계에 흐르는 전류는 식 (1.60)과 같이 구한다.

$$I_a = \frac{R_s}{R_a + R_s} I \text{ [A]} \tag{1.60}$$

식 (1.60)에서 측정할 전류 I는 식 (1.61)과 같다.

$$I = \frac{R_a + R_s}{R_s} I_a = \left(1 + \frac{R_a}{R_s}\right) I_a \text{ [A]} \tag{1.61}$$

식 (1.61)에서 배율 m은 식 (1.62)와 같다.

$$m = \frac{I}{I_a} = 1 + \frac{R_a}{R_s} \tag{1.62}$$

식 (1.62)로부터 분류기저항 R_s는 식 (1.63)으로 구해진다.

$$R_s = \frac{R_a}{m-1} \text{ [}\Omega\text{]} \tag{1.63}$$

분류기를 여러 개 이용하면 그림 1-18 (b)와 같이 전류계의 측정 범위를 여러 단계로 측정할 수 있는 단자들을 만들 수 있다. 이러한 분류기의 재료로는 망간선을 많이 사용한다.

예제 22. 내부저항이 5 [kΩ]이고, 0.1 [mA]까지 측정할 수 있는 전류계가 있다. 최대 25 [mA]까지 측정할 수 있는 전류계로 측정 범위를 확대시키려고 한다. 필요한 분류기의 저항값은?

해설 식 (1.62)와 식 (1.63)에서

$$m = \frac{25}{0.1} = 250$$

$$R_s = \frac{5000}{250-1} \fallingdotseq 20.08 \text{ [}\Omega\text{]}$$

8-4 저항의 직 · 병렬접속회로

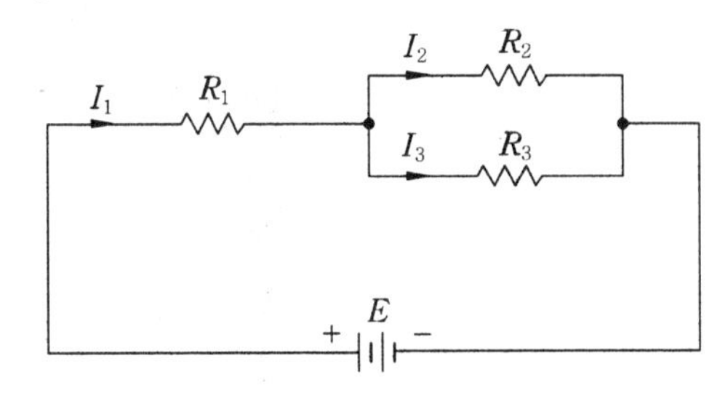

그림 1-19 저항의 직 · 병렬접속회로

직 · 병렬접속회로는 저항의 직렬접속과 병렬접속을 모두 포함한 회로이다. 계산을 편리하게 하기 위해서 복잡한 회로의 접속은 어느 회로를 먼저 계산하여야 원활하게 회로를 해석할 수 있는가가 결정되므로, 복잡한 회로를 다룰 경우를 대비하여 각각의 경우에 대하여 회로 해석을 한다.

그림 1-19의 합성저항 R_0는 식 (1.41)과 식 (1.54)로부터 식 (1.64)와 같이 구한다.

$$R_0 = R_1 + \frac{R_2 R_3}{R_2 + R_3} = \frac{R_1 R_2 + R_3 R_1 + R_2 R_3}{R_2 + R_3} \ [\Omega] \quad (1.64)$$

각 지로의 전류 I_1, I_2, I_3 는 옴의 법칙과 식 (1.56)으로부터 구한다.

$$I_1 = \frac{E}{R_0} \ [\text{A}]$$

$$I_2 = \frac{R_3}{R_2 + R_3} I_1 \ [\text{A}]$$

$$I_3 = \frac{R_2}{R_2 + R_3} I_1 \ [\text{A}]$$

예제 23. 그림 1-19와 같은 회로에서 $R_1 = 3\,[\Omega]$, $R_2 = 3\,[\Omega]$, $R_3 = 6\,[\Omega]$이고, 공급전압이 $E = 20\,[\text{V}]$일 때 R_0, I_1, I_2, I_3를 구하여라.

해설 식 (1.56)과 식 (1.64)로부터

$$R_0 = 3 + \frac{3 \cdot 6}{3+6} = 5\,[\Omega], \qquad I_1 = \frac{E}{R_0} = \frac{20}{5} = 4\,[\text{A}]$$

$$I_2 = \frac{6}{3+6} \times 4 = 2.67\,[\text{A}], \qquad I_3 = \frac{3}{3+6} \times 4 = 1.33\,[\text{A}]$$

일반적인 직 · 병렬을 계산하는 경우는 그리 어렵지 않게 해석할 수 있다. 그러나 $\Delta - Y$ ($\Pi - \text{T}$)변환의 경우는 간단하게 해석할 수 없다. 여기서 그 풀이 관계를 알아본다.

따라서 먼저 $\Delta - Y$로 변환되는 저항 R_1, R_2, R_3를 계산해 본다. 그러기 위해서는 그림 1-20으로부터 다음과 같은 식 R_{ab}, R_{bc}, R_{ca}식을 세운다.

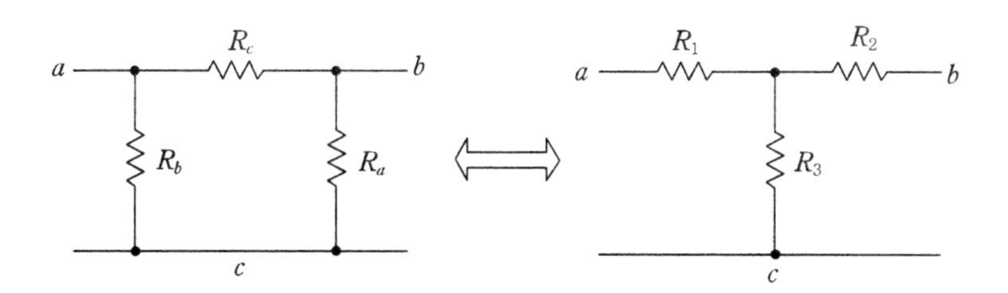

그림 1-20 델타와 스타의 변환

$$R_{ab}=\frac{R_c(R_a+R_b)}{R_a+R_b+R_c}=R_1+R_2[\Omega] \quad (1.65)$$

$$R_{bc}=\frac{R_a(R_b+R_c)}{R_a+R_b+R_c}=R_2+R_3[\Omega] \quad (1.66)$$

$$R_{ca}=\frac{R_b(R_c+R_a)}{R_a+R_b+R_c}=R_1+R_3[\Omega] \quad (1.67)$$

위 세 식들은 R_a, R_b, R_c의 함수로써 R_1을 구하기 위해서 식 (1.67)−식 (1.66)을 한 후, 식 (1.65)와 합하면 구할 수 있다. R_2와 R_3도 유사한 방법으로 계산하여 구할 수 있다.

$$R_1=\frac{R_bR_c}{R_a+R_b+R_c}[\Omega] \quad (1.68)$$

$$R_2=\frac{R_cR_a}{R_a+R_b+R_c}[\Omega] \quad (1.69)$$

$$R_3=\frac{R_aR_b}{R_a+R_b+R_c}[\Omega] \quad (1.70)$$

만약에 $R_a=R_b=R_c$인 경우의 회로가 주어졌을 때는 $R_a=R_b=R_c=R$ 이라고 하면 식 (1.71)과 같이 구해진다.

$$R_1=R_2=R_3=\frac{R^2}{3R}=\frac{R}{3}[\Omega] \quad (1.71)$$

$Y-\Delta$ 변환의 경우는 R_1, R_2, R_3의 함수로써 R_b를 구하도록 한다. 이것은 식 (1.68)에서 식(1.70)까지의 식들을 서로 나눔으로써 유도해 낼 수 있다.

식 (1.68)÷식 (1.69)이면 $\frac{R_1}{R_2}=\frac{R_b}{R_a}$이 되고, 여기서 $R_a=\frac{R_2}{R_1}R_b$를 얻는다. 또, 식 (1.69)÷식 (1.70)을 하면 $\frac{R_2}{R_3}=\frac{R_c}{R_b}$가 되고, 여기서 $R_c=\frac{R_2}{R_3}R_b$를 얻는다.
이렇게 구한 R_a와 R_c를 식 (1.67)에 대입하여 R_a와 R_c를 소거시키고 R_b에 대해서 계산하고 정리하면 구해진다.

R_a와 R_c도 이와 유사한 방법으로 구할 수 있다. 이렇게 구해진 식들은 식 (1.72)에서 식 (1.74)까지 나타낼 수 있다.

$$R_a = \frac{R_1R_2 + R_2R_3 + R_3R_1}{R_1} \ [\Omega] \tag{1.72}$$

$$R_b = \frac{R_1R_2 + R_2R_3 + R_3R_1}{R_2} \ [\Omega] \tag{1.73}$$

$$R_c = \frac{R_1R_2 + R_2R_3 + R_3R_1}{R_3} \ [\Omega] \tag{1.74}$$

만약에 주어진 Y회로가 $R_1 = R_2 = R_3$인 경우라면, $R_1 = R_2 = R_3 = R$로서 식 (1.75)와 같이 손쉽게 구한다.

$$R_a = R_b = R_c = \frac{3R^2}{R} = 3R[\Omega] \tag{1.75}$$

예제 24. 그림 1-21의 a, b 양단의 합성저항은 몇 [Ω]인가?

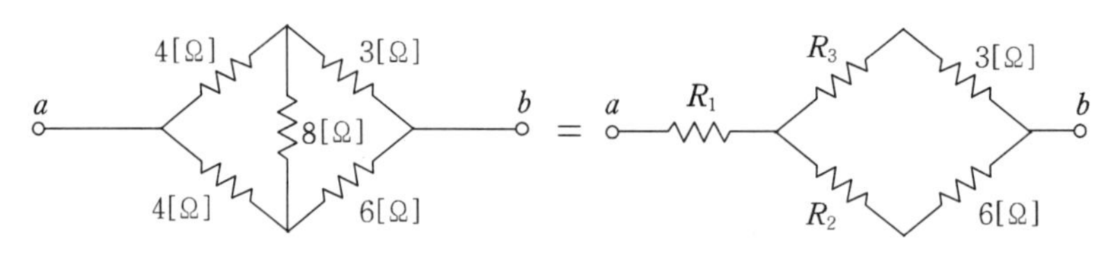

그림 1-21

해설 식 (1.68), 식 (1.69)와 식 (1.70)에서

$$R_1 = \frac{16}{16} = 1, \qquad R_2 = \frac{32}{16} = 2$$

$$R_3 = \frac{32}{16} = 2, \qquad R_0 = 1 + \frac{5 \times 8}{5 + 8} = \frac{53}{13} \ [\Omega]$$

예제 25. 그림 1-22와 같은 회로의 저항인 $R_a = R_b = R_c = 27[\Omega]$인 $\Delta(\Pi)$결선된 저항이 주어져 있다. Y결선의 R_1, R_2, R_3를 구하여라.

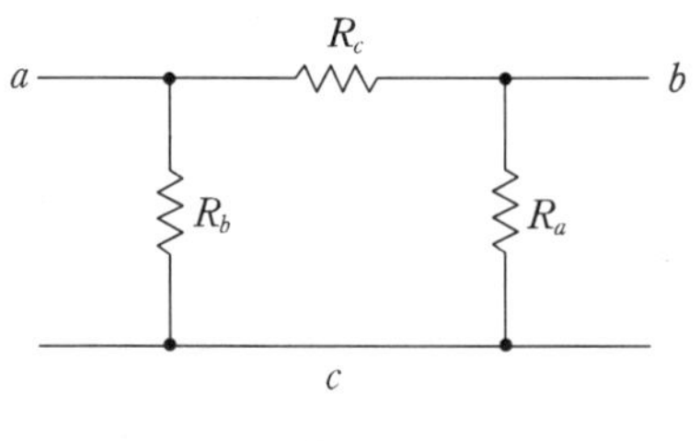

그림 1-22

해설 식 (1.71)로부터 $R_1 = R_2 = R_3 = \frac{R^2}{3R} = \frac{R}{3} = \frac{27}{3} = 9[\Omega]$

연 · 습 · 문 · 제

1. 어느 도체의 단면을 이동하는 전하량이 매 10 [ms]마다 0.1 [C]이다. 이 때 도체에 흐르는 전류는 몇 [A]인가?

답 10 [A]

2. 임의의 회로 양단에 50 [V]의 전압이 인가되었다. 이 회로에 20 [C]의 전기량이 이동하려면 몇 [J]의 일을 하게 되는가?

답 1000 [J]

3. 길이 50 m, 지름 2 mm 연동선이 20[℃]일 때의 저항을 구하여라.

답 0.274 [Ω]

4. 상온(20℃)에서 도체의 저항값 R_0가 50 [Ω]이고, 온도가 80 [℃] 되었을 때 저항값 R_t [Ω]는 얼마인가? (단, 저항의 온도계수가 $a_0 = \frac{1}{234.5}$ 이라고 한다.)

답 62.79 [Ω]

5. 부하저항이 100 [Ω]인 전구에 220 [V]의 전압을 공급할 때 전구에 흐르는 전류는 몇 [A]인가?

답 2.2 [A]

6. 0.025 [S]의 저항기의 저항값은 몇 [Ω]인가?

답 40 [Ω]

7. 그림 1－23과 같은 회로의 전체 전류 I의 크기를 KCL을 이용하여 구하여라.

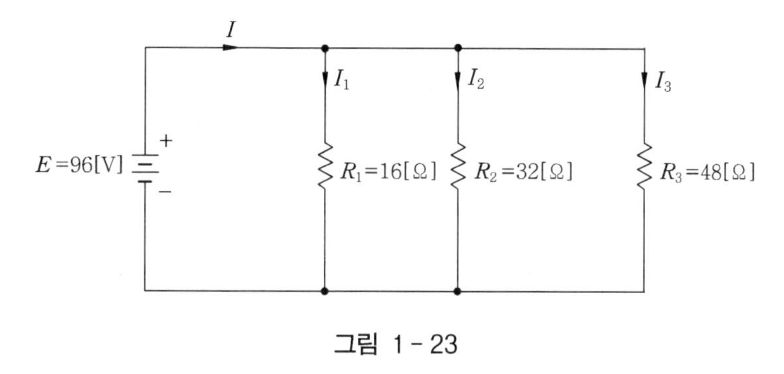

그림 1 - 23

답 11 [A]

8. 그림 1-24와 같은 회로의 각 가지전류 I_1, I_2, I_3를 구하고 전류의 방향을 결정하시오.

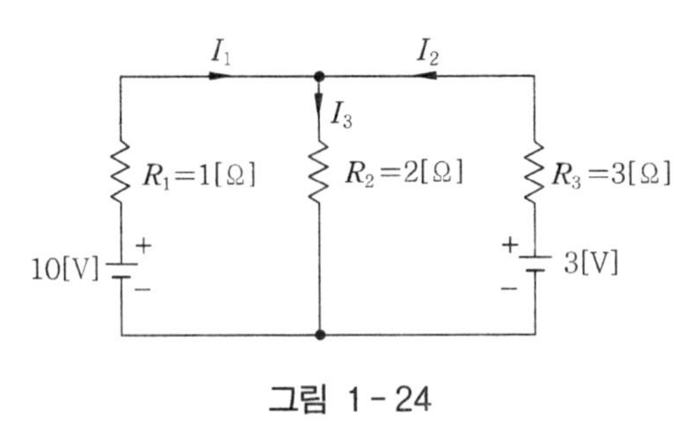

그림 1-24

답 $I_1=4$ [A], $I_2=-1$ [A], $I_3=3$ [A], 전류 I_2의 방향은 반대

9. 정격이 100 [V], 100 [W]인 전구의 저항은 몇 [Ω]인가?

답 100 [Ω]

10. 가정에서 사용하는 냉장고의 정격 소비전력이 5 [kW]일 때 하루에 5시간을 사용할 경우 1개월 사용하는 전력량은 몇 [kWh]인가? (단, 1개월은 30일이라고 한다.)

답 750 [kWh]

11. 소비전력 1 [kW]의 전열기를 3시간 사용하였다면 그 열량은 몇 [kcal]인가?

답 2592 [kcal]

12. 그림 1-25와 같은 회로의 합성저항 R_0[Ω]과 회로에 흐르는 전류 I [A]를 구하여라.

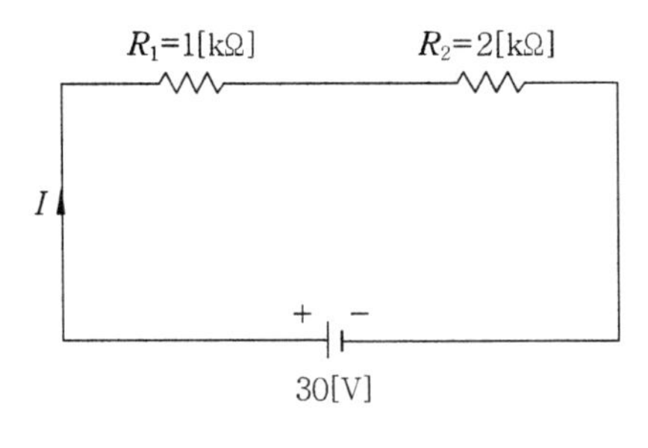

그림 1-25

답 10 [mA]

13. 최대 눈금이 10 [V]인 직류전압계가 있다. 이 전압계를 사용하여 최대 100 [V]의 전압을 측정하려고 한다. 배율기 저항은 몇 [Ω]을 사용하여야 하는가? (단, 전압계의 내부저항은 5 [kΩ]이라 한다.)

답 45 [kΩ]

14. 전력 1 [kW]의 전열기로 20 [kg]의 물의 온도를 10[℃] 올리는데 필요한 시간 (h)은 ? (단, 전열기의 효율은 80 [%]라 한다.)

답 0.29 [h]

15. 그림 1－26과 같은 회로에서 병렬저항 R_0와 전류 I, I_1, I_2를 구하여라.

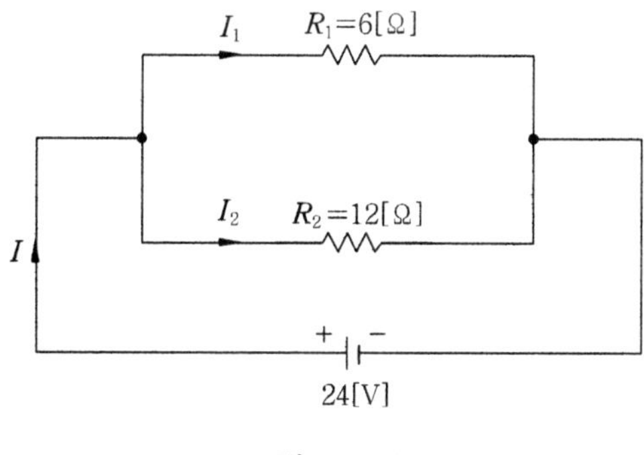

그림 1 - 26

답 $R_0=4$[Ω], $I=6$ [A], $I_1=4$ [A], $I_2=2$ [A]

16. 10 [kΩ]의 저항을 50개로 병렬연결하였다. 이 회로의 전체 합성저항 R_0는 몇 [Ω]인가 ?

답 200 [Ω]

17. 전류계의 내부저항이 2.5 [kΩ]이고, 최대 측정 범위가 1 [mA]인 전류계가 있다. 최대 250 [mA]까지 측정할 수 있는 전류계로 측정 범위를 확대시키려고 한다. 필요한 분류기의 저항값은 ?

답 10.04 [Ω]

18. 그림 1－27과 같은 회로에 100 [V]의 전압을 인가할 때 10 [A]의 전류가 흐른다. R_1과 R_2에 흐르는 전류의 비를 3 : 1로 하려면 R_1과 R_2의 저항은 각각 몇 [Ω]인가 ?

답 $R_1=8$[Ω]

$R_2=24$[Ω]

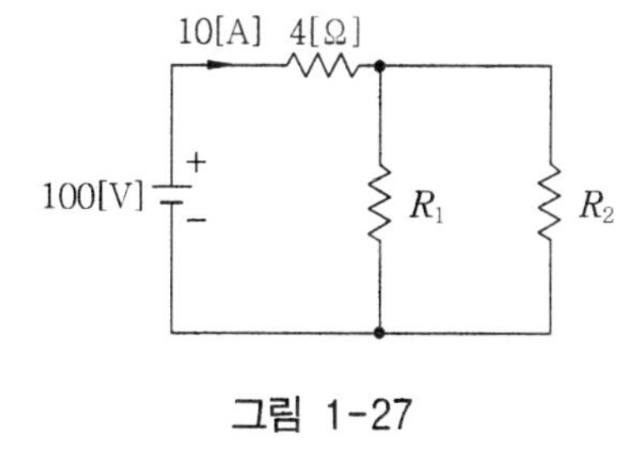

그림 1-27

19. 정격전압 1 [kW]의 전력을 소비하는 저항에 정격 80[%]의 전압을 가할 때의 전력은 몇 [W]인가 ?

답 640 [W]

20. 그림 1−28과 같은 회로에서 단자 a, b 사이의 합성저항은?

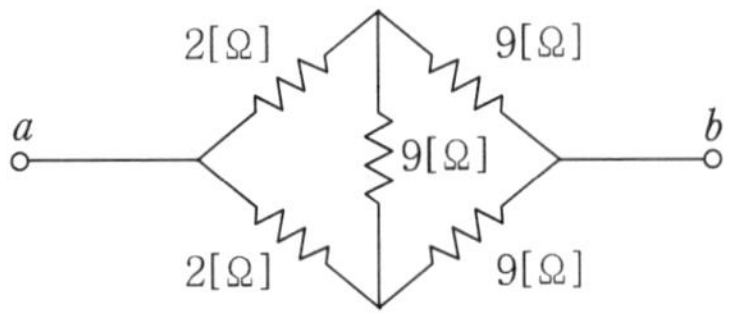

그림 1 - 28

답 5.5 [Ω]

21. 그림 1−29와 같은 브리지 회로의 합성저항 R_0와 전류 I[A]를 구하여라.

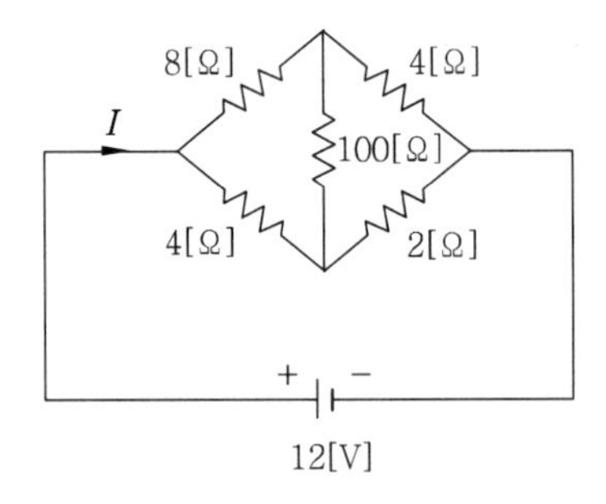

그림 1 - 29

답 $R_0 = 4$[Ω], $I = 3$[A]

22. $i = 3000(3t^2 + 2t)$[A]의 전류가 2초 동안 임의의 도체에 흘렀다면, 통과한 전 전기량은 몇 [Ah]인가?

답 10 [Ah]

2
CHAPTER

기본 교류회로

교류회로는 전류를 기준으로 해석하는 것이 일반적이다. 이러한 것을 바탕으로 전압이나 전류를 파형으로 크게 나누어 구분지어 본다. 그것은 직류(direct current : DC), 정현파 교류(sine wave AC), 왜형파 교류(distorted wave AC)로 분류할 수 있으며, 이러한 관계를 그림으로 표현하면 다음 그림 2-1과 같다.

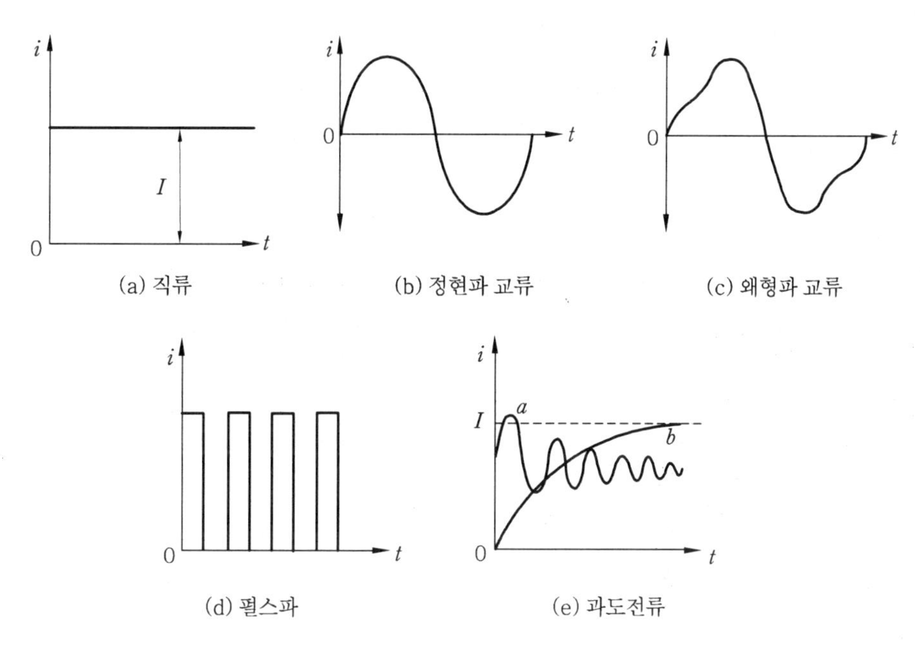

그림 2-1 각종 파형

그 외에도 여러 가지 파형들이 있다. 정류파는 교류를 직류로 변환할 때 만들어지며, 맥류(pulsating current)는 정류 후에 직류에 교류가 합성된 파형으로 나타난다. 펄스파(pulse wave)는 시간에 따라 충격적으로 변화하는 파로 정현 또는 비정현적인 주기파이며, 회로의 개폐, 회로 정수의 변화 등에 따라 과도적으로 흐르는 과도전류(transient current)로 비주기파(aperiodic wave)이다. 앞에서 다룬 것은 전류를 기준으로 설명하였으나, 전압이나 기전력도 전류와 마찬가지로, 직류전압, 교류전압, 왜형파 전압, 펄스전압, 과도전압이라 칭한다.

1. 정현파 교류전압의 발생

정현파 전압은 그림 2−1의 (b)와 같은 파형을 의미한다. 다른 파형과 구분하여 구형파나 삼각파들은 비정현파라고 한다. 정현파 전압은 교류발전기에서 발생하는데 이것은 물리적인 에너지를 전기에너지로 변환하는 기계장치이다. 그 원리는 그림 2−2에 나타나는 것과 같고 그것은 플레밍의 오른손 법칙으로서 자계 안의 도체에 힘을 가하여 도체를 움직이면 도체가 자력선을 끊는다. 그러면 도체에 기전력이 발생하게 되며, 이것을 전자유도 작용이라 한다. 이 원리를 우리의 손가락으로 표현해 보면 엄지 손가락은 v (도체의 방향), 집게 손가락은 B (자력선의 방향), 가운데 손가락은 e (기전력의 방향)을 표시한다. 이러한 관계를 설명하기 위하여 자극과 도체 사이의 관계를 그림 2-2 에 나타내었다.

자속밀도 B[Wb/m^2], 길이 l[m]인 도체가 그림 2-2 (c)의 원점 a를 시점으로 ω[rad/s]의 일정한 각속도로 원운동을 하는 경우, 기점으로부터 ϕ[rad]만큼 앞선 점의 속도를 v[m/s]라 하면 v는 자계와 직각방향인 속도 $v\sin\phi$ 와 자계와 평행방향인 속도 $v\cos\phi$ 로 나눌 수 있다.

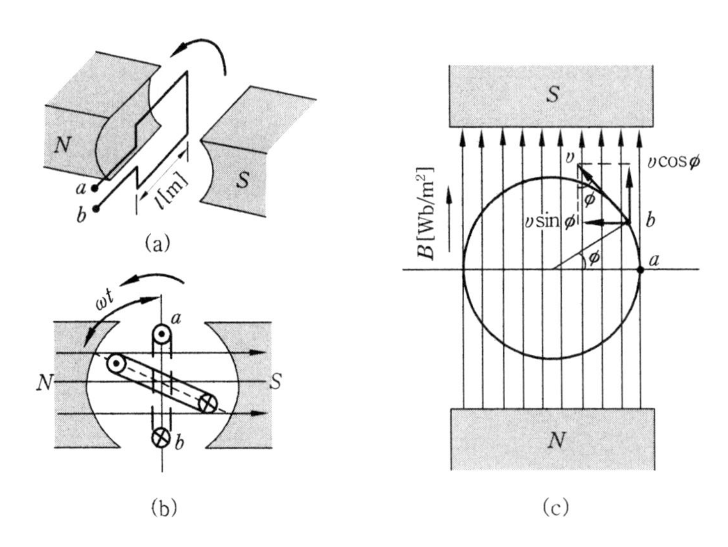

그림 2-2 발전기의 원리

여기서 $v\sin\phi$는 자속을 자르는 속도이고, $v\cos\phi$ 는 자속의 방향과 같은 방향이므로 자속을 자르는 것과 무관하다. 도체는 1초 동안에 $Blv\sin\phi$ [Wb/s]의 자속을 자르고, 1 [Wb/s]의 일정한 비율로 자속을 자르면 1 [V]의 기전력을 유기하므로 도체에 발생하는 기전력 e [V]는 식 (2.1)과 같다.

$$e = Blv\sin\phi = E_m \sin\phi \text{ [V]} \tag{2.1}$$

식 (2.1)에서 E_m은 식 (2.2)와 같이 이 경우의 최대값이 된다.

$$E_m = Blv\,[\mathrm{V}] \tag{2.2}$$

식 (2.1)에서 위상차 $\phi = \omega t$라 놓을 수 있으므로 순시치는 식 (2.3)과 같다.

$$e = Blv\sin\omega t\,[\mathrm{V}] \tag{2.3}$$

전동기에서는 발전기로부터 얻어진 전력을 이용하여 발생하는 전자력의 크기는 자계(자속밀도 B)가 강할수록 커지고, 도선에 흐르는 전류 I가 클수록, 또한 자계속의 도선 길이 l이 길수록 강한 힘이 발생한다. 이것을 식으로 표현하면 식 (2.4)와 같다.

$$F = BIl\,[\mathrm{N}] \tag{2.4}$$

이러한 관계를 플레밍의 왼손 법칙으로 설명하면, 엄지 손가락은 전자력의 방향, 집게 손가락은 자계의 방향, 가운데 손가락은 전류의 방향을 나타내고 있다. 따라서 전동기는 전기적인 에너지를 기계적인 에너지로 변환하여 일을 하는 것이다.

1－1 전기각

각도에는 전기각(라디안 : rad)과 도(°)의 두 종류가 있다. 여기서 그 관계를 알아본다.

1주파수의 각을 2π [rad]로 정한 것을 전기각(electric angle)이라고 한다. 그림 2-2 (c)에서 도체가 점 a에서 출발하여 한바퀴를 돌아오는 것이 한 주기이다. 1초 동안 1주기로 변화하는 전기각은

$$\omega = 2\pi f\ [\mathrm{rad/s}] \tag{2.5}$$

로서 1초 동안의 전기각의 변화를 표시하는 ω를 각속도(angular velocity) 또는 각 주파수(angular frequency)라고 한다. 전기각과 일반각의 관계를 식 (2.6)과 그림 2-3으로 설명한다.

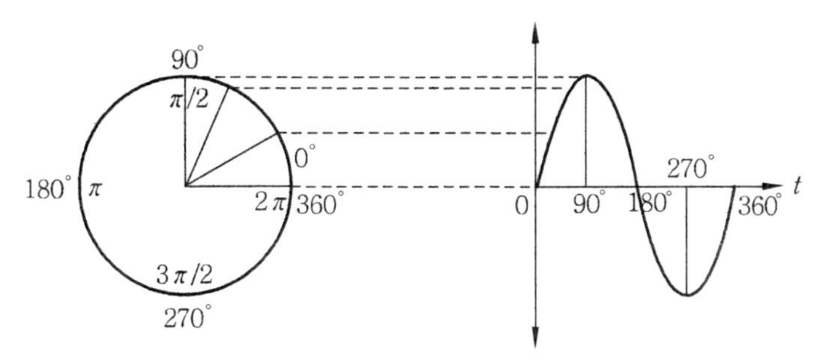

그림 2-3 전기각과 일반각

$$1[\mathrm{rad}] = \frac{360°}{2\pi} = 57.3° \tag{2.6}$$

이것은 교류회로를 표현하거나 해석하는 경우에 매우 유용하게 사용된다.

예제 1. 90°를 라디안 단위로 표시하여라.

해설 θ [rad]이고, $\alpha°$라면 $\theta : \alpha = 2\pi : 360°$ 에서

$$\theta = \frac{2\pi}{360} \cdot \alpha = \frac{\pi}{180} \cdot \alpha = \frac{\pi}{180} \cdot 90 = \frac{\pi}{2} \text{ [rad]}$$

예제 2. $\frac{4\pi}{3}$ [rad]을 도(°)로 표현하여라.

해설 θ [rad]이고, $\alpha°$라면 $\theta : \alpha = 2\pi : 360°$ 에서

$$\alpha = \frac{360}{2\pi} \cdot \theta = \frac{180}{\pi} \cdot \theta = \frac{180}{\pi} \cdot \frac{4\pi}{3} = 240°$$

1-2 주기와 주파수

주기는 전기파형이 360° 또는 2π [rad]로 변화하는데 필요한 시간이다.

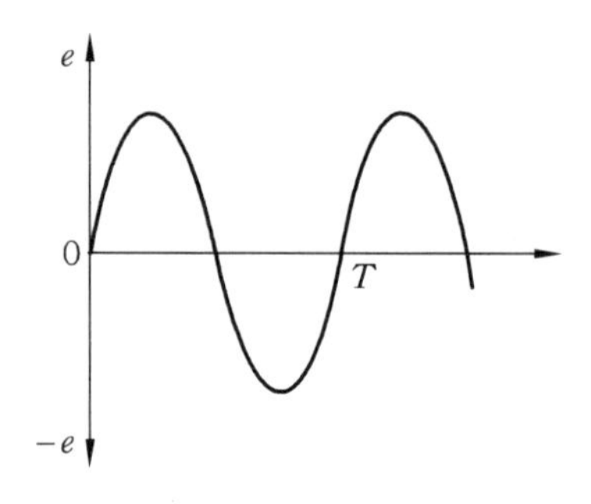

그림 2-4 주기

1초간에 동일한 파형을 반복하는 횟수를 주파수라고 하며, 단위는 [Hz : Heltz]라고 한다.

$$f = \frac{1}{T} \text{ [Hz]} \tag{2.7}$$

식 (2.7)을 식 (2.5)에 대입하면 다음과 같은 관계를 얻는다.

$$\omega = \frac{2\pi}{T} = 2\pi f \text{ [rad/s]}$$

예제 3. 우리가 사용하고 있는 가정용 주파수는 60 [Hz]이다. 한 주기의 시간 [s]는?

해설 식 (2.7)로부터 $T = \frac{1}{f} = \frac{1}{60} \fallingdotseq 0.01667$ [s]

전기적인 각 속도와 발전기에서 자극의 수에 따라 결정되는 기계적인 각 속도는 발전기의 자극이 몇 개인가에 따라서 각 속도가 식 (2.8)과 같이 결정된다.

$$전기적\ 각\ 속도 = 기하학적\ 각\ 속도 \times \frac{P}{2} \tag{2.8}$$

자극이 P개인 발전기에서 1회전에 발생하는 주파수는 $\frac{P}{2}$ [Hz]이고, 1분 동안 N회전하는 발전기가 발생하는 교류의 주파수 f[Hz]는 식 (2.9)와 같이 구한다.

$$f = \frac{P}{2} \cdot \frac{N}{60}\ [\text{Hz}] \tag{2.9}$$

예제 4. 정격 회전수 1800 [rpm]의 전동기에 직렬로 연결된 발전기의 극수가 4극이다. 발전기에서 발생하는 교류파형의 주파수는?

해설 식 (2.9)에서 $f = \frac{P}{2} \cdot \frac{N}{60} = \frac{4 \times 1800}{2 \times 60} = 60\ [\text{Hz}]$

그림 2-2 (a)에서와 같이 기계적인 각은 자극의 N극과 S극을 한번 통과할 때 전기각으로 한 주기가 얻어진다. 그리하여 그림 2-5의 전압과 전류주기와 같은 파형이 발생한다.

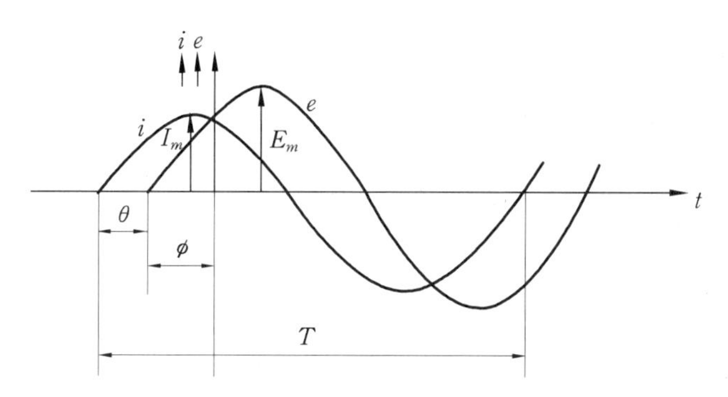

그림 2-5 전압과 전류의 파형 예

그림에서 ϕ는 전압파의 $t=0$에서의 앞선 위상각(phase angle)이고, θ는 전압과 전류간의 위상차(phase difference), 또는 상차라고 한다. 그림 2-5의 파형에서 시간 t에 따라 값이 변화하는 전압과 전류의 순시값은 식 (2.10)과 같다.

$$e = E_m \sin(\omega t + \phi)\ [\text{V}]$$

$$i = I_m \sin(\omega t + \phi + \theta)\ [\text{V}] \tag{2.10}$$

전류는 전압보다 위상이 θ [rad]만큼 앞선다(lead).

전압이 전류보다 위상이 θ [rad]만큼 뒤진다(lag).

2. 실효값과 평균값

교류회로의 해석을 위해서는 그 크기를 표시하는 방법으로 다음과 같은 세 가지의 값들이 있다. 이것은 그림 2－5의 sin파 곡선에서

① **최대값 :** 주어진 파형에서 제일 큰 값이다.

② **평균값 :** 1주기에서 곡선의 면적을 구하여 이것을 주기로 나눈 것이다.

③ **실효값 :** 교류를 표시할 때 가장 많이 사용되는 것으로서, 전류가 흘러 부하저항 R에 발생하는 열의 평균값으로 정의한다. 여기에서 구하는 값들은 전류를 기준으로 각각의 값들을 계산한다. 그러나 전압도 각 값들을 똑같이 적용하여 사용한다.

2－1 평균값

$$I_a = \frac{1}{T}\int_0^T i dt \, [\mathrm{A}] \tag{2.11}$$

정현파의 전체 평균은 0이므로 $i = I_m \sin\omega t \, [\mathrm{A}]$로 주어진다면

$$\begin{aligned} I_a &= \frac{2}{T}\int_0^{\frac{T}{2}} i dt = \frac{2}{T}\int_0^{\frac{T}{2}} I_m \sin\omega t dt \\ &= \frac{2}{T}\frac{I_m}{\omega}\left[-\cos\omega t\right]_0^{\frac{T}{2}} \\ &= \frac{2}{T}\frac{I_m}{2\pi\frac{1}{T}}\left[\left\{-\cos\left(2\pi\frac{1}{T}\cdot\frac{T}{2}\right)\right\} - (-\cos 0)\right] \\ &= \frac{2}{\pi} I_m = 0.637 I_m \, [\mathrm{A}] \end{aligned} \tag{2.12}$$

로 구해진다. 전압도 같은 방법으로 구해져 식 (2.13)과 같이 나타난다.

$$E_a = \frac{2}{\pi} E_m = 0.637 E_m \tag{2.13}$$

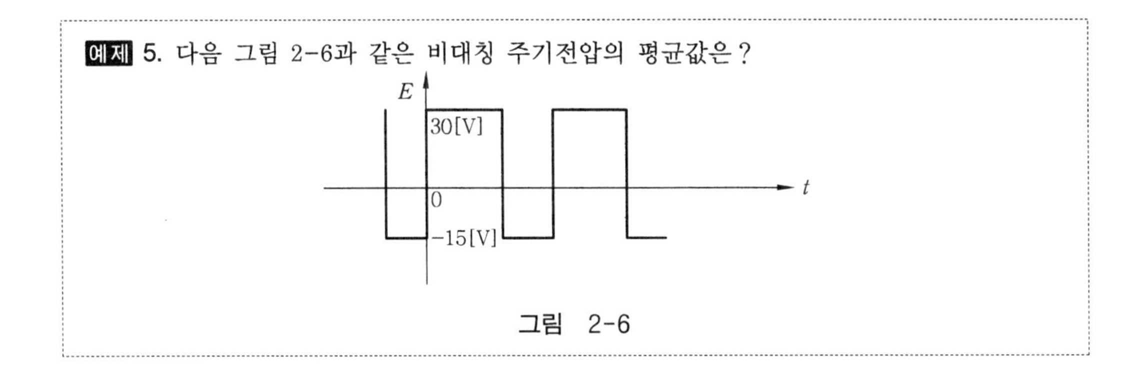

그림 2-6

해설 $E_{av}=\frac{1}{T}\left[\int_0^{\frac{3}{4}T}30dt+\int_{\frac{3}{4}T}^{T}-15dt\right]$

$$=\frac{30\times\frac{3}{4}T-15\left(T-\frac{3}{4}T\right)}{T}=18.75\,[\text{V}]$$

2-2 실효값

저항 $R[\Omega]$에 교류전류 $i\,[\text{A}]$를 흘릴 경우 1주기의 평균 발열과 동일한 저항에 의하여 동일한 열을 발생하는 직류전류 $I_d\,[\text{A}]$를 취한 것을 교류전류 i의 실효값이라 한다.
직류 I_d의 전력 P_a는 교류전류 i의 1주기간의 평균치 전력 P_{av}와 같다. 따라서

$$P_d=\int_0^T I_d^2\,Rdt=\int_0^T Ri^2dt=P_{av}\,[\text{W}] \tag{2.14}$$

좌변이 RI_d^2T와 같으므로, 즉 I_d^2R이 상수

$$I_d^2=\frac{R}{RT}\int_0^T i^2dt[\text{A}],\quad I_d=\sqrt{\frac{1}{T}\int_0^T i^2dt}\;[\text{A}] \tag{2.15}$$

와 같다. 일반적으로 $I_d=I$ 로 쓰면,

$$I=\sqrt{(\,i^2\text{의 1주기의 평균})}\;[\text{A}] \tag{2.16}$$

여기서 $i=I_m\sin\omega t\,[\text{A}]$ 의 교류의 실효치는 $T=2\pi$, $\omega t=\phi$로 놓자.

$$\begin{aligned}I=\sqrt{i^2\text{의 평균}}&=\sqrt{\frac{1}{2\pi}\int_0^{2\pi}I_m^2\,\sin^2\phi d\phi}\\&=\sqrt{\frac{I_m^2}{2\pi}\int_0^{2\pi}\sin^2\phi d\phi}\\&=\sqrt{\frac{I_m^2}{2\pi}\int_0^{2\pi}\frac{1-\cos2\phi}{2}d\phi}\\&=\sqrt{\frac{I_m^2}{2\pi}\left[\frac{\phi}{2}-\frac{\sin2\phi}{4}\right]_0^{2\pi}}\\&=\frac{I_m}{\sqrt{2}}\,[\text{A}]\end{aligned}$$

$$I=\frac{I_m}{\sqrt{2}}=0.707\,I_m\,[\text{A}] \tag{2.17}$$

전압의 경우도 마찬가지이다.

$$E=\frac{E_m}{\sqrt{2}}=0.707\,E_m\,[\text{V}]$$

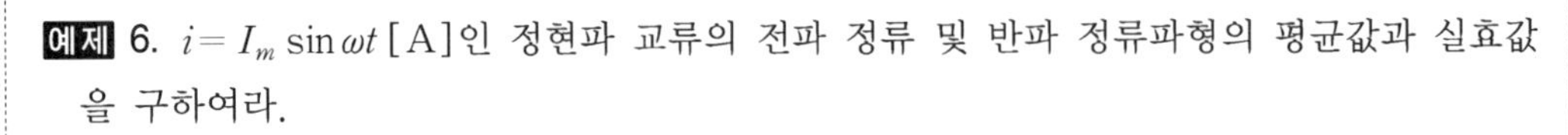

예제 6. $i = I_m \sin\omega t$ [A]인 정현파 교류의 전파 정류 및 반파 정류파형의 평균값과 실효값을 구하여라.

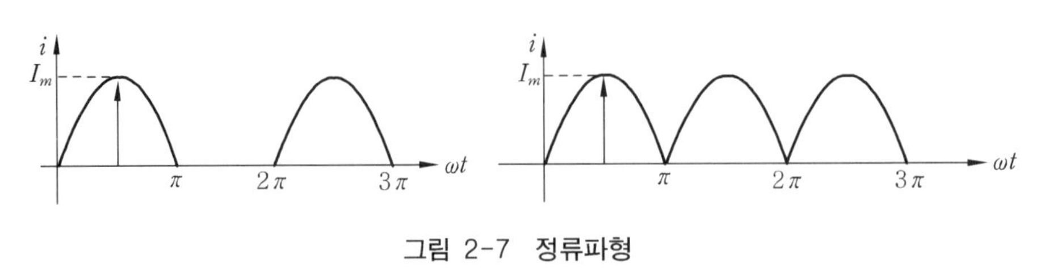

그림 2-7 정류파형

해설 ① 전파 : 정현파 교류의 부하 부분이 전파로 되었을 뿐이므로 정현파 교류의 실효값과 평균값이 같다. 즉,

$$I = \frac{I_m}{\sqrt{2}} \text{ [A]},\ I_{av} = I_m \frac{2}{\pi} \text{ [A]}$$

② 반파 : I_{av}, I, $\omega t = \phi$ 라 하면

$$I_{av} = \frac{1}{2\pi}\int_0^{\pi} I_m \sin\phi\, d\phi = \frac{I_m}{2\pi}[-\cos\phi]_0^{\pi} = \frac{I_m}{\pi}$$

$$I = \sqrt{\frac{1}{2\pi}\left\{\int_0^{\pi}(I_m \sin\phi)^2 d\phi + \int_{\pi}^{2\pi} 0^2 d\phi\right\}}$$

$$= \sqrt{\frac{{I_m}^2}{2\pi}\int_0^{\pi}\frac{1-\cos\phi}{2}d\phi} = \sqrt{\frac{{I_m}^2}{2\pi}\left[\frac{\phi}{2} - \frac{\sin 2\phi}{4}\right]_0^{\pi}}$$

$$= \sqrt{\frac{{I_m}^2}{4}} = \frac{I_m}{2} \text{ [A]}$$

3. 페이저

교류회로에는 위상이 존재하게 된다. 어떤 수동소자를 사용한 부하인가에 따라 회로의 위상은 크게 좌우된다. 즉, 저항을 부하로 사용한다면, 전압과 전류의 관계는 동위상이 되지만 코일이 포함된 회로라면 늦은 전류가, 콘덴서가 존재하는 부하라면 앞선 전류가 회로에 흘러 회로를 해석할 때 삼각함수 등의 복잡한 해석이 필요하게 된다. 이러한 경우 벡터 기호법이나 페이저(phasor) 표시 등으로 교류회로의 해석을 간편하게 한다.

3-1 페이저 표시방법

페이저도는 어떤 회로의 전압이나, 전류를 평면상에 나타낸 것을 말한다. 즉, 복소수와 구분하여 순시값으로 주어진 전압이나 전류를 평면상에 실수와 허수축을 이용하여 그 크기와 위상을 표현한 것이다. 다음 그림 2-8은 $e = E_m \sin(\omega t + \theta)$ [V]의 곡선과 페이저도를 나타낸 것이다.

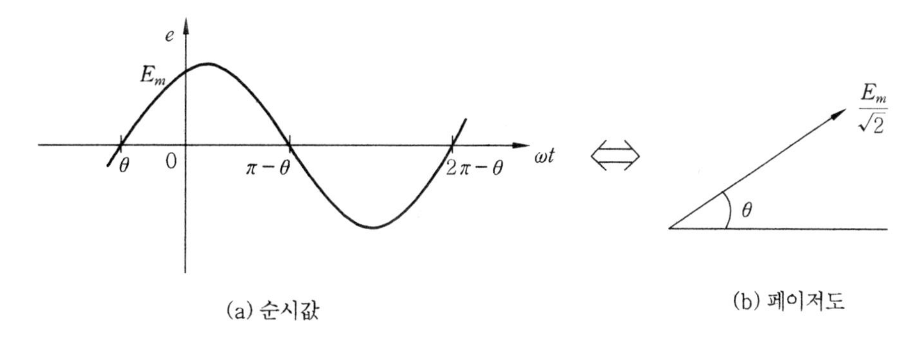

그림 2-8 순시값과 페이저도 표시 비교

예제 7. 전압의 순시값이 $e=220\sin(\omega t+60°)$ [V]인 순시값 파형과 페이저도를 작성하여라.

해설

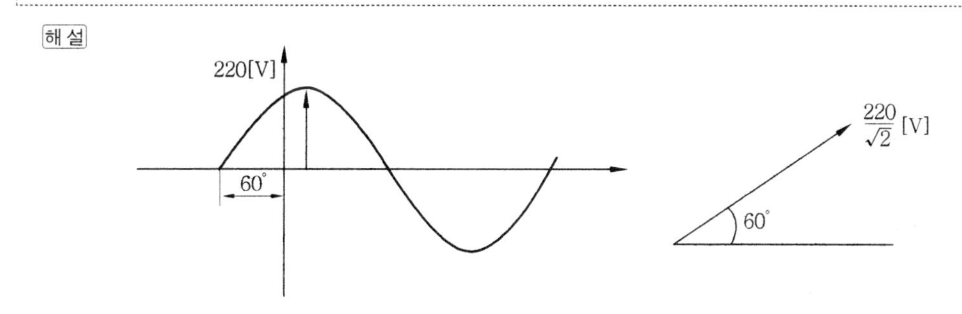

3-2 벡터 표시법의 계산

벡터기호법 또는 복소기호법은 교류회로의 계산에 복소수를 사용하는 해석방법이다. 정현파 교류전압과 전류의 계산은 기하학적 방법을 이용하면 매우 복잡하다. 따라서 복소기호법을 이용하면 대수적인 계산이 가능하다.

(1) 복소수

복소수는 2차원을 표현하는 하나의 방법이라 할 수 있다. 보편적인 2차원 표시는 그림 2-9와 같이 실수축과 허수축으로 표현하고 있다. 여기서 실수축은 가로축이고, 허수축은 세로축으로 서로 직각 관계에 있다. 따라서 직각좌표계라고 부른다.

$j=\sqrt{-1}$은 허수 단위, 복소수 $\overline{OP}$는 복소값의 절대값이고, θ는 복소수 $\overline{OP}$와 실수축이 이루는 각으로서 복소수의 편각 또는 위상이라고 한다. 복소수는 벡터이므로 문자표현으로는 굵은 문자, 문자 위에 점을 찍거나 화살표로 표현한다.

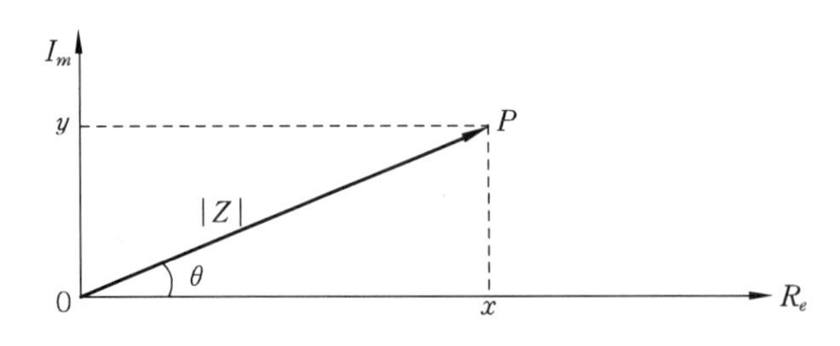

그림 2-9 직각좌표계의 복소수 표시

그림 2−9의 각 값을 표현하면 식 (2.18)과 같다.

$$\boldsymbol{Z} = x + jy \tag{2.18}$$

식 (2.18)의 절대값은

$$|Z| = OP = \sqrt{x^2 + y^2} \tag{2.19}$$

이고, 위상은 식 (2.20)과 같이 얻는다.

$$\theta = \tan^{-1}\frac{y}{x} \tag{2.20}$$

그리고 식 (2.18)과 같은 복소수에서 $(x - jy)$의 관계인 복소수를 공액복소수라 한다. 즉, 허수부의 부호가 반대일 때 주 복소수는 서로 공액관계에 있다. 이 때의 복소수를 $\overline{Z}$라 하면 크기와 위상은 다음과 같다.

$$|Z| = \sqrt{x^2 + (-y)^2} = \sqrt{x^2 + y^2}$$

$$\theta = \tan^{-1}\left(-\frac{y}{x}\right)$$

따라서 공액복소수는 크기는 같지만, 위상이 반대인 결과를 가져오며 복소수의 나눗셈에서 또한 유용하게 쓰인다. 그림 2−10은 이와 같은 관계를 직각좌표계로 표현한 것이다.

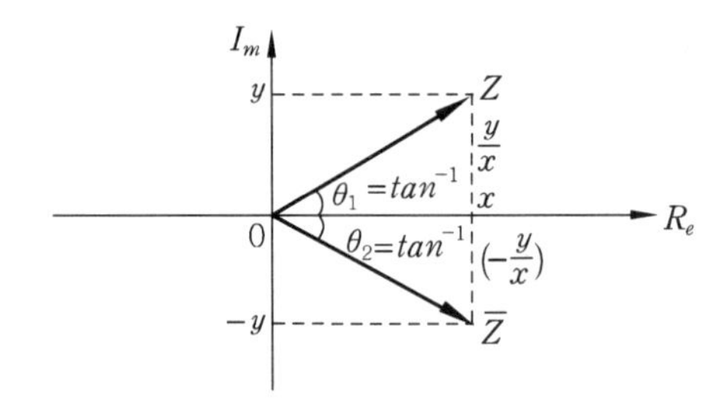

그림 2-10 공액복소수

예제 8. 복소수 $A = 6 + j8$의 절대값과 위상 θ를 구하여라. 또한 공액복소수를 구하고, 그 크기와 위상차를 구하여 비교하여라.

해설 식 (2.19)와 식 (2.20)에서 $|A|=\sqrt{6^2+8^2}=\sqrt{100}=10$

$\theta=\tan^{-1}\frac{8}{6} \fallingdotseq 53.13°$

공액복소수는 : $6-j8$

$|A|=\sqrt{6^2+(-8)^2}=\sqrt{100}=10$

$\theta=\tan^{-1}\frac{(-8)}{6} \fallingdotseq -53.13°$

(2) 복소수의 4칙 연산

① 덧셈 : 두 복소수 $\boldsymbol{A}_1=a_1+jb_1$과 $\boldsymbol{A}_2=a_2+jb_2$가 있다. 두 복소수의 합은 식 (2.21)과 같다.

$$\boldsymbol{A}=\boldsymbol{A}_1+\boldsymbol{A}_2=(a_1+a_2)+j(b_1+b_2)=a+jb \tag{2.21}$$

합산한 복소수의 절대값은

$$|A|=\sqrt{(a_1+a_2)^2+(b_1+b_2)^2}=\sqrt{a^2+b^2} \tag{2.22}$$

이고, 합산한 복소수의 위상은 식 (2.23)과 같다.

$$\theta=\tan^{-1}\frac{b_1+b_2}{a_1+a_2}=\tan^{-1}\frac{b}{a} \tag{2.23}$$

② 뺄셈 : 두 복소수 $\boldsymbol{A}_1=a_1+jb_1$과 $\boldsymbol{A}_2=a_2+jb_2$가 있다. 두 복소수의 차는 식 (2.24)와 같다.

$$\boldsymbol{A}=\boldsymbol{A}_1-\boldsymbol{A}_2=(a_1-a_2)+j(b_1-b_2)=a+jb \tag{2.24}$$

뺄셈한 복소수의 절대값은

$$|A|=\sqrt{(a_1-a_2)^2+(b_1-b_2)^2}=\sqrt{a^2+b^2} \tag{2.25}$$

이고, 뺄셈한 복소수의 위상은 다음 θ와 같다.

$$\theta=\tan^{-1}\frac{b_1-b_2}{a_1-a_2}=\tan^{-1}\frac{b}{a}$$

복소수 $\boldsymbol{A}_1$, $\boldsymbol{A}_2$, ⋯ $\boldsymbol{A}_n$의 합의 전체 복소수 계산은 식 (2.26)과 같다.

$$\begin{aligned}\boldsymbol{A}&=\boldsymbol{A}_1+\boldsymbol{A}_2+\cdots+\boldsymbol{A}_n\\&=(a_1+jb_1)+(a_2+jb_2)+\cdots+(a_n+jb_n)\\&=(a_1+a_2+\cdots+a_n)+j(b_1+b_2+b_3+\cdots+b_n)\\&=\sum_{n=1}^{n}a_n+j\sum_{n=1}^{n}b_n\end{aligned} \tag{2.26}$$

예제 9. $X=8+j7$, $Y=5-j3$일 때 $Z_1=X+Y$와 $Z_2=X-Y$, 절대값과 위상을 각각 구하여라.

해설 식 (2.21)로부터

$$Z_1 = (8+5) + j\{7+(-3)\} = 13 + j4$$

$$|A| = \sqrt{a^2+b^2} = \sqrt{13^2+4^2} = \sqrt{185}$$

$$\theta = \tan^{1}\frac{4}{13} \fallingdotseq 17.1°$$

식 (2.24)로부터

$$Z_2 = (8-5) + j\{7-(-3)\} = 3 + j10$$

$$|A| = \sqrt{a^2+b^2} = \sqrt{3^2+10^2} = \sqrt{109}$$

$$\theta = \tan^{-1}\frac{10}{3} \fallingdotseq 73.3°$$

③ **곱셈 :** 두 복소수 $\boldsymbol{A}_1 = a_1 + jb_1$과 $\boldsymbol{A}_2 = a_2 + jb_2$가 있다. 두 복소수의 곱셈은 식 (2.27)과 같다.

$$\begin{aligned}\boldsymbol{A} = \boldsymbol{A}_1 \cdot \boldsymbol{A}_2 &= (a_1 + jb_1)(a_2 + jb_2) \\ &= (a_1 a_2 - b_1 b_2) + j(a_2 b_1 + a_1 b_2)\end{aligned} \tag{2.27}$$

곱셈한 전체 복소수 $\boldsymbol{A}$의 절대값은

$$|A| = \sqrt{(a_1 a_2 - b_1 b_2)^2 + (a_2 b_1 + a_1 b_2)^2} \tag{2.28}$$

이고, 위상 θ는 식 (2.29)와 같다.

$$\theta = \tan^{-1}\frac{a_1 b_2 + a_2 b_1}{a_1 a_2 - b_1 b_2} = \tan^{-1}\frac{b_1}{a_1} + \tan^{-1}\frac{b_2}{a_2} \tag{2.29}$$

④ **나눗셈 :** 두 복소수 $\boldsymbol{A}_1 = a_1 + jb_1$과 $\boldsymbol{A}_2 = a_2 + jb_2$가 있다. 두 복소수의 나눗셈은 식 (2.30)과 같다. 즉 분모의 공액복소수를 분모와 분자에 곱하여 구한다.

$$\begin{aligned}\boldsymbol{A} = \frac{\boldsymbol{A}_1}{\boldsymbol{A}_2} &= \frac{a_1 + jb_1}{a_2 + jb_2} = \frac{(a_1 + jb_1)(a_2 - jb_2)}{(a_2 + jb_2)(a_2 - jb_2)} \\ &= \frac{(a_1 a_2 + b_1 b_2)}{a_2^2 + b_2^2} + j\frac{(a_2 b_1 - a_1 b_2)}{a_2^2 + b_2^2}\end{aligned} \tag{2.30}$$

나눗셈한 전체 복소수 $\boldsymbol{A}$의 절대값은

$$\begin{aligned}|A| &= \sqrt{\left(\frac{a_1 a_2 + b_1 b_2}{a_2^2 + b_2^2}\right)^2 + \left(\frac{a_2 b_1 - a_1 b_2}{a_2^2 + b_2^2}\right)^2} \\ &= \sqrt{\frac{a_1^2 a_2^2 + b_1^2 b_2^2 + 2a_1 a_2 b_1 b_2 + a_2^2 b_1^2 + a_1^2 b_2^2 - 2a_1 a_2 b_1 b_2}{(a_2^2 + b_2^2)^2}}\end{aligned} \tag{2.31}$$

이고, 위상 θ는 식 (2.32)와 같다.

$$\theta = \tan^{-1}\frac{a_2 b_1 - a_1 b_2}{a_1 a_2 + b_1 b_2} = \tan^{-1}\frac{b_1}{a_1} - \tan^{-1}\frac{b_2}{a_2} \tag{2.32}$$

예제 10. $\boldsymbol{X}=8+j6$, $\boldsymbol{Y}=4+j3$의 두 복소수 $\boldsymbol{Z}_1=\boldsymbol{X}\cdot\boldsymbol{Y}$와 $\boldsymbol{Z}_2=\dfrac{\boldsymbol{X}}{\boldsymbol{Y}}$의 복소수, 크기와 위상을 구하여라.

해설 식 (2.27)에서 식 (2.29)로부터

$$\boldsymbol{Z}_1=(8\times4-6\times3)+j(6\times4+8\times3)=14+j48$$

$$|Z_1|=\sqrt{(14)^2+48^2}=\sqrt{2500}=50,\quad \theta=\tan^{-1}\frac{48}{14}=73.74°$$

식 (2.30)에서 식 (2.32)로부터

$$\boldsymbol{Z}_2=\frac{(8\times4+6\times3)}{4^2+3^2}+j\frac{(6\times4-8\times3)}{4^2+3^2}=\frac{50}{25}+j0=2+j0$$

$$|Z_2|=2,\quad \theta=\tan^{-1}\frac{0}{2}=0°$$

3-3 복소수의 극좌표 표시

복소수의 편각과 절대값을 표현하면 식 (2.33)과 같다.

$$\boldsymbol{Z}=a+jb=|Z|(\cos\theta+j\sin\theta) \tag{2.33}$$

오일러(Euler)의 식에 의해 $\cos\theta+j\sin\theta=\varepsilon^{j\theta}$를 이용하면 복소수는 식 (2.34)와 같이 간편하게 표현할 수 있다.

$$\boldsymbol{Z}=|Z|\varepsilon^{j\theta}\quad 또는\quad \boldsymbol{Z}=|Z|\angle\theta \tag{2.34}$$

이렇게 표시하는 것이 복소수의 극좌표 표시이다. 그림 2-11에서 각 θ는 실수축을 기준으로 반시계 방향으로 시작하여 이루는 각이다.

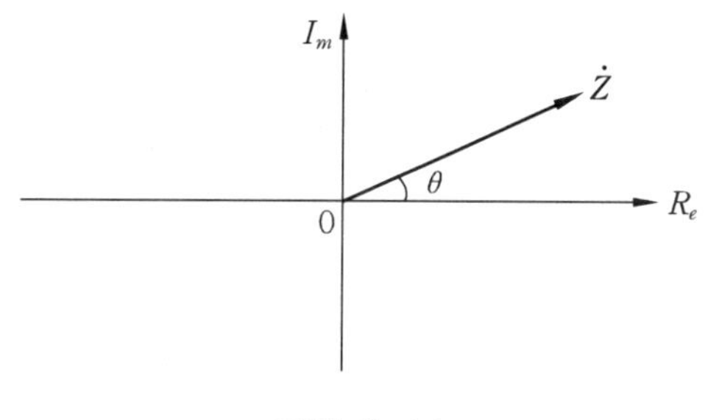

그림 2-11

2개 이상의 복소수의 곱과 나누기를 극좌표로 표시하려면 복소수 $\boldsymbol{A}_1=|A_1|\angle\theta_1$과 $\boldsymbol{A}_2=|A_2|\angle\theta_2$가 주어져 있을 때 식 (2.35)는 두 복소수의 곱셈을 나타내는 식이다.

$$\boldsymbol{A}_1\boldsymbol{A}_2=|A_1|\angle\theta_1\cdot|A_2|\angle\theta_2=|A_1||A_2|\angle(\theta_1+\theta_2)=|A|\angle\theta \tag{2.35}$$

두 복소수의 나눗셈은 식 (2.36)과 같다.

$$\frac{\boldsymbol{A}_1}{\boldsymbol{A}_2}=\frac{|A_1|\angle\ \theta_1}{|A_2|\angle\ \theta_2}=\left|\frac{A_1}{A_2}\right|\angle\ (\theta_1-\theta_2)=|A|\theta \qquad (2.36)$$

이상에서 복소수의 곱셈과 나눗셈에는 극좌표 계산이 편리함을 알 수 있다.

예제 11. $\boldsymbol{A}=60-j30$의 복소수를 극좌표로 표시하고, $\boldsymbol{B}=80\angle 30°$를 직각좌표로 표시하시오.

해설 식 (2.33)과 식 (2.34)에서

$$|A|=\sqrt{60^2+30^2}=\sqrt{4500}$$

식 (2.20)에서

$$\theta=\tan^{-1}\frac{-30}{60}=-26.5°,\quad A=\sqrt{4500}\underline{/-26.5°}$$

식 (2.33)에서

$$\boldsymbol{B}=80\cos 30°+j80\sin 30°=40\sqrt{3}+j40$$

예제 12. 예제 11의 $\boldsymbol{A}$, $\boldsymbol{AB}$를 극좌표로, $C_1=\boldsymbol{A}\cdot\boldsymbol{B}$와 $C_2=\dfrac{\boldsymbol{A}}{\boldsymbol{B}}$를 계산하시오.

해설 식 (2.35)에서

$$\boldsymbol{C}_1=\sqrt{4500}\underline{/-26.5°}\times 80\angle 30°=2400\sqrt{5}\angle 3.5°$$

식 (2.36)으로부터

$$\boldsymbol{C}_2=\frac{30\sqrt{5}\underline{/-26.5°}}{80\angle 30°}=\frac{3\sqrt{5}}{8}\angle -56.5°$$

3-4 복소수에 대한 j의 승제

전기회로의 해석은 실수와 허수 두 수를 이용하여 이루어진다. 이 때 허수 j는 $j=\sqrt{-1}$의 값을 가진다. 허수란 자승을 하여 얻은 값이 "-"값을 갖는 경우를 허수라 하며 다음 식을 통해 허수의 곱셈관계를 살펴보자.

$$\begin{aligned}
&j=\sqrt{-1}\\
&j^2=j\cdot j=\sqrt{-1}\cdot\sqrt{-1}=-1\\
&j^3=j^2\cdot j=-j\\
&j^4=j^2\cdot j^2=1\\
&j^5=j^4\cdot j=j\\
&j\boldsymbol{Z}=j(a+jb)=-b+ja
\end{aligned} \qquad (2.37)$$

복소수 $\boldsymbol{Z}$에 j를 곱하면 그림 2-12와 같이 위상이 $\frac{\pi}{2}$[rad]만큼 앞서는 결과를 가져온다. 따라서 j를 회전연산자라고도 한다.

$$\frac{1}{j} = \frac{j}{j^2} = \frac{j}{-1} = -j$$

$$\frac{1}{j^2} = \frac{1}{-1} = -1$$

$$\frac{1}{j^3} = \frac{j}{j^4} = \frac{j}{1} = j$$

$$\frac{1}{j^4} = \frac{1}{1} = 1$$

$$\frac{1}{j^5} = \frac{j}{j^4 \cdot j^2} = \frac{j}{1 \cdot -1} = \frac{j}{-1} = -j \qquad (2.38)$$

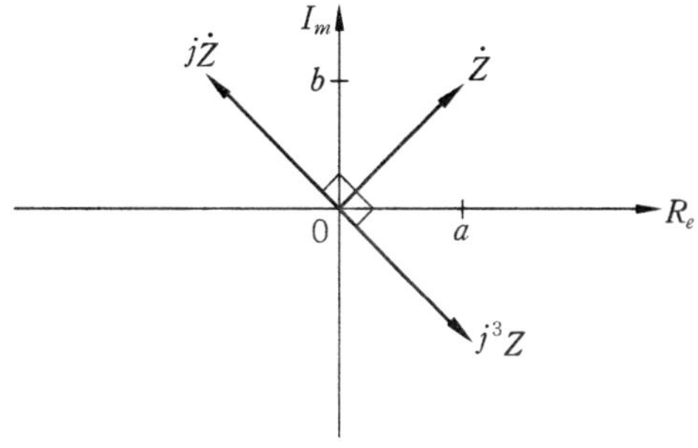

그림 2-12 j의 승제에 대한 직각좌표계에 표현

복소수 $\boldsymbol{Z}$에 j를 나누면 식 (2.37)과 그림 2-12의 결과로부터 $\frac{1}{j}$과 j^3과 같으므로 위상이 $\frac{\pi}{2}$ [rad]만큼 늦어지는 결과를 가져온다. 단, 복소수의 절대값에는 변화가 없다.

$$\frac{\boldsymbol{Z}}{j} = -j\boldsymbol{Z} = -j(a+jb) = b - ja$$

3-5 복소수의 미분과 적분

복소수 $A = |A|(\cos\theta + j\sin\theta) = |A|\varepsilon^{j\theta}$를 미분하면

$$\boldsymbol{A}' = \frac{dA}{d\theta} = |A|(-\sin\theta + j\cos\theta) = j|A|(\cos\theta + j\sin\theta) = j\boldsymbol{A} \qquad (2.39)$$

와 같다. 식 (2.39)로부터 알 수 있듯이 복소수를 반시계 방향으로 90° 빠르게 한 결과를 가져온다. 또한 위 복소수를 적분하면 식 (2.40)과 같다. 또한 적분은 식 (2.38)로부터 알 수 있듯이 복소수를 90° 늦게 한 결과를 식 (2.40)과 같이 얻는다.

$$\begin{aligned}\boldsymbol{A}'' &= \int A d\theta = |A|\left(\int \cos\theta + j\int \sin\theta\right) \\ &= |A|(\sin\theta - j\cos\theta) \\ &= -j|A|(\cos\theta + j\sin\theta) = -j\boldsymbol{A}\end{aligned} \qquad (2.40)$$

4. 수동소자의 교류회로

저항, 인덕턴스, 커패시턴스의 세 소자는 교류회로에서 전류의 흐름을 방해하는 요소들이며, 이 세 소자에 흐르는 전압과 전류의 관계에 관하여 직류에서와는 다른 현상으로 해석한다.

4-1 저항회로

순시치 전압 e가 $e = E_m \sin\omega t$ [V]와 같은 크기로 가해졌을 때 전류는 옴의 법칙과 식 (2.17)에 의해서

$$\begin{aligned} i &= \frac{e}{R} = \frac{E_m}{R}\sin\omega t \\ &= I_m \sin\omega t \text{ [A]} \end{aligned} \tag{2.41}$$

과 같은 결과를 얻는다.

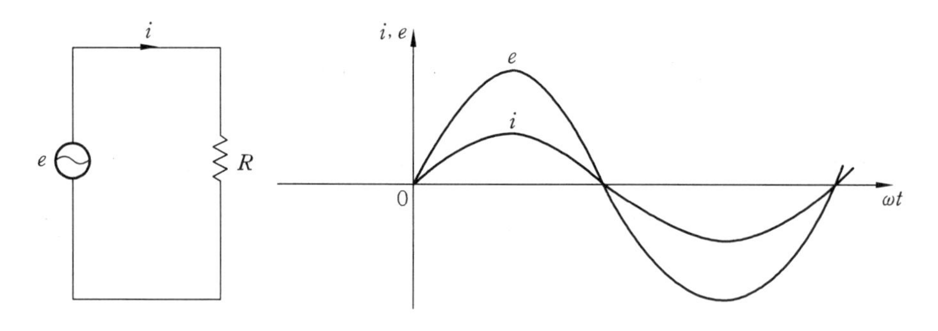

그림 2-13 저항회로

만약에 위상이 ϕ만큼 앞선 전압 $e = E_m \sin(\omega t + \phi)$ [V]가 인가되었을 때는

$$\begin{aligned} i &= \frac{e}{R} = \frac{E_m}{R}\sin(\omega t + \phi) \\ &= I_m \sin(\omega t + \phi) \\ &= \sqrt{2}\, I \sin(\omega t + \phi) \text{ [A]} \end{aligned} \tag{2.42}$$

가 된다.

식 (2.42)에서 I_m은 전류의 최대값이고 이상의 관계를 페이저도로 표현하면 그림 2-14와 같다. 저항 R만의 회로에 $\boldsymbol{E} = E\angle\phi$ [V]를 공급하면 전류 $\boldsymbol{I}$는 식 (2.43)과 같다.

$$\boldsymbol{I} = \frac{\boldsymbol{E}\angle\phi}{R} = \frac{E}{R}\angle\phi = I\angle\phi \text{ [A]} \tag{2.43}$$

즉, 식 (2.41)과 식 (2.42)의 결과로 우리는 전압과 전류는 동위상임을 알 수 있다.

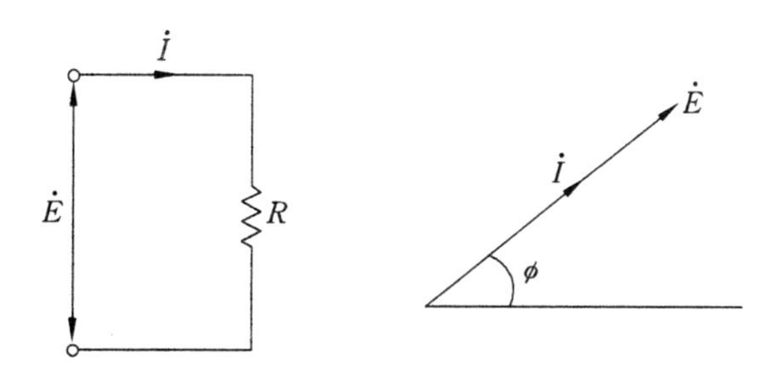

그림 2-14 저항회로의 페이저도

예제 13. $R=50\,[\Omega]$의 저항회로에 220 [V], 60 [Hz]인 교류전압을 인가할 때, 이 회로를 흐르는 전류의 순시값을 구하여라.

해설 전압방정식은 220 [V]가 실효값이므로

$$e=\sqrt{2}\,220\sin\omega t=\sqrt{2}\,220\sin 2\pi\cdot 60\cdot t=\sqrt{2}\,220\sin 377t\,[\mathrm{V}]$$

$$i=\frac{e}{R}=\frac{\sqrt{2}\,220}{50}\sin 377t=\sqrt{2}\,4.4\sin 377t\,[\mathrm{A}]$$

4-2 유도성 회로

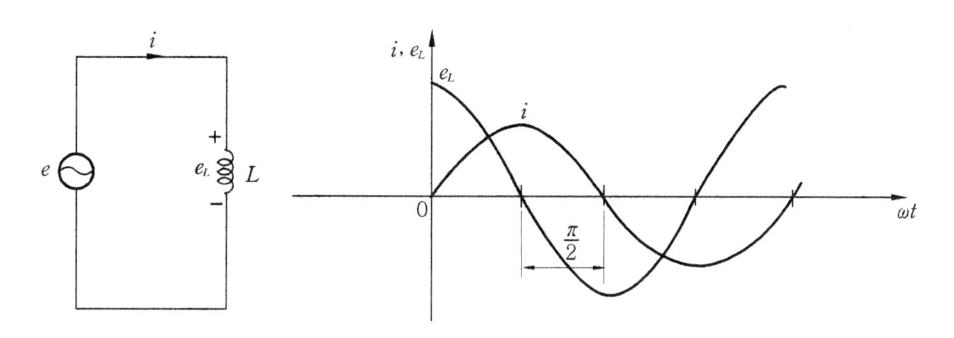

그림 2-15 유도성 회로

그림 2-15와 같은 저항이 없는 순수한 인덕턴스 L [H]에 정현파 교류전압 $e=E_m\sin\omega t$ [V]를 인가하면 L 양단에는 $e_L=-L\dfrac{di}{dt}$ [V]의 역기전력이 발생한다. 공급전압과 크기는 같으나 극성이 반대방향이다. 따라서

$$e+e_L=0$$

$$e=-e_L=L\frac{di}{dt}\,[\mathrm{V}] \tag{2.44}$$

가 된다.

식 (2.44)에 전류 $i=I_m \sin\omega t$ [A]를 대입하여 풀이하면

$$e=L\frac{di}{dt}=L\frac{dI_m \sin\omega t}{dt}=LI_m\frac{d\sin\omega t}{dt}=LI_m\frac{d\sin\omega t}{d\omega t}\cdot\frac{d\omega t}{dt}$$

$$=\omega LI_m \cos\,\omega t=\omega LI_m \sin\left(\omega t+\frac{\pi}{2}\right)[\mathrm{V}] \qquad (2.45)$$

를 얻는다. 또한 L 양단의 전압강하는 $L\frac{di}{dt}$ [V]이므로 여기서 위상이 ϕ만큼 앞선 전압 $e=E_m\ \sin(\omega t+\phi)$ [V]에 대하여 전류를 구하면,

$$di=\frac{1}{L}E_m \sin(\omega t+\phi)\,dt$$

$$i=\frac{E_m}{L}\int\sin(\omega t+\phi)dt=-\frac{E_m}{\omega L}\cos(\omega t+\phi)$$

$$=\frac{E_m}{\omega L}\sin\left(\omega t+\phi-\frac{\pi}{2}\right)=I_m\sin\left(\omega t+\phi-\frac{\pi}{2}\right)[\mathrm{A}] \qquad (2.46)$$

와 같이 되어 전압 e는 전류 i보다 $\frac{\pi}{2}$[rad] 앞선다. 다른 표현으로 전류 i는 전압의 위상보다 $\frac{\pi}{2}$[rad] 뒤진다. 전압의 위상과는 상관없이 전압과 전류의 위상차는 $\frac{\pi}{2}$[rad]의 관계를 가진다.

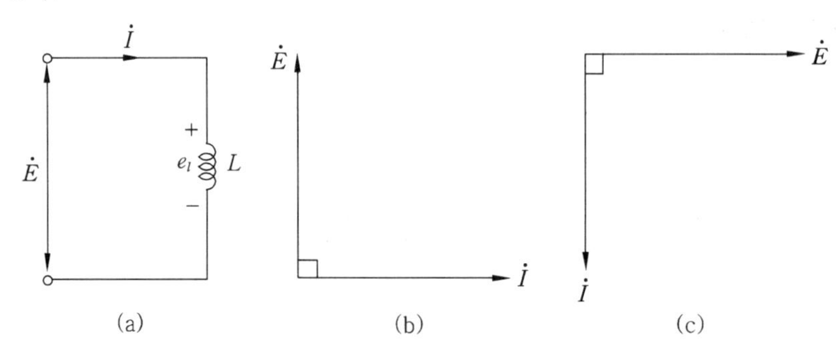

그림 2-16 인덕턴스 회로의 E와 I의 페이저도

식 (2.45)에서 실효값 전압 E와 전류 I의 관계는

$$E=\omega LI=X_L I\,[\mathrm{V}] \qquad (2.47)$$

가 되므로 식 (2.47)에서 전류를 구한다면 다음 식과 같다.

$$I=\frac{E}{\omega L}=\frac{E}{X_L}\,[\mathrm{A}] \qquad (2.48)$$

식 (2.48)에서는 ωL을 유도 리액턴스 또는 X_L로 표시하고 단위는 [Ω]을 사용한다. 인덕턴스로 구성된 교류회로에서 전류가 흐르지 못하도록 작용한다.

또한 식 (2.48)과 같이 주파수의 함수이므로 주파수가 변하면, X_L 값은 그 크기가 달라진다. 즉, X_L은 주파수에 비례한다. 이상의 관계를 페이저로 표시하면 다음과 같다.

$$\boldsymbol{E} = \omega LI \angle \frac{\pi}{2} = \omega L \angle \frac{\pi}{2} \cdot I \angle 0° = j\omega L \cdot \boldsymbol{I}\,[\mathrm{V}]$$

$$\boldsymbol{I} = \frac{\boldsymbol{E}}{j\omega L} = \frac{\boldsymbol{E}}{jX_L}\,[\mathrm{A}] \qquad (2.49)$$

페이저도는 전압과 전류 각각의 기준으로 그림 2-16과 같이 표시한다.

예제 14. 그림 2-15와 같은 인덕턴스 회로에 $L = \frac{1}{2\pi}$[H]이고, 인가한 전압 $e = \sqrt{2}\ 220 \sin(377t + 60°)$[V]일 때 리액턴스 X_L, 전류 I[A], 순시전류 i[A]와 페이저도를 구하여라.

해설 $\omega = 377$[rad/s]이므로

$$X_L = \omega L = 377 \times \frac{1}{2\pi} = 2\pi \cdot 60 \cdot \frac{1}{2\pi} = 60\,[\Omega]$$

$E = 220\angle 60°$ 이므로

$$\boldsymbol{I} = \frac{\boldsymbol{E}}{jX_L} = \frac{220\angle 60°}{60\angle 90°} = \frac{220}{60}\angle(60° - 90°)$$

$$= 3.67\angle -30°\,[\mathrm{A}]$$

실효값 전류 $I = 3.67$[A],

위상은 $-30°$이므로 순시값은

$$i = \sqrt{2} \cdot 3.67 \sin(377t - 30°)\,[\mathrm{A}]$$

따라서 페이저도는 그림 2-17과 같다.

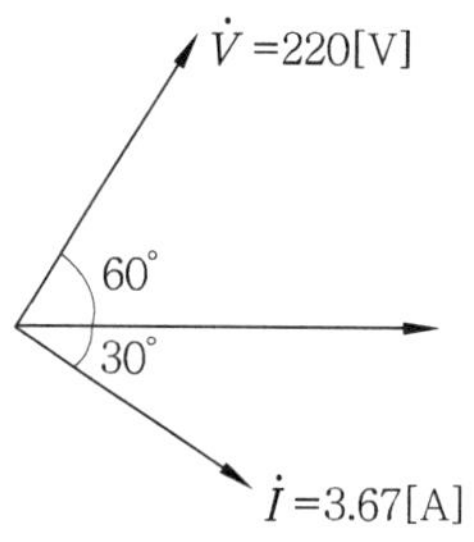

$\dot{V}$=220[V]
60°
30°
$\dot{I}$=3.67[A]

그림 2-17 페이저도

4-3 커패시터 회로

커패시터는 직류회로에서는 전류를 정상적으로 흘려보내지 못하고 차단상태가 된다.

그림 2-18과 같은 커패시터 회로에 $e = E_m \sin \omega t$[V]인 정현파 교류전압을 인가하였을 때 흐르는 전류 i[A]를 구한다.

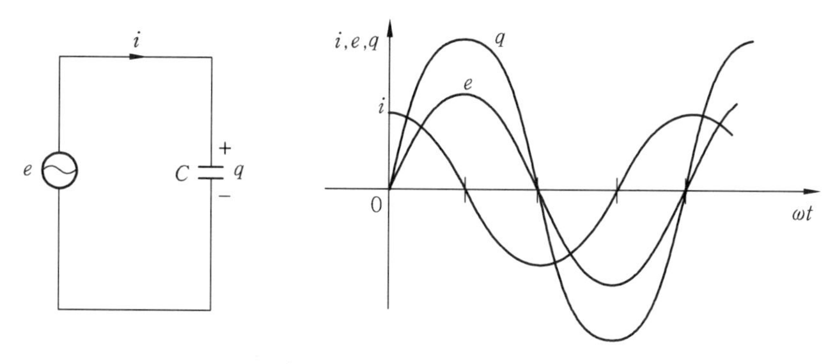

그림 2-18 커패시터 교류회로

C 양단에 교류전압 $e = E_m \sin \omega t$ [V]를 인가한다. C에 충전된 전하 q는

$$q = Ce = CE_m \sin \omega t \,[\mathrm{C}] \tag{2.50}$$

이며, 전류 i는 식 (1.2)로부터

$$\begin{aligned} i &= \frac{dq}{dt} = C\frac{de}{dt} = C\frac{dE_m \sin \omega t}{dt} = CE_m \frac{d \sin \omega t}{dt} \\ &= CE_m \frac{d \sin \omega t}{d\omega t} \cdot \frac{d\omega t}{dt} = \omega CE_m \cos \omega t \\ &= \omega CE_m \sin\left(\omega t + \frac{\pi}{2}\right) \\ &= I_m \sin\left(\omega t + \frac{\pi}{2}\right) [\mathrm{A}] \end{aligned} \tag{2.51}$$

가 된다. 따라서 전류 i는 전압 e보다 $\frac{\pi}{2}$ [rad]위상이 앞서고, 반대로 전압 e는 전류 i보다 $\frac{\pi}{2}$ [rad] 위상이 뒤진다. 여기서

$$\omega CE_m = I_m \tag{2.52}$$

과 같다. 식 (2.52)에서 전압과 전류의 비를 구하면 식 (2.53)과 같다.

$$\frac{E_m}{I_m} = \frac{E}{I} = \frac{1}{\omega C} [\Omega] \tag{2.53}$$

여기서 전압 E와 전류 I의 비인 $\frac{1}{\omega C}$을 용량성 리액턴스 또는 X_C로 표시하며, 단위는 [Ω]으로서 교류회로에서 전류를 흐르지 못하도록 하는 요소 중 하나이다. 식 (2.51)에 의하여 I는 E보다 $\frac{\pi}{2}$ [rad]상이 앞서므로 그 페이저값은 다음 식 (2.54)와 같다.

$$\boldsymbol{I} = j\omega C \cdot \boldsymbol{E} \,[\mathrm{A}] \tag{2.54}$$

$$\frac{\boldsymbol{E}}{\boldsymbol{I}} = \frac{1}{j\omega C} = -j\frac{1}{\omega C} = -jX_C [\Omega] \tag{2.55}$$

페이저도는 그림 2-19와 같이 표시한다.

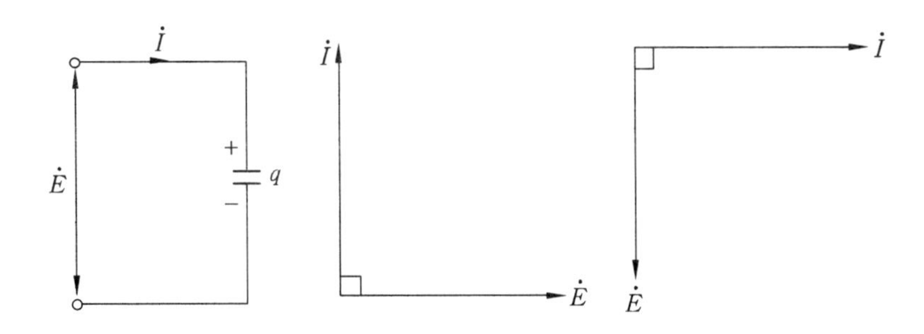

그림 2-19 용량성 회로의 페이저도

예제 15. 정전용량 0.15 [μ F]의 콘덴서에 주파수 60 [Hz], 실효값 220 [V]인 교류전압을 인가할 때 흐르는 전류의 실효값, 전압과 전류의 순시값을 구하여라.

해설 용량성 리액턴스 $X_C = \frac{1}{\omega C} = \frac{1}{2\pi f C} = \frac{1}{2\times 3.14\times 60\times 0.15\times 10^{-6}}$

$= 17.7\times 10^3 = 17.7\,[\text{k}\Omega]$

전류의 실효값 $I = \frac{E}{X_C} = \frac{220}{17.7\times 10^3} = 12.43\times 10^{-3} = 12.43\,[\text{mA}]$

전압 및 전류의 실효값이 220[V]와 12.43[mA]이므로

전압의 순시값 $e = \sqrt{2}\ 220\sin\ 2\pi\ 60t = \sqrt{2}\ 220\sin\ 377t\,[\text{V}]$

전류의 순시값 $i = \sqrt{2}\ 12.43\ \sin\left(377t + \frac{\pi}{2}\right)[\text{mA}]$

5. 교류회로와 임피던스

직류회로에서는 전류가 흐르는 것을 방해하는 것은 저항뿐이었다. 그러나 교류회로에서는 저항 외에 리액턴스와 커패시턴스가 있다. 이 소자들은 앞 절에서 설명하였듯이 서로 반대의 위상을 가지고 있어 두 소자의 벡터 합은 서로를 감소시킨다. 이러한 소자가 저항과 복소적으로 합해져서 임의의 값을 가지는 것을 우리는 임피던스(impedance)라고 부른다. 이 임피던스의 단위는 다른 전류를 흐르지 못하게 하는 소자들과 같이 [Ω]을 사용한다.

5-1 RL 직렬회로

저항 R[Ω]과 리액턴스 L[H]를 그림 2-20과 같이 결선된 회로에 KVL을 적용해서 방정식을 세워보면 식 (2.56)과 같다.

$$e = L\frac{di}{dt} + Ri\,[\text{V}] \tag{2.56}$$

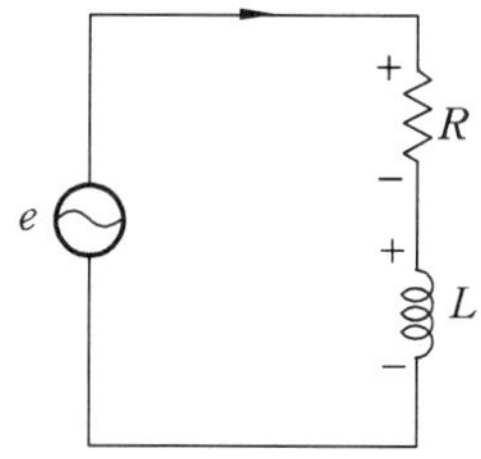

그림 2-20 RL 직렬회로

그림 2-20의 회로에 전류 $i = I_m \sin(\omega t - \phi)$[A]를 흐르게 하기 위하여 인가하여야 할 전압 e는 삼각함수 관계식을 이용하여 구하면 식 (2.57)과 같다.

$$e = LI_m \frac{d\sin(\omega t - \phi)}{dt} + RI_m \sin(\omega t - \phi)$$
$$= \omega LI_m \cos(\omega t - \phi) + RI_m \sin(\omega t - \phi)$$
$$= X_L I_m \cos(\omega t - \phi) + RI_m \sin(\omega t - \phi)$$
$$= \sqrt{R^2 + X_L^2}\, I_m \left\{ \frac{X_L}{\sqrt{R^2 + X_L^2}} \cos(\omega t - \phi) + \frac{R}{\sqrt{R^2 + X_L^2}} \sin(\omega t - \phi) \right\}$$
$$= \sqrt{R^2 + X_L^2}\, I_m \sin(\omega t - \phi + \theta)$$
$$= E_m \sin(\omega t - \phi + \theta)\,[\mathrm{V}] \qquad (2.57)$$

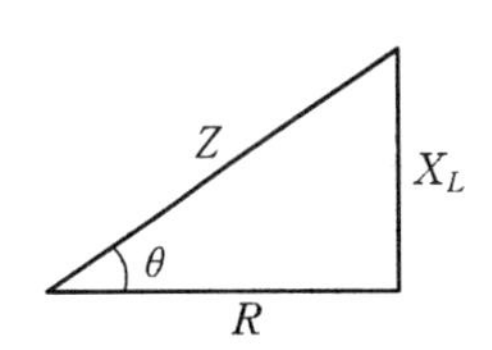

그림 2-21 RL 직렬회로의 임피던스 벡터도

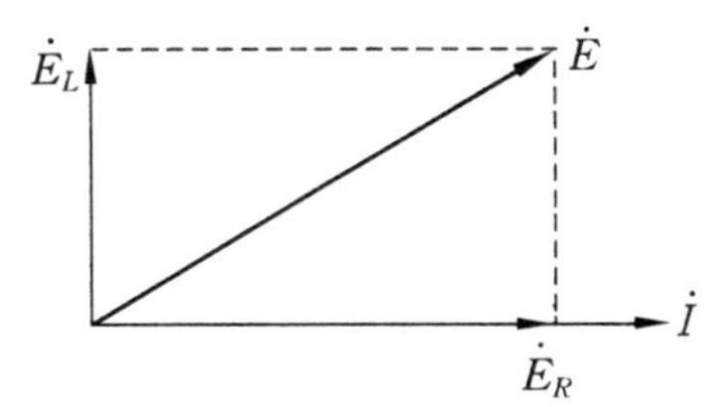

그림 2-22 RL 직렬회로의 교류전압 벡터도

저항, 리액턴스와 임피던스의 관계를 그림 2-21의 직각삼각형의 직각을 낀 두 변으로 표시하면 식 (2.58)의 관계를 얻는다.

$$\cos\theta = \frac{R}{\sqrt{R^2 + X_L^2}}, \quad \sin\theta = \frac{X_L}{\sqrt{R^2 + X_L^2}}, \quad \tan\theta = \frac{\omega L}{R}$$

$$\theta = \tan^{-1}\frac{\omega L}{R} \qquad (2.58)$$

옴의 법칙에 의해서 식 (2.57)에서 전압의 최대값은

$$E_m = \sqrt{R^2 + \omega^2 L^2}\; I_m = \sqrt{R^2 + X_L^2}\; I_m = ZI_m\,[\mathrm{V}] \qquad (2.59)$$

와 같고, 이 때 전류의 최대값은

$$I_m = \frac{E_m}{\sqrt{R^2 + X_L^2}} = \frac{E_m}{Z}\,[\mathrm{A}] \qquad (2.60)$$

를 얻으며, 이 때의 임피던스는 그림 2-21로부터

$$\boldsymbol{Z} = R + j\omega L = R + jX_L\,[\Omega] \qquad (2.61)$$

임을 알 수 있으며, 임피던스의 절대값은

$$|Z| = \sqrt{R^2 + X_L^2}\,[\Omega] \qquad (2.62)$$

와 같이 표현한다. 따라서 식 (2.57)에 의해서 전압은 전류보다 θ만큼 위상이 빠르다는 것을 알 수 있다.

RL 직렬회로의 정현파 교류를 벡터로 표시하는 관계를 알아보자. 그림 2-22에 흐르는 전류를 I, 저항과 리액턴스 양단의 전압강하를 E_R과 E_L이라 하면

$$E_R = IR\,[\mathrm{V}]$$

$$E_L = IX_L\,[\mathrm{V}] \tag{2.63}$$

저항의 전압강하는 전류와 동위상이고, 리액턴스의 전압강하는 전류보다 90° 앞서는 벡터로 그림 2-22와 같이 그려진다. 그림 2-22에서 전체 공급전압 $\boldsymbol{E}$는

$$\boldsymbol{E} = E_R + jE_L\,[\mathrm{V}] \tag{2.64}$$

이며, 그 전압의 크기는

$$|\boldsymbol{E}| = \sqrt{E_R^{\,2} + E_L^{\,2}}\,[\mathrm{V}] \tag{2.65}$$

와 같다. 식 (2.63)과 식 (2.65)로부터

$$\boldsymbol{E} = \sqrt{R^2 + X_L^{\,2}}\,\boldsymbol{I} = \boldsymbol{ZI}\,[\mathrm{V}]$$

$$\theta = \tan^{-1}\frac{E_L}{E_R} = \tan^{-1}\frac{X_L}{R} \tag{2.66}$$

의 관계를 얻을 수 있다. 이것은 식 (2.58)과 같은 값이다. 또한 전압과 전류 관계의 임피던스 값은 식 (2.67)과 같은 관계를 얻는다.

$$\boldsymbol{E} = \boldsymbol{ZI}\,[\mathrm{V}] \tag{2.67}$$

따라서 임피던스 $\boldsymbol{Z}$도 옴의 법칙의 저항과 같은 역할을 함을 다시 확인할 수 있다.

예제 16. 그림 2-20에서 전압 $e = 282.8\sin 377t\,[\mathrm{V}]$, $R = 10\,[\Omega]$, $L = 20\,[\mathrm{mH}]$일 때, 합성 임피던스, 위상차, 회로의 전류를 구하여라.

해설 $X_L = \omega L = 2\pi fL = 377 \times 20 \times 10^{-3} = 7.54\,[\Omega]$

$$Z = \sqrt{R^2 + X_L^{\,2}} = \sqrt{10^2 + 7.54^2} = 12.52\,[\Omega]$$

$$\theta = \tan^{-1}\frac{7.54}{10} = 37.02°, \qquad I = \frac{E}{Z} = \frac{\frac{282.8}{\sqrt{2}}}{12.52} = 15.97\,[\mathrm{A}]$$

5-2 RC 직렬회로

그림 2-23과 같은 RC 직렬회로에 KVL을 적용하면 인가하는 전압 e는 식 (2.68)과 같다.

$$e = e_R + e_C = Ri + \frac{1}{C}\int i\,dt\,[\mathrm{V}] \tag{2.68}$$

그림 2-23의 회로에 흐르는 전류 $i = I_m \sin(\omega t - \phi)$[A]를 식 (2.68)의 전압 e에 대입하면, 식 (2.57)에서와 마찬가지로

$$e = RI_m \sin(\omega t - \phi) + \frac{I_m}{C}\int \sin(\omega t - \phi)dt$$

$$= RI_m \sin(\omega t - \phi) - \frac{I_m}{\omega C}\cos(\omega t - \phi)$$

$$= \sqrt{R^2 + \left(\frac{1}{\omega C}\right)^2}\, I_m \left\{ \frac{R}{\sqrt{R^2 + \left(\frac{1}{\omega C}\right)^2}} \sin(\omega t - \phi) - \frac{\frac{1}{\omega C}}{\sqrt{R^2 + \left(\frac{1}{\omega C}\right)^2}} \cos(\omega t - \phi) \right\}$$

$$= ZI_m \{\cos\theta \sin(\omega t - \phi) - \sin\theta \cos(\omega t - \phi)\}$$

$$= ZI_m \sin(\omega t - \phi - \theta) = E_m \sin(\omega t - \phi - \theta)\,[\mathrm{V}] \tag{2.69}$$

와 같다. 식 (2.69)에서 임피던스 $\boldsymbol{Z}$는

$$\boldsymbol{Z} = R - j\frac{1}{\omega C} = R - jX_C\ [\Omega] \tag{2.70}$$

이며, 식 (2.70)의 임피던스의 절대값의 크기는 식 (2.71)과 같다.

$$|\boldsymbol{Z}| = \sqrt{R^2 + \left(\frac{1}{\omega C}\right)^2}\ [\Omega] \tag{2.71}$$

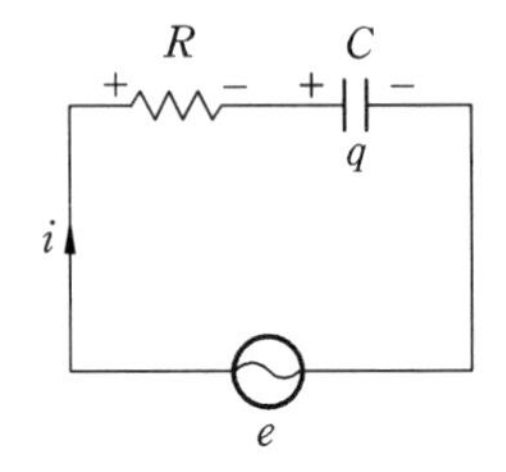

그림 2-23 RC 직렬회로

임피던스 벡터도를 그려보면 그림 2-24에서

$$\tan\theta = \frac{X_C}{R} = \frac{-1}{\omega CR}$$

$$\theta = -\tan^{-1}\left(\frac{1}{\omega CR}\right) \tag{2.72}$$

의 값을 얻는다.

식 (2.69)으로부터 전압은 전류보다 θ만큼 위상이 느리다. 따라서 전압의 최대값 E_m은

$$E_m = ZI_m = \sqrt{R^2 + X_C^2}\, I_m = \sqrt{R^2 + \left(\frac{1}{\omega C}\right)^2} I_m\ [\mathrm{V}] \tag{2.73}$$

으로 얻어지고, 여기서 전류의 최대값 I_m은 식 (2.74)와 같이 얻을 수 있다.

$$I_m = \frac{E_m}{Z} \text{ [A]} \tag{2.74}$$

여기서 RC 직렬회로의 정현파 교류를 벡터로 표시하는 관계를 알아보자. 그림 2-23에 흐르는 전류를 I, 저항과 커패시턴스 양단의 전압강하를 E_R과 E_C라 하면

$$E_R = IR \text{ [V]}$$

$$E_C = IX_C \text{ [V]} \tag{2.75}$$

저항의 전압강하는 전류와 동위상이고, 커패시턴스 전압강하는 전류보다 90° 뒤지는 벡터로 그림 2-25와 같이 그려진다.

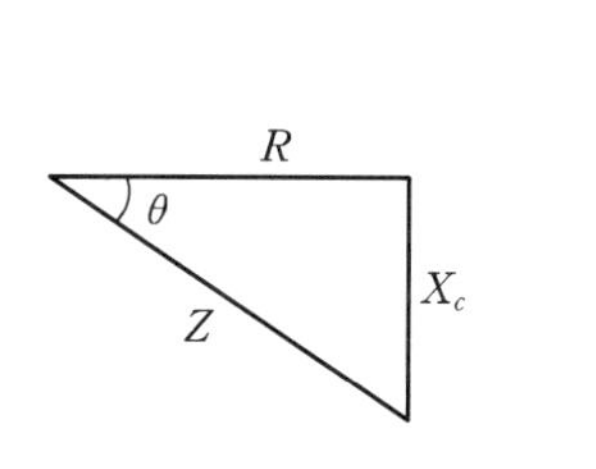

그림 2-24 RC 직렬회로의 임피던스 벡터도

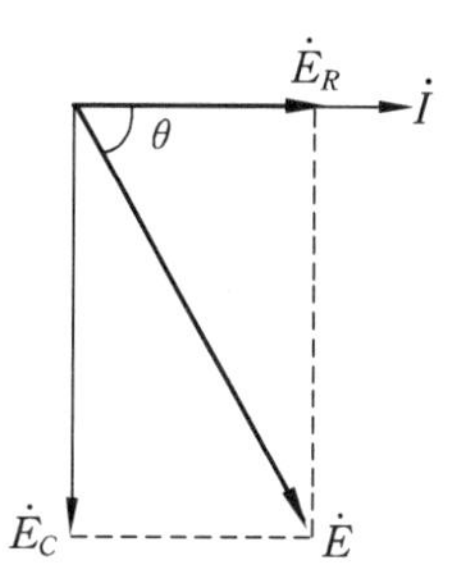

그림 2-25 RC 직렬회로의 교류전압 벡터도

그림 2-25에서 전체 공급전압 $\boldsymbol{E}$는

$$\boldsymbol{E} = E_R + jE_C \text{ [V]} \tag{2.76}$$

이며, 그 전압의 크기는

$$|\boldsymbol{E}| = \sqrt{E_R{}^2 + E_C{}^2} \text{ [V]} \tag{2.77}$$

와 같다. 식 (2.75)와 식 (2.77)로부터 식 (2.78)과 같은 관계를 얻을 수 있다.

$$\boldsymbol{E} = \sqrt{R^2 + X_C{}^2}\, \boldsymbol{I} = \boldsymbol{ZI} \text{ [V]}$$

$$\theta = \tan^{-1}\frac{E_C}{E_R} = \tan^{-1}\frac{X_C}{R} \tag{2.78}$$

이것은 식 (2.72)와 같은 값이다. 또한 전압과 전류의 관계에 임피던스 값은 식 (2.79)와 같은 관계를 얻는다.

$$\boldsymbol{E} = \boldsymbol{ZI} \text{ [V]} \tag{2.79}$$

따라서 임피던스 $\boldsymbol{Z}$도 옴의 법칙의 저항과 같은 역할을 함을 다시 확인할 수 있다. 즉, 이상으로부터 전압 $\boldsymbol{E}$와 전류 $\boldsymbol{I}$ 사이의 관계로부터 임피던스 $\boldsymbol{Z}$가 전류를 흐르게 하는데 방해하는 역할임을 알 수 있다.

예제 17. 그림 2-23에서 $R = 60\,[\Omega]$, $C = 2\,[\mu\text{F}]$이다. 이 회로에 $e = \sqrt{2}\ 220 \sin 5000\,t$ 인 전압을 인가하였다. 이 회로의 임피던스, 위상차, 전류를 구하여라.

해설 $X_C = \frac{1}{\omega C} = \frac{1}{5000 \times 2 \times 10^{-6}} = 100\,[\Omega]$

$Z = \sqrt{R^2 + X_C{}^2} = \sqrt{60^2 + 100^2} = 116.6\,[\Omega]$

$\theta = -\tan^{-1}\frac{100}{60} = -59.04°$, $\quad I = \frac{E}{Z} = \frac{220\angle 0°}{116.6\angle -59.04°} = 1.89\angle 59.04°$ [A]

5-3 *RLC* 직렬회로

그림 2-26과 같은 RLC 직렬회로에 KVL을 적용하면 식 (2.80)과 같다.

$$e = Ri + L\frac{di}{dt} + \frac{1}{C}\int idt = e_R + e_L + e_C\,[\text{V}] \tag{2.80}$$

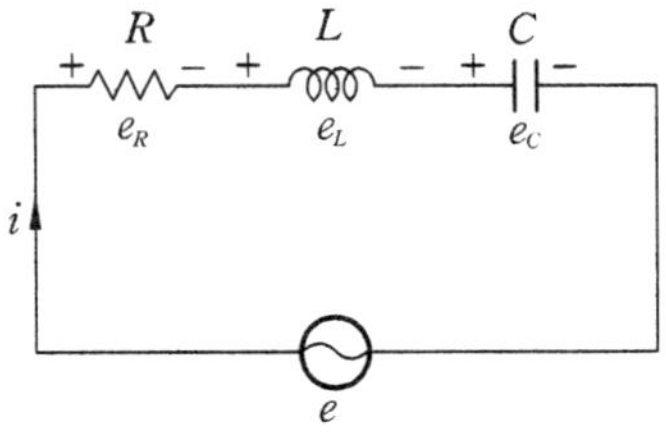

그림 2-26 RLC 직렬회로

그림 2-26에 전류 $i = I_m \sin(\omega t - \phi)$ [A]를 공급하면 식 (2.80)은

$$\begin{aligned} e &= RI_m \sin(\omega t - \phi) + \omega L I_m \cos(\omega t - \phi) - \frac{I_m}{\omega C}\cos(\omega t - \phi) \\ &= RI_m \sin(\omega t - \phi) + \left(\omega L - \frac{1}{\omega C}\right) I_m \cos(\omega t - \phi) \\ &= \sqrt{R^2 + \left(\omega L - \frac{1}{\omega C}\right)^2}\, I_m \sin(\omega t - \phi + \theta) \\ &= E_m \sin(\omega t - \phi + \theta)\,[\text{V}] \end{aligned} \tag{2.81}$$

과 같이 얻어진다. 식 (2.81)에서 RLC 직렬회로의 임피던스는 식 (2.82)와 같이 구한다.

$$Z = R + j\left(\omega L - \frac{1}{\omega C}\right) = R + j(X_L - X_C)\,[\Omega] \tag{2.82}$$

식 (2.82)의 임피던스의 절대값의 크기는 식 (2.83)과 같다.

$$|Z| = \sqrt{R^2 + \left(\omega L - \frac{1}{\omega C}\right)^2} = \sqrt{R^2 + (X_L - X_C)^2}\,[\Omega] \tag{2.83}$$

또한 위상차는 식 (2.84)와 같이 구한다.

$$\theta = \tan^{-1}\frac{\omega L - \frac{1}{\omega C}}{R} = \tan^{-1}\frac{X_L - X_C}{R} \tag{2.84}$$

식 (2.81)에서 전압의 최대값과 임피던스 관계에서 식 (2.85)와 같은 전류의 최대값을 구한다.

$$E_m = \sqrt{R^2 + \left(\omega L - \frac{1}{\omega C}\right)^2} I_m = ZI_m \text{ [V]}$$

$$I_m = \frac{E_m}{Z} \text{ [A]} \tag{2.85}$$

이상에서 임피던스의 관계를 벡터로 표현하면 그림 2-27과 같다. 여기서 RLC 직렬회로의 정현파 교류를 벡터로 표시하는 관계를 알아보자. 그림 2-26에 흐르는 전류를 I, 저항, 리액턴스와 커패시턴스 양단의 전압강하를 E_R, E_L, E_C라 하면 식 (2.86)과 같다.

$$E_R = IR\text{[V]}, \qquad E_L = IX_L\text{[V]}, \qquad E_C = IX_C\text{[V]} \tag{2.86}$$

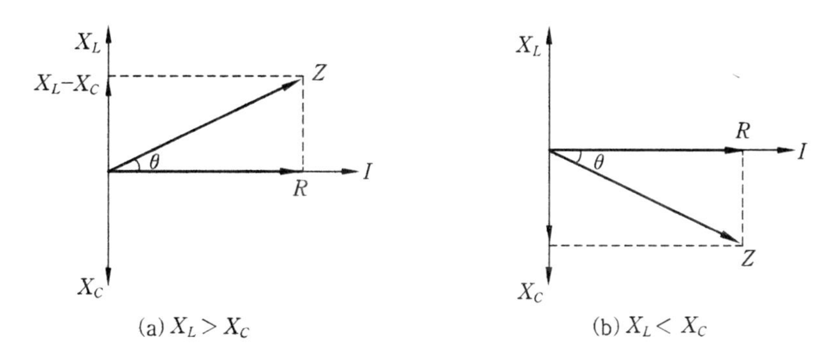

그림 2-27 RLC 직렬회로의 임피던스 벡터도

저항의 전압강하는 전류와 동위상이고, 리액턴스의 전압강하는 전류보다 90° 앞서는 벡터이며, 커패시턴스 전압강하는 전류보다 90° 뒤지는 벡터로 그림 2-28과 같이 그려진다. 그러나 X_L과 X_C 중 어느 쪽이 큰 가에 따라서 그림 2-28과 같이 벡터도도 달라진다.

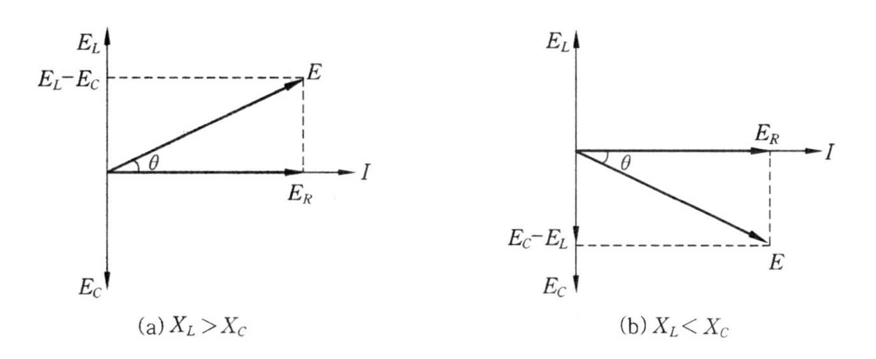

그림 2-28 RLC 직렬회로의 교류전압 벡터도

그림 2-28에서 전체 공급전압 $\boldsymbol{E}$는

$$\boldsymbol{E} = E_R + j(E_L - E_C)\text{[V]} \tag{2.87}$$

와 같고, 그 전압의 크기는 다음 식 (2.88)과 같다.

$$|\boldsymbol{E}| = \sqrt{E_R{}^2 + (E_L - E_C)^2}\,[\mathrm{V}] \tag{2.88}$$

식 (2.88)로부터

$$\boldsymbol{E} = \sqrt{R^2 + (X_L - X_C)^2}\,\boldsymbol{I} = \boldsymbol{ZI}\,[\mathrm{V}]$$

$$\theta = \tan^{-1}\frac{E_L - E_C}{E_R} = \tan^{-1}\frac{X_L - X_C}{R} \tag{2.89}$$

식 (2.89)에서 $X = X_L - X_C$를 합성 리액턴스라 한다. 이상에서 살펴 본 바와 같이 모든 임피던스의 역할은 전류를 흐르지 못하도록 하는 것으로 옴의 법칙이 성립함을 알 수 있다.

예제 18. 그림 2-26과 같은 RLC 직렬회로에 R=100 [Ω], L=1.5 [H], C=5 [μF]일 때, 실효값 전압 220 [V], 60 [Hz]의 정현파 교류전압을 인가하였다. 이 때의 임피던스와 순시값 전류를 구하여라.

해설 $X_L = 2\pi fL = 2\times3.14\times60\times1.5 = 565.2\,[\Omega]$

$$X_C = \frac{1}{2\pi fC} = \frac{1}{2\times3.14\times60\times5\times10^{-6}} = 530.8\,[\Omega]$$

$$Z = \sqrt{R^2 + (X_L - X_C)^2} = \sqrt{100^2 + (565.2 - 530.8)^2} = 105.75\,[\Omega]$$

임피던스에서 유도성 리액턴스가 크므로 전압식은

$$e = E_m \sin(\omega t - \phi + \theta)\,[\mathrm{V}]$$

식 (2.89)로부터

$$\theta = \tan^{-1}\frac{X_L - X_C}{R} = \tan^{-1}\frac{565.2 - 530.8}{100} = 18.98°$$

따라서 순시값 전류는

$$i = \sqrt{2}\,\frac{E}{Z}\sin(\omega t - \phi + \theta) = \sqrt{2}\,\frac{E}{\sqrt{R^2 + (X_L - X_C)^2}}\sin(\omega t - \phi + \theta)$$

$$= \sqrt{2}\,\frac{220}{105.75}\sin(\omega t - \phi + \theta) = \sqrt{2}\,2.08\sin(\omega t - \phi + 18.98°)\,[\mathrm{A}]$$

또한, 합성 리액턴스 값은 주파수의 변화에 따라서 그 값들이 정의 값, 부의 값, 0으로 변화하므로 전류의 크기와 위상에 변화를 준다. 그리하여 다음과 같이 설명할 수 있다.

① 저항회로 또는 직렬공진회로

$\omega L = \dfrac{1}{\omega C}$ 일 때 $\theta = 0$ 이므로, $i = I_m \sin(\omega t - \phi)$ [A], $e = E_m \sin(\omega t - \phi)$ [V]

전압과 전류는 동위상이며, 흐르는 전류(공진전류)는 최대가 된다. 따라서 임피던스의 크기는 저항의 크기와 같게 된다.

$$Z = R$$

② 유도성 회로

$\omega L > \dfrac{1}{\omega C}$ 일 때 $\theta > 0$ 이므로, $\omega L - \dfrac{1}{\omega C} = X_L$ 로서 임피던스는 RL 회로와 같다.

따라서 전압이 θ 만큼 앞선다.

$$i = I_m \sin(\omega t - \phi)\,[\mathrm{A}], \qquad e = E_m \sin(\omega t - \phi + \theta)\,[\mathrm{V}]$$

③ 용량성 회로

$\omega L < \dfrac{1}{\omega C}$ 일 때 $\theta < 0$ 이므로 $\dfrac{1}{\omega C} - \omega L = X_C$ 와 같이 임피던스는 RC 회로와 같다. 따라서 전압이 θ 만큼 뒤진다.

$$i = I_m \sin(\omega t - \phi)\,[\mathrm{A}], \qquad e = E_m \sin(\omega t - \phi - \theta)\,[\mathrm{V}]$$

이상에서 공진주파수 부근에서 전류가 잘 흐른다는 것을 알았다. 이와 같이 전류를 잘 흐르게 하는 주파수 대역을 통과 대역이라 한다. 여기서 공진시의 주파수와 각 주파수를 f_0, ω_0 라 하고, 임피던스가 $Z = R$의 최소가 되는 조건은

$$\omega_0 L = \frac{1}{\omega_0 C}, \quad \omega_0 = 2\pi f_0 \tag{2.90}$$

와 같다. 이 식 (2.90)을 정리하면 식 (2.91)과 같은 공진주파수를 구할 수 있다.

$$f_0 = \frac{1}{\sqrt{(2\pi)^2 LC}} = \frac{1}{2\pi\sqrt{LC}}\,[\mathrm{Hz}] \tag{2.91}$$

따라서 Z가 최소가 되므로 전류는 최대가 된다. 공진일 경우 다음 식과 같다.

$$i_0 = \frac{e}{R} = \frac{e}{Z}\,[\mathrm{V}]$$

$$e_L = i_0\, \omega_0 L = e\frac{\omega_0 L}{R}\,[\mathrm{V}]$$

$$e_C = i_0 \frac{1}{\omega_0 C} = e\frac{1}{\omega_0 CR} = e\frac{\omega_0 L}{R}\,[\mathrm{V}]$$

$$e_L = e_C$$

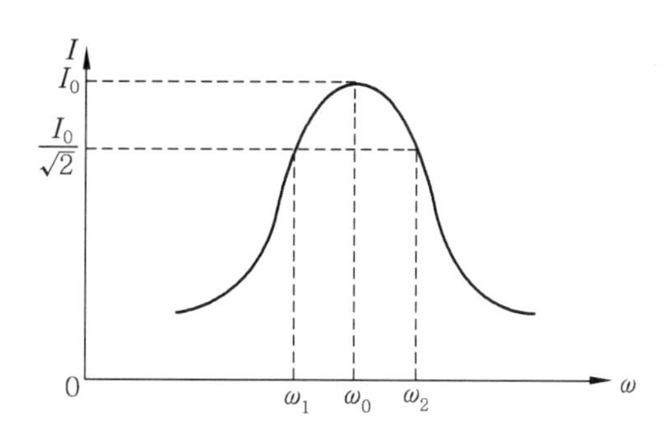

그림 2-29 공진주파수 대역

이 결과로부터 $\dfrac{\omega_0 L}{R}$ 또는 $\dfrac{1}{\omega_0 CR}$ 을 공진의 첨예도, 회로의 품질계수 또는 선택도라 하고 Q로 표시하며 식 (2.92)와 같이 구해진다.

$$Q = \frac{\omega_0 L}{R} = \frac{1}{\omega_0 CR} = \frac{1}{R}\sqrt{\frac{L}{C}} \tag{2.92}$$

선택도가 크다는 것은 그림 2-29에서 $\omega_2 - \omega_1$의 값이 작다는 것이다.

예제 19. 예제 18에서 공진주파수, 공진전류, 선택도를 구하여라.

해설 식 (2.91)로부터

$$f_0 = \frac{1}{2\pi\sqrt{LC}} = \frac{1}{2\times3.14\times\sqrt{1.5\times5\times10^{-6}}} \fallingdotseq 58.1\,[\mathrm{Hz}]$$

공진일 경우 $Z=R$ 이므로 $I = \frac{220}{100} = 2.2\,[\mathrm{A}]$

선택도는 식 (2.92)로부터 $Q = \frac{1}{R}\sqrt{\frac{L}{C}} = \frac{1}{100}\sqrt{\frac{1.5}{5\times10^{-6}}} \fallingdotseq 5.5$

5-4 *RLC* 병렬회로

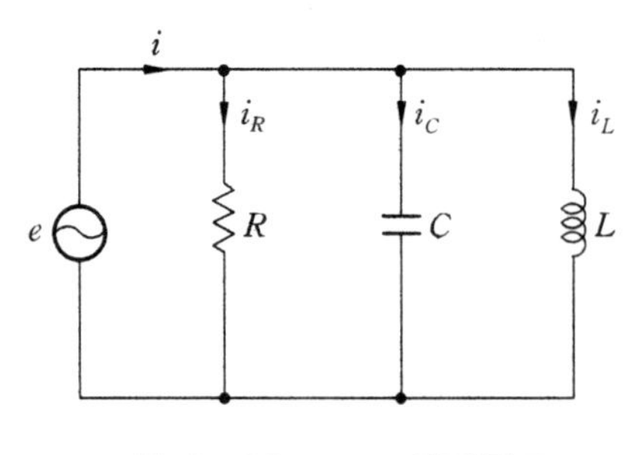

그림 2-30 *RLC* 병렬회로

그림 2-30과 같은 회로에 $e = E_m \sin\omega t\,[\mathrm{V}]$의 교류전압을 인가했을 때, 각 소자에 흐르는 전류를 구하면 식 (2.93)과 같다.

$$i_R = \frac{e}{R} = \frac{E_m}{R}\sin\omega t\ [\mathrm{A}]$$

$$i_L = \frac{E_m}{\omega L}\sin\left(\omega t - \frac{\pi}{2}\right)[\mathrm{A}]$$

$$i_C = \omega C E_m \sin\left(\omega t + \frac{\pi}{2}\right)[\mathrm{A}] \tag{2.93}$$

전 전류 i는 KCL을 적용하여 구하면 식 (2.94)와 같다.

$$\begin{aligned} i &= i_R + i_L + i_C \\ &= \frac{E_m}{R}\sin\omega t + \frac{E_m}{\omega L}\sin\left(\omega t - \frac{\pi}{2}\right) + \omega C E_m \sin\left(\omega t + \frac{\pi}{2}\right) \\ &= \left\{\left(\frac{1}{R}\right) + j\left(\omega C - \frac{1}{\omega L}\right)\right\} E_m \sin(\omega t + \phi)\,[\mathrm{A}] \end{aligned}$$

$$=\sqrt{\left(\frac{1}{R}\right)^2+\left(\omega C-\frac{1}{\omega L}\right)^2}\,E_m\sin(\omega t+\phi)$$

$$=\frac{E_m}{1/\sqrt{\left(\frac{1}{R}\right)^2+\left(\omega C-\frac{1}{\omega L}\right)^2}}\sin(\omega t+\phi)$$

$$=I_m\sin(\omega t+\phi)\,[\mathrm{A}] \tag{2.94}$$

식 (2.94)에서 임피던스와 위상차는 식 (2.95)와 같다.

$$Z=\frac{1}{\sqrt{\left(\frac{1}{R}\right)^2+\left(\omega C-\frac{1}{\omega L}\right)^2}}=\left[\left(\frac{1}{R}\right)^2+\left(\omega C-\frac{1}{\omega L}\right)^2\right]^{-\frac{1}{2}}\,[\Omega]$$

$$\phi=\tan^{-1}\frac{\omega C-\frac{1}{\omega L}}{\frac{1}{R}}=\tan^{-1}\left(\omega CR-\frac{R}{\omega L}\right)=\tan^{-1}\left(\frac{R}{X_C}-\frac{R}{X_L}\right) \tag{2.95}$$

그림 2-30과 같은 회로에 교류전압 $\boldsymbol{E}$를 인가했을 때 흐르는 각 요소의 벡터전류값을 I_R, I_L, I_C라 하면

$$\boldsymbol{I}=I_R+I_L+I_C=I_R+j(I_C-I_L)\,[\mathrm{A}] \tag{2.96}$$

의 값을 얻게 된다. 따라서 전류 I의 크기를 구하면 식 (2.97)과 같다.

$$|\boldsymbol{I}|=I=\sqrt{I_R^{\,2}+(I_C-I_L)^2}=\sqrt{\left(\frac{1}{R}\right)^2+\left(\frac{1}{X_C}-\frac{1}{X_L}\right)^2}\cdot E\,[\mathrm{A}] \tag{2.97}$$

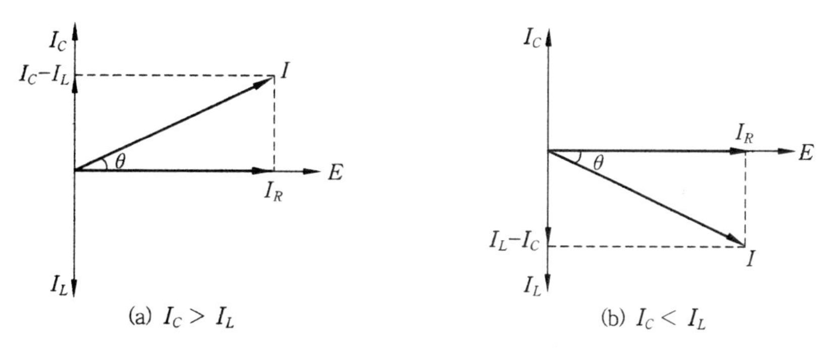

그림 2-31 RLC 병렬회로의 전류벡터도

그림 2-31과 식 (2.96)으로부터 위상각 θ를 구하면 식 (2.98)과 같다.

$$\theta=\tan^{-1}\frac{I_C-I_L}{I_R} \tag{2.98}$$

예제 20. $R=10\,[\Omega]$, $X_L=6\,[\Omega]$, $X_C=30\,[\Omega]$이 병렬로 연결된 교류회로에 $60\,[\mathrm{V}]$의 정현파 교류전압을 인가하면 전체 전류 I와 위상차 θ는 얼마인가?

해설 $I_R = \frac{60}{10} = 6\,[\text{A}]$, $I_L = \frac{60}{6} = 10\,[\text{A}]$

$I_C = \frac{60}{30} = 2\,[\text{A}]$, $I = \sqrt{I_R{}^2 + (I_L - I_C)^2} = \sqrt{6^2 + (10-2)^2} = 10\,[\text{A}]$

위상차 $\theta = \tan^{-1}\frac{I_L - I_C}{I_R} = \tan^{-1}\frac{10-2}{6} = 53.13°$

RLC 병렬회로에서 전 전류 $\boldsymbol{I}$와 공급전압 $\boldsymbol{E}$ 사이의 위상은 그림 2-31의 벡터도로부터 다음과 같은 관계를 얻는다.

① 저항회로(공진회로) : $X_L = X_C(I_L = I_C)$인 경우 $\boldsymbol{I}$는 $\boldsymbol{E}$와 동위상이다.

② 용량성 회로 : $X_L > X_C(I_L < I_C)$인 경우 $\boldsymbol{I}$는 $\boldsymbol{E}$보다 θ만큼 앞선다.

③ 유도성 회로 : $X_L < X_C(I_L > I_C)$인 경우 $\boldsymbol{I}$는 $\boldsymbol{E}$보다 θ만큼 뒤진다.

임피던스 $\boldsymbol{Z}$의 크기에서 $\omega C = \frac{1}{\omega L}$이면 $\boldsymbol{Z}$는 전류 i가 최소(i_R)이다. 이 경우를 병렬공진 또는 전류공진이라 한다. f_0, ω_0, Q는 각각 식 (2.99)와 같다.

$$\omega_0 = \frac{1}{\sqrt{LC}}\,[\text{rad/s}],\quad f_0 = \frac{1}{2\pi\sqrt{LC}}\,[\text{Hz}],\quad Q = \omega_0 RC \tag{2.99}$$

이상적인 경우와 실제의 병렬공진은 다음 그림 2-32와 같다.

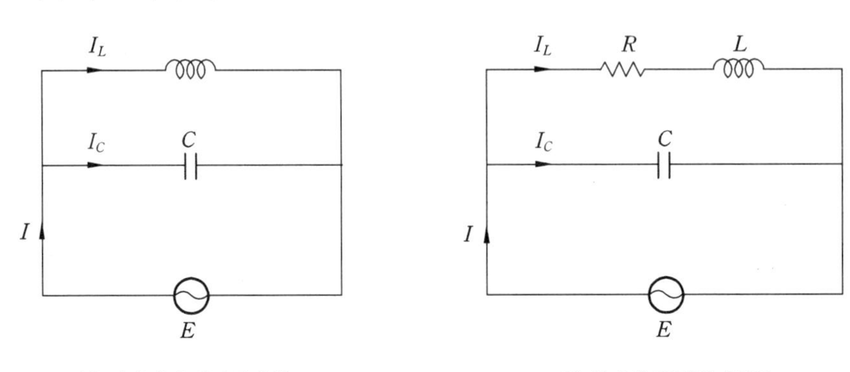

(a) 이상적인 병렬공진회로 (b) 실제의 병렬공진회로

그림 2-32 LC 병렬공진회로

그림 2-30과 그림 2-32와 같은 병렬회로에서 공진이 되기 위한 조건은 전원의 주파수를 변화시키거나 L 또는 C를 조정하여 얻을 수 있다. 이 경우 임피던스는 ∞가 되어 $I = 0\,[\text{A}]$가 된다. 이런 상태를 병렬공진 또는 전류공진이라 한다. 그림 2-32(b)와 같은 실제 회로는 X_L에 저항성분이 포함되어 있다. 순수한 X_L이라면 I_L은 전압 E보다 90° 뒤지고, I_C는 전압 E보다 90° 앞선다. 그러나 I_L은 내부저항의 영향때문에 $\theta_L = \tan^{-1}\frac{\omega L}{R}$만큼만 뒤진다. 여기서 R은 코일의 내부저항이다. 그 관계를 그림 2-33에 나타내었다.

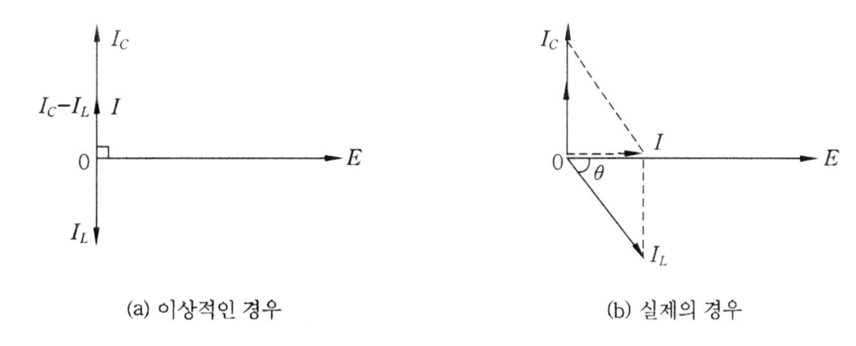

그림 2-33 병렬공진의 전류벡터도

예제 21. 그림 2-31과 같은 회로에서 $R=10[\Omega]$, $L=10[\text{mH}]$이고, 가변콘덴서를 조정하여 주파수 $f=1[\text{kHz}]$로 동조시키려면 C의 값은 몇 $[\mu\text{F}]$가 되겠는가?

해설 식 (2.99)로부터

$$C=\frac{1}{\omega^2 L}=\frac{1}{(2\pi)^2 f^2 L}=\frac{1}{2^2\times 3.14^2\times 1000^2\times 10\times 10^{-3}}=2.5[\mu\text{F}]$$

6. 교류전력

1주기에 대한 순시전력값과 평균전력값을 취하면 일반적으로 행해지는 일이 평균전력에 의한다. 그러므로 시간과 관계없이 교류전력으로 표시하고 이것을 평균전력 또는 전력이라 한다.

6-1 평균전력

순시치 전압 e와 전류 i가

$$e=E_m\sin(\omega t-\phi)[\text{V}]$$

$$i=I_m\sin(\omega t-\phi-\theta)[\text{A}] \qquad (2.100)$$

과 같이 주어졌을 때 순시치 전력 P는 삼각함수 공식을 이용하여 풀이하면

$$P=ei=E_m I_m\sin(\omega t-\phi)\sin(\omega t-\phi-\theta)$$

$$=\frac{E_m I_m}{2}\{\cos\theta-\cos(2\omega t-2\phi-\theta)\}$$

$$=EI\{\cos\theta-\cos(2\omega t-2\phi-\theta)\}[\text{W}] \qquad (2.101)$$

와 같다. 여기서 평균전력은 식 (2.102)와 같다.

$$P_{av} = \frac{1}{\frac{T}{2}} \int_0^{\frac{T}{2}} Pdt = \frac{2}{T} \int_0^{\frac{T}{2}} \{EI\cos\theta - EI\cos(2\omega t - 2\phi - \theta)\}dt$$

$$= \frac{2}{T}[EI\cos\theta\, t - 0]_0^{\frac{T}{2}} = EI\cos\theta\,[\mathrm{W}] \qquad (2.102)$$

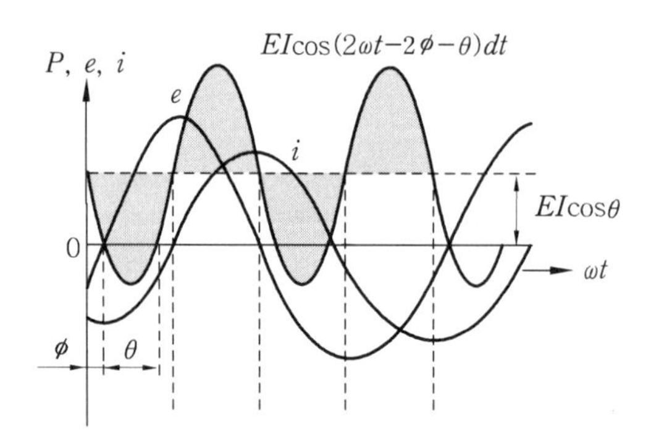

그림 2-34 전력파형

그림 2-34에서 보여주는 것처럼 순시전압과 순시전류의 곱으로 얻어지는 전력은 $EI\cos\theta$와 같이 크기가 일정한 값과 평균치가 0인 두 전력으로 표현된다. 크기가 일정한 전력은 순저항 부하에서 소비되는 전력이라 할 수 있고, 평균이 0인 전력은 R이 없는 부하일 것이다. 이 전력은 전압이나 전류의 2배 주파수로 변화하는 것을 볼 수 있다. 여기서 사용하는 전력의 단위는 [W : watt] 또는 [J / s]이다.

6-2 역률, 피상전력 및 무효전력

정현파 교류에서는 전압과 전류의 위상차 θ의 여현을 곱한 것을 역률이라고 한다. 즉, 식 (2.103)처럼 $\cos\theta$를 곱한다는 의미이다. 식 (2.102)로부터

$$\text{역률 (power factor)} = \frac{P}{EI} = \frac{EIcos\theta}{EI} = \cos\theta \qquad (2.103)$$

와 같이 얻는다. 여기서 θ를 역률각이라고 하며, 역률은 $-1 \le \theta \le 1$의 값을 가진다. 백분율로 표현할 때는 식 (2.104)와 같이 계산하여 나타낸다.

$$\%\ \text{역률} = \cos\theta \times 100[\%] \qquad (2.104)$$

역률은 임피던스로 표현이 가능하다. 따라서 부하가 RLC 직렬회로일 때 역률은 식 (2.105)와 같이 구한다.

$$\cos\theta = \frac{R}{\sqrt{R^2 + \left(\omega L - \frac{1}{\omega C}\right)^2}} = \frac{R}{|Z|} \qquad (2.105)$$

또한 역률 외에도 무효율이 존재하는데 이 값은 $\sin\theta$로 표현한다. 전력과 임피던스로 표현

하면 식 (2.106)처럼 나타낼 수 있다.

$$\sin\theta = \frac{X}{\sqrt{R^2+\left(\omega L-\frac{1}{\omega C}\right)^2}} = \frac{X}{|Z|}$$

$$\text{무효율} = \frac{Q}{EI} = \frac{EI\sin\theta}{EI} = \sin\theta \quad (2.106)$$

교류전력에서 Watt 외에 실효치 전압과 전류의 곱인 EI로 표현하는 전력을 피상전력이라 하며 단위는 [VA]를 사용한다. 또한 식 (2.106)에 표현되었던 $EI\sin\theta$는 무효전력이라 하고, Q라는 대표문자를 사용하며, 단위는 [Var]를 사용한다.

이 무효전력은 리액턴스에 의하여 손실되는 전력이다. 이 전력이 크면 같은 부하전력을 소비하는 경우일지라도 송전전력이 커지고 손실도 커지므로, 이 전력을 줄이는 것이 유리하다. 따라서 공장에서 사용하는 부하는 유도부하가 많으므로 역률을 100[%] 가깝게 해야 한다. 이런 경우는 전력용 콘덴서를 부하에 병렬로 연결하여 역률을 개선해 주고 있다.

주어진 전류가 E보다 뒤질 때는 유도성 부하인 경우이며 지역률이라 한다. 또한 전류가 E보다 앞설 때는 용량성 부하인 경우이며 진역률이라 하는데, 일반적인 역률은 지역률이 대부분이다.

예제 21. 피상전력, 유효전력, 무효전력과 역률관계를 설명하시오.

해설 피상전력 : 실효전압×실효전류 $= EI\,[\text{VA}] = P_a\,[\text{VA}]$

유효전력 : $P_a \times \cos\theta\,[\text{W}] = EI\cos\theta[\text{W}]$

무효전력 : $P_a \times \sin\theta\,[\text{Var}] = EI\sin\theta\,[\text{Var}]$

$$\cos\theta = \frac{P}{EI}$$

예제 22. 저항 $R=10[\Omega]$, 인덕턴스 $L=50[\text{mH}]$, 주파수 $f=60[\text{Hz}]$, 공급전압 $E=100[\text{V}]$일 때, 전력과 역률을 구하여라.

해설 $X_L = 2\pi fL = 2\times3.14\times60\times50\times10^{-3} = 18.84[\Omega]$

$Z=\sqrt{10^2+18.84^2}=21.33[\Omega]$, $\quad I=\frac{100}{21.33} \fallingdotseq 4.69[\text{A}]$

$P=I^2\cdot R=4.69^2\times10 \fallingdotseq 220[\text{W}]$, $\quad \cos\theta=\frac{220}{4.69\times100}=0.469$

6-3 전력의 벡터 표시

전력벡터 $\boldsymbol{P}$는 식 (2.107)과 같이 표시한다.

$$\boldsymbol{P} = \boldsymbol{EI} = |E||I|\angle-\theta$$
$$= |E||I|(\cos\theta - j\sin\theta)[\text{VA}] \quad (2.107)$$

식 (2.107)에서 $\cos\theta$ 항은 유효전력이고, $\sin\theta$ 항은 무효전력이다. 무효전력이 늦은 경우 부호는 (−), 앞선 전력의 부호는 (+)로 나타난다. $\boldsymbol{E}=|E|\,\varepsilon^{j\alpha}$, $\boldsymbol{I}=|I|\,\varepsilon^{j(\alpha-\theta)}$ 에서 무효전력의 부호를 정한 것과 같이 하기 위해 $\boldsymbol{E}$ 의 공액벡터(conjugate Veter) $\overline{\boldsymbol{E}}$ 와 늦은 전류 $\boldsymbol{I}$ 의 적을 식 (2.108)과 같이 구한다.

$$\boldsymbol{P}=\overline{\boldsymbol{E}}\,\boldsymbol{I}=|E|\,\varepsilon^{-j\alpha}\,|I|\,\varepsilon^{j(\alpha-\theta)}$$

$$=|E||I|\,\varepsilon^{-j\theta}=|E||I|(\cos\theta-j\sin\theta)\,[\mathrm{VA}] \tag{2.108}$$

빠른 전류에 대해서 구하는 전력은 식 (2.109)와 같이 구한다.

$$\boldsymbol{P}=\overline{\boldsymbol{E}}\,\boldsymbol{I}=|E|\,\varepsilon^{-j\alpha}\,|I|\,\varepsilon^{j(\alpha+\theta)}$$

$$=|E||I|\,\varepsilon^{j\theta}=|E||I|(\cos\theta+j\sin\theta)\,[\mathrm{VA}] \tag{2.109}$$

이상의 전력으로부터 유효전력과 무효전력은 전압, 전류벡터 또는 공액벡터로 구할 수 있다. 먼저 유효전력은 식 (2.110)과 같이 구한다.

$$\overline{\boldsymbol{E}}\,\boldsymbol{I}=|E|\,\varepsilon^{-j\alpha}\,|I|\,\varepsilon^{j(\alpha-\theta)}=|E||I|\,\varepsilon^{-j\theta}\,[\mathrm{VA}]$$

$$\boldsymbol{E}\overline{\boldsymbol{I}}=|E|\,\varepsilon^{j\alpha}\,|I|\,\varepsilon^{-j(\alpha-\theta)}=|E||I|\,\varepsilon^{j\theta}\,[\mathrm{VA}]$$

$$\overline{\boldsymbol{E}}\,\boldsymbol{I}+\boldsymbol{E}\overline{\boldsymbol{I}}=|E||I|(\varepsilon^{j\theta}+\varepsilon^{-j\theta})=2|E||I|\cos\theta\,[\mathrm{VA}]$$

$$P=|E||I|\cos\theta=\frac{1}{2}(\overline{\boldsymbol{E}}\,\boldsymbol{I}+\boldsymbol{E}\overline{\boldsymbol{I}})\,[\mathrm{W}] \tag{2.110}$$

무효전력도 유사한 방법으로 구하면,

$$\overline{\boldsymbol{E}}\,\boldsymbol{I}-\boldsymbol{E}\overline{\boldsymbol{I}}=|E|\,\varepsilon^{j\alpha}|I|\,\varepsilon^{-j(\alpha-\theta)}-|E|\,\varepsilon^{-j\alpha}|I|\,\varepsilon^{j(\alpha-\theta)}$$

$$=|E||I|\,\varepsilon^{j\theta}-|E||I|\varepsilon^{-j\theta}=|E||I|(\varepsilon^{j\theta}-\varepsilon^{-j\theta})$$

$$=2|E||I|\sin\theta$$

$$Q=|E||I|\sin\theta=\frac{1}{2}(\overline{\boldsymbol{E}}\,\boldsymbol{I}+\boldsymbol{E}\overline{\boldsymbol{I}})\,[\mathrm{Var}] \tag{2.111}$$

과 같이 구한다. 이상으로부터 전압과 전류벡터의 적을 취한 값에 유효전력은 여현값인 $\cos\theta$ 를 곱하고, 무효전력은 정현항인 $\sin\theta$ 를 곱하여 구할 수 있음을 알았다.

예제 23. $E=220\angle 30°=190.5+j110$ [V], $I=10\angle 60°=5+j8.66$ [A]로 주어질 때 유효전력, 무효전력, 피상전력을 공액벡터를 이용하여 구하여라.

해설 공액벡터를 이용하면

$$P_a=\dot{E}\cdot\overline{\dot{I}}=(190.5+j110)(5-j8.66)=(952.5+952.6)+j(550-1650)\fallingdotseq 1905-j1100\,[\mathrm{VA}]$$

$$|P_a|=\sqrt{1905^2+1100^2}\fallingdotseq 2200\,[\mathrm{VA}],\quad P=1905\,[\mathrm{W}],\quad Q=1100\,[\mathrm{Var}]$$

연 · 습 · 문 · 제

1. 다음 각도를 라디안 단위로 표시하여라.

① 60°　　② 120°　　③ 210°　　④ 300°　　⑤ 330°

답 ① $\frac{\pi}{3}$ ② $\frac{2\pi}{3}$ ③ $\frac{7\pi}{6}$ ④ $\frac{5\pi}{3}$ ⑤ $\frac{11\pi}{6}$

2. 다음 라디안을 도(°) 단위로 표시하여라.

① $\frac{\pi}{6}$　　② $\frac{\pi}{3}$　　③ $\frac{2\pi}{3}$　　④ $\frac{3\pi}{4}$　　⑤ $\frac{3\pi}{5}$

답 ① 30° ② 60° ③ 120° ④ 135° ⑤ 108°

3. 정격회전수 1200[rpm]의 전동기에 직렬로 연결된 발전기의 극수가 6극이다. 발전기에서 발생하는 교류파형의 주파수는 몇 [Hz]인가?

답 60 [Hz]

4. 그림 2-35와 같은 삼각파 교류전압의 실효치를 구하여라.

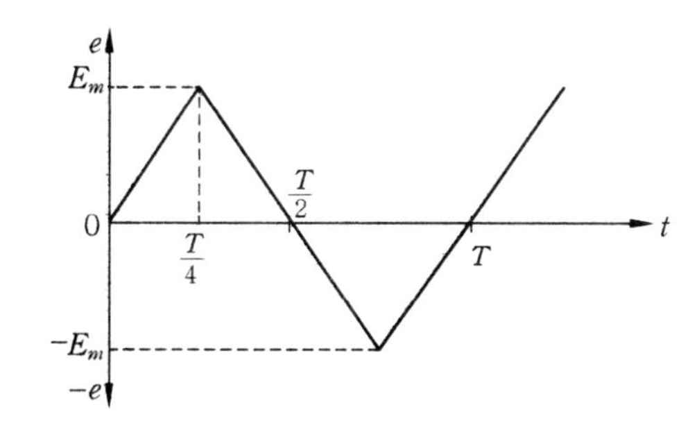

그림 2-35

답 $0.577E_m$ [V]

5. $A=16+j12$, $B=8-j6$일 때 $C_1=A+B$와 $C_2=A-B$의 크기와 위상차를 구하여라.

답 $|C_1|=\sqrt{603}$, $\theta_1=14.04°$, $|C_2|=\sqrt{388}$, $\theta_2=66.04°$

6. $A=25+j75$, $B=90-j30$의 두 벡터를 이용하여 $C_1=A\cdot B$와 $C_2=\frac{A}{B}$를 극좌표 형식으로 구하여라.

답 $C_1=7500\angle 53.14°$, $C_2=\frac{5}{6}\angle 89.98°$

7. 문5의 벡터 $\boldsymbol{A}$, $\boldsymbol{B}$ 값을 이용한 $\boldsymbol{Z}_1=\boldsymbol{A}\cdot\boldsymbol{B}$와 $\boldsymbol{Z}_2=\dfrac{\boldsymbol{A}}{\boldsymbol{B}}$의 크기와 위상차를 구하여라.

답 $|Z_1|=200$, $\theta_1=0°$ $|Z_2|=2$, $\theta_2=73.7°$

8. 다음의 값들을 극좌표 형식은 직각좌표 형식으로, 직각좌표 형식은 극좌표 형식으로 변환하여라.

① $\boldsymbol{A}=70+j70$ ② $\boldsymbol{B}=40-j60$ ③ $\boldsymbol{C}=50\angle 45°$ ④ $\boldsymbol{D}=150\angle -70°$

답 ① $\boldsymbol{A}=40\sqrt{6}\angle 45°$ ② $\boldsymbol{B}=20\sqrt{13}\angle -56.31°$ ③ $\boldsymbol{C}=35.45+j35.45$ ④ $\boldsymbol{D}=51.3-j141$

9. $L=25$ [mH]의 인덕턴스에 순시전압 $e=220\sqrt{2}\sin 377t$ [V]를 인가할 때, 이 회로의 X_L값과 순시전류를 구하여라.

답 $X_L=9.425$ [Ω], $i=23.34\sqrt{2}\sin(377t-90°)$ [A]

10. 정전용량 0.047 [μF]의 콘덴서회로에 전압 $e=141.4\sin 314t$ [V]의 전원을 연결하였을 때 전류의 실효값과 순시값을 구하여라.

답 $I=1.5$ [mA], $i=2.12\sin(314t+90°)$ [mA]

11. 저항 $R=6$ [Ω], 인덕턴스 $L=21.25$ [mH]인 RL 직렬회로에 220 [V]의 정현파 교류전압을 공급했을 때 회로의 임피던스와 전류를 구하여라.

답 $Z=10\angle 53.1°$ [Ω], $I=22\angle -53.1$ [A]

12. 저항 $R=60$ [Ω], 콘덴서 $C=12.5$ [μF]인 RC 직렬회로에 $e=100\sin 10000t$ [V]의 전원을 공급하였을 때 흐르는 순시전류값은?

답 $i=1\sin(10000t+53.1°)$ [A]

13. 저항 $R=6$ [Ω], 인덕턴스 $X_L=15$ [Ω], 커패시턴스 $X_C=7$ [Ω]인 RLC 직렬회로에 220[V]의 정현파 교류전압이 인가된 경우, 회로에 흐르는 전류와 각 단자전압을 구하고 전압벡터도를 그려라.

답 $I=22\angle -53.1°$ [A], $V_R=132$ [V], $V_L=330$ [V], $V_C=154$ [V]

14. 저항 $R=4$ [Ω], $X_L=3$ [Ω]인 RL 병렬회로에 120 [V]의 정현파 교류전압을 공급할 때 흐르는 전류를 구하고, 전류벡터도를 그려라.

답 $I=50\angle -53.1°$ [A]

15. 저항 $R=30$ [Ω], 커패시턴스 $X_C=40$ [Ω]인 RC 병렬회로에 120 [V]의 교류전압을 공급할 때 회로에 흐르는 전류와 전류벡터도를 그려라.

답 $I=5\angle 36.87°$ [A]

16. 저항 $R=15$ [Ω], 리액턴스 $X_L=12$ [Ω], 커패시턴스 $X_C=30$ [Ω]가 병렬로 연결된 회로에 120 [V]의 정현파 교류전압을 공급하였을 때 전체 전류와 병렬합성 임피던스를 구하여라.

답 $I=10$ [A], $Z=12$ [Ω]

17. 내부저항 $R=10$ [Ω], 인덕턴스 $L=150$ [μH]인 코일에 가변콘덴서를 직렬로 연결하여 주파수가 1 [MHz]인 전원을 공급할 때, 직렬공진이 되기 위한 콘덴서 C의 값과 공진때의 회로의 선택도 Q를 구하여라.

답 $C=169$ [pF], $Q=94.2$

18. 그림 2−36과 같은 회로에서 회로에 흐르는 전류가 최소가 되었다면, 이 때 정전용량 X_C 의 값은?

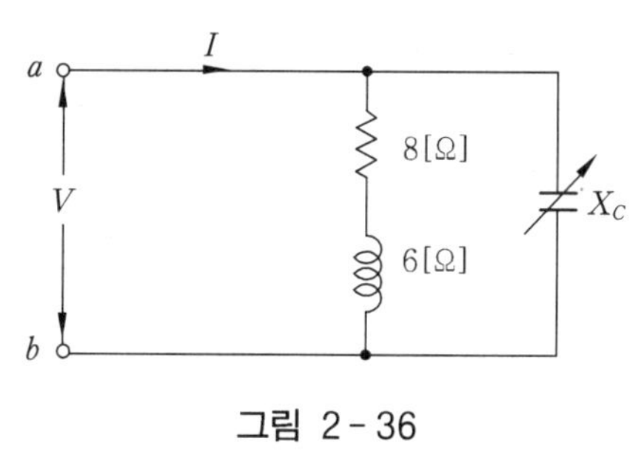

그림 2-36

답 $X_C=1.67$ [Ω]

19. 정현파 교류전압 220 [V], 정격 소비전력 5 [kW]인 전동기 부하가 있다. 역률을 85[%]라 했을 때, 등가저항과 리액턴스를 구하여라.

답 $R=7$ [Ω], $X=4.3$ [Ω]

20. 정현파 교류전압 200 [V]를 인가한 부하회로가 있다. 임피던스 부하가 $20+j15$ [Ω]일 때 피상전력 P_a, 유효전력 P, 무효전력 Q와 역률을 구하여라.

답 $P_a=1600$ [VA], $P=1280$ [W], $Q=960$ [Var], $\cos\theta=0.8$

21. 전압 $E=110+j190.5$ [V], 전류 $I=13+j7.5$ [A]가 부하회로에 공급되고 있다. 이 때 피상전력 P_a, 유효전력 P와 무효전력 Q를 공액벡터를 이용하여 구하여라.

답 $P_a=3301.5$ [VA], $P=2858.75$ [W], $Q=1651.5$ [Var]

3 CHAPTER 벡터 궤적과 결합회로

1. 벡터 궤적

각종 벡터는 회로의 전기적 조건이 변하면 이것과 일정한 관계를 가지고 그 크기나 위상이 변화한다. 벡터궤적을 이해하면 회로의 여러 가지 양의 변화에 따른 다른 회로의 특성변화를 쉽게 알 수 있는 편리한 점이 있다.

교류회로의 전기량들은 벡터로 표시할 수 있으며, 각 전기량의 벡터궤적의 모양은 구성되는 수동소자의 종류에 따라서 직선, 반원, 원으로 그 모양을 달리하고 있다.

1-1 *RL* 직렬회로의 벡터 궤적

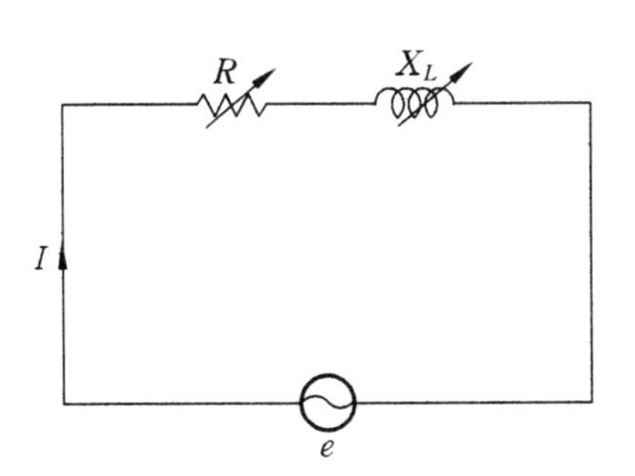

그림 3-1 *RL* 직렬회로

그림 3-1과 같은 회로에서 저항이나 주파수 f 또는 인덕턴스 L을 변화시키면 임피던스 Z가 변화한다. 즉, 저항 R과 리액턴스 X_L이 $0 \sim \infty$로 변화하는 값들의 모임이 궤적으로 그림 3-2와 같이 나타난다.

(1) 임피던스 궤적

그림 3-2(a)는 저항이 변화하고, X_L이 고정되는 경우인데, 저항은 음의 값을 가지지 않으므로 1상한에 수평으로 반직선의 변화를 보이고 있다.

그림 3-2(b)의 경우는 저항이 고정이고, X_L도 주파수와 L값이 음의 값을 갖지 않으므로 1상한에 수직으로 반직선의 변화를 보이고 있다.

$$\boldsymbol{Z} = R + j\omega L = R + jX_L\ [\Omega]$$

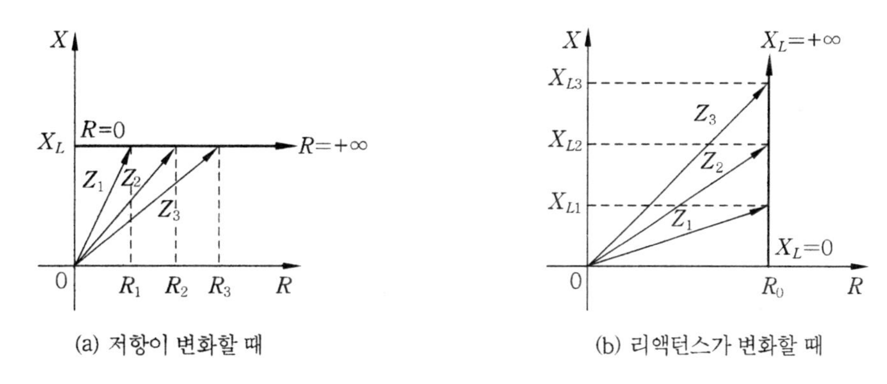

(a) 저항이 변화할 때　　(b) 리액턴스가 변화할 때

그림 3-2 임피던스 궤적

(2) 전압 궤적

전압 궤적은 임피던스의 궤적에 전류를 곱한 값으로서 궤적의 크기는 임피던스와 전류의 크기에 따라서 결정된다. 그 관계를 그림 3-3에 나타내었다.

$$\boldsymbol{V} = \boldsymbol{Z} \cdot \boldsymbol{I} = R\boldsymbol{I} + jX_L\boldsymbol{I}\ [\mathrm{V}]$$

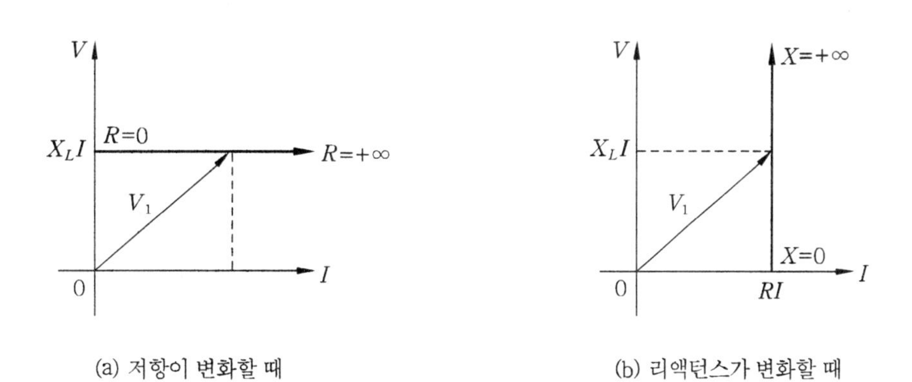

(a) 저항이 변화할 때　　(b) 리액턴스가 변화할 때

그림 3-3 전압 궤적

(3) 어드미턴스 궤적

어드미턴스는 임피던스와 역관계에 있다. 그러므로 만약 임피던스 궤적이 1상한에 있으면, 어드미턴스 궤적은 4 상한에 존재하게 된다. 여기에서도 마찬가지로 저항과 리액턴스 각각의 변화를 그림 3-4 에 나타내었다.

$$\boldsymbol{Z} = Z\angle\theta\ ,\quad \boldsymbol{Y} = \frac{1}{\boldsymbol{Z}} = \frac{1}{Z}\angle-\theta$$

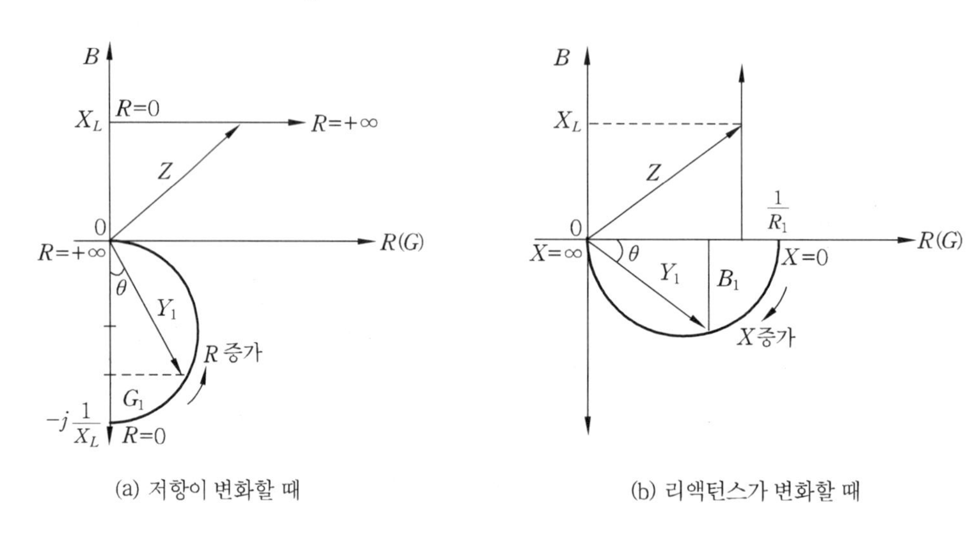

(a) 저항이 변화할 때 (b) 리액턴스가 변화할 때

그림 3-4 어드미턴스 궤적

(4) 전류 궤적

전류 궤적은 어드미턴스의 궤적에 전압을 곱한 값으로서 궤적의 크기는 임피던스와 전압의 크기에 따라서 결정된다. 즉, $\boldsymbol{I}$ 궤적은 $\boldsymbol{Y}$ 궤적을 $\boldsymbol{V}$ 배한 것과 같다. 그 관계를 그림 3-5에 나타내었다.

$$\boldsymbol{I} = \boldsymbol{YV} = YV\angle\theta°\ [\mathrm{A}]$$

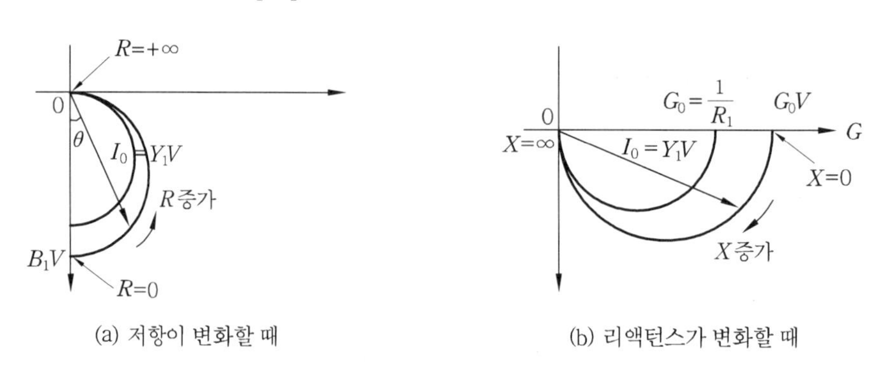

(a) 저항이 변화할 때 (b) 리액턴스가 변화할 때

그림 3-5 전류 궤적

1-2 벡터 궤적의 기본 규칙

벡터 궤적을 그릴 때는 각 요소의 한계점을 명시하여 그리면 원하는 모양의 궤적을 얻을 수 있다. 앞에서 다룬 RL 직렬회로의 경우 어느 요소든지 $0 \sim \infty$ 까지를 기준으로 작성하였으므로 반직선 또는 반원으로 그 궤적들을 보여주는 것이다. 다음 5가지는 벡터 궤적을 그리는 기본 규칙으로서 미리 알고 작성하게 되면 도움이 되므로 정리하였다.

① 수동 2단자망 회로에서 임피던스 $\boldsymbol{Z}$와 어드미턴스 $\boldsymbol{Y}$의 실수부는 항상 "+"로, 각 궤적은 1상한 또는 4상한에 존재하게 되며, 반직선 또는 원의 일부로 그려진다.

② 직선궤적이 1상한이면 역 궤적은 반원이고, 4상한에 그려진다. 직선 궤적이 4상한이면 역 궤적은 반원이고, 1상한에 그려진다.

③ 직렬회로에서 임피던스 $\boldsymbol{Z}$는 직선 궤적이며, 회로의 해석에 우선 사용된다. 이런 경우 어드미턴스 $\boldsymbol{Y}$는 원 궤적을 그린다. 또한 병렬회로에서 임피던스 $\boldsymbol{Z}$의 궤적은 원 궤적이고, 어드미턴스 $\boldsymbol{Y}$는 직선 궤적으로 회로 해석에 우선 사용된다.

④ 직선 궤적이 실수축에 수평으로 변화하는 직선이라면, 그 역 궤적은 원 궤적으로서 허수축을 기준으로 그려진다. 또한 직선 궤적이 허수축에 수평으로 변화하면 그 역 궤적은 원 궤적으로서 실수축을 기준으로 그려진다.

⑤ 변수가 실수축과 허수축의 일부 값으로 나타났다면, 직선 궤적 또는 원 궤적의 일부로 표현된다.

그림 3-6에서 여러 가지 경우의 벡터 궤적을 나타내었다. 기본 규칙을 바탕으로 살펴보면 그 궤적의 모양들을 이해하기 쉽다.

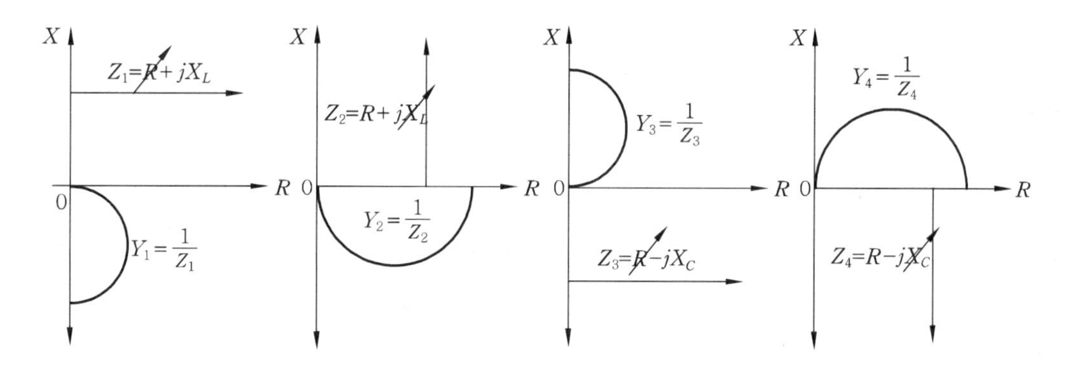

그림 3-6 여러 가지 벡터 궤적

한 예로서 벡터 궤적은 유도부하인 유도전동기에서 원선도로 이용하고 있다. 원선도를 통하여 기계적인 부하 R_L이 $0 \sim \infty$까지 변화하는 것에 따라 부하전류의 변화를 알 수 있으며, 전동기의 설계에도 이용할 수 있다.

또한 콘덴서를 유도부하에 병렬로 연결하여 궤적을 역률 개선에 이용한다. 역률은 1에 가까울수록 좋으므로 유도부하의 어드미턴스 궤적의 서셉턴스 부분을 작게 하는데, 콘덴서를 병렬로 연결해서 역률을 개선하게 된다.

예제 1. RC 직렬회로에서 주파수가 0에서부터 ∞까지 변화될 때 어드미턴스와 임피던스 궤적을 구하여라. (단 $R=20\,[\Omega]$, $E=200\,[\mathrm{V}]$라고 한다.)

해설 직렬회로이므로 임피던스 궤적을 구한다.

$$Z=R-iX_C=20-iX_C\,[\Omega]$$

으로부터 그림 3-7 (a)와 같이 그린다. 어드미턴스 궤적은 그림 3-6 (b)와 같이 임피던스 궤적의 역 궤적이다.

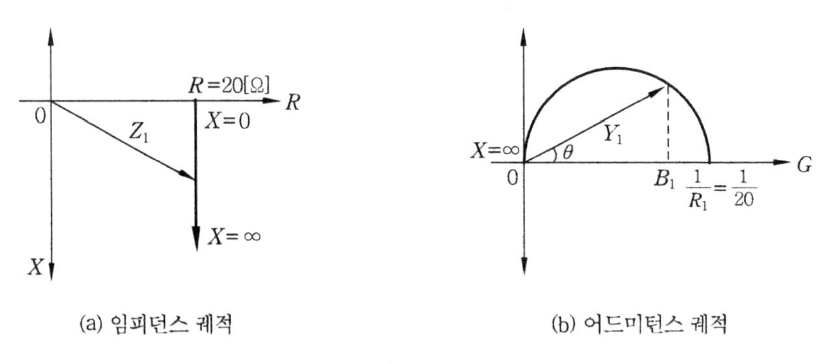

(a) 임피던스 궤적　　(b) 어드미턴스 궤적

그림 3-7

2. 유도결합회로

코일에 전압을 가하여 전류가 흐르게 되면, 코일과 쇄교하는 자속이 $d\phi$ [Wb]만큼 변화한다. 이 때의 유기기전력은

$$e=-\frac{d\phi}{dt}\,[\mathrm{V}] \tag{3.1}$$

로 표시할 수 있는데, 여기서 $\frac{d\phi}{dt}$ [Wb/s]는 자속의 시간적 변화율이며 부의 기호는 자속의 변화를 방해하는 방향의 기전력이 유기된다. 이것을 패러데이 법칙(Faraday Law)이라 하는데, 이 법칙에 의해서 유도결합회로를 설명하게 된다.

2-1 상호 유도작용

그림 3-8과 같이 두 코일이 근접해 있을 때 한 쪽 코일 단자 $a-a'$에 전류 i_1이 흐르면 그 주위에는 자장이 생기고 자력선의 일부는 다른 코일과 쇄교하게 된다. 이 때 i_1이 시

간적으로 변하게 되면 i_1에 의해 생기는 자속이 변하게 되고 동시에 이 자속과 다른 코일과의 쇄교 상태도 변한다.

그 결과 다른 코일의 양단 $b-b'$ 에는 식 (3.1)에 의해 쇄교자속수의 시간적 변화에 따른 전압 v_2 가 유기된다. 이 때 두 회로는 유도적으로 결합되었다고 말하며, 이것을 유도결합회로 또는 상호 유도작용이라 한다. 이 회로에서 에너지는 두 코일 사이에 쇄교하는 자속에 의해 전달된다.

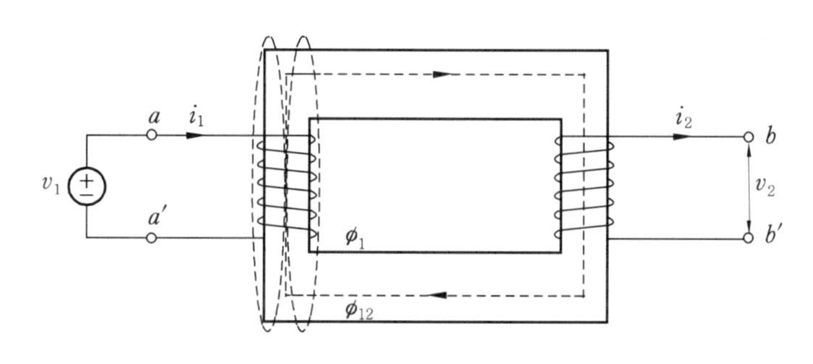

그림 3-8 유도결합회로

2-2 상호 인덕턴스

그림 3-8에서 ϕ_1의 전자속이 2차 코일과 쇄교하는 경우 상호 자속이라 하고 ϕ_{12}, 쇄교하지 않는 자속을 누설 자속(leakage flux) ϕ_{11}이라 하면 식 (3.2)와 같다.

$$\phi_1 = \phi_{12} + \phi_{11} \tag{3.2}$$

그림 3-8의 i_1에 의한 코일 A, B 에서 즉 1차, 2차에서 자속쇄교수를 λ_1, λ_2 라 하고, 각 코일의 권수를 n_1, n_2 라 하면 자속쇄교수는 식 (3.3)과 같다.

$$\lambda_1 = n_1\phi_1 , \qquad \lambda_2 = n_2\,\phi_{12} \tag{3.3}$$

주위 매질의 투자율이 일정한 경우 λ는 1차측 전류 i_1에 비례관계가 있으므로, 이 때 비례상수를 L_1, M_{12}라 하면 자속쇄교수는 식 (3.4)와 같이 다시 쓸 수 있다.

$$\lambda_1 = L_1 i_1 , \qquad \lambda_2 = M_1 i_{12} \tag{3.4}$$

식 (3.4)에서 비례상수를 구하고, 식 (3.3)을 대입하여 정리하면 식 (3.5)와 같다.

$$L_1 = \frac{\lambda_1}{i_1} = \frac{n_1\,\phi_1}{i_1} , \qquad M_{12} = \frac{\lambda_2}{i_1} = \frac{n_2\,\phi_{12}}{i_1} \tag{3.5}$$

여기서 L_1은 자기 인덕턴스(self inductance)라 하고, M_{12}는 상호 인덕턴스(mutual inductance)라 한다. 반대로 2차 코일에 전원을 인가했을 때도 앞의 풀이 과정과 같다.

따라서 2 차 코일을 기준으로 하면 자속은

$$\phi_2 = \phi_{21} + \phi_{22} \tag{3.6}$$

와 같고, 자속쇄교수는

$$\lambda_1 = M_{21}\, i_2 = n_1\, \phi_{21}\,, \qquad \lambda_2 = L_2\, i_2 = n_2\, \phi_{22} \tag{3.7}$$

이며, 2 차측을 기준한 비례상수는

$$L_2 = \frac{n_2\, \phi_{22}}{i_2}\,, \qquad M_{21} = \frac{n_1\, \phi_{21}}{i_2} \tag{3.8}$$

이 된다. 1차, 2 차 코일 내의 매질의 투자율이 일정한 경우 $M_{12} = M_{21}$ 즉,

$$M_{12} = M_{21} = M \tag{3.9}$$

와 같이 사용하며, 단위는 [H : henry]를 사용한다. 여기서 L_2는 자기 인덕턴스(self induct - ance)라 하고, M_{21}은 상호 인덕턴스(mutual inductance)라 한다.

2-3 상호 유도전압과 코일의 극성

코일에는 극성이 있는데, 코일의 감긴 방향과 전류의 흐르는 방향에 따라 자속의 발생방향이 달라져 기준 전류에 의한 발생 자속과 같으면 가극성이라 하고, 방향이 반대로 발생하면 감극성이라 한다.

그림 3-9에서 i_1은 1차측 코일에 흐르는 전류이고, i_2는 2차측 코일에 흐르는 전류일 때 두 코일 간에 작용하는 상호 인덕턴스를 M이라 하자.

i_1에 의해 2 차 코일에 유기되는 상호 유도전압 V_{12}는 패러데이 법칙에 의해

$$V_{12} = M\frac{di_1}{dt} \tag{3.10}$$

을 얻을 수 있고, i_2에 의한 V_{21}은

$$V_{21} = M\frac{di_2}{dt} \tag{3.11}$$

을 얻는다. 코일의 극성은 권선과 전류의 방향에 따라 결정된다. 또한 각 코일의 한쪽 단자에 점을 찍어 상대적인 권선방향을 표시하는데 이것을 극점이라 한다.

그림 3-9 (a)와 같이 전류 i_1에 의한 자속의 방향과 i_2에 의한 자속의 방향이 서로 일치하는 경우 우리는 이것을 가극성이라 한다. 그리고 그림 3-9 (b)와 같이 코일의 권선방향이 서로 반대가 되어 i_2가 발생하는 자속의 방향이 i_1이 발생하는 자속의 방향과 반대가 되는 경우를 감극성이라 한다. 이와 같이 코일의 극성 표시로부터 상호 유도전압의 방향을 결정하는 것은 렌쯔의 법칙(Lenz's law)에 따른 것이다.

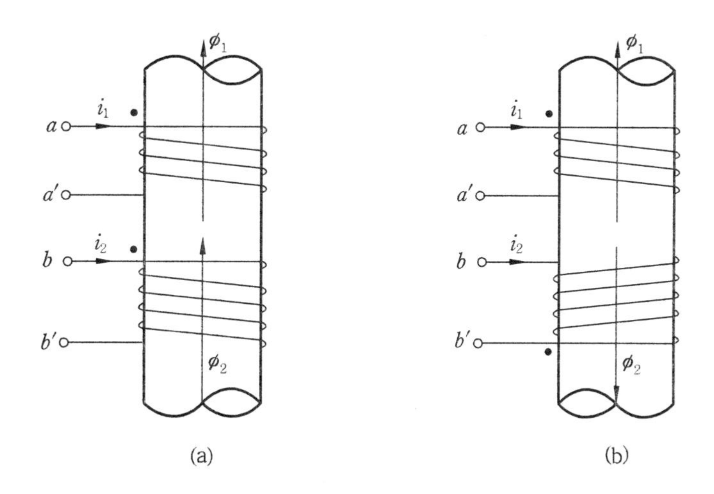

그림 3-9 코일의 극성표시

예제 2. 유도결합이 되어 있는 한 쌍의 코일이 있다. 1차측 코일의 전류가 매초 10[A]의 비율로 변화하여 2차측 코일 양단에 25[V]의 유도 기전력이 발생하고 있다면 두 코일 사이의 상호 인덕턴스 M은 얼마인가?

해설 식 (3.10)으로부터 $V_{12} = V_2$라 하면

$V_2 = M\dfrac{di_1}{dt}$ 이므로 $V_2 = 25$ [V]

$\dfrac{di_1}{dt} = 10$ [A/s]이므로 $M = 2.5$[H]

2-4 유도결합을 갖는 인덕턴스의 접속

이상적인 변압기에 코일이 감겨져 있다고 가정하고, 두 개의 자기 인덕턴스 사이에 존재하는 상호 인덕턴스의 감극성과 가극성인 경우 등가 인덕턴스에 대하여 살펴본다.

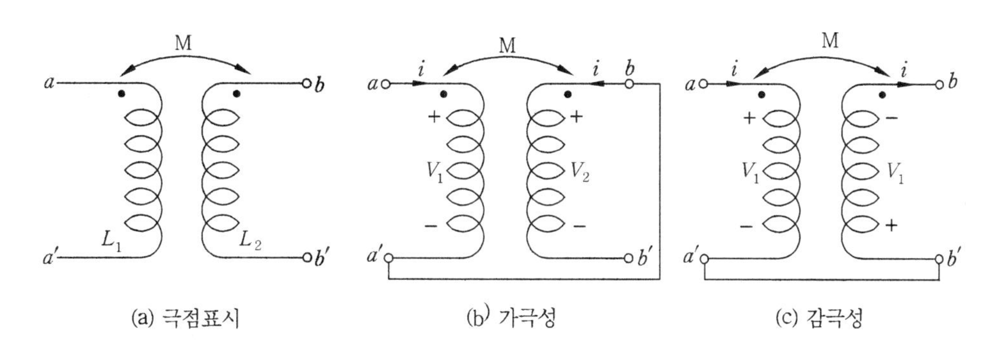

그림 3-10 코일의 직렬접속 예

가극성인 그림 3-10(b)의 경우 전류 i_1에 의한 두 코일 L_1과 L_2에서의 전압강하를 V_1, V_2라 하면 개방단자 $a-b'$ 의 전압강하 V_{ab}' 는 KVL에 의해서 다음 식을 얻는다.

$$V_{ab}' = V_1 + V_2 = \left(L_1 \frac{di}{dt} + M\frac{di}{dt} \right) + \left(L_2 \frac{di}{dt} + M\frac{di}{dt} \right)$$

$$= (L_1 + L_2 + 2M) \frac{di}{dt} \,[\mathrm{V}] \tag{3.12}$$

식 (3.12)에서 등가 인덕턴스를 L_0^+라 하면

$$L_0^+ = L_1 + L_2 + 2M[\mathrm{H}] \tag{3.13}$$

와 같다. 감극성인 그림 3-10(c)의 경우도 같은 방법으로, 전압강하 V_{ab}는 KVL에 의해서

$$V_{ab} = V_1 + V_2 = \left(L_1 \frac{di}{dt} - M\frac{di}{dt} \right) + \left(L_2 \frac{di}{dt} - M\frac{di}{dt} \right)$$

$$= (L_1 + L_2 - 2M) \frac{di}{dt} \,[\mathrm{V}] \tag{3.14}$$

를 얻는다. 식 (3.14)에서 등가 인덕턴스를 L_0^-로 놓으면

$$L_0^- = L_1 + L_2 - 2M[\mathrm{H}] \tag{3.15}$$

와 같이 쓸 수 있다.

그림 3-10에 나타난 것은 이상적인 변압기라고 가정했으므로 위와 같은 해석이 가능하지만 실제 변압기에는 저항성분이 코일성분과 같이 존재하므로 부수적인 해석이 별도로 필요하다. 또한 실제 사용하고 있는 변압기는 감극성을 이용하여 전압을 변환하고 있다.

예제 3. 두 개의 코일이 있다. 한 합성 인덕턴스가 476[mH]이고, 반대 극성의 합성 인덕턴스가 380[mH]이다. 이 두 코일의 상호 인덕턴스 M은 몇 [mH]인가?

해설 $L_0^+ = 476\,[\mathrm{mH}]$, $L_0^- = 380\,[\mathrm{mH}]$

식 (3.13) - 식 (3.15) $= L_0^+ - L_0^- = 476 - 380 = 4M$

$M = \dfrac{96}{4} = 24\,[\mathrm{mH}]$

2-5 결합계수

그림 3-8과 같이 유도 결합된 두 코일에 있어서, 코일 1을 기준으로 코일 1에 의해 발생된 자속 ϕ_1과 코일 2와 쇄교하는 자속 ϕ_{12}의 비율을 k_{12}라 하면

$$k_{12} = \frac{\phi_{12}}{\phi_1} \tag{3.16}$$

과 같고, 또한 코일 2를 기준으로 코일 2에서 발생되는 자속 ϕ_2와 코일 1과 쇄교하는 자속 ϕ_{21}의 비율을 k_{21}이라 하면

$$k_{21}=\frac{\phi_{21}}{\phi_2} \tag{3.17}$$

이다. 따라서 상호 인덕턴스 M_{12}는 식 (3.5)에 식 (3.16)을 적용하면

$$M_{12}=\frac{n_2\,\phi_{12}}{i_1}=\frac{n_2\,k_{12}\,\phi_1}{i_1}$$

$$=\frac{n_2}{n_1}\cdot k_{12}\cdot\frac{n_1\,\phi_1}{i_1}=\frac{n_2}{n_1}\,k_{12}\,L_1 \tag{3.18}$$

을 구할 수 있다. 같은 방법으로 상호 인덕턴스 M_{21}은 식 (3.8)에 식 (3.17)을 적용하면

$$M_{21}=\frac{n_1\,\phi_{21}}{i_2}=\frac{n_1}{n_2}\cdot k_{21}\,L_2 \tag{3.19}$$

가 되며 1차와 2차 코일 내 매질의 투자율이 일정한 경우 $M_{12}=M_{21}=M$의 관계를 적용하고 식 (3.18)과 식 (3.19)를 서로 곱하면

$$M^2=k_{12}\,k_{21}\cdot L_1\,L_2$$

$$M=\sqrt{k_{12}\,k_{21}\,L_1\,L_2} \tag{3.20}$$

을 얻는다. 식 (3.20)에서 $\sqrt{k_{12}\,k_{21}}=k$라 하고 M을 다시 쓰면 다음과 같다.

$$M=k\sqrt{L_1\,L_2}$$

$$k=\frac{M}{\sqrt{L_1\,L_2}} \tag{3.21}$$

식 (3.21)의 k는 결합계수라고 하며, 유도결합회로의 유도결합의 정도를 나타내는 계수이다. 여기서 k는 k_{12}와 k_{21}이 0과 1사이의 값을 가지므로 $0\le k\le 1$인 값을 가진다. 식 (3.21)에서 $k=0$인 경우는 상호 자속이 전혀 없는 경우이고, $k=1$인 경우는 누설 자속이 전혀 없는 경우로서, 이러한 경우를 완전결합(perfect coupling)이라 한다. 그러나 실제에서는 완전결합하기란 거의 불가능하다.

예제 4. 코일 1과 코일 2의 인덕턴스 L_1, L_2가 각각 5[mH], 8[mH]인 두 코일 간의 상호 인덕턴스 M이 6[mH]라고 하면 결합계수 k는?

해설 식 (3.21)로부터 $k=\dfrac{M}{\sqrt{L_1L_2}}=\dfrac{6}{\sqrt{5\times 8}}\fallingdotseq 0.95$

연 · 습 · 문 · 제

1. 저항 R, 콘덴서 C의 RC 병렬회로에서 주파수가 0 에서부터 ∞ 까지 변화될 때 임피던스와 어드미턴스 궤적을 구하여라.

답 벡터 궤적의 기본규칙 참고

2. 코일이 유도결합되어 있다. 1차측 코일에 전류가 매초 15 [A]의 비율로 변화하고 있을 때 상호 인덕턴스가 4 [H]라면 2 차측 코일 양단에 유도되는 기전력은 몇 [V]인가?

답 60 [V]

3. 유도결합되어 있는 두 코일 중 1차측 코일에 매초 20 [A]의 비율로 변화하여 2 차측 코일에 30 [V]의 유도 기전력이 발생하고 있다면 두 코일 사이의 상호 인덕턴스 M은 몇 [H]인가?

답 1.5 [H]

4. 두 코일이 있다. 가극성으로 결합된 합성 인덕턴스가 240 [mH]이고, 감극성으로 결합된 합성 인덕턴스가 200 [mH]이었다. 이 두 코일의 상호 인덕턴스 M은 몇 [H]인가?

답 10 [mH]

5. L_1과 L_2가 각각 6 [mH], 15 [mH]인 두 코일 간의 상호 인덕턴스 M이 8 [mH]라고 하면 결합계수 k값은?

답 0.84

4
CHAPTER

선형회로망 정리

회로를 크게 분류하면 선형회로와 비선형회로로 나눌 수 있다. 선형회로는 시간에 따라 크기와 방향이 일정한 회로를 말하며, 일반적인 제어회로에서 사용하고 있는 방법이다. 그러나 실제 우리의 주위에 존재하는 모든 시스템은 시간에 따라 크기와 방향이 변화하는 비선형회로이다. 즉, 철심을 가진 변압기나 전동기회로 또는 진공관을 포함한 전자관, 반도체 장치 등 모두 비선형회로로 구성되어 있다. 선형회로는 해석이 쉽고, 제어회로의 제작비도 적게 드는 반면, 비선형회로는 수학적 해석도 어려울 뿐만 아니라 제어회로의 제작에도 어렵고, 가격도 고가가 된다. 따라서 제어회로에서 모든 시스템에 대하여 수학적 해석을 선형화해서 분석하고, 제어회로에 적용하는 것이 일반적이다.

1. 회로 간소화

회로의 간소화는 회로 해석을 쉽게 하기 위하여 필요한 방법이다. 회로의 간소화 방법은 수동소자와 능동소자들의 등가변환 등이 있다.

1－1　회로소자 등가변환 및 전원의 정리

그림 4－1은 저항의 등가변환으로 전압원은 이상적인 경우로 생각하고 외부저항의 연결을 등가변환하는 것을 나타내고 있다.

그림 4－1(a)가 저항의 직렬연결된 본래의 회로라면, 그림 4－1(b)는 저항의 병렬연결된 회로이다. 그림 4－1(c)는 직렬연결과 병렬연결된 합성저항으로 회로를 간소화한 그림이다. 즉, 회로의 합성저항은 직렬이든 병렬이든 합성저항으로 간단히 표현할 수 있음을 나타내고 있다. 각 회로의 합성저항의 식은 식(1.44)와 식(1.58)로 계산하여 복잡한 전체 회로를 간소화 할 수 있다.

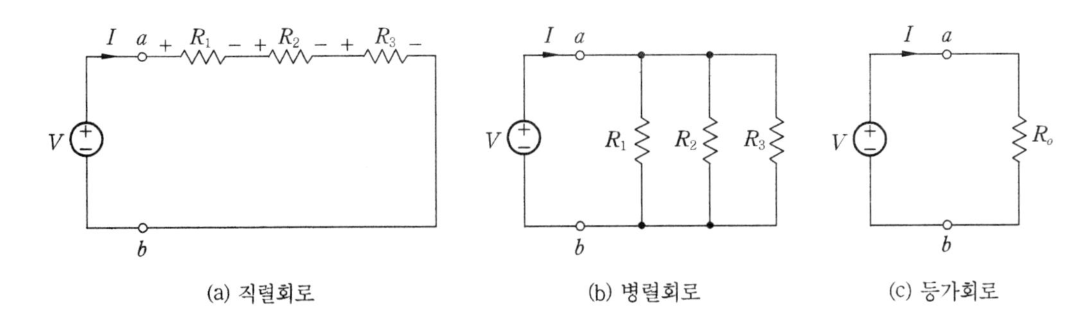

그림 4-1 회로소자의 등가변환

그림 4-2는 전원의 직 · 병렬변환을 나타낸 것이다. 그림 4-2(a)는 전압원의 직렬연결이다. 일반적으로 우리들이 많이 사용하고 있는 건전지의 직렬연결을 생각하면 쉽게 이해할 수 있다. 또한 그림 4-2(b)는 전류원의 병렬연결로 절점에서 전류의 합으로 부하에 전류를 공급하는 것에는 무리가 없다고 본다. 그러나 우리들이 쉽게 볼 수 없는 회로이지만 회로의 절점 해석은 키르히호프 전류법칙(KCL)에서 많이 사용한다.

그림 4-2(c)는 전압원의 병렬연결로서 각 전압원의 전압 크기가 같아야 하는 것이 조건이다. 만약에 전압의 크기가 다르게 되면, 병렬로 연결되어 있는 형태가 폐회로이므로 두 전압원의 전위차 값이 내부회로에서 순환전류를 흐르게 하여 사용할 수 없게 된다. 또한 그림 4-2(d)는 전류원의 직렬연결로서 이 경우도 두 개의 전류원이 그 크기가 다른 것은 허용되지 않는다. 반드시 전류원의 전류 크기가 같을 것이 절대 조건이다.

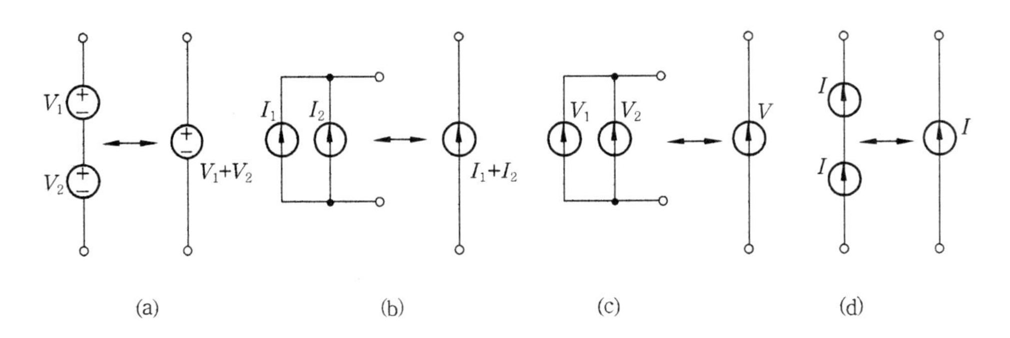

그림 4-2 전원의 직 · 병렬 변환

1-2 전원 변환

전기회로에 전압원과 전류원이 함께 존재하는 경우 회로의 해석이나 간소화에 전원을 통일시키면 보다 쉽게 해결할 수 있다. 그림 4-3(a)에 KVL을 적용하면

$$V_0 = RI + V \tag{4.1}$$

가 된다.

그림 4-3(b)에는 KCL을 적용하면, 전류식은

$$I_0 = I + \frac{V}{R}\,[\mathrm{A}]$$

$$RI_0 = RI + V\,[\mathrm{V}] \tag{4.2}$$

와 같다. 식 (4.2)로부터

$$V_0 = RI_0\,[\mathrm{V}] \tag{4.3}$$

가 됨을 알 수 있다. 전류원과 병렬로 연결된 저항을 전압원과 직렬로 연결된 저항으로 등가변환하는 것이 가능하다.

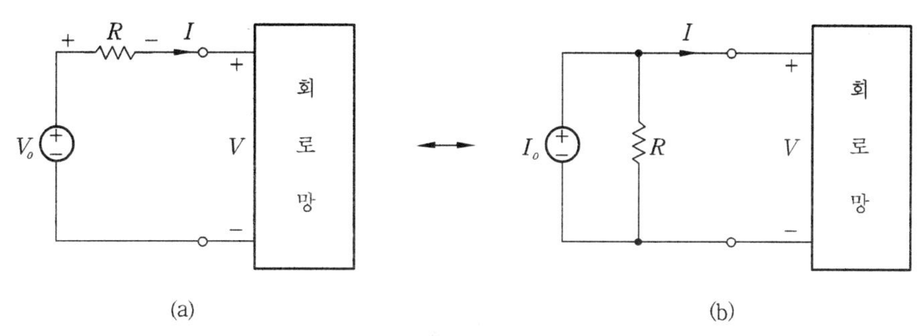

그림 4-3 전원의 변환

실제의 전원에는 내부저항이 존재하므로 위의 그림 4-3과 같은 경우 R을 내부저항으로 볼 수 있다. 이 경우 그림 4-3의 (a), (b)는 서로 변환이 가능하여 회로를 해석하는 경우 유용하게 사용된다. 즉, 그림 4-3의 두 전원은 동일한 부하전류와 부하전압이 만들어져 계산되므로 전원이 서로 등가인 것이다.

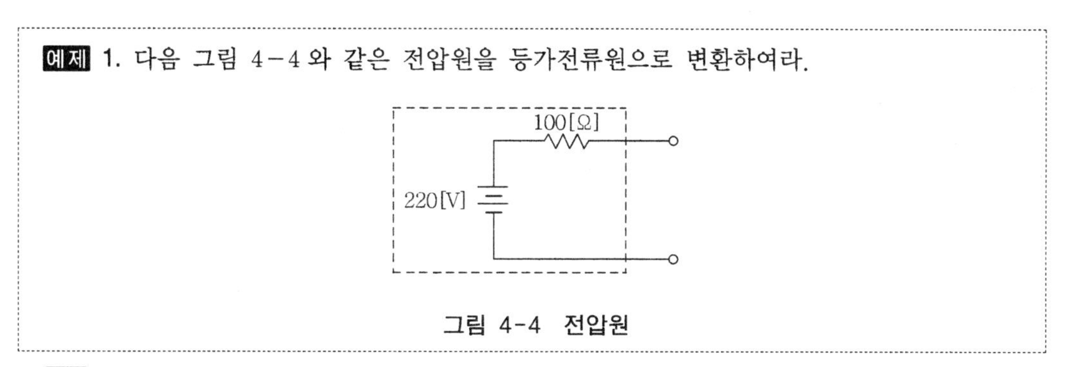
예제 1. 다음 그림 4-4 와 같은 전압원을 등가전류원으로 변환하여라.

그림 4-4 전압원

해설 식 (4.3)을 이용하여

$$I_0 = \frac{V_0}{R} = \frac{220}{100} = 2.2\,[\mathrm{A}]$$

$$R = 100\,[\Omega]$$

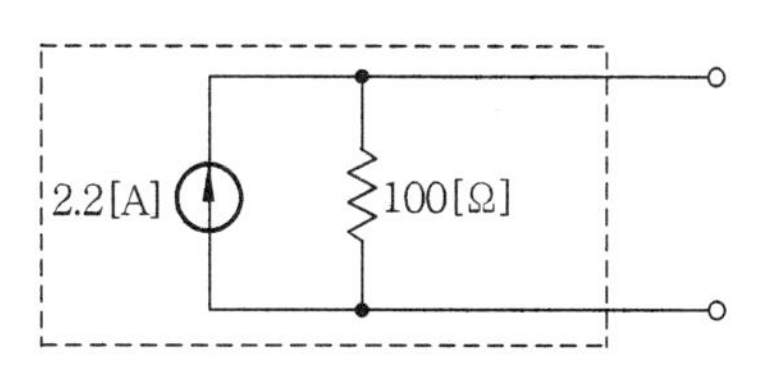

그림 4-5 등가전류원

예제 2. 다음 그림 4－6 과 같은 전류원을 등가전압원으로 변환하라.

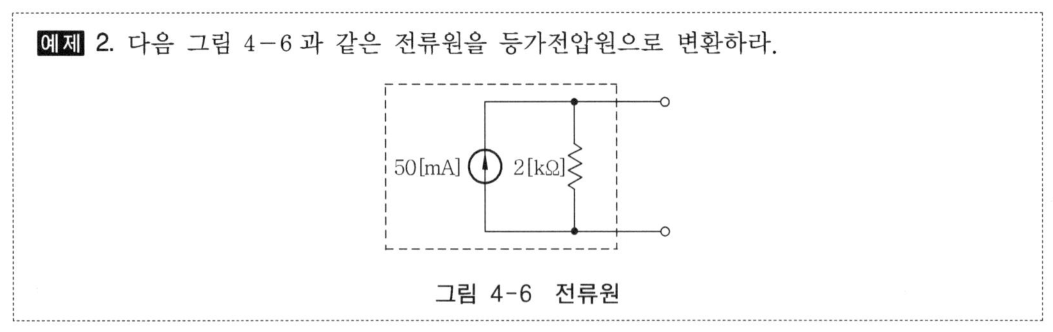

그림 4-6 전류원

해설 식 (4.3)을 이용하여

$V_0 = RI_0 = 0.05 \times 2000 = 100\,[\mathrm{V}]$

$R = 2\,[\mathrm{k}\Omega]$

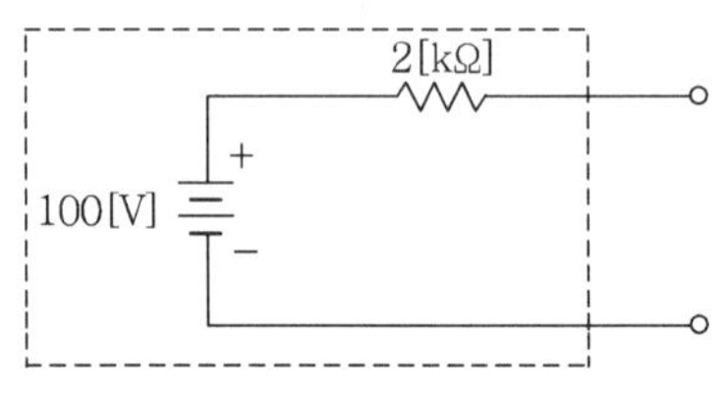

그림 4-7 등가전압원

2. 중첩의 원리

중첩의 원리는 한 회로에 여러 개의 전원이 있을 경우 각 전원에 대하여 회로의 각 가지 전류를 구한 후, 최종으로 구해진 모든 가지전류를 합하여 그 가지전류의 크기와 방향을 정한다. 즉, 다수의 전압원과 전류원을 포함하는 선형회로망의 전류 분포는 각 전압원(전류원)이 단독으로 그의 위치에 존재하는 경우에 흐르는 전류의 대수의 합과 같다.

중첩의 원리가 성립하는 회로망을 선형회로망이라고 말할 수 있으며 또한 선형회로망이면 중첩의 원리는 성립된다. 예를 들어 전자회로의 증폭기의 경우에는 적절한 동작을 하기 위해 두 종류 이상의 전원이 나타나게 된다. "+"전원, "−"전원, 종속전원 등이 회로 해석의 전원으로 등장하기도 하는데, 이런 경우 전원변환은 전압원은 단락하고 전류원은 개방하여 해석한다. 그림 4－8 은 실제 전원의 경우를 표현하고 있다.

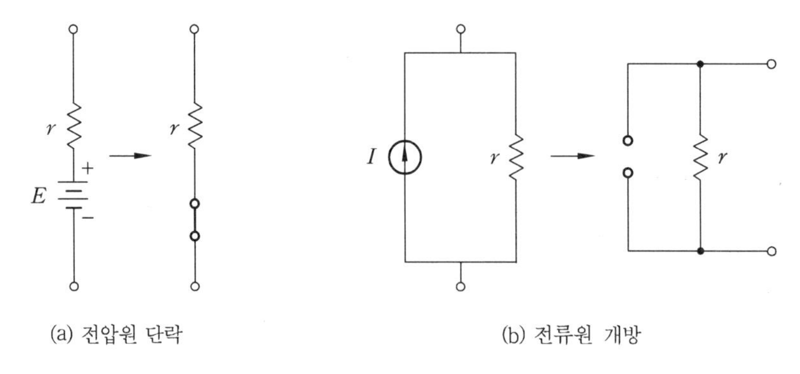

그림 4-8 전원의 단락과 개방

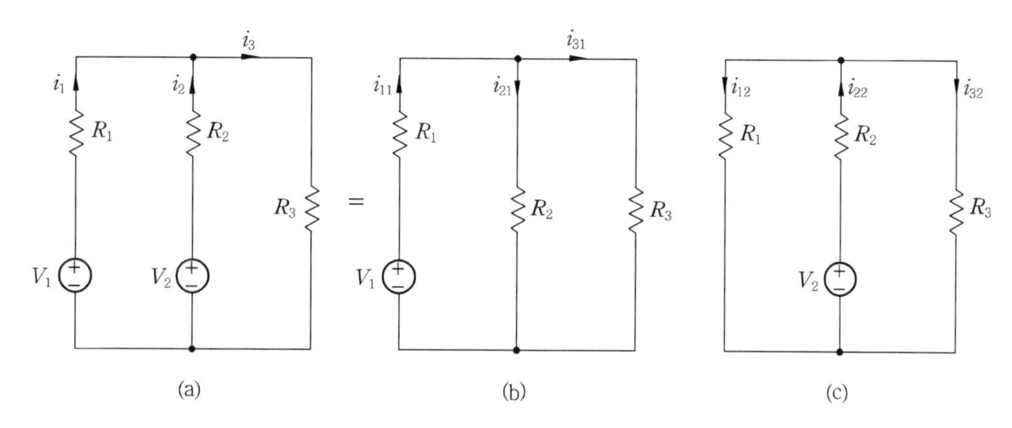

그림 4-9 중첩의 원리 예

그림 4-9 의 해석결과가

$$i_1 = i_{11} + i_{12} \ [\text{A}]$$

$$i_2 = i_{21} + i_{22} \ [\text{A}]$$

$$i_3 = i_{31} + i_{32} \ [\text{A}] \qquad (4.4)$$

와 같이 얻어졌다고 한다면, 각 가지전류의 크기가 결정된 것이다. 그러나 그림 4-9(b)와 (c)에서 구한 각 전류의 크기에 따라서 각 가지전류의 방향이 결정된다. 이러한 해석을 쉽게 이해할 수 있도록 예제를 통하여 알아보도록 한다. 중첩의 원리의 적용은 직류와 교류회로 모두에 적용되므로 예제에서 직류회로와 교류회로에 대하여 해석방법을 제시한다.

예제 3. 다음 그림 4-10과 같은 회로에서 R_2에 흐르는 전류를 중첩의 원리를 이용하여 구하여라.

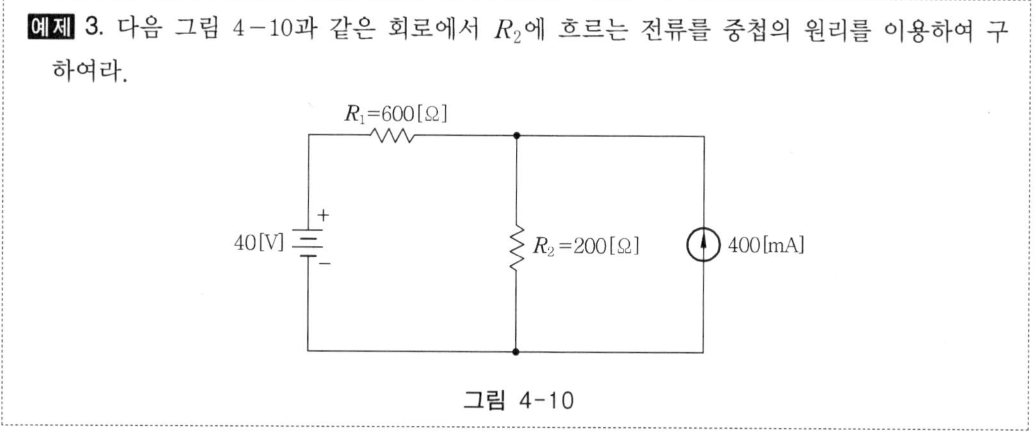

그림 4-10

해설 그림 4-9 를 참고하여 그림 4-11과 같이 두 회로로 나누어 해를 구한다.

그림 4-11(a)와 같이 전류원을 개방한 상태의 전체 저항 R_0를 구하여, 옴의 법칙을 적용하면 전류 I_{R21}을 구할 수 있다.

$$R_0 = R_1 + R_2 = 600 + 200 = 800 \ [\Omega]$$

$$I_{R21} = \frac{V}{R_0} = \frac{40}{800} = 0.05 = 50 \ [\text{mA}]$$

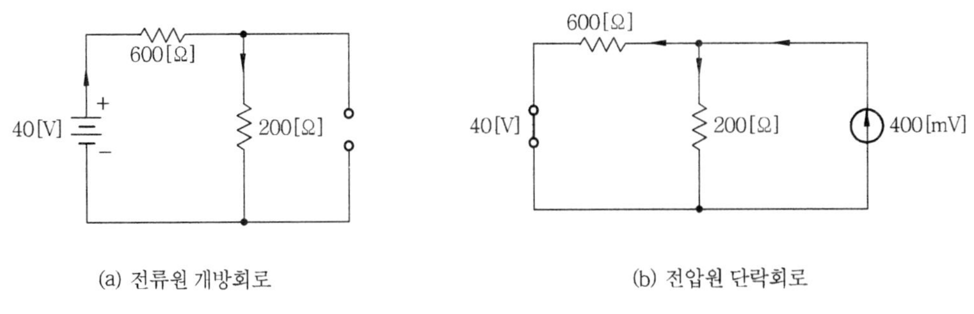

(a) 전류원 개방회로

(b) 전압원 단락회로

그림 4-11

그림 4-11(b)와 같이 전압원을 단락한 상태에서 전류 분배공식을 적용하여 I_{R22}를 구한다.

$$I_{R22}=\frac{600}{600+200}\times 400=\frac{240000}{800}=300\,[\mathrm{mA}]$$

I_{R21}과 I_{R22}의 방향은 그림 4-11과 같은 방향이므로

$$I_{R2}=I_{R21}+I_{R22}=50+300=350\,[\mathrm{mA}]$$

예제 4. 다음 그림 4-12와 같은 교류회로의 i_{RL}을 중첩의 원리를 이용하여 구하여라.

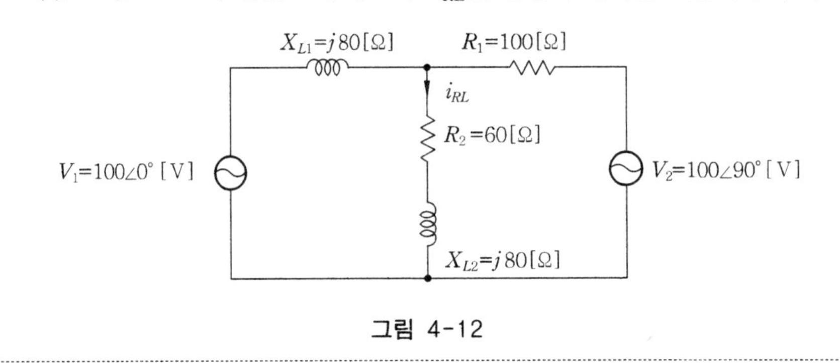

그림 4-12

해설 V_1과 V_2를 각각 기준으로 회로를 그림 4-13과 같이 나타낸다.

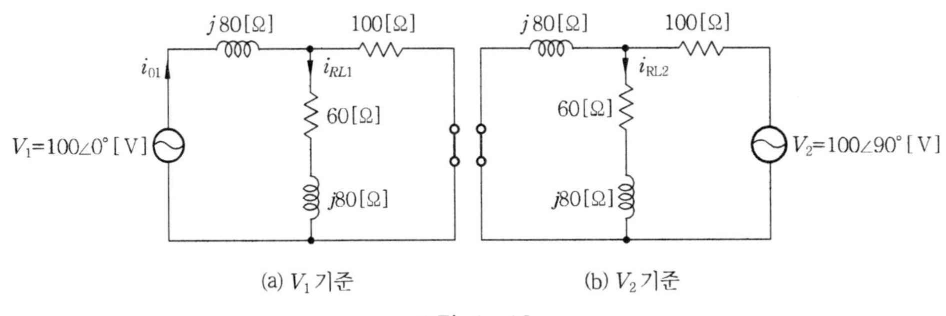

(a) V_1 기준

(b) V_2 기준

그림 4-13

그림 4-13(a)는 $V_2=0$으로 놓았다.

V_1 기준의 전체 임피던스를 구한다.

$$Z_{01}=j80+\frac{100\cdot(60+j80)}{100+(60+j80)}=50+j105\,[\Omega]$$

그림 4-13(a)의 V_1 기준의 전체 전류는

$$i_{01}=\frac{V_1}{Z_{01}}=\frac{100\angle 0°}{50+j105}=0.37-j0.776\,[A]$$

따라서 전류분배 법칙에서

$$i_{RL1}=\frac{100}{100+(60+j80)}\,i_{01}=\frac{100}{160+j80}(0.37-j0.766)$$

$$=\frac{37-j77.6}{160+j80}=0.009-j0.481\,[A]$$

그림 4-13(b) $V_1=0$으로 놓았다. V_2 기준의 전체 임피던스를 구한다.

$$Z_{02}=100+\frac{j80\cdot(60+j80)}{j80+(60+j80)}=113.15+j44.93\,[\Omega]$$

그림 4-13(b) V_2 기준의 전체 전류는

$$i_{02}=\frac{V_2}{Z_{02}}=\frac{100\angle 90°}{113.15+j44.93}=0.30+j0.76\,[A]$$

따라서 전류분배 법칙에서 i_{RL2}

$$i_{RL2}=\frac{j80}{j80+(60+j80)}\,i_{02}=\frac{j80(0.3+j0.76)}{(60+j160)}=0.007+j0.382\,[A]$$

$$\therefore\ i_{RL}=i_{RL1}+i_{RL2}=0.016-j0.099=0.1\angle 80.8°\,[A]$$

3. 테브난의 정리 (Thevenin's Theorem)

테브난의 정리는 하나 이상의 전원을 갖는 복잡한 선형회로(네트워크)에서 특정한 전압이나 전류를 구할 수 있다. 또한 주어진 네트워크를 등가회로로 대치함으로서 회로망의 출력단자에 나타나는 전원 E_{TH}는 네트워크 내부의 등가전원이다. 이 출력단자에 부하저항 R_L을 직렬로 연결하면 네트워크 등가저항과 부하저항 R_L이 직렬로 연결되어 있으므로 부하전류 I_L을 쉽게 계산할 수 있다.

그림 4-14와 같은 등가회로는 부하저항 R_L을 제외하고 출력단자 a, b에서 네트워크를 바라보고 전압원은 단락, 전류원은 개방한 다음 R_{TH}를 구한다. 그 후 모든 전원을 원래 위치로 복원하고 외부단자 a, b에서 바라본 내부전원 E_{TH}를 구한다. 그리고 a, b 양단에 부하저항 R_L을 연결하면 테브난 등가회로가 완성되어

$$I_L=\frac{E_{TH}}{R_{TH}+R_L}\,[A] \tag{4.5}$$

와 같은 부하전류를 구한다.

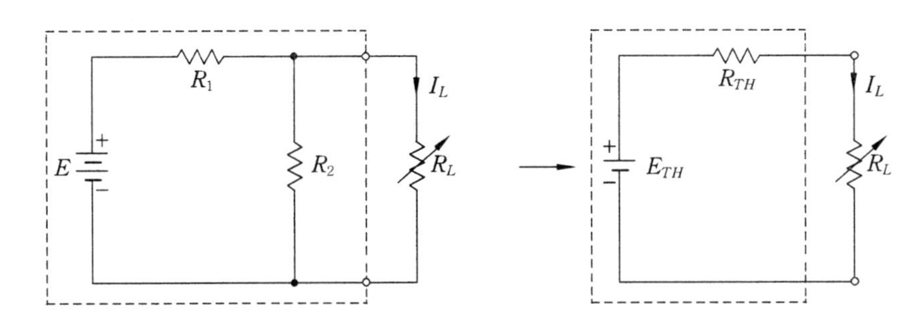

그림 4-14 테브난 등가회로(직류)

이상은 직류회로에 대하여 설명하였다. 이 정리는 정현파 교류회로에서도 똑같이 적용되는데, 방법은 그림 4−14의 저항을 임피던스로 놓고 해석을 하면 그림 4−15와 같이 된다.

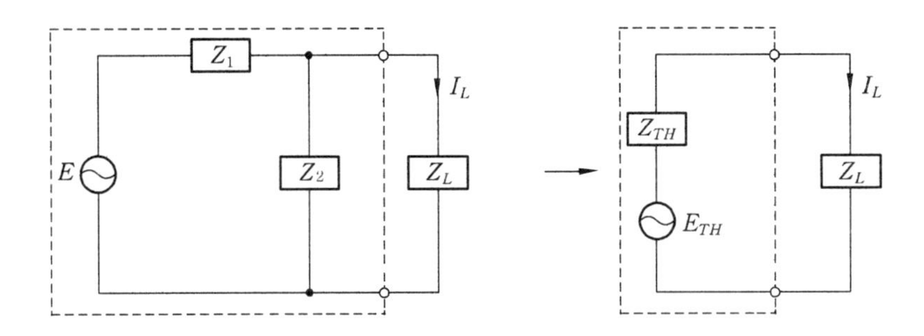

그림 4-15 테브난 등가회로(교류)

즉, 교류에서 부하전류 I_L은 부하 임피던스 Z_L를 연결하기 전 두 점 사이의 전압 E_{TH}를 부하 임피던스 Z_L과 부하 측면에서 바라본 네트워크 임피던스 Z_{TH} 와의 합으로 나눈

$$I_L = \frac{E_{TH}}{Z_{TH} + Z_L} \text{ [A]} \tag{4.6}$$

과 같다. 테브난 정리는 복잡한 회로망의 어떤 특정된 부하에 걸리는 전압이나 이 부하에 흐르는 전류를 쉽게 구하는 데 편리하다.

예제 5. 다음 그림 4−16과 같은 직류회로의 테브난 등가회로와 부하전류를 구하여라.

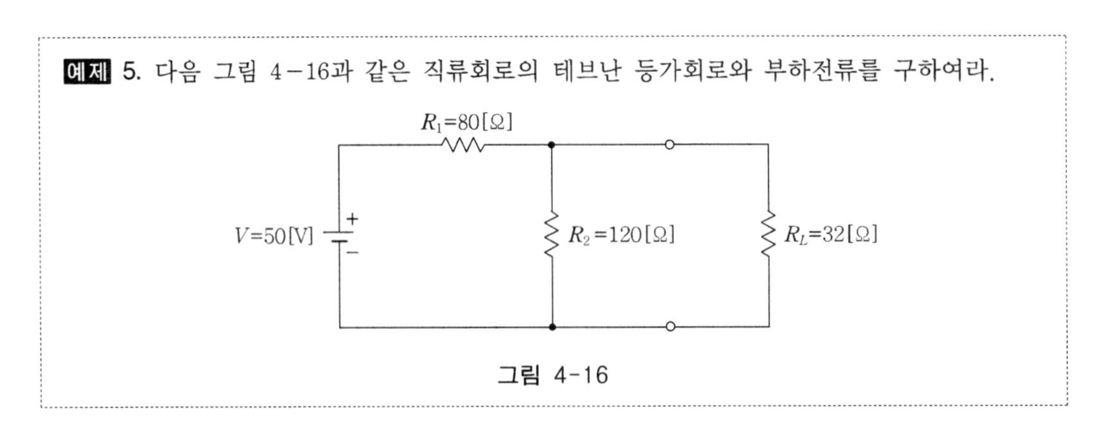

그림 4-16

해설 전압 분배법칙으로부터 V_{TH} 를 구한다.

$$V_{TH}=\frac{120}{120+80}\cdot 50=30\,[\mathrm{V}]$$

R_{TH} 를 구한다.

$$R_{TH}=\frac{120\times 80}{120+80}=48\,[\Omega]$$

식 (4.5)로부터 I_L을 구하면

$$I_L=\frac{30}{48+32}=0.375\,[\mathrm{A}]$$

테브난 등가회로는 그림 4-17과 같다.

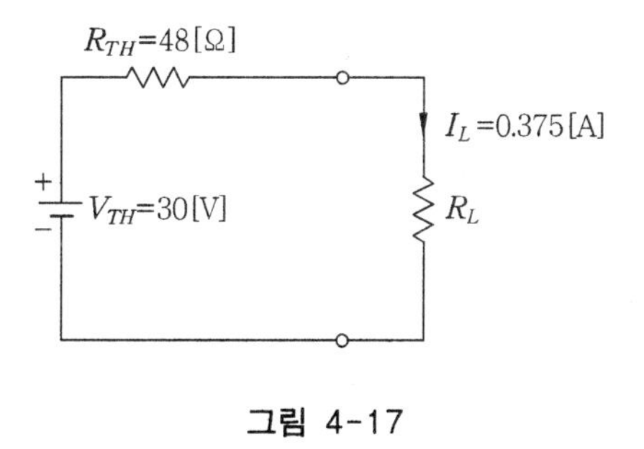

그림 4-17

예제 6. 다음 그림 4-18과 같은 교류회로의 a, b에서 바라본 테브난 등가전압과 회로를 구하여라.

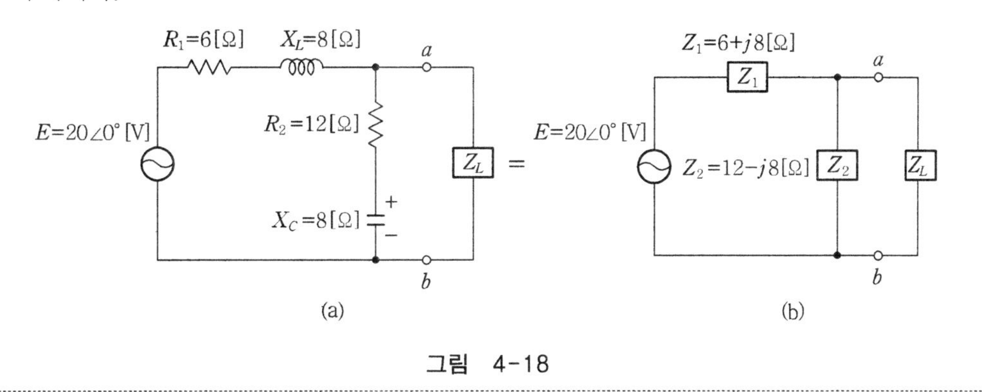

그림 4-18

해설 그림 4-18(b)와 같이 임피던스로 회로를 변경하기 위한 임피던스

$$Z_1=R_1+jX_L=6+j8\,[\Omega]$$

$$Z_2=R_2-jX_C=12-j8\,[\Omega]$$

a, b에서 바라본 임피던스는 병렬회로이므로

$$Z_{TH}=\frac{(6+j8)\cdot(12-j8)}{(6+j8)+(12-j8)}=\frac{136+j48}{20}=6.8+j2.4=7.2\angle 19.44°\,[\Omega]$$

전원측에서 바라보면 두 임피던스는 직렬회로이므로 전압 분배법칙을 이용하면

$$E_{TH}=\frac{(12-j8)}{(6+j8)+(12-j8)}\times 20=\frac{12-j8}{20}\times 20=12-j8=14.42\angle -33.7°\,[\mathrm{V}]$$

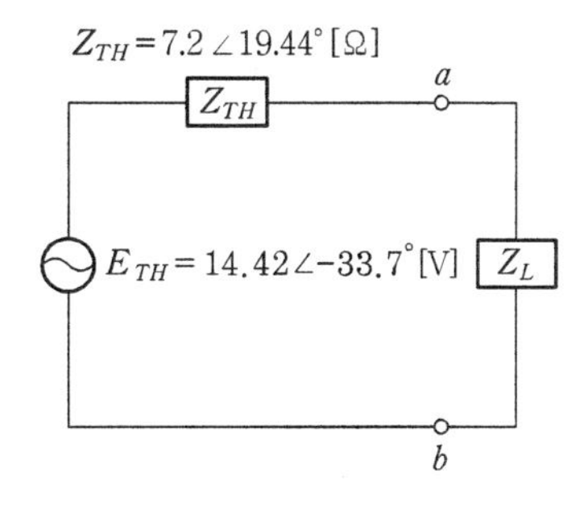

그림 4-19 테브난 등가회로

4. 노턴의 정리 (Norton's Theorem)

실제 사용하고 있는 전원들은 내부저항을 가지고 있다. 즉, 내부 직렬저항을 가진 모든 전압원은 전류원으로 등가변환할 수 있다. 따라서 테브난회로의 등가전류원은 노턴의 정리에 의해서 결정되어질 수도 있다.

$$I_L = \frac{Y_L}{Y_L + Y_N} I_N \,[\mathrm{A}] \tag{4.7}$$

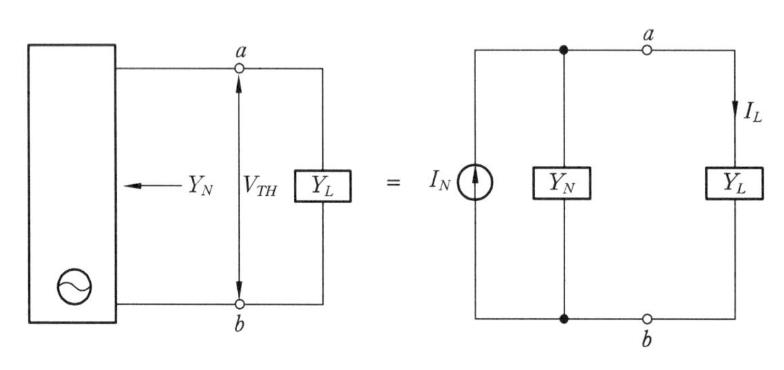

그림 4-20 노턴의 등가회로

회로망 내의 모든 전원을 제거하고 개방된 단자 a, b에서 회로망을 본 어드미턴스 Y_N을 구한다. 모든 전원을 복원한 다음 a, b 단자를 단락하여 I_N을 구한다. 그리고 개방된 단자 a, b에 부하 어드미턴스 Y_L를 접속하여 부하전류 I_L을 식 (4.7)과 같이 구한다. 따라서 노턴의 정리는 테브난의 정리와 쌍대성이므로 상호변환이 간단하게 이루어진다. 이러한 관계를 예를 통하여 이해를 돕도록 한다.

예제 7. 그림 4-21에 대한 외부저항 R_L에 대한 노턴의 등가회로를 구하여라.

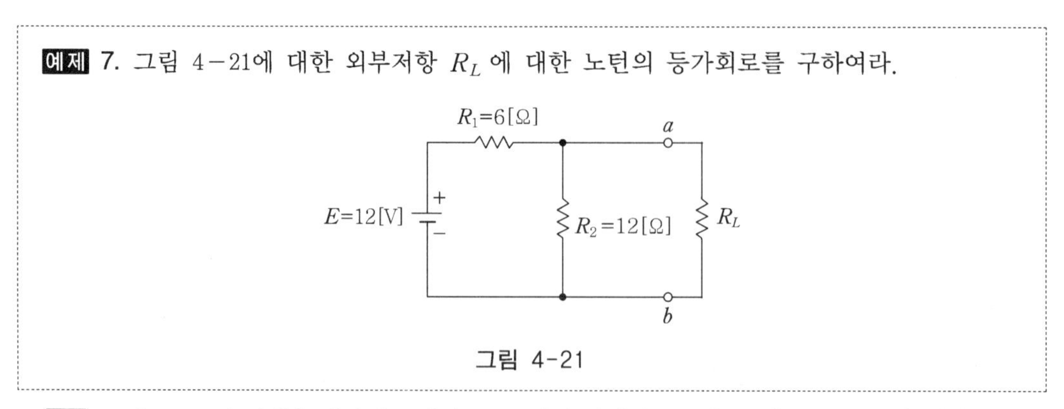

그림 4-21

해설 그림 4-21의 전원을 단락하고 단자 a, b에서 바라본 R_N을 그림 4-22 (a)와 같이 구한다.

$$R_N = \frac{R_1 \cdot R_2}{R_1 + R_2} = \frac{6 \times 12}{6 + 12} = 4\,[\Omega]$$

그림 4－22 (b)와 같이 단자 a, b를 단락하면 R_2 양단에는 전압강하가 나타나지 않는다. 그러므로 I_N을 쉽게 계산한다.

$$I_N = \frac{E}{R_1} = \frac{12}{6} = 2\,[\mathrm{A}]$$

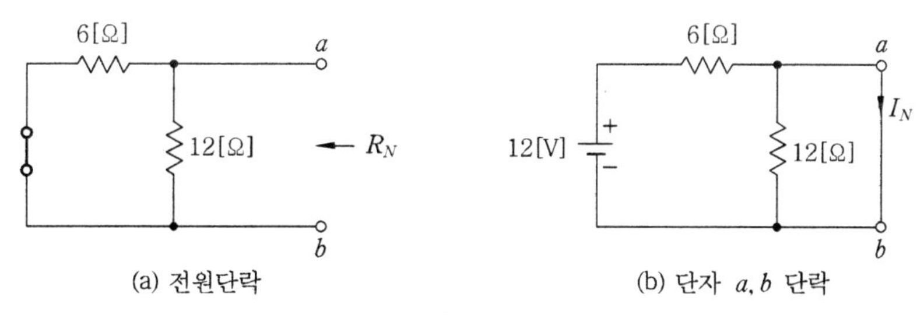

그림 4－22

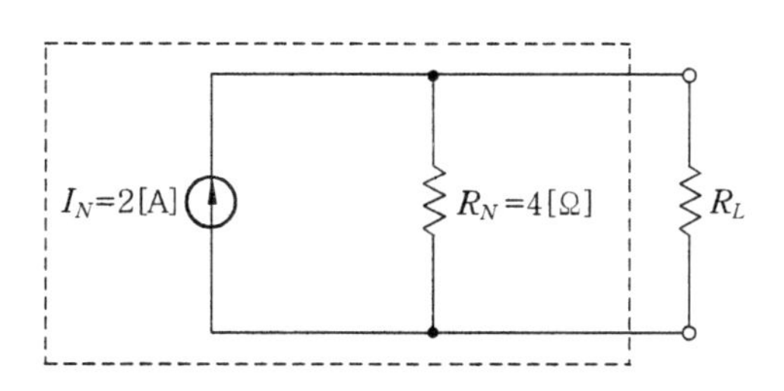

그림 4－23 노턴의 등가회로(직류)

예제 8. 그림 4－24 a, b 양단의 8 [Ω] 저항의 외부회로에 대한 노턴의 등가회로를 구하여라.

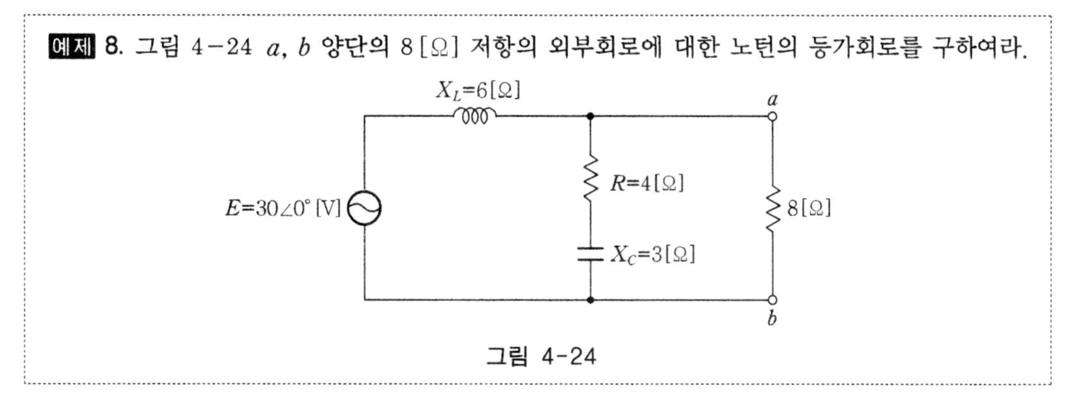

그림 4-24

해설 그림 4－24의 전원을 단락하고 단자 a, b에서 바라본 Z_N을 그림 4－25 (a)와 같이 구한다.

$$Z_1 = jX_L = j6\,[\Omega],\quad Z_2 = R - jX_C = 4 - j3\,[\Omega]$$

$$Z_N = \frac{Z_1 \cdot Z_2}{Z_1 + Z_2} = \frac{j6 \times (4 - j3)}{j6 - j3 + 4} = \frac{144 + j42}{25} = 5.76 + j1.68\,[\Omega]$$

그림 4－25 (b)와 같이 전원을 복귀 후 단자 a, b를 단락하면 Z_2에는 전압강하가 발생하지 않으므로 I_N을 구한다.

$$I_N = I = \frac{E}{Z_1} = \frac{30\angle 0^\circ}{6\angle 90^\circ} = 5\angle -90^\circ\,[\mathrm{A}]$$

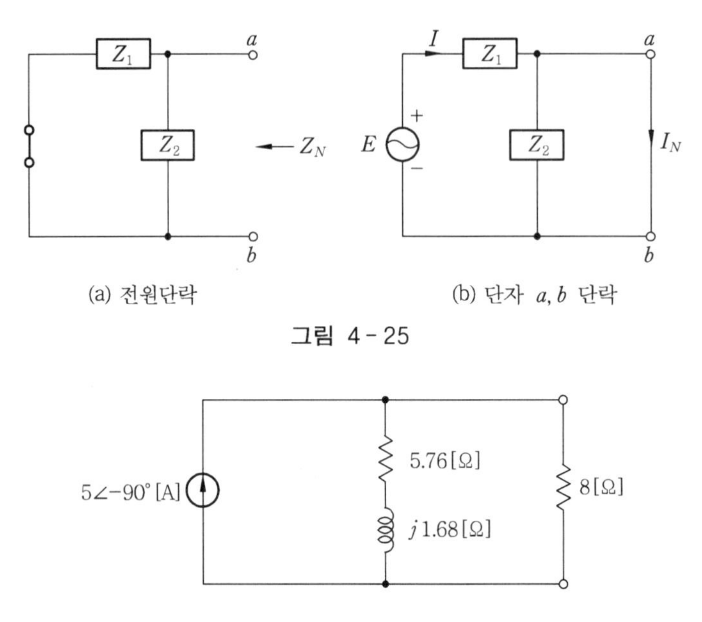

(a) 전원단락 (b) 단자 a, b 단락

그림 4-25

그림 4-26 노턴의 등가회로(교류)

5. 밀만의 정리 (Millman's Theorem)

밀만의 정리는 임의 개수의 전압원을 한 개의 등가전압으로 만드는 방법을 제시한다. 그리하여 부하전압이나 부하전류를 간편하게 구하게 한다. 또한 밀만의 정리는 특수한 경우 등가회로가 테브난 정리와 같은 결과를 얻게 된다. 직류회로에 대한 밀만의 등가전압과 등가저항을 구하면 그림 4-27과 같다.

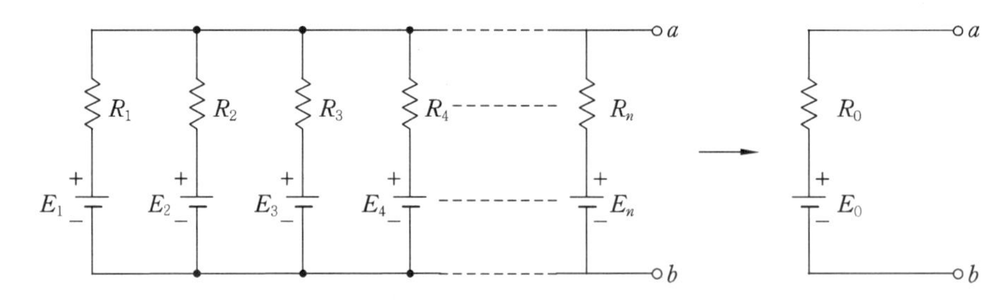

그림 4-27 n개의 병렬 전압원

그림 4-27과 같이 n개의 병렬전압원을 전류원으로 그림 4-28처럼 바꾸면 전체 전류를 구하기 쉬울 뿐만 아니라 등가전압을 얻기도 편리하다. 그림 4-28에서 전류원으로 변경된 회로의 a, b 단자에서 바라본 전체 컨덕턴스는 전류원을 개방하면 식 (4.8)과 같다.

$$G_0 = G_1 + G_2 + G_3 + G_4 + \cdots\cdots + G_n \text{ [S]} \tag{4.8}$$

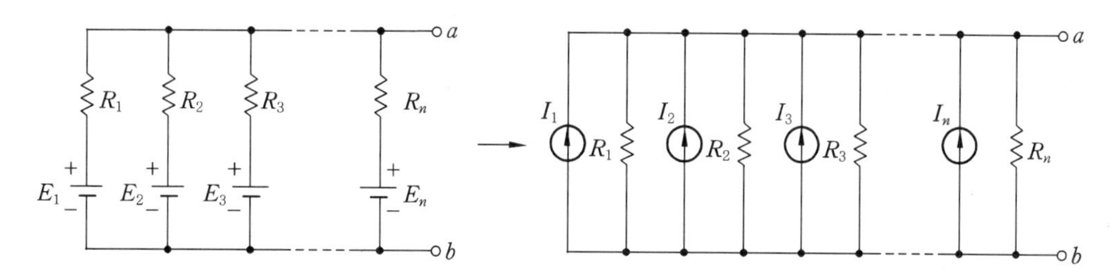

그림 4 - 28 병렬전압원을 전류원으로 변경

식 (4.8)에서 전체 등가저항을 구하면 R_0는

$$R_0 = \frac{1}{G_0} = \frac{1}{\frac{1}{R_1} + \frac{1}{R_2} + \frac{1}{R_3} + \cdots + \frac{1}{R_n}} \ [\Omega] \tag{4.9}$$

이 된다. 전체 전류 I_0를 구하면

$$I_0 = I_1 + I_2 + I_3 + \cdots + I_n$$

$$= \frac{E_1}{R_1} + \frac{E_2}{R_2} + \frac{E_3}{R_3} + \cdots + \frac{E_n}{R_n} \ [\mathrm{A}] \tag{4.10}$$

가 된다. 식 (4.9)와 식 (4.10)을 이용하여 등가전압을 구하면 식 (4.11)과 같다.

$$E_0 = I_0 R_0$$

$$= \frac{\frac{E_1}{R_1} + \frac{E_2}{R_2} + \frac{E_3}{R_3} + \cdots + \frac{E_n}{R_n}}{\frac{1}{R_1} + \frac{1}{R_2} + \frac{1}{R_3} + \cdots + \frac{1}{R_n}} \ [\mathrm{V}] \tag{4.11}$$

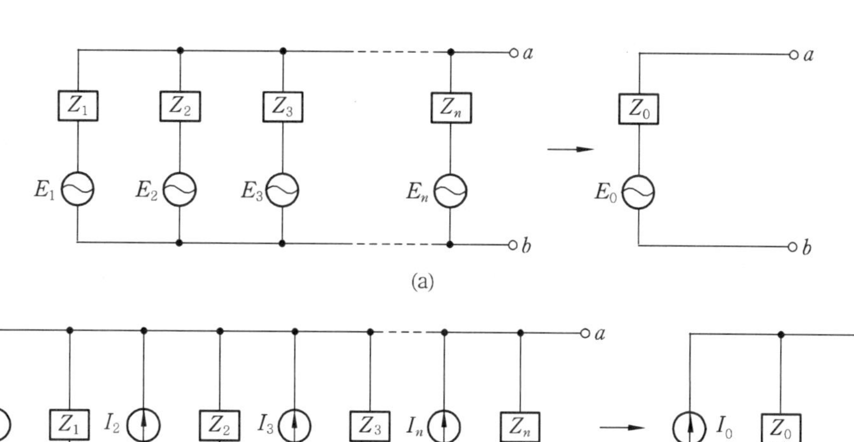

그림 4 - 29 밀만의 변환 과정

교류회로에서는 내부 임피던스를 가진 전압원이 여러 개의 병렬로 연결되어 있을 경우 그 병렬접속점에 나타나는 전압은, 개개의 전원을 단락하였을 때 흐르는 전류의 대수합을 개개의 전원의 내부 어드미턴스의 대수합으로 나눠 준 것과 같다. 직류회로에서와 같이 이를 밀만의 정리(Millman's theorem)라고 한다. 그림 4-29는 그 변환 과정을 나타내고 있으며, 그림 4-29 (a)를 그림 4-29 (b)로 변환하는 것이 밀만의 정리이다.

그림 4-29 (b)에서 전류원으로 변경된 회로의 a, b 단자에서 바라본 전체 어드미턴스는 전류원을 개방하면

$$Y_{0A} = Y_1 + Y_2 + Y_3 + Y_4 + \cdots Y_n \ [℧] \tag{4.12}$$

가 된다. 식 (4.12)에서 전체 등가 임피던스를 구하면 Z_{0A}는

$$Z_{0A} = \frac{1}{Y_0} = \frac{1}{\dfrac{1}{Z_1} + \dfrac{1}{Z_2} + \dfrac{1}{Z_3} \cdots \dfrac{1}{Z_n}} \ [\Omega] \tag{4.13}$$

이 된다. 전체 전류 I_0 를 구하면

$$I_{0A} = I_1 + I_2 + I_3 + \cdots + I_n = \frac{E_1}{Z_1} + \frac{E_2}{Z_2} + \frac{E_3}{Z_3} + \cdots + \frac{E_n}{Z_n} \ [\mathrm{A}] \tag{4.14}$$

가 된다. 식 (4.9)와 식 (4.10)을 이용하여 등가전압을 구하면

$$E_{0A} = I_{0A} Z_{0A}$$

$$= \frac{\dfrac{E_1}{Z_1} + \dfrac{E_2}{Z_2} + \dfrac{E_3}{Z_3} + \cdots + \dfrac{E_n}{Z_n}}{\dfrac{1}{Z_1} + \dfrac{1}{Z_2} + \dfrac{1}{Z_3} + \cdots + \dfrac{1}{Z_n}} \ [\mathrm{V}] \tag{4.15}$$

와 같다. 일반식으로 식 (4.16)과 같이 간단히 표현한다.

$$E_{0A} = \frac{I_{0A}}{Y_{0A}} = \frac{\sum_{k=1}^{n} E_k Y_k}{\sum_{k=1}^{n} Y_k} \ [\mathrm{V}] \tag{4.16}$$

이상의 결과들은 3상 회로 해석이나 트랜지스터를 이용한 회로망 등에 많이 응용되고 있다.

예제 9. 밀만의 정리를 이용하여 그림 4-30의 부하전류와 전압을 구하여라.

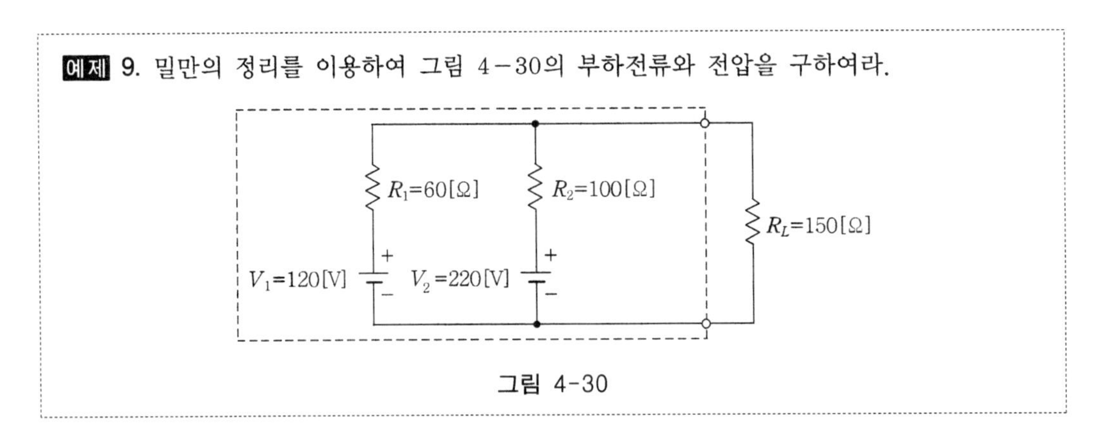

그림 4-30

해설 식 (4.9)로부터 총 등가저항 R_0는

$$R_0=\frac{1}{\frac{1}{R_1}+\frac{1}{R_2}}=\frac{1}{\frac{1}{60}+\frac{1}{100}}=37.5[\Omega]$$

식 (4.11)로부터 총 등가전원 V_0는

$$V_0=\frac{\frac{V_1}{R_1}+\frac{V_2}{R_2}}{\frac{1}{R_1}+\frac{1}{R_2}}=\frac{\frac{120}{60}+\frac{220}{100}}{\frac{1}{60}+\frac{1}{100}}$$

$$=\frac{4.2\times6000}{160}=157.5[V]$$

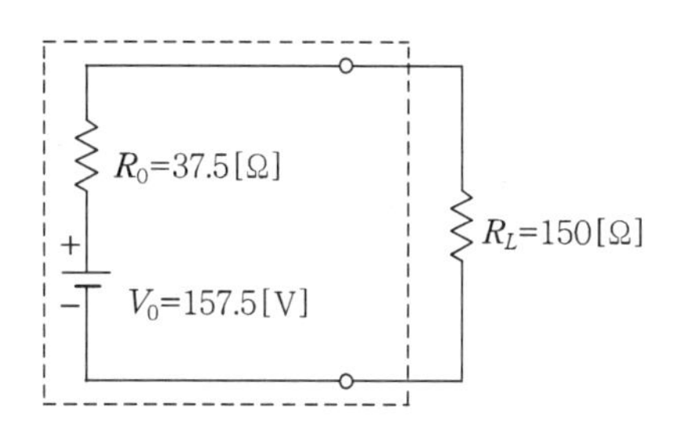

그림 4-31 그림 4-30의 밀만의 등가회로

따라서 밀만의 등가회로를 그리면 그림 4-31과 같다. 부하전류 I_L과 부하전압 V_L을 구하면

$$I_L=\frac{157.5}{37.5+150}=0.84[A]$$

$$V_L=R_L\cdot I_L=0.84\times150=126[V]$$

예제 10. 밀만의 정리를 이용하여 그림 4-32의 교류 부하전류와 전압을 구하여라.

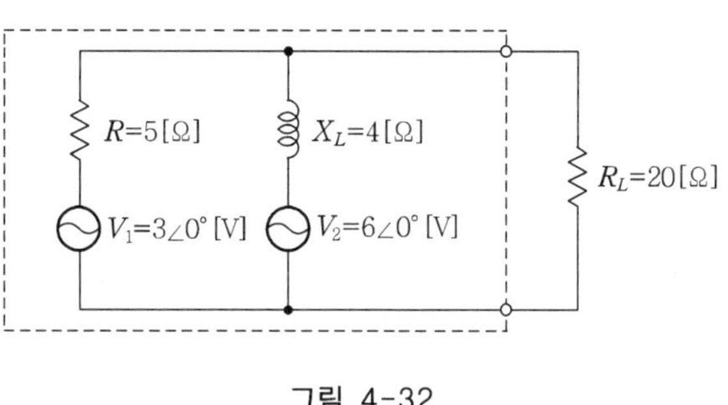

그림 4-32

해설 식 (4.13)로부터 총 등가 임피던스 Z_0는

$$Z_0=\frac{1}{\frac{1}{R\angle0°}+\frac{1}{X_L\angle90°}}=\frac{1}{\frac{1}{5\angle0°}+\frac{1}{4\angle90°}}=\frac{1}{0.2-j0.25}$$

$$=1.95+j2.44=3.12\angle51.3°[\Omega]$$

임피던스로부터 어드미턴스 Y_0는

$$Y_0=0.2-j0.25=0.32\angle-51.3°[\mho]$$

식 (4.15)로부터 분모항이 어드미턴스이므로 총 등가전원 V_0는

$$V_0=\frac{\frac{V_1\angle0°}{R\angle0°}+\frac{V_2\angle0°}{X_L\angle90°}}{Y_0}=\frac{\frac{3\angle0°}{5\angle0°}+\frac{6\angle0°}{4\angle90°}}{0.32\angle-51.3°}$$

$$=\frac{1.62\angle-68.2°}{0.32\angle-51.3°}$$

$$=5.1\angle-16.9°[V]$$

따라서 밀만의 등가회로를 그리면 그림 4－33과 같다.
교류 부하전류 I_L과 부하전압 V_L을 구하면

$$I_L = \frac{V_0}{Z_0 + R_L} = \frac{5.1\angle -16.9^\circ}{20 + 1.95 + j2.44}$$

$$= \frac{5.1\angle -16.9^\circ}{22.1\angle 6.34^\circ}$$

$$= 0.23\angle -23.24^\circ \,[\mathrm{A}]$$

$$V_L = R_L \cdot I_L = 20\angle 0^\circ \times 0.23\angle -23.24^\circ$$

$$= 4.6\angle -23.24^\circ \,[\mathrm{V}]$$

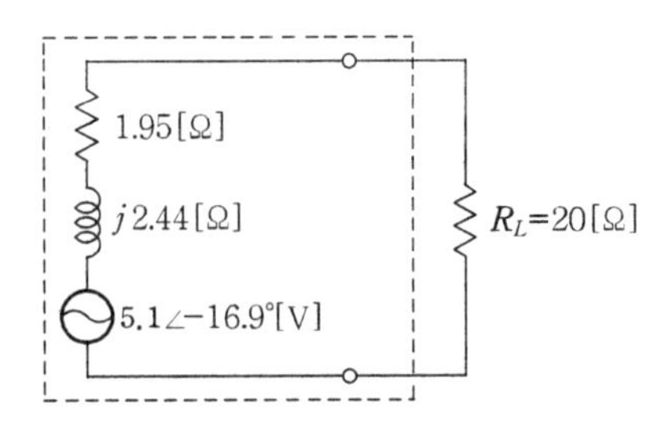

그림 4－33 그림 4－32의 밀만의 등가회로

6. 가역정리 (상반정리)

가역정리 또는 상반정리라고 하는 이 정리는 회로 내에 하나의 전원이 존재하는 조건이다. 존재하는 하나의 전원에 의해 흐르는 각 가지전류의 방향과 일치하는 방향으로 전원의 위치가 이동할 수 있다는 것으로, 그림 4－34는 회로망 전원을 기준으로 나타낸 것이다.

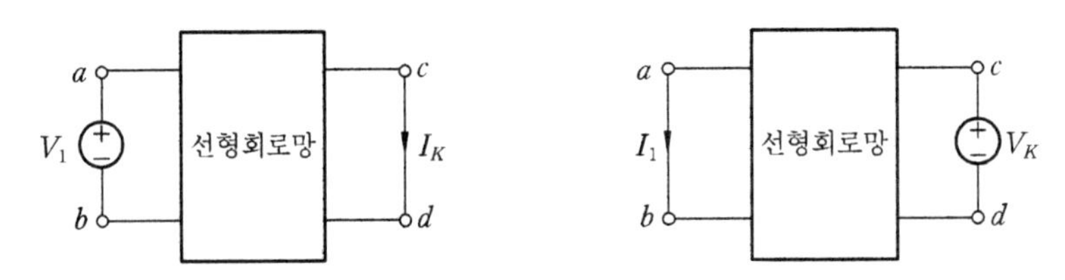

그림 4－34 상반정리

즉, "주어진 회로망의 어떤 위치에 있었던 단일전원 V에 의해서 흐르는 회로망의 어느 가지전류 I는, 만일 그 단일전원 V를 전류 I가 측정된 가지에 삽입하였다면 원래 그 단일전원 V가 있었을 때, 가지에 흐르는 전류 I와 같다."는 내용이다.

$$\frac{I_k}{V_1} = \frac{I_1}{V_k} \tag{4.17}$$

임의의 회로망 하나를 예를 들어보면 그림 4－35와 같다.

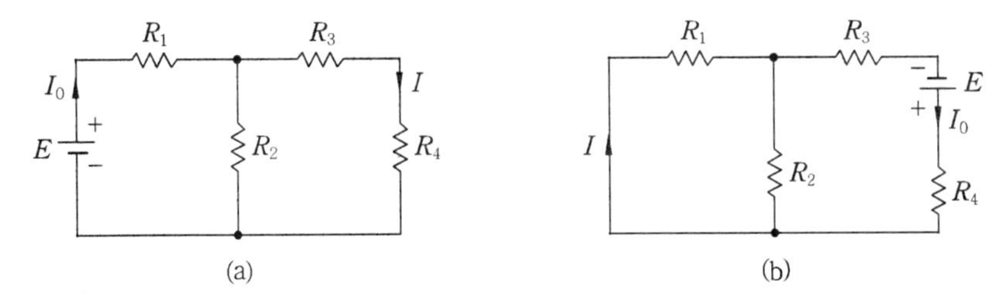

그림 4－35 상반정리 예제 회로

예제 11. 다음 그림 4－36과 같은 (a)와 (b) 회로망의 상반정리가 성립됨을 증명하여라.

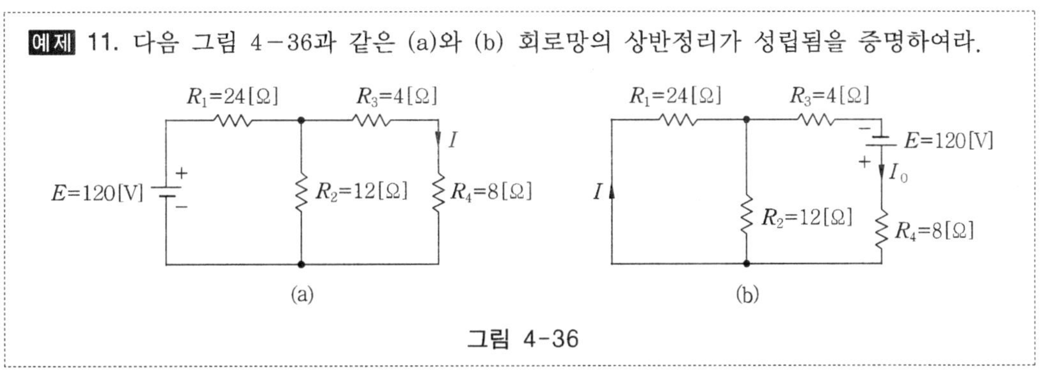

그림 4-36

해설 그림 4－36 (a)의 합성저항 R_{01}은 $R_{01}=R_1+\dfrac{R_2\cdot(R_3+R_4)}{R_2+(R_3+R_4)}=24+\dfrac{12\times12}{12+4+8}=30\,[\Omega]$

그림 4－36 (a)의 전체 전류 I_0는 $I_0=\dfrac{E}{R_{01}}=\dfrac{120}{30}=4\,[\text{A}]$

그러면 I는 $I=\dfrac{(R_3+R_4)\cdot I_0}{R_2+(R_3+R_4)}=\dfrac{12\times4}{12+12}=2\,[\text{A}]$

그림 4－36 (b)의 합성저항 R_{02}은 $R_{02}=R_3+R_4+\dfrac{R_1\cdot R_2}{R_1+R_2}=4+8+\dfrac{24\times12}{24+12}=20\,[\Omega]$

그림 4－36 (b)의 전체 전류 I_0은 $I_0=\dfrac{E}{R_{02}}=\dfrac{120}{20}=6\,[\text{A}]$

그러면 I는 $I=\dfrac{R_2\cdot I_0}{R_1+R_2}=\dfrac{12\times6}{24+12}=2\,[\text{A}]$

이상에서 보면 그림 4－36 (a)와 그림 4－36 (b)를 비교해 보면 이론과 같이 성립됨을 알 수 있다.

7. 치환정리

어떤 회로의 지로를 적당한 독립전원으로 변환시켜도 회로 내의 전류 및 전압에는 아무런 영향을 미치지 않는다. 즉, 수동소자에 걸리는 전압강하에 해당하는 전압원을 삽입하거나, 가지에 전류원을 대치하여 나타내어도 회로 해석에는 변함이 없음을 의미한다.

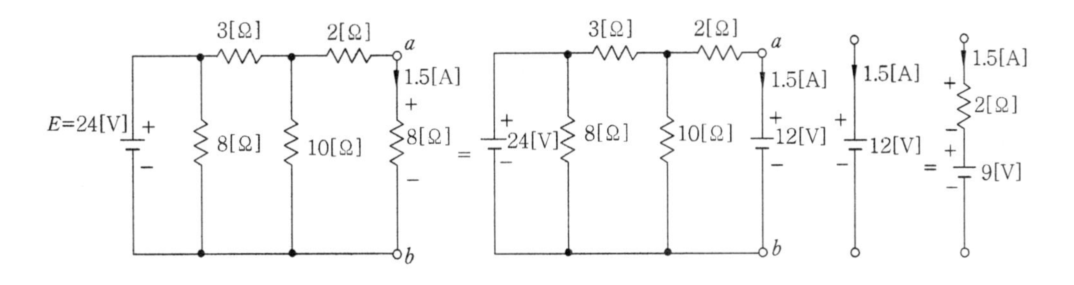

그림 4－37 치환정리를 설명하는 회로

8. 쌍대성 회로

앞 절에서 회로망에 대한 방정식들을 세워서 회로 해석을 해왔다. 각 회로망에 대해서 마디 전압방정식에 의해 회로방정식을 얻는 것이 다른 회로망에 대해서 루프 전류방정식에 의해 얻는 회로방정식과 전기적인 형식이 동일할 때, 한 회로망을 대응하는 회로망의 쌍대 회로망이라 한다. 이와 같은 2개의 전기회로를 쌍대회로라 하고, 서로 쌍대성(duality)을 가진다고 한다.

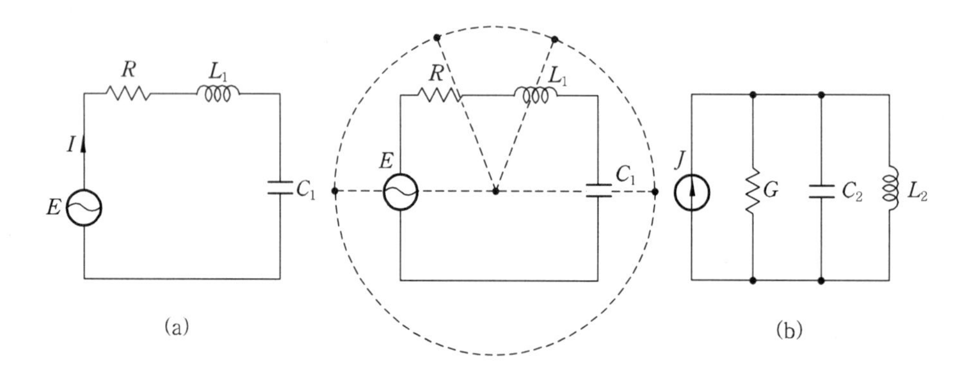

그림 4-38 쌍대회로를 구하는 과정

$$\boldsymbol{E}=\left(R+j\omega L+\frac{1}{j\omega C}\right)\boldsymbol{I}=\boldsymbol{ZI}[\mathrm{V}] \tag{4.18}$$

식의 전압원 $\boldsymbol{E}$ 대신에 전류원 $\boldsymbol{J}$를, 저항 R 대신에 컨덕턴스 G를, 인덕턴스 L_1 대신에 커패시턴스 C_2를, 커패시턴스 C_1 대신에 인덕턴스 L_2를, 임피던스 $\boldsymbol{Z}$ 대신에 어드미턴스 $\boldsymbol{Y}$를, 폐회로 전류 $\boldsymbol{I}$ 대신에 마디전압 $\boldsymbol{V}$를 각각 대입하면

$$\boldsymbol{J}=[\,G+j\omega C_2+1/(j\omega L_2)]\,\boldsymbol{V}=\boldsymbol{YV}[\mathrm{A}] \tag{4.19}$$

와 같은 방정식을 얻는다. 그 관계를 그림 4-38에 나타내었다. 이 식 (4.18)의 직렬회로인 그림 4-38(a)는 그림 4-38(b)와 같은 병렬회로가 된다.

[표 4-1]은 쌍대성이 있는 전기량 또는 상태를 나타낸 것이다.

[표 4-1] 쌍대적인 전기량

전압 ↔ 전류	직렬 ↔ 병렬
저항 ↔ 컨덕턴스	개방 ↔ 단락
인덕턴스 ↔ 커패시턴스	KCL ↔ KVL
리액턴스 ↔ 서셉턴스	마디 ↔ 폐로
임피던스 ↔ 어드미턴스	테브난 정리 ↔ 노턴의 정리

쌍대회로를 구성하는 방법과 순서는 그림 4－38을 참고하면, 다음과 같다.

① 주어진 회로망 내의 모든 폐회로 내부에 점에 찍고 회로망 외부에 원을 그리고 점을 찍는다. 내부 점과 원에 있는 외부 점들은 구하는 쌍대 회로망의 절점이 되고, 원은 기준 마디가 된다.

② 폐회로 내부 점과 외부원상의 점, 폐회로 내부 점과 내부 점들 사이를 반드시 하나의 소자나 전원만을 통하는 점선으로 연결한다.

③ 각 소자들을 표 4－1을 참고하여 점선이 지나간 소자를 쌍대전기량으로 바꾸어 마디 사이에 그려 넣는다. 구해진 쌍대량들의 전압, 전류의 기준 방향을 루프나 마디의 전원공급 개념으로부터 전 회로망에 대해서 통일한다.

9. 역회로

임의의 주어진 두 회로가 서로 쌍대의 관계에 있고, 또 그 임피던스와 어드미턴스의 비 또는 두 임피던스의 곱이 주파수에 관계없이 정수일 때, 즉

$$\frac{Z_1}{Y_2} = Z_1 Z_2 = K^2 \tag{4.20}$$

의 관계가 성립할 때, "임피던스 Z_1와 Z_2는 상수 K에 관하여 역회로 관계에 있다."라고 한다. 그림 4－38의 (a)와 (b)는 쌍대회로이므로 식 (4.20)에 대입하면

$$\frac{Z_1}{Y_2} = \frac{R + j\omega L_1 + \dfrac{1}{j\omega C_1}}{G + j\omega C_2 + \dfrac{1}{j\omega L_2}} = K^2 \tag{4.21}$$

이 된다. 식 (4.21)의 관계를 만족시키려면 각 소자들 사이에 다음의 관계가 성립한다.

$$\frac{R}{G} = \frac{L_1}{C_2} = \frac{L_2}{C_1} = K^2$$

$$Z_1 = j\omega L_1, \quad Z_2 = \frac{1}{j\omega C_2} \tag{4.22}$$

예제 12. $Z_1 = j\omega L_1$, $Z_2 = \dfrac{1}{j\omega C_2}$ 일 때, Z_1과 Z_2가 역회로 관계에 있음을 보여라.

해설 식 (4.20)으로부터

$$Z_1 Z_2 = j\omega L_1 \frac{1}{j\omega C_2} = \frac{L_1}{C_2} = K^2$$

따라서 L_1과 C_2는 K에 대해서 역회로를 구성할 수 있다.

다음 그림 4－39는 각 역회로의 예를 나타내고 있다.

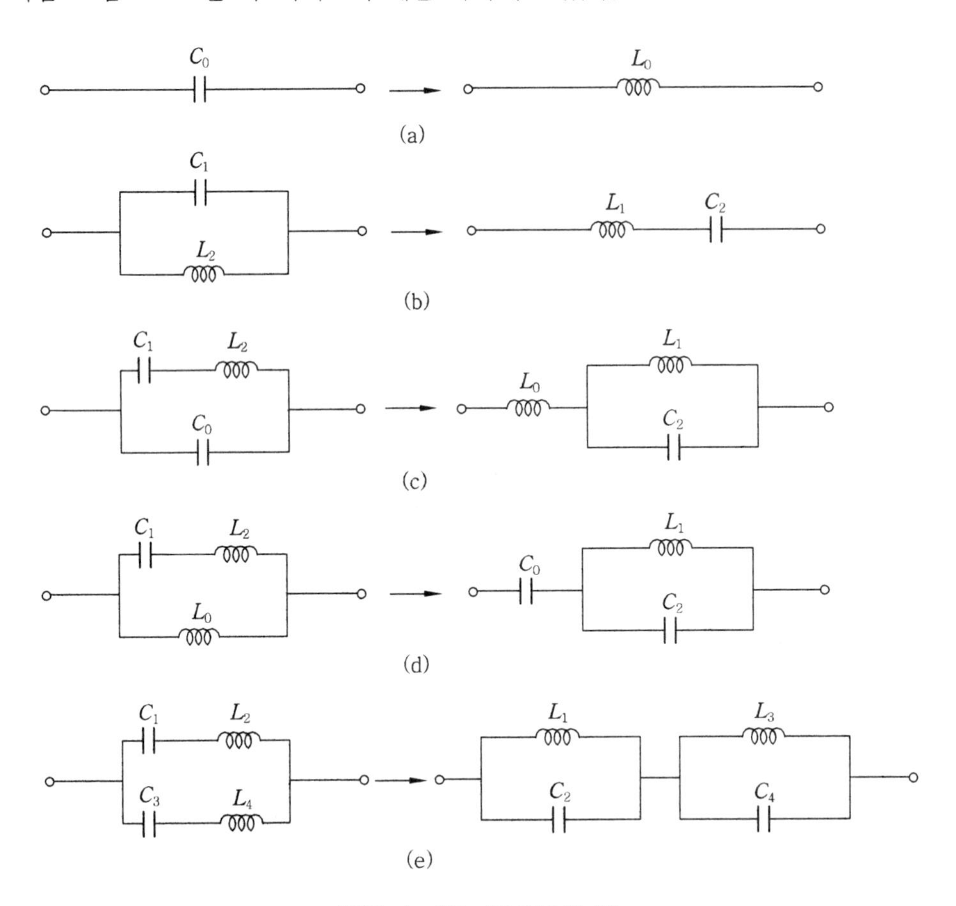

그림 4－39 역회로의 예

회로망의 구동점 임피던스가 무수히 많은 L, C 요소로서 직렬접속한 것이라면

$$Z_1 = Z_{11} + Z_{12} + \cdots + Z_{1n}\,[\Omega] \tag{4.23}$$

이 된다. 임피던스 Z_1의 역회로는 식 (4.20)의 $Z_1 Z_2 = K^2$에서

$$Z_2 = \frac{K^2}{Z_1} = \frac{K^2}{Z_{11} + Z_{12} + \cdots + Z_{1n}}\,[\Omega] \tag{4.24}$$

을 얻는다. 임피던스 Z_2의 어드미턴스 Y_2는

$$Y_2 = \frac{1}{Z_2} = \frac{Z_{11} + Z_{12} + \cdots + Z_{1n}}{K^2} = \frac{Z_{11}}{K^2} + \frac{Z_{12}}{K^2} + \cdots + \frac{Z_{1n}}{K^2}\,[\mho] \tag{4.25}$$

를 얻는다. 임피던스 Z_1이 L, C 요소들의 병렬접속인 경우 식 (4.26)을 구할 수 있다.

$$\frac{1}{Z_1} = Y_1 = Y_{11} + Y_{12} + \cdots + Y_{1n}\,[\mho] \tag{4.26}$$

식 (4.26)의 역회로는 식 (4.20)으로부터

$$\left(\frac{1}{Y_{11}+Y_{12}+\cdots+Y_{1n}}\right)Z_2=K^2 \tag{4.27}$$

이고, 이 때의 임피던스 Z_2는 식 (4.28)과 같다.

$$\begin{aligned} Z_2 &= (Y_{11}+Y_{12}+\cdots+Y_{1n})K^2 \\ &= Y_{11}K^2+Y_{12}K^2+\cdots+Y_{1n}K^2 \\ &= \frac{K^2}{Z_{11}}+\frac{K^2}{Z_{12}}+\cdots+\frac{K^2}{Z_{1n}}\ [\Omega] \end{aligned} \tag{4.28}$$

이상으로부터 임피던스 Z_1의 병렬소자 Z_{11}, Z_{12}, ⋯, Z_{1n} 각각의 역회로를 직렬로 접속한 것과 같다. 즉, 직렬접속은 병렬접속, 병렬접속은 직렬접속, L은 C, C는 L로서 표현된다. 그림 4-39는 간단한 역회로의 예를 표시하고 있으며, 이 경우

$$\frac{L_0}{C_0}=\frac{L_1}{C_1}=\frac{L_2}{C_2}=\frac{L_3}{C_3}=\frac{L_4}{C_4}=K^2 \tag{4.29}$$

의 관계가 있으며, 이것은 전부 K에 관한 역회로가 성립된다.

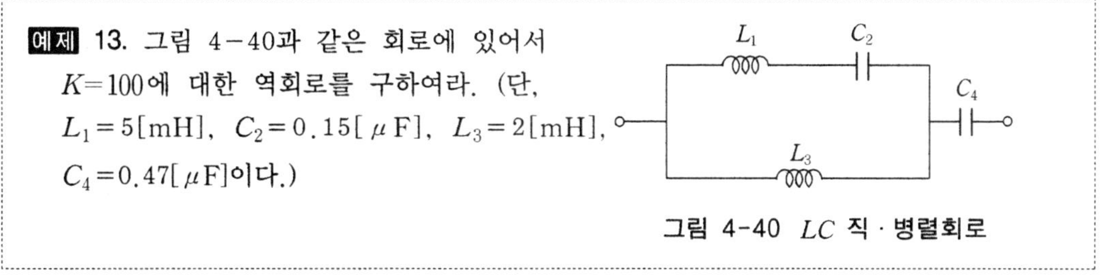

예제 13. 그림 4-40과 같은 회로에 있어서 $K=100$에 대한 역회로를 구하여라. (단, $L_1=5$[mH], $C_2=0.15$[μF], $L_3=2$[mH], $C_4=0.47$[μF]이다.)

그림 4-40 LC 직 · 병렬회로

해설 식 (4.20)과 식 (4.29)로부터

$$Z_1 Z_2 = j\omega L \frac{1}{j\omega C}=\frac{L}{C}=K^2$$

$$\frac{L_1}{C_1}=\frac{L_2}{C_2}=\frac{L_3}{C_3}=\frac{L_4}{C_4}=K^2$$

를 만족하는 C_1, L_2, C_3, L_4를 구하면

$$C_1=\frac{L_1}{K^2}=\frac{5\times10^{-3}}{100^2}=0.5\times10^{-6}=0.5\,[\mu\text{F}]$$

$$L_2=C_2K^2=0.15\times10^{-6}\times10^4=1.5\,[\text{mH}]$$

$$C_3=\frac{L_3}{K^2}=\frac{2\times10^{-3}}{100^2}=0.2\times10^{-6}=0.2\,[\mu\text{F}]$$

$$L_4=C_4K^2=0.47\times10^{-6}\times10^4=4.7\times10^{-3}=4.7\,[\text{mH}]$$

역회로는 직렬은 병렬, 병렬은 직렬, L과 C는 서로 역관계이다.
따라서 그림 4-40은 그림 4-41이 된다.

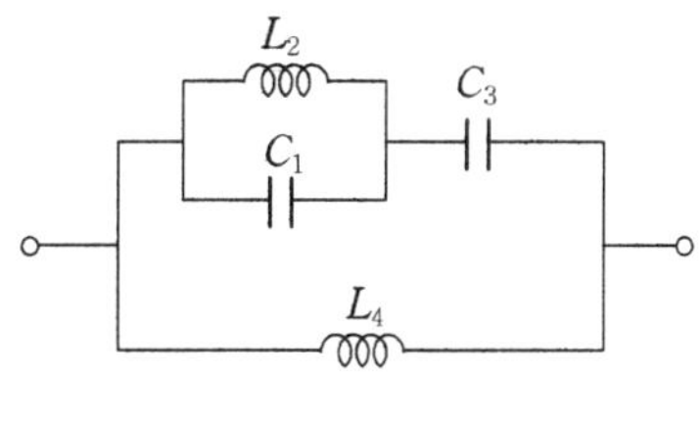

그림 4-41

10. 최대 전력 전달정리

먼저 직류회로의 경우를 살펴본다. 임의의 회로에 부하저항 R_L이 연결되어 있을 때 부하측에서 바라본 회로망의 저항이 테브난의 저항 R_{TH}이다. 이 때 부하저항 R_L과 테브난의 저항 R_{TH}가 같다면 전원으로부터 부하는 최대 전력을 공급받을 것이다. 즉 그림 4-42의 회로에서 식 (4.30)을 만족하면 최대의 전력을 부하는 공급받을 수 있다.

$$R_L = R_{TH} \tag{4.30}$$

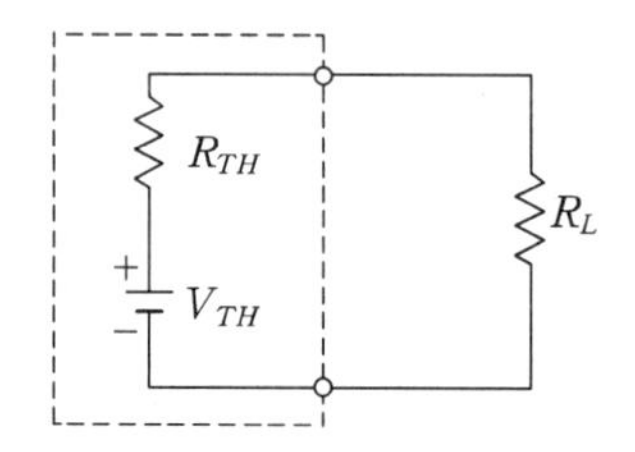

그림 4-42 저항회로

그림 4-42로부터 부하에 공급되는 부하전력을 구해보자. 먼저 전류 I[A]는

$$I = \frac{V_{TH}}{R_{TH} + R_L} \text{ [A]} \tag{4.31}$$

와 같고, 전력은 식 (4.32)와 같이 구해진다.

$$P_L = I^2 R_L = \left(\frac{V_{TH}}{R_{TH} + R_L} \right)^2 \cdot R_L \text{ [W]} \tag{4.32}$$

식 (4.30)을 식 (4.31)에 대입하여 전력 식 (4.32)를 다시 정리해 보면 식 (4.33)과 같다.

$$P_{Lmax} = I^2 R_L = \left(\frac{V_{TH}}{2R_{TH}} \right)^2 \cdot R_{TH} = \frac{V_{TH}^2 R_{TH}}{4R_{TH}^2} = \frac{V_{TH}^2}{4R_{TH}} \text{ [W]} \tag{4.33}$$

예제 14. 다음 그림 4-43의 회로에서 부하 R_L이 최대 전력으로 전달될 수 있는 저항값을 결정하고, 그 때의 부하 최대 전력을 구하여라.

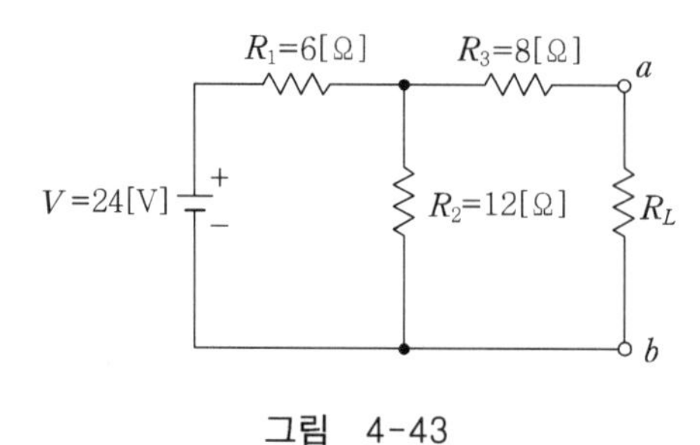

그림 4-43

해설 그림 4-43의 a, b에서 전압원을 단락하고 테브난저항을 구하면

$$R_{TH}=8+\frac{12\times6}{12+6}=12\,[\Omega]$$

식 (4.30)으로부터 $R_L=R_{TH}=12\,[\Omega]$

R_2 양단의 전압강하를 구하면 $V_{TH}=\frac{R_2\cdot V}{R_1+R_2}=\frac{12\times24}{6+12}=16\,[\mathrm{V}]$

R_L 양단에서 소비하는 최대 전력은 $P_{Lmax}=\frac{V_{TH}^2}{4R_{TH}}=\frac{16^2}{4\times12}=5.33\,[\mathrm{W}]$

또한, 교류회로에서는 임피던스 회로망과 임피던스 부하의 관계이다. 임피던스 정합의 문제는 일정한 전압 전원에서 부하로 최대 전력을 전달할 수 있는 조건을 결정하는 것이다.

그림 4-44의 회로에서 부하에 최대 전력을 공급하는 조건을 구하여 보자.

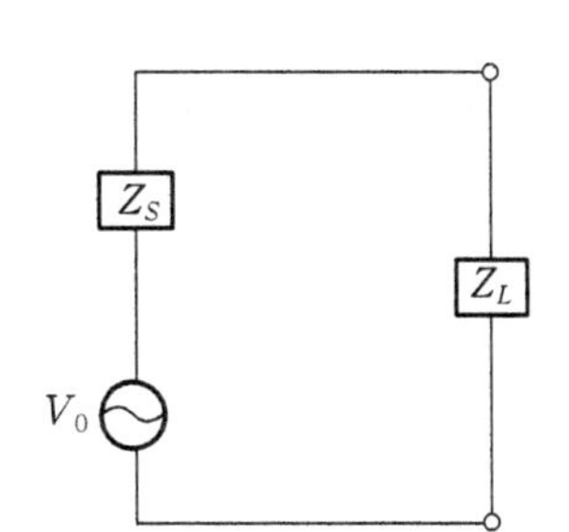

그림 4-44 임피던스 회로

$Z_S=R_S+jX_S\,[\Omega]$ 및 $Z_L=R_L+jX_L\,[\Omega]$이라고 하면, 이 회로에 흐르는 전류 I는

$$I=\frac{V_0}{(R_s+R_L)+j(X_s+X_L)}\,[\mathrm{A}] \tag{4.34}$$

$$|I|=\frac{V_0}{\{(R_S+R_L)^2+(X_S+X_L)^2\}^{\frac{1}{2}}}\,[\mathrm{A}] \tag{4.35}$$

단, $V_0=|V_0|$이다. 공급되는 전력 P_L는

$$P_L=I^2R_L=\frac{{V_0}^2R_L}{(R_S+R_L)^2+(X_S+X_L)^2}\,[\mathrm{W}] \tag{4.36}$$

와 같으므로 식 (4.36)의 P_L을 R_L 및 X_L로 편미분하여 P_L이 최대로 될 조건을 구하면

$$R_L=R_S,\ X_L=-X_S \tag{4.37}$$

가 된다. 즉, 부하에 최대 전력을 공급하기 위한 조건은

$$Z_L=Z_S^* \tag{4.38}$$

이며, 이 경우 리액턴스항이 0이 된다면, 전력 식 (4.36)은

$$P_{Lmax}=\frac{{V_0}^2}{4R_L}\,[\mathrm{W}] \tag{4.39}$$

이다. 이번에는 그림 4-44에서 부하가 순수한 저항인 경우를 생각하여 보자. $Z_L=R_L$인 경우이므로 식 (4.36)으로부터 부하에 전달되는 전력 P_L는 다음과 같다.

$$P_L = \frac{{V_0}^2 R_L}{(R_S + R_L)^2 + {X_S}^2} \text{ [W]} \tag{4.40}$$

P_L의 최대값을 구하기 위하여, 식 (4.40)으로부터 1차 도함수 $\frac{dP_L}{dR_L}$을 구하여 0으로 놓으면

$${R_S}^2 + {X_S}^2 + {R_L}^2 = 0 \tag{4.41}$$

이며, 이 경우 부하에 최대 전력을 전달하기 위한 조건은 식 (4.42)와 같다.

$$R_L = \sqrt{{R_S}^2 + {X_S}^2} \tag{4.42}$$

이러한 것은 오디오 등의 TR 회로에 실제로 많이 이용되고 있다. 실례로 스피커의 명판을 보면 저항값이 있으며, 또한 오디오 세트 등도 출력단자인 스피커 단자에 저항값을 표기하고 있는 것을 보면 알 수 있다.

예제 15. $Z_S = 10 + j5$ [Ω]의 내부 임피던스를 갖는 전압 전원이 그림 4-44와 같이 부하 Z_L과 연결되어 있다. 부하 임피던스가 어떤 조건에서 최대 전력 전달이 되겠는가? 또한, 교류전압 전원이 24 [V]일 때 부하가 받는 최대 전달 전력을 구하여라.

해설 식 (4.38)로부터 $Z_L = Z_S^*$ 일 때 부하에 최대 전력이 전송된다.

식 (4.39)로부터 $Z_L = 10 - j5$ [Ω]

$$P_{Lmax} = \frac{24^2}{4 \times 10} = 14.4 \text{ [W]}$$

연 · 습 · 문 · 제

1. 다음 그림 4-45에서 부하저항 R_L이 10[Ω]과 100[Ω]일 때 R_L 양단의 출력전압을 구하여라.

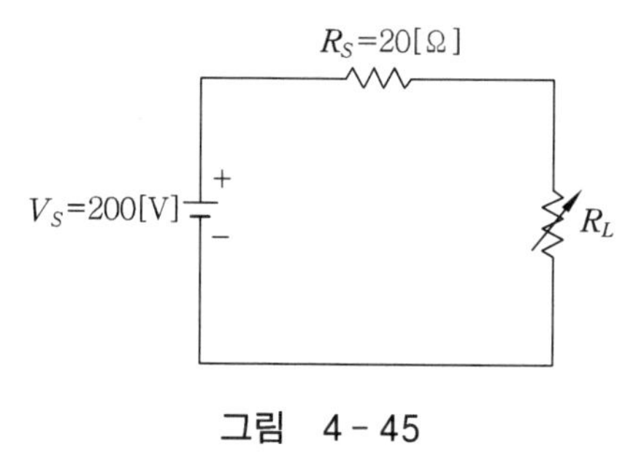

그림 4-45

답 $V_{10}=66.7$ [V], $V_{100}=166.7$ [V]

2. 전압원인 그림 4-46을 등가전류원으로 바꾸어라.

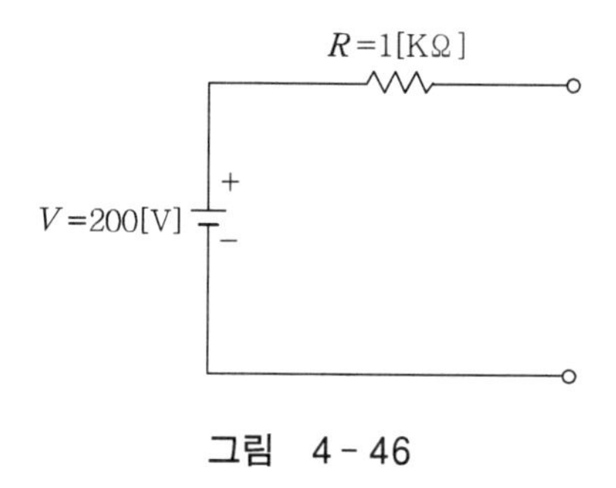

그림 4-46

답 $I_S=0.2$[A], $R_S=1$[kΩ]

3. 그림 4-47에서 중첩의 원리를 이용하여 R_1에 흐르는 전류를 구하여라.

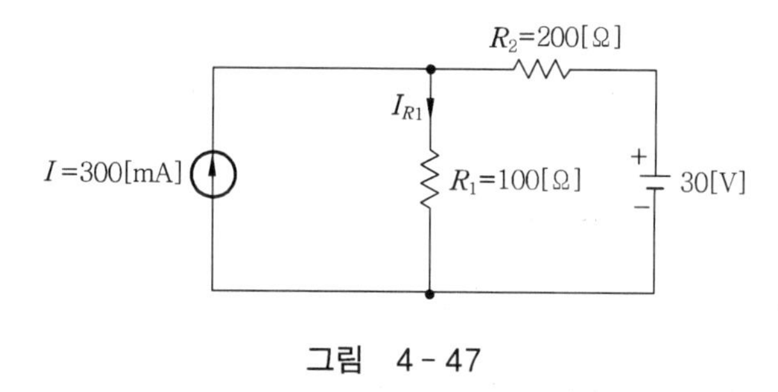

그림 4-47

답 $I_{R1}=300$[mA]

4. 다음 그림 4－48과 같은 회로가 주어졌을 때 a, b에서 바라본 테브난 등가회로를 구하여라.

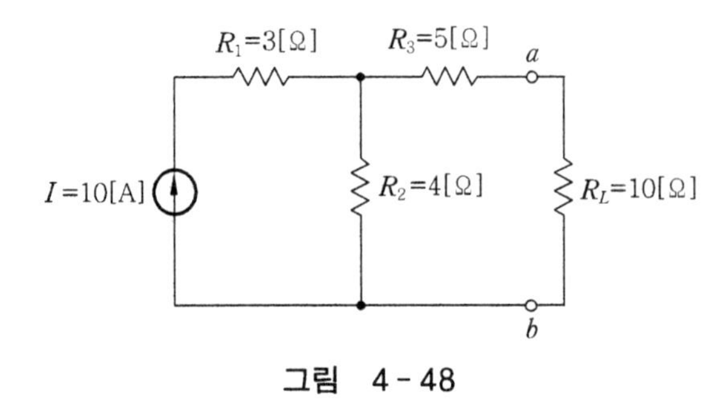

그림 4-48

답 $R_{TH}=9[\Omega]$, $E_{TH}=40[V]$

5. 다음 그림 4－49와 같은 회로의 저항에 흐르는 전류를 중첩의 원리를 이용하여 구하여라. (단, 전원주파수는 10 [kHz]이다.)

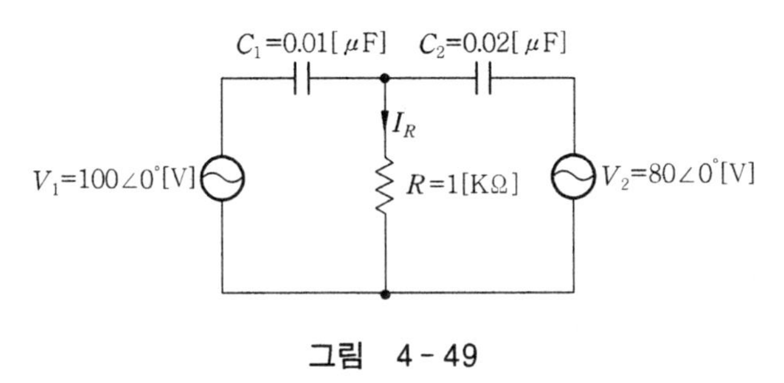

그림 4-49

답 $I_R=78.2\angle 28.0° [mA]$

6. 그림 4－50과 같은 회로가 주어졌을 때 a, b에서 바라본 테브난 등가회로와 부하전류를 구하여라.

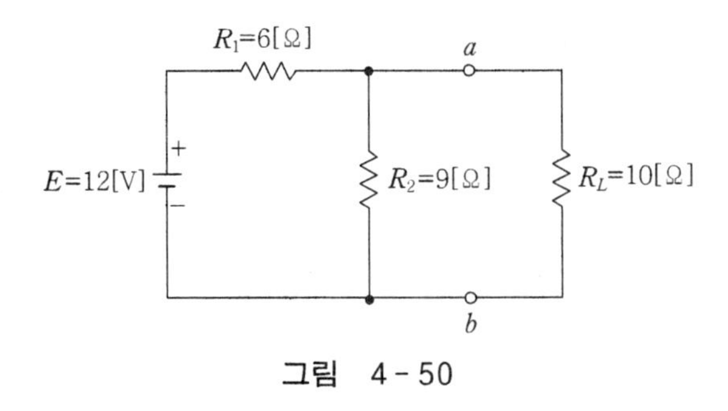

그림 4-50

답 $R_{TH}=3.6[\Omega]$, $E_{TH}=7.2[V]$, $I_L=0.72[A]$

7. 다음 그림 4−51에서 중첩의 원리를 이용하여 R_3에 흐르는 전류를 구하여라.

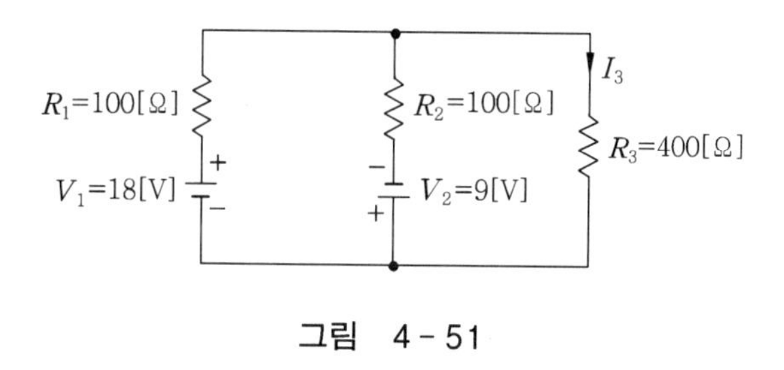

그림 4-51

답 $I_3=10\,[\text{mA}]$

8. 다음 그림 4−52와 같은 회로가 주어졌을 때 a, b에서 바라본 테브난 등가회로를 구하여라.

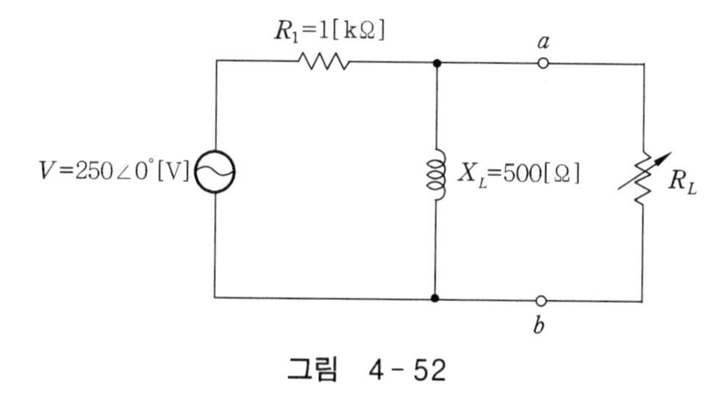

그림 4-52

답 $Z_{TH}=447.2\angle 63.4°\,[\Omega]$, $V_{TH}=111.8\angle 63.4°\,[\text{V}]$

9. 다음 그림 4−53과 같은 회로가 주어졌을 때 a, b에서 바라본 노턴의 등가회로를 구하여라.

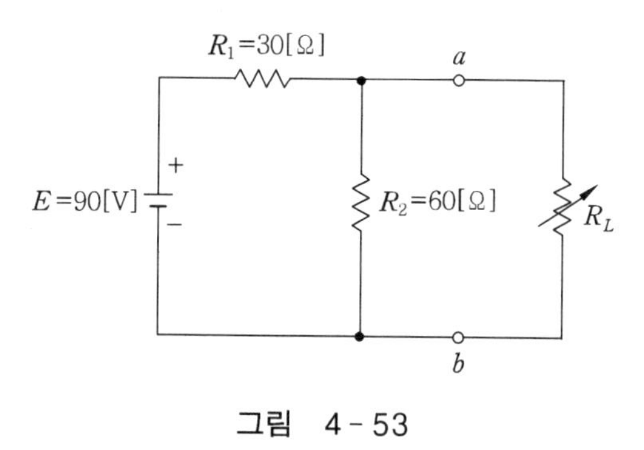

그림 4-53

답 $R_N=20\,[\Omega]$, $I_N=3\,[\text{A}]$

10. 다음 그림 4-54와 같은 회로가 주어졌을 때 a, b에서 바라본 노턴의 등가임피던스를 구하여라.

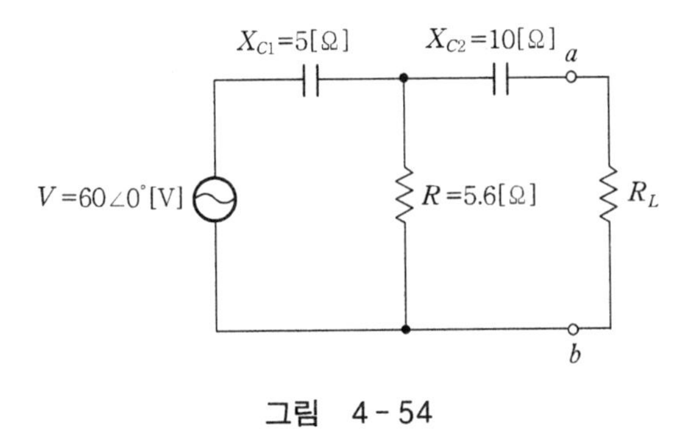

그림 4-54

답 $Z_N = 13.05\angle -78.96°$ [Ω]

11. 밀만의 정리를 사용하여 그림 4-55의 R_L에 흐르는 전류를 구하여라.

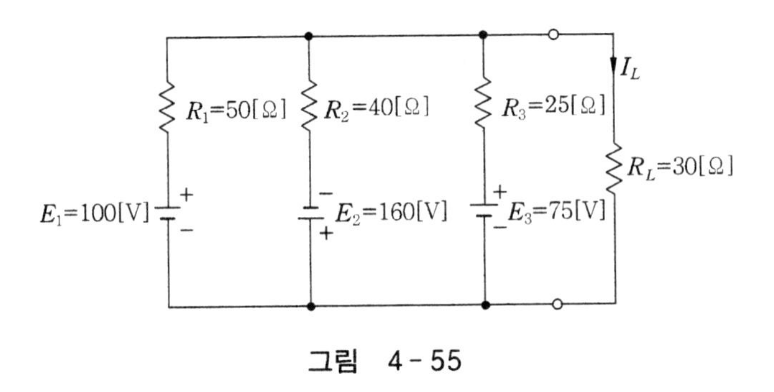

그림 4-55

답 $I_L = 0.37$ [A]

12. 밀만의 정리를 사용하여 그림 4-56의 R_L에 흐르는 부하전류와 부하전압을 구하여라.

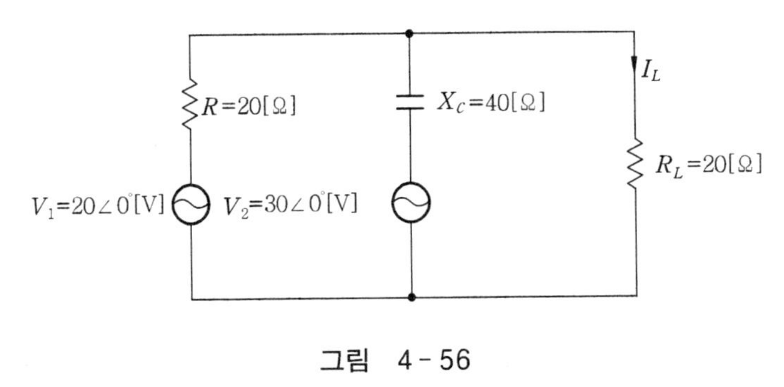

그림 4-56

답 $I_L = 0.6\angle 75.8°$ [A], $V_L = 12\angle 75.8°$ [V]

13. 그림 4−57의 R_4에 흐르는 전류 I에 전원 $E=120$ [V]를 대치하고 상반정리가 성립됨을 증명하고, 회로를 그려라.

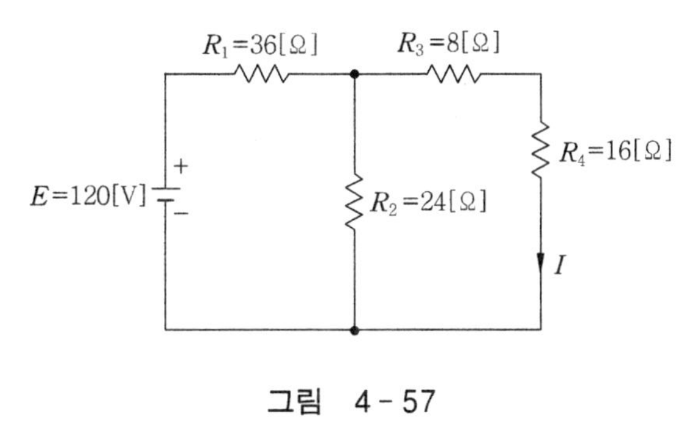

그림 4-57

답 $I=1.25$ [A]

14. 그림 4−58의 쌍대회로를 그려라.

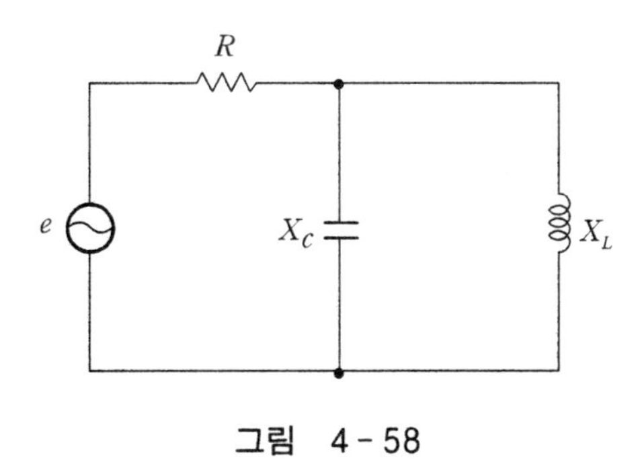

그림 4-58

15. 그림 4−59의 역회로를 구하여라. (단, $K=100$, $C_1=0.1$ [μF], $L_2=10$ [mH], $C_3=2$ [μF], $L_4=5$ [mH]이다.)

답 $L_1=1$[mH], $C_2=1$[μF]
$L_3=20$[mH], $C_4=0.5$[μF]

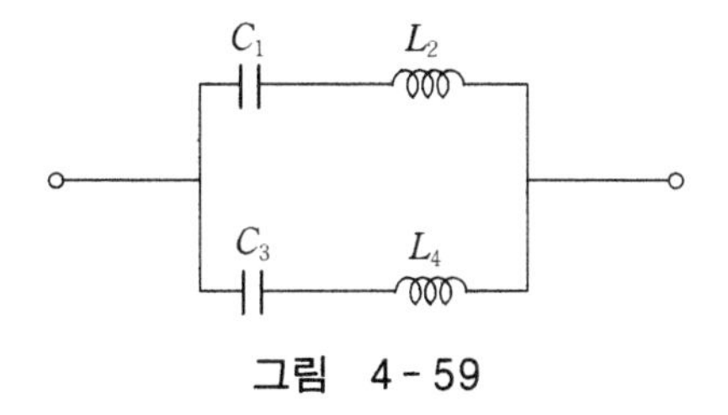

그림 4-59

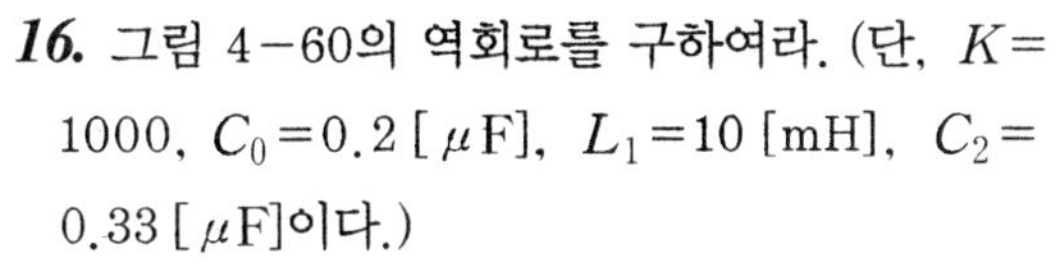

16. 그림 4−60의 역회로를 구하여라. (단, $K=1000$, $C_0=0.2$ [μF], $L_1=10$ [mH], $C_2=0.33$ [μF]이다.)

답 $L_0=0.2$[H], $C_1=0.01$[μF], $L_2=0.33$[H]

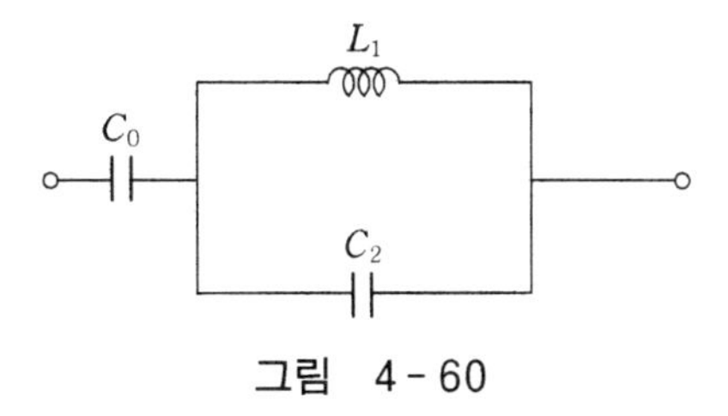

그림 4-60

17. 그림 4−61에서 최대전력이 전달될 수 있는 부하저항 R_L을 구하고 최대 소비전력을 구하여라.

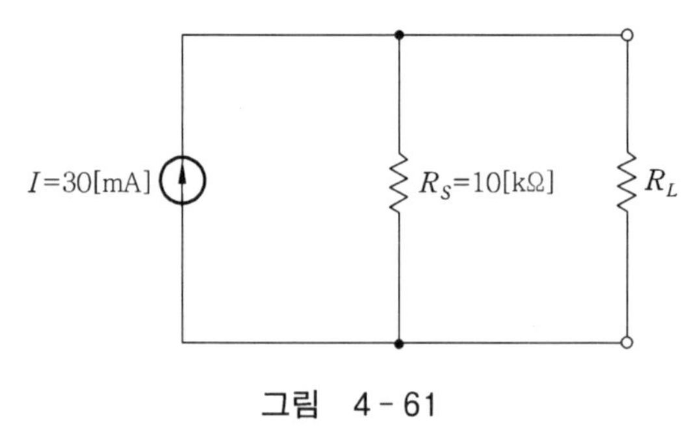

그림 4-61

답 $R_L = 10\,[\mathrm{k\Omega}]$, $R_{L\max} = 2.25\,[\mathrm{W}]$

18. 그림 4−62와 같은 회로에서 부하저항 R_L의 최대 소비전력을 구하여라.

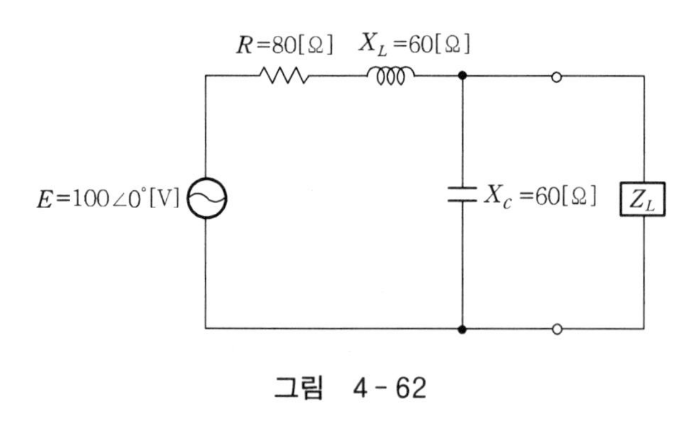

그림 4-62

답 $P_{L\max} = 31.25\,[\mathrm{W}]$

5 CHAPTER 다상 교류회로

이제까지는 1상과 접지선을 이용한 단상 정현파 교류에 대하여 분석하였다. 회로에 전원을 공급할 때 주파수는 같고, 여러 개의 기전력이 존재하는 교류방식을 다상 방식이라 한다. 즉, 회로망에 공급하는 기전력이 n개 존재할 때 n상 방식이라 한다.

다상 방식은 3상, 6상, 12상 등으로 표현할 수 있다. 이 중 3상 방식을 많이 이용하는데, 이는 단상에 비해 선로 가설상 경제적이다. 또한 발전기로부터 회전자계를 쉽게 얻을 수 있을 뿐만 아니라 회전자계의 운전시 진동이 적다. 그리고 변압기를 이용하여 6상이나, 12상 등의 특수 목적으로 사용하고자 할 때 상변환이 쉽다. 따라서 발전, 송전, 배전 등에서 3상 방식을 채택하고 있다. 본 장에서는 다상 교류의 대표적인 3상 교류의 평형 3상 회로, 불평형 3상 회로, 대칭좌표법, 3상 전력의 측정법 등을 설명하기로 한다.

1. 다상 교류

다상 방식은 n개의 기전력이 크기는 같고, 각각 이웃한 기전력 간의 위상은 $\frac{2\pi}{n}$[rad] 만큼의 위상차를 가진 방식으로 n상 방식이라고 한다. 각 상의 전원에 부하가 연결되었을 때 각 상의 전압과 전류의 크기가 모두 같으면 평형(또는 대칭) 다상 교류회로, 그 크기가 다르면 불평형(또는 비대칭) 다상 교류회로라 한다.

다상 방식의 결선 형태는 성형결선과 환상결선 형태의 두 가지로 나타낸다. 그림 5-1은 형성된 결선의 모양이 별모양처럼 결선되었다 해서 성형결선이라 한다.

그림 5-1에서 각 상의 한끝을 묶어 놓은 N점은 중성점이다. 전원의 공급방향은 중성점에서 선로로 향하고 있다. 그리고 각 상의 시작과 끝점을 꼬리에 꼬리를 무는 형식으로 결선된 그림 5-2를 원 모양의 형상을 하고 있어서 환상결선이라고 한다.

다음 절에서 다룰 3상 결선방식에서도 똑같이 적용한다.

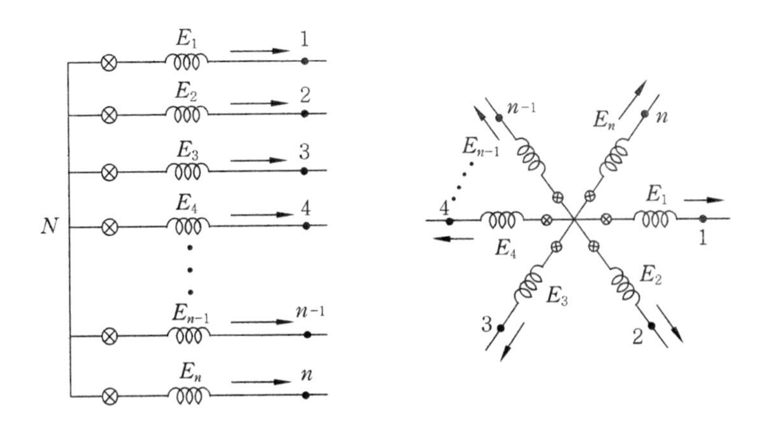

그림 5-1 n상 성형결선

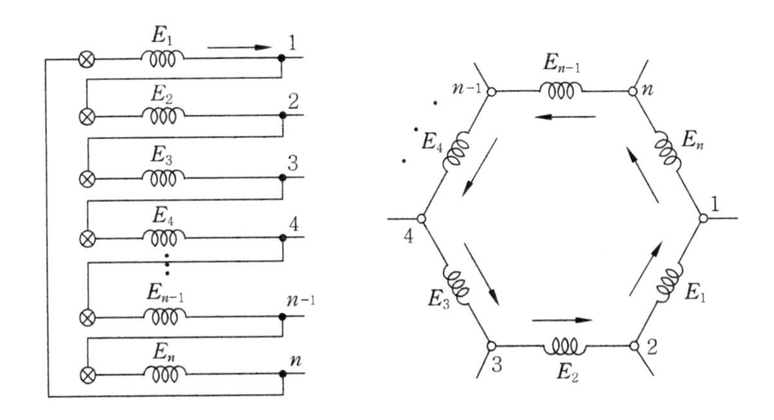

그림 5-2 n상 환상결선

그림 5-1과 5-2와 같은 대칭 n상식 결선방식의 각 상 기전력의 순시값을 표시한다. 각 상의 위상차는 $\frac{2\pi}{n}$[rad] 만큼 늦은 위상으로 표시한다.

$$e_1 = \sqrt{2}E\sin\omega t\,[\mathrm{V}]$$

$$e_2 = \sqrt{2}E\sin\left(\omega t - \frac{2\pi}{n}\right)[\mathrm{V}]$$

$$e_3 = \sqrt{2}E\sin\left(\omega t - \frac{4\pi}{n}\right)[\mathrm{V}]$$

$$e_4 = \sqrt{2}E\sin\left(\omega t - \frac{6\pi}{n}\right)[\mathrm{V}]$$

$$\vdots \qquad \vdots$$

$$e_n = \sqrt{2}E\sin\left(\omega t - \frac{(n-1)2\pi}{n}\right)[\mathrm{V}] \tag{5.1}$$

식 (5.1)의 순시값은 각 상의 기전력 크기는 모두 같고, 각 상 간에 $\frac{2\pi}{n}$[rad] 만큼씩 위상차가 있음을 알았다. E_1을 기준으로 이 기전력들을 페이저 값으로 표시하면 E_1을 기본 페이저로 한 벡터기호법이다.

$$\boldsymbol{E}_1 = E\angle 0°\,[\mathrm{V}]$$
$$\boldsymbol{E}_2 = E\angle -\frac{2\pi}{n} = Ee^{-j\frac{2\pi}{n}}\,[\mathrm{V}]$$
$$\boldsymbol{E}_3 = E\angle -\frac{4\pi}{n} = Ee^{-j\frac{4\pi}{n}}\,[\mathrm{V}]$$
$$\boldsymbol{E}_4 = E\angle -\frac{6\pi}{n} = Ee^{-j\frac{6\pi}{n}}\,[\mathrm{V}]$$
$$\vdots \qquad \vdots$$
$$\boldsymbol{E}_n = E\angle -\frac{(n-1)2\pi}{n} = Ee^{-j\frac{(n-1)}{n}2\pi}\,[\mathrm{V}] \tag{5.2}$$

이러한 순시값과 페이저 표기법은 전류에도 같이 적용한다. 단, 전압과 전류의 표현에 차이가 있다면, 전압 기준에 의한 전압과 전류의 위상차 θ를 포함하여 나타내는 것이다.

예제 1. n상 교류의 상전압 간의 위상차가 $a = e^{j\frac{2\pi}{n}} = \cos\frac{2\pi}{n} + j\sin\frac{2\pi}{n}$ 라고 한다면 상전압과 선간전압의 관계와 위상차를 구하여라.

해설 식 (5.2)는 a를 대입하면

$$\boldsymbol{E}_1 = E,\ \boldsymbol{E}_2 = a^{-1}E,\ \boldsymbol{E}_3 = a^{-2}E, \cdots, \boldsymbol{E}_n = a^{-(n-1)}E \cdots\cdots ①$$

가 된다. 선간전압은 그림 5-1에서

$$\boldsymbol{E}_{12} = \boldsymbol{E}_1 - \boldsymbol{E}_2,\ \boldsymbol{E}_{23} = \boldsymbol{E}_2 - \boldsymbol{E}_3,\ \boldsymbol{E}_{34} = \boldsymbol{E}_3 - \boldsymbol{E}_4, \cdots \cdots\cdots ②$$

식 ①을 식 ②에 대입하면

$$\boldsymbol{E}_{12} = \boldsymbol{E}_1(1-a^{-1}),\ \boldsymbol{E}_{23} = \boldsymbol{E}_2(1-a^{-1}),\ \boldsymbol{E}_{34} = \boldsymbol{E}_3(1-a^{-1}), \cdots$$

주어진 a의 값을 적용하면

$$1-a^{-1} = 1-\cos\frac{2\pi}{n} + j\sin\frac{2\pi}{n}$$
$$= 2\sin^2\frac{\pi}{n} + j2\sin\frac{\pi}{n}\cos\frac{\pi}{n}$$
$$= 2\sin\frac{\pi}{n}\left(\sin\frac{\pi}{n} + j\cos\frac{\pi}{n}\right)$$
$$= 2\sin\frac{\pi}{n}\left\{\cos\left(\frac{\pi}{2}-\frac{\pi}{n}\right) + j\sin\left(\frac{\pi}{2}-\frac{\pi}{n}\right)\right\}$$
$$= 2\sin\frac{\pi}{n}\, e^{-j\frac{\pi}{2}\left(1-\frac{2}{n}\right)}$$

식 (5.1)과 식 (5.2)에 표현한 것은 대칭 n상식을 표현한 것으로서 페이저 값들은 다음 식 (5.3)의 관계를 성립한다.

$$\boldsymbol{E}_1 + \boldsymbol{E}_2 + \boldsymbol{E}_3 + \boldsymbol{E}_4 + \cdots + \boldsymbol{E}_n = 0$$

$$\boldsymbol{I}_1 + \boldsymbol{I}_2 + \boldsymbol{I}_3 + \boldsymbol{I}_4 + \cdots + \boldsymbol{I}_n = 0 \qquad (5.3)$$

즉, 모든 상의 벡터 합은 항상 0이다. 이것은 성형결선이나 환상결선 모두에 적용된다.

n상식 다상 교류의 전압과 전류의 관계를 알아보자. 성형결선의 상전압과 선간전압은

$$\text{선간전압} = \text{상전압} \times 2\sin\frac{\pi}{n}\ [\mathrm{V}] \qquad (5.4)$$

의 관계가 있다. 3상의 경우라면 선간전압과 상전압은 $\sqrt{3}$ 배의 관계가 있다. 그러나 선전류와 상전류는 같은 관계이다. 또한 환상결선인 경우는

$$\text{선전류} = \text{상전류} \times 2\sin\frac{\pi}{n}\ [\mathrm{A}] \qquad (5.5)$$

의 관계가 있다. 이 경우도 3상의 예는 선전류와 상전류는 $\sqrt{3}$ 배의 관계가 있고, 선간전압과 상전압은 항상 크기가 같은 관계에 있다.

지금까지 n상 교류의 전압과 전류의 관계들을 알아보았다. 그러면 다상 교류의 전력을 알아보자. n상의 각 상전압과 상전류를 구하여 같은 상의 전압과 전류를 곱하고 여현값을 취하면

$$P = E_1 I_1 \cos\theta_1 + E_2 I_2 \cos\theta_2 + \cdots + E_n I_n \cos\theta_n$$

$$= \sum_{k=1}^{n} E_k I_k \cos\theta_k\ [\mathrm{W}] \qquad (5.6)$$

단, $n = 1, 2, 3, \cdots$ 이다.

n상 대칭전원의 각 상에 평형부하를 연결하여 운전하는 경우, 전력 계산은 n상 상전압이 V_p, 상전류가 I_P라고 하고 위상차가 θ_P라면

$$P = nV_P I_P \cos\theta_P\ [\mathrm{W}] \qquad (5.7)$$

로서 한 상의 전력을 n배 하는 것과 같다. 그리고 평형 n상 회로가 결선되어 있을 때 선간전압이 E_l, 선전류가 I_l 인 성형결선과 환상결선의 선간전압과 상전류의 관계는 식 (5.4)와 식 (5.5)와 같으므로 평형 n상의 전력은 두 결선 방식에 관계없이 식 (5.8)과 같다.

$$P = \frac{n}{2\sin\frac{\pi}{n}} V_l I_l \cos\theta_P\ [\mathrm{W}] \qquad (5.8)$$

예제 2. 12상 성형결선의 상전압이 220 [V]일 때 선간전압의 크기와 위상차를 구하여라.

해설 선간전압은 식 (5.4)를 이용하면

$$\text{선간전압} = 220 \times 2\sin\frac{\pi}{12} = 113.9\ [\mathrm{V}]$$

위상차는 예제 1에서 $\theta = \frac{\pi}{2}\left(1 - \frac{2}{12}\right) = 75°$

2. 3상 교류회로 기초

2-1 3상 교류의 대칭 기전력

다상 교류방식은 주파수는 같고 위상이 각각 $\frac{2\pi}{n}$[rad] 만큼씩 다른, 많은 기전력이 동시 존재하는 교류방식으로서 앞 절에서 그 개요를 설명하였다.

본 절에서는 3상 교류의 발생원리, 상순의 결정과 전원의 결선에 관한 내용을 공부한다.

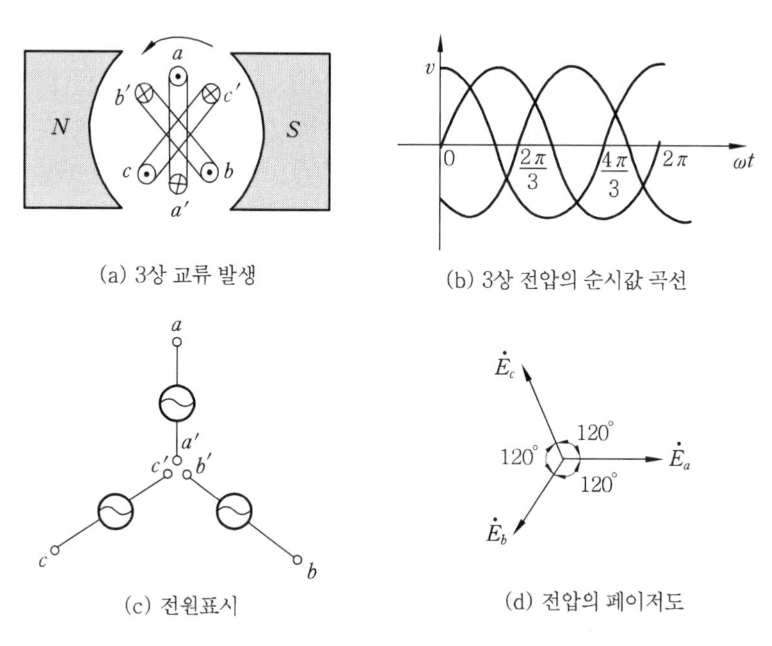

(a) 3상 교류 발생 (b) 3상 전압의 순시값 곡선

(c) 전원표시 (d) 전압의 페이저도

그림 5-3 3상 발전기

그림 5-3(a)는 3상 발전기의 코일군이 내부배치에서 $\frac{2\pi}{3}$[rad] 만큼씩 물리적인 간격을 가지고 있음을 보여주고 있다. 그 모양을 보면 단상 코일이 3개 모여 일정한 간격을 유지함으로써 3상을 이루고 있음을 알 수 있다.

그림 5-3(b)는 발전기에 위치한 각 상의 코일에서 발생되는 순시값 전압의 파형을 나타내고 있으며, 그림 5-3(c)는 각 코일의 전원과 내부 임피던스를 나타내었고, 그림 5-3(d)는 그 전압원들의 페이저도를 표시한 것이다.

그림 5-3(a)의 코일 A를 A상, B를 B상, C를 C상이라 칭하면 각 상의 기전력은

$$e_a = E_m \sin\omega t[\mathrm{V}]$$

$$e_b = E_m \sin\left(\omega t - \frac{2}{3}\pi\right)[\mathrm{V}]$$

$$e_c = E_m \sin\left(\omega t - \frac{4}{3}\pi\right)[\mathrm{V}] \tag{5.9}$$

와 같다. 극좌표로 표시해 보면, 3상 전압의 계산은 단상을 계산하는 것처럼 간편하게 처리할 수 있음을 식 (5.10)에서 보여준다.

$$E_a = |E|\angle 0° = |E|[\mathrm{V}]$$

$$E_b = |E|\angle -120° = |E|\,\varepsilon^{-j\frac{2}{3}\pi}\,[\mathrm{V}]$$

$$E_c = |E|\angle -240° = |E|\,\varepsilon^{-j\frac{4}{3}\pi}\,[\mathrm{V}] \tag{5.10}$$

그림 5-3(b)와 (c)의 내용을 보면 발전기의 전기자가 반시계방향으로 회전할 때의 각 전압이 나타나는 순서를 보여주고 있는데, 차례가 a, b, c 순으로 되어 있다. 만약에 전기자의 회전방향이 반대로 되면 그 순서도 반대로 나타나 a, c, b 순으로 된다.

이렇게 나타나는 상순은 그림 5-3(c)의 세 전원을 어떻게 결선하느냐에 따라서 3상 전원의 결선이 결정된다. 예를 들어 그림 5-1과 같은 방법을 이용하면 성형결선(Y결선)이고, 그림 5-2와 같은 방법을 이용하면 환상결선(Δ결선)이 된다. 그 외에 예비로 사용하는 경우나 비상의 경우 응급처치로 사용하는 특수한 경우 V결선을 이용하는 경우도 있다. 각 결선 방법에 대해서는 그림 5-4에 나타내었다.

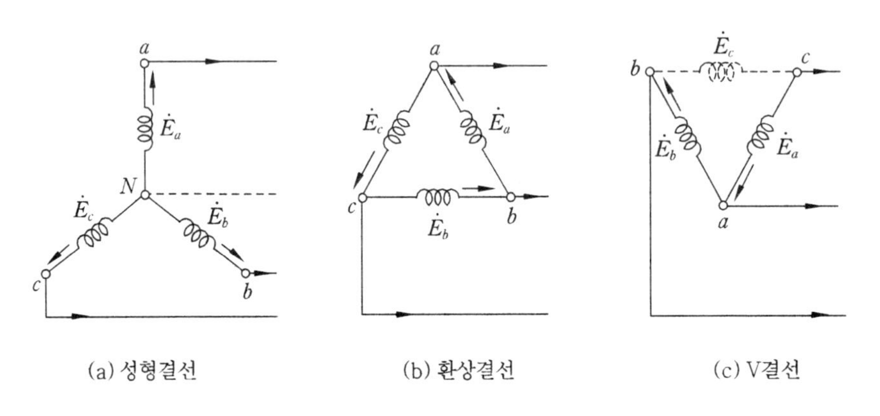

(a) 성형결선 (b) 환상결선 (c) V결선

그림 5-4 3상 전원의 결선방법

그림 5-4의 각 전원에서 발생되는 상전압들은 서로 $\frac{2\pi}{3}$[rad]씩 위상차가 난다. 그림 5-4(a)와 (b)의 경우 전원의 상차는 $\frac{2\pi}{3}$[rad] 나고 그 크기는 같으며, 전원코일의 내부 임피던스도 같은 경우이다. 이런 경우 이를 대칭 3상 전원 또는 평형 3상 전원이라고 한다.

그림 5-4(b)의 경우 이상전원이고 3개 코일의 내부 임피던스가 같으며, 전원의 크기도 같다면 3개의 전압원이 식 (5.11)과 같이 된다. 그러므로 벡터의 합이 0이 되어 내부 순환 전류는 흐르지 않아서 순환전류에 대한 문제는 발생하지 않는다.

$$\boldsymbol{E}_a+\boldsymbol{E}_b+\boldsymbol{E}_c=0 \tag{5.11}$$

그러나 실제에서는 내부 임피던스와 부하의 불평형 문제 등이 존재하여 전원에서 Δ결선을 이용하는 것은 어려운 실정이다. V결선은 다음 절에서 다시 거론하도록 한다.

2-2 평형 3상 회로의 상전압과 선간전압

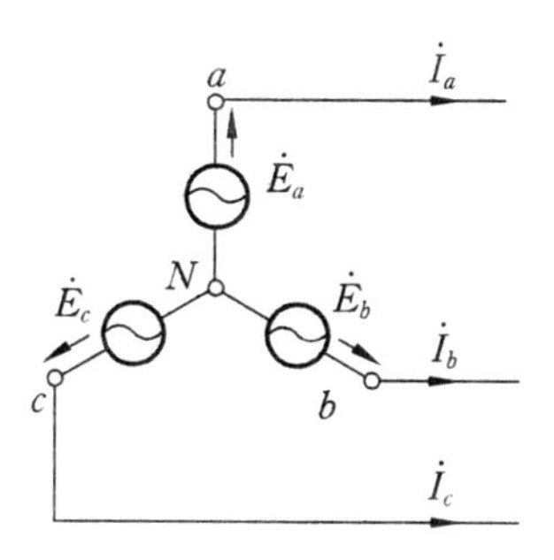

그림 5-5 Y결선 전원

평형 3상 회로 Y결선의 상전압이 $\boldsymbol{E}_a$, $\boldsymbol{E}_b$, $\boldsymbol{E}_c$로서 상전압 크기가 같고, 각 상들 간의 위상이 120° 다르다. 또한 상회전방향이 $a-b-c$ 순서인 시계방향으로 120° 만큼씩 위상차를 갖는 것을 그림 5-5에서 알 수 있다.

선간전압 $\boldsymbol{E}_{ab}$, $\boldsymbol{E}_{bc}$, $\boldsymbol{E}_{ca}$는 2개의 상전압 벡터의 차로서 표시한다. 즉, $\boldsymbol{E}_{ab}$는 a상과 b상 간의 차, $\boldsymbol{E}_{bc}$는 b상과 c상 간의 차, $\boldsymbol{E}_{ca}$는 c상과 a상 간의 차로서 그 크기를 계산한다. 식 (5.10)으로부터 식 (5.12)와 같이 얻는다.

$$\begin{aligned}
\boldsymbol{E}_{ab} &= \boldsymbol{E}_a-\boldsymbol{E}_b=|E|-|E|\,e^{-j\frac{2}{3}\pi}=|E|-|E|\left(\cos\frac{2}{3}\pi-j\sin\frac{2}{3}\pi\right)\\
&=|E|-|E|\left(-\frac{1}{2}-j\frac{\sqrt{3}}{2}\right)=\frac{3}{2}|E|+j\frac{\sqrt{3}}{2}|E|\,[\mathrm{V}]\\
\boldsymbol{E}_{bc} &= \boldsymbol{E}_b-\boldsymbol{E}_c=|E|\,e^{-j\frac{2}{3}\pi}-|E|\,e^{-j\frac{4}{3}\pi}\\
&=|E|\left(\cos\frac{2}{3}\pi-j\sin\frac{2}{3}\pi\right)-|E|\left(\cos\frac{4}{3}\pi-j\sin\frac{4}{3}\pi\right)\\
&=-\frac{1}{2}|E|-j\frac{\sqrt{3}}{2}|E|+\frac{1}{2}|E|-j\frac{\sqrt{3}}{2}|E|\\
&=-j\sqrt{3}|E|\,[\mathrm{V}]\\
\boldsymbol{E}_{ca} &= \boldsymbol{E}_c-\boldsymbol{E}_a=|E|\,e^{-j\frac{4}{3}\pi}-|E|=|E|(\cos\frac{4}{3}\pi-j\sin\frac{4}{3}\pi)-|E|\\
&=-\frac{3}{2}|E|+j\frac{\sqrt{3}}{2}|E|\,[\mathrm{V}]
\end{aligned} \tag{5.12}$$

식 (5.12)의 상전압과 선간전압의 벡터관계를 표시한 것이 그림 5-6이다. 그림 5-6과 식 (5.12)로부터 각 선간전압과 상전압 간의 크기 관계는 식 (5.13)과 같다.

$$|E_{ab}| = \sqrt{\left(\frac{3}{2}\right)^2 + \left(\frac{\sqrt{3}}{2}\right)^2}\,|E| = \sqrt{3}E\ [\mathrm{V}]$$
$$|E_{bc}| = \sqrt{3}E\ [\mathrm{V}]$$
$$|E_{ca}| = \sqrt{\left(\frac{3}{2}\right)^2 + \left(\frac{\sqrt{3}}{2}\right)^2}\,|E| = \sqrt{3}E\ [\mathrm{V}] \quad (5.13)$$

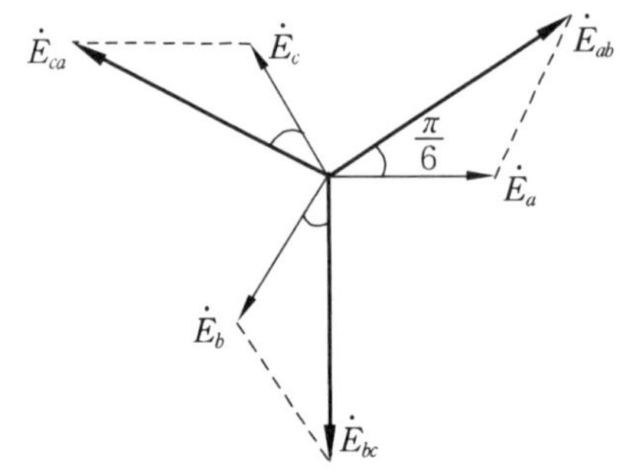

그림 5-6 상전압과 선간전압의 벡터도

그림 5-6에서 선간전압 $\boldsymbol{E}_{ab}$와 상전압 $\boldsymbol{E}_a$의 위상차는 θ로서

$$\theta = \tan^{-1}\frac{1}{\sqrt{3}} = \frac{\pi}{6}\ [\mathrm{rad}] \quad (5.14)$$

와 같고, $\boldsymbol{E}_{bc}$, $\boldsymbol{E}_{ca}$와 $\boldsymbol{E}_b$, $\boldsymbol{E}_c$ 의 각각의 위상차도 $\frac{\pi}{6}$ [rad]의 값을 가진다. 따라서 상전압 $\boldsymbol{E}_a$를 기준으로 하였으며, $|E| = \boldsymbol{E}_a$ 관계로서 상전압이다.

$$\boldsymbol{E}_{ab} = \sqrt{3}|E| \angle \frac{\pi}{6}\ [\mathrm{V}] \quad (5.15)$$

$\boldsymbol{E}_{bc}$, $\boldsymbol{E}_{ca}$는 각각 $\boldsymbol{E}_b$, $\boldsymbol{E}_c$ 기준으로 같다. 그리고 상전류와 선전류는 Y 결선에서 상에서 선으로 그대로 흘러 나가기 때문에 그 크기와 위상이 같다.

예제 3. 상전압이 220 [V]인 Y결선된 회로가 있다. 선간전압의 크기와 위상차를 구하여라.

해설 식 (5.15)를 이용하면 $E_{ab} = 220\sqrt{3}\angle\frac{\pi}{6} = 381\angle\frac{\pi}{6}$ [V]

2-3 평형 3상 회로의 상전류와 선전류

평형 3상 회로인 그림 5-7과 같은 Δ 결선에서 상전압과 선간전압을 보면 상전압이 선간전압에 그대로 걸려 있으므로 그 크기와 위상이 같다.

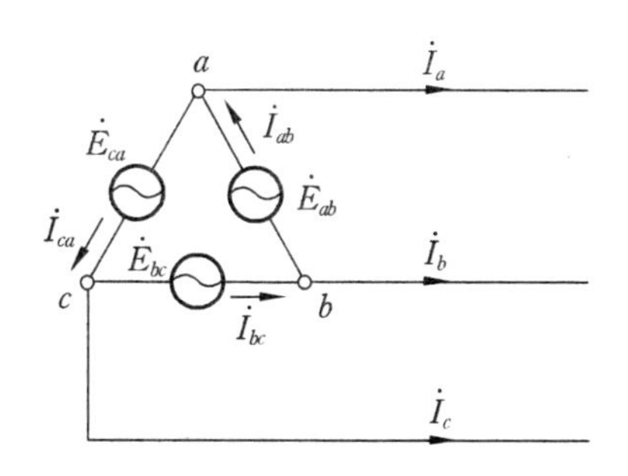

그림 5-7 Δ결선

그림 5-7에서 $\boldsymbol{I}_{ab}$, $\boldsymbol{I}_{bc}$, $\boldsymbol{I}_{ca}$는 상전류이고, $\boldsymbol{I}_a$, $\boldsymbol{I}_b$, $\boldsymbol{I}_c$는 선전류이다. 여기서 상전류와 선전류의 관계를 구하기 위해 a, b, c 점에서 KCL을 적용하면

$$\boldsymbol{I}_{ab}-\boldsymbol{I}_{ca}-\boldsymbol{I}_a=0, \qquad \boldsymbol{I}_a=\boldsymbol{I}_{ab}-\boldsymbol{I}_{ca}$$
$$\boldsymbol{I}_{bc}-\boldsymbol{I}_{ab}-\boldsymbol{I}_b=0, \qquad \boldsymbol{I}_b=\boldsymbol{I}_{bc}-\boldsymbol{I}_{ab}$$
$$\boldsymbol{I}_{ca}-\boldsymbol{I}_{bc}-\boldsymbol{I}_c=0, \qquad \boldsymbol{I}_c=\boldsymbol{I}_{ca}-\boldsymbol{I}_{bc} \tag{5.16}$$

그림 5-8의 벡터도에서 선전류 $\boldsymbol{I}_a$는 $\boldsymbol{I}_{ab}$보다 $\sqrt{3}$ 배의 크기를 갖고 위상은 $\frac{\pi}{6}$ [rad] 만큼 느리다는 것을 알 수 있다. 여기에서 $\boldsymbol{I}_{ab}=\boldsymbol{I}$라 하면

$$\boldsymbol{I}_a=\sqrt{3}\,|\boldsymbol{I}|\angle-\frac{\pi}{6}\ [\text{A}] \tag{5.17}$$

와 같다. 식 (5.17)은 상전류 $\boldsymbol{I}_{ab}$를 기준한 것이다. 나머지 선전류 $\boldsymbol{I}_b$, $\boldsymbol{I}_c$ 도 마찬가지로 각 상전류와의 관계가 식 (5.17)과 같다.

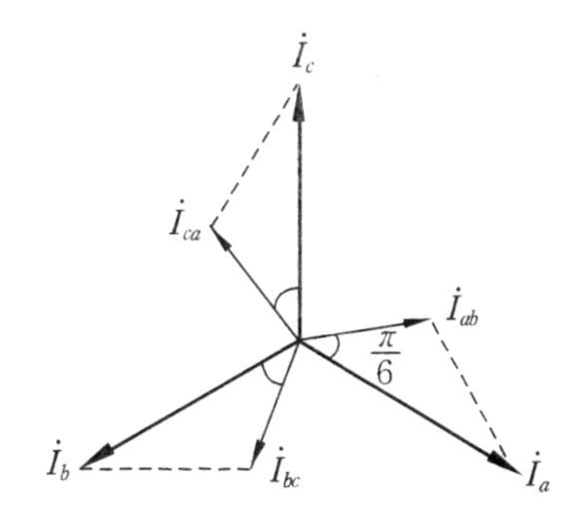

그림 5-8 선전류와 상전류의 벡터도

예제 4. 평형 3상 교류회로가 Δ결선되었다. 이 때 상전류가 $\boldsymbol{I}_{ab}=5\angle-22°$ [A], $\boldsymbol{I}_{bc}=5\angle-142°$ [A], $\boldsymbol{I}_{ca}=5\angle-262°$ [A] 흐른다. 선전류 $\boldsymbol{I}_b$는 몇 [A]인가?

해설 식 (5.17)로부터 $\boldsymbol{I}_b=\sqrt{3}\,|\boldsymbol{I}|\angle-\frac{\pi}{6}=\sqrt{3}\times5\angle-30°-142°=8.66\angle-172°$ [A]

2-4 단상 3선 방식

단상 교류회로를 제외한 시스템은 모두 다상 시스템이라는 것은 앞 절에서 거론하였다. 다상 시스템이라 함은 전압의 크기가 같고 페이저의 합이 0인 것을 일컬어 평형 다상 시스템이라고 정의한 바 있다.

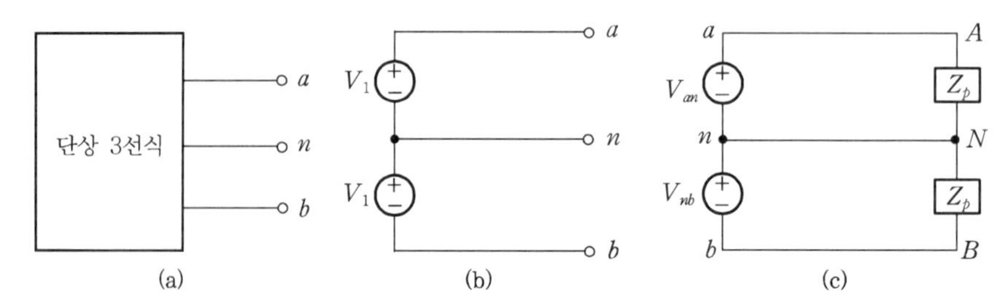

그림 5-9 단상 3선식 전원과 부하

그림 5-9(a)와 같이 V_{an}과 V_{nb}의 크기와 위상이 같을 때 단상 3선식이 가능하다. 여기서 거론하는 단상 3선식은 특별하게 평형 2상 시스템이라고도 한다.
따라서 그림 5-9(b)의 경우

$$V_{an} = V_{nb} = V_1 \text{ [V]} \tag{5.18}$$

가 얻어지며, 그림 5-9(c)의 경우는 식 (5.19)와 같다.

$$V_{ab} = 2V_{an} = 2V_{nb} \text{ [V]} \tag{5.19}$$

즉, 2종류의 전압을 얻어 부하에 사용하는 것이 가능하다. 고압용 가전기기는 보통 대전력을 소모하나 단상 3선식을 사용하면, 동일한 전력의 단상에서 운용할 때 $\frac{1}{2}$의 전류가 흐른다. 따라서 단상 3선식의 운용에는 단상보다 지름이 작은 선의 사용이 가능하다.

그림 5-9(c)는 동일부하를 접속한 경우로서

$$V_{an} = V_{nb}$$

$$I_{aA} = \frac{V_{an}}{Z_p} = I_{Bb} = \frac{V_{nb}}{Z_p}$$

$$I_{nN} = I_{Bb} + I_{Aa} = I_{Bb} - I_{aA} = 0 \text{ [A]} \tag{5.20}$$

가 성립한다. 이 경우 식 (5.20)과 같이 중성선에는 전류가 흐르지 않는다. 그러므로 중성선은 제거할 수 있음을 알 수 있다. 즉, 그림 5-9(c)와 같이 전압원과 부하가 각각 동일한 경우 중성선이 없어도 부하에 전원을 공급하는데 어려움이 없다는 것이 성립된다. 그러나 이것은 이론상의 성립이고 전원과 부하가 가까이 있지 않는 경우, 지름이 굵은 단선이나 그에 대응하는 연선을 사용해야 한다. 그 이유는 부하의 거리가 전원과 멀리 있는 경우는 전선에 존재하는 선로저항 때문에 선로의 전압강하가 발생하기 때문이다. 또한 중성선이 단선되면 작은 부하에 전압강하가 커져 소손될 염려가 있으므로 중성선의 단선사고를 방지해야 한다.

3. 평형 3상 회로와 부하

전원과 부하의 결선형태에 따라 여러 가지 평형 3상 회로를 구상할 수 있는데, 이러한 회로를 해석할 때는 쉽게 해석하는 방법을 이용하면 된다. 그 방법은 전원이나 부하 모두 Y↔Δ로의 상호변환이 가능하다는 것이다. 따라서 전원과 부하의 결선 형태는 Y−Y, Y−Δ, Δ−Y, Δ−Δ로 표현한다. 이런 경우 해석하고자 하는 방법이 Y−Y인지 아니면 Δ−Δ인지 사용자가 Y↔Δ변환을 이용하여 편리한 방법을 선택하여 해석하면 된다.

3−1 전원 Y 결선과 부하 Y 결선 (Y−Y)

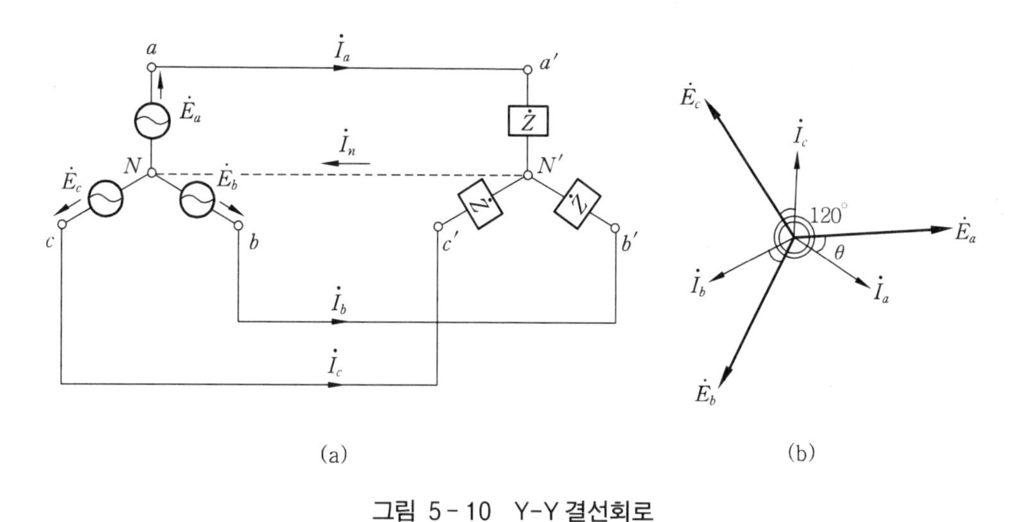

그림 5-10 Y-Y 결선회로

대칭전원은 크기가 같고 위상이 120°씩 다른 교류전압을 발생하는 전원에 평형부하가 결선되어 전류가 공급되는 경우 대칭전류라 하고, 부하는 대칭부하라 한다. 대칭전류를 순시값으로 표시하면

$$i_a = I_m \sin \omega t \ [\mathrm{A}]$$

$$i_b = I_m \sin\left(\omega t - \frac{2}{3}\pi\right) [\mathrm{A}]$$

$$i_c = I_m \sin\left(\omega t - \frac{4}{3}\pi\right) [\mathrm{A}] \qquad (5.21)$$

가 되며, 3개의 전류는 대칭전류이므로

$$i_a + i_b + i_c = 0 \qquad (5.22)$$

이 되어 항상 0이 된다.

그림 5-10과 같은 Y-Y결선 회로에 대칭전류가 흐르면 $N-N'$는 전류가 흐르지 않으므로 무시할 수 있다. 이러한 회로를 평형 3상 회로라 하고, 대칭전류가 흐르지 않으면 불평형 3상 회로라 한다.

$N-a-a'-N'-N$의 회로에서 선로저항을 무시하고, $\boldsymbol{I}_a$를 구하면

$$\boldsymbol{I}_a=\frac{\boldsymbol{E}_a}{Z\angle\theta}=|I|\angle-\theta\,[\mathrm{A}]$$

$$\boldsymbol{I}_b=\frac{\boldsymbol{E}_b}{Z\angle\theta}=|I|\angle-\frac{2\pi}{3}-\theta\,[\mathrm{A}]$$

$$\boldsymbol{I}_c=\frac{\boldsymbol{E}_c}{Z\angle\theta}=|I|\angle-\frac{4\pi}{3}-\theta\,[\mathrm{A}] \qquad (5.23)$$

로 얻어진다. 평형이므로 선전류의 스칼라 량은 $|I_a|=|I_b|=|I_c|=|I|$로 표현이 가능하다. 식 (5.23)에서 $\boldsymbol{E}_a$, $\boldsymbol{E}_b$, $\boldsymbol{E}_c$는 상전압이다. 따라서 각 선전류는 각 상전압보다 θ 만큼 뒤져서 흐르고 있음을 식 (5.23)과 그림 5-10(b)에서 알 수 있다.

예제 5. 그림 5-10과 같은 3상 교류회로에 $R=16[\Omega]$, $X_L=12[\Omega]$인 부하 임피던스를 접속하였다. 여기에 3상 220[V]를 공급할 때 상전압, 부하에 흐르는 전류, 역률을 구하여라.

해설 상전압을 V, 부하전류를 I로 놓으면

$$V=\frac{220}{\sqrt{3}}=127\,[\mathrm{V}],\quad I=\frac{V}{Z}=\frac{127}{\sqrt{16^2+12^2}}=6.35\,[\mathrm{A}]$$

$$\cos\theta=\frac{R}{Z}=\frac{16}{\sqrt{16^2+12^2}}=0.8$$

3-2 전원 Y 결선과 부하 Δ 결선 (Y-Δ)

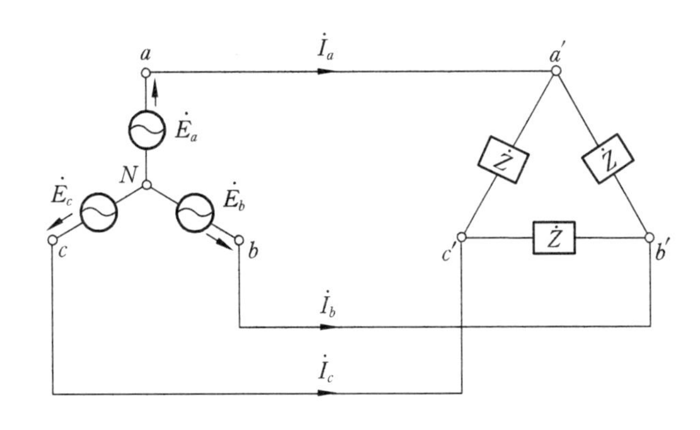

그림 5-11 Y-Δ 결선회로

그림 5－11에서와 같이 평형 3상 Δ부하가 결선된 회로의 상전류와 선전류를 구해보자. 선간전압 $\boldsymbol{E}_{ab}$, $\boldsymbol{E}_{bc}$, $\boldsymbol{E}_{ca}$는 $\boldsymbol{E}_a = E\angle 0°$ [V]를 기준 페이저로 했을 때 식 (5.24)가 된다.

$$\boldsymbol{E}_{ab} = \sqrt{3}\, E_a \angle \frac{\pi}{6} = \sqrt{3}\, E \angle \frac{\pi}{6} \text{ [V]}$$

$$\boldsymbol{E}_{bc} = \sqrt{3}\, E_b \angle \frac{\pi}{6} = \sqrt{3}\, E \angle \frac{\pi}{6} - \frac{2\pi}{3} \text{ [V]}$$

$$\boldsymbol{E}_{ca} = \sqrt{3}\, E_c \angle \frac{\pi}{6} = \sqrt{3}\, E \angle \frac{\pi}{6} - \frac{4\pi}{3} \text{ [V]} \tag{5.24}$$

선간전원이 Δ결선된 평형부하 $\boldsymbol{Z} = Z\angle\theta$[Ω]에 각각 공급하게 되므로 이 때 각 부하 임피던스에 흐르는 상전류는 상전압의 스칼라 량을 $\boldsymbol{E}_a = \boldsymbol{E}_b = \boldsymbol{E}_c = E$ 라 놓으면

$$\boldsymbol{I}_{ab} = \frac{\boldsymbol{E}_{ab}}{\boldsymbol{Z}} = \frac{\sqrt{3}E_a}{Z\angle\theta} \angle \frac{\pi}{6} = \frac{\sqrt{3}E}{Z} \angle \frac{\pi}{6} - \theta \text{ [A]}$$

$$\boldsymbol{I}_{bc} = \frac{\boldsymbol{E}_{bc}}{\boldsymbol{Z}} = \frac{\sqrt{3}E_b}{Z\angle\theta} \angle \frac{\pi}{6} - \frac{2\pi}{3} = \frac{\sqrt{3}E}{Z} \angle \frac{\pi}{6} - \frac{2\pi}{3} - \theta \text{ [A]}$$

$$\boldsymbol{I}_{ca} = \frac{\boldsymbol{E}_{ca}}{\boldsymbol{Z}} = \frac{\sqrt{3}E_c}{Z\angle\theta} \angle \frac{\pi}{6} - \frac{4}{3}\pi = \frac{\sqrt{3}E}{Z} \angle \frac{\pi}{6} - \frac{4}{3}\pi - \theta \text{ [A]} \tag{5.25}$$

와 같이 구한다. 따라서 선전류 $\boldsymbol{I}_a$, $\boldsymbol{I}_b$, $\boldsymbol{I}_c$는 상전류와 $\sqrt{3}$배의 관계가 있으므로 식 (5.25)를 이용하면

$$\boldsymbol{I}_a = \sqrt{3}\, I_{ab} \angle -\frac{\pi}{6} = \frac{3E}{Z} \angle -\theta \text{ [A]}$$

$$\boldsymbol{I}_b = \sqrt{3}\, I_{bc} \angle -\frac{\pi}{6} = \frac{3E}{Z} \angle -\frac{2\pi}{3} - \theta \text{ [A]}$$

$$\boldsymbol{I}_c = \sqrt{3}\, I_{ca} \angle -\frac{\pi}{6} = \frac{3E}{Z} \angle -\frac{4\pi}{3} - \theta \text{ [A]} \tag{5.26}$$

과 같이 구한다. 선전류는 또한 $\boldsymbol{I}_a$, $\boldsymbol{I}_b$, $\boldsymbol{I}_c$는 Y결선을 기준으로 하고, Δ부하가 평형이면 식 (5.27)과 같이 $\frac{\boldsymbol{Z}}{3}$로 직접

$$\boldsymbol{I}_a = \frac{\boldsymbol{E}_a}{\frac{Z\angle\theta}{3}} = \frac{3E}{Z} \angle -\theta \text{ [A]}$$

$$\boldsymbol{I}_b = \frac{\boldsymbol{E}_b}{\frac{Z\angle\theta}{3}} = \frac{3E}{Z} \angle -\frac{2\pi}{3} - \theta \text{ [A]}$$

$$\boldsymbol{I}_c = \frac{\boldsymbol{E}_c}{\frac{Z\angle\theta}{3}} = \frac{3E}{Z} \angle -\frac{4\pi}{3} - \theta \text{ [A]} \tag{5.27}$$

과 같이 직접 임피던스를 변환하여 구하여도 그 크기는 식 (5.26)과 같다.

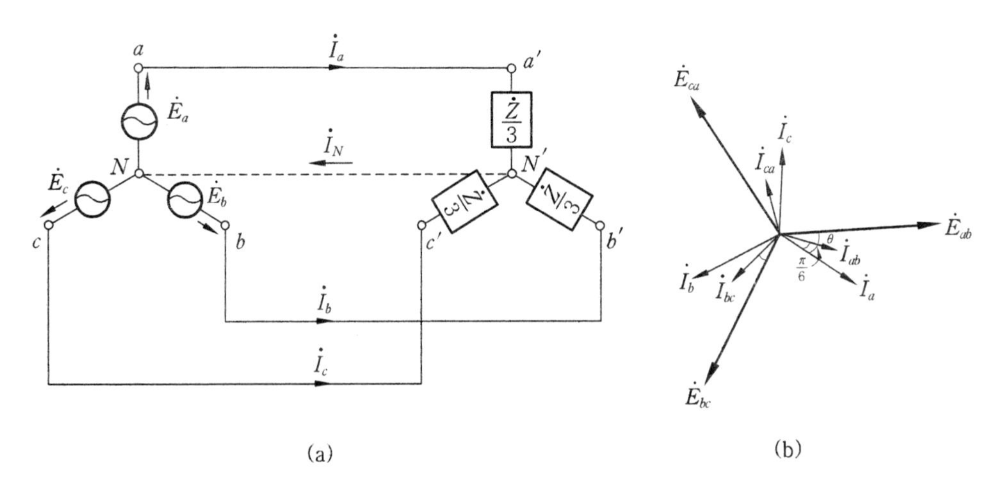

그림 5-12 Y-Δ 결선회로의 등가회로

식 (5.27)의 결과에서 알 수 있듯이 Y-Δ변환회로를 이용하면 선전류인 $\boldsymbol{I}_a$, $\boldsymbol{I}_b$, $\boldsymbol{I}_c$를 구하는 것이 쉽다. 이 경우 임피던스가 평형부하라고 했으므로 그림 5-12와 같이 Δ형 임피던스를 Y형 임피던스인 $\frac{\boldsymbol{Z}}{3}$로 변환하면 식 (5.27)과 같이 선전류를 구하기가 간편하다.

그림 5-12(b)에서 알 수 있듯이 상전류는 부하의 상전압보다 θ 만큼 뒤지고, 선전류는 상전류보다 $\frac{\pi}{6}$[rad] 뒤져서 흐른다.

예제 6. 그림 5-11과 같은 평형 3상 교류회로에 부하 $R=8[\Omega]$, $X_L=6[\Omega]$을 접속하고, 선간전압 $\boldsymbol{E}_{ab}=220\angle 0°[\mathrm{V}]$를 공급하고 있다. 부하에 흐르는 상전류와 선전류를 구하여라.

해설 부하 임피던스는

$$\boldsymbol{Z}=8+j6=10\angle 36.9°[\Omega]$$

식 (5.25)로부터 상전류 $\boldsymbol{I}_{ab}$는

$$\boldsymbol{I}_{ab}=\frac{\boldsymbol{E}_{ab}}{\boldsymbol{Z}}=\frac{220\angle 0°}{10\angle 36.9°}=22\angle -36.9°[\mathrm{A}]$$

$\boldsymbol{I}_{bc}$, $\boldsymbol{I}_{ca}$는 $\boldsymbol{I}_{ab}$보다 위상차가 120° 씩 늦으므로

$$\boldsymbol{I}_{bc}=22\angle -156.9°[\mathrm{A}]$$

$$\boldsymbol{I}_{ca}=22\angle -276.9°[\mathrm{A}]$$

식 (5.26)에서 선전류는

$$\boldsymbol{I}_a=\sqrt{3}\boldsymbol{I}_{ab}\angle -\frac{\pi}{6}=\sqrt{3}\times 22\angle -30°-36.9°=22\sqrt{3}\angle -66.9°[\mathrm{A}]$$

$$\boldsymbol{I}_b=22\sqrt{3}\angle -186.9°[\mathrm{A}]$$

$$\boldsymbol{I}_c=22\sqrt{3}\angle -306.9°[\mathrm{A}]$$

3－3 전원 Δ결선과 부하 Y 결선(Δ－Y)

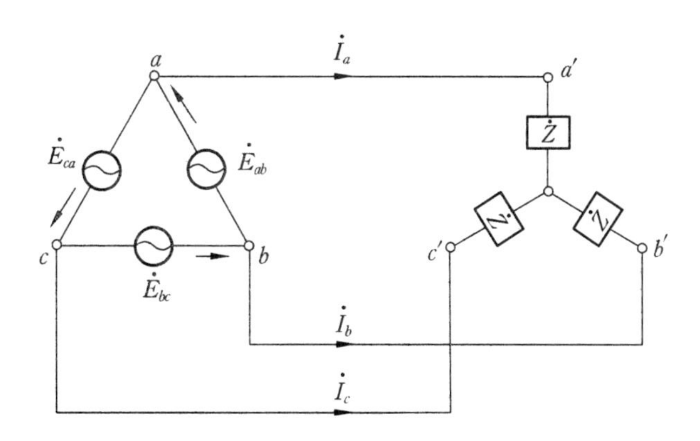

그림 5-13 Δ-Y 결선회로

그림 5－13과 같이 전원이 Δ결선이고, 부하가 Y 결선인 경우이다. 이러한 경우에는 Δ 전원을 Y 전원으로 변환시킨 후 계산하면 편리하다. 각 상전압 $\boldsymbol{E}_a$, $\boldsymbol{E}_b$, $\boldsymbol{E}_c$를 구하려면 선간전압의 스칼라 량을 $\boldsymbol{E}_{ab}=\boldsymbol{E}_{bc}=\boldsymbol{E}_{ca}=E$라 하여 식 (5.28)을 구한다.

$$\boldsymbol{E}_a=\frac{\boldsymbol{E}_{ab}}{\sqrt{3}}\angle-\frac{\pi}{6}=\frac{E}{\sqrt{3}}\angle-\frac{\pi}{6}\,[\mathrm{V}]$$

$$\boldsymbol{E}_b=\frac{\boldsymbol{E}_{bc}}{\sqrt{3}}\angle-\frac{\pi}{6}=\frac{E}{\sqrt{3}}\angle-\frac{2\pi}{3}-\frac{\pi}{6}\,[\mathrm{V}]$$

$$\boldsymbol{E}_c=\frac{\boldsymbol{E}_{ca}}{\sqrt{3}}\angle-\frac{\pi}{6}=\frac{E}{\sqrt{3}}\angle-\frac{4\pi}{3}-\frac{\pi}{6}\,[\mathrm{V}] \tag{5.28}$$

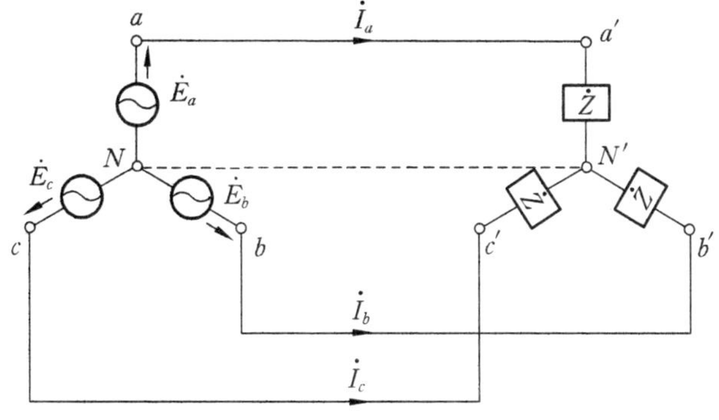

그림 5-14 Δ-Y 결선 Y 전원 등가회로

$\boldsymbol{Z}=Z\angle\theta\,[\Omega]$이라 하고, 그림 5－14의 등가회로에 식 (5.28)에서 구한 각 상전압을 적용하여 $a-a'-N-N'-a$로 이루어지는 등가 단상회로를 생각한다.

선전류는 다음 식과 같이 쉽게 계산이 이루어진다.

$$\boldsymbol{I}_a = \frac{\boldsymbol{E}_a}{Z\angle\theta} = \frac{E}{\sqrt{3}Z}\angle -\frac{\pi}{6} - \theta\,[\mathrm{A}]$$

$$\boldsymbol{I}_b = \frac{\boldsymbol{E}_b}{Z\angle\theta} = \frac{E}{\sqrt{3}Z}\angle -\frac{2\pi}{3} - \frac{\pi}{6} - \theta\,[\mathrm{A}]$$

$$\boldsymbol{I}_c = \frac{\boldsymbol{E}_c}{Z\angle\theta} = \frac{E}{\sqrt{3}Z}\angle -\frac{4\pi}{3} - \frac{\pi}{6} - \theta\,[\mathrm{A}] \qquad (5.29)$$

따라서 실제의 Δ전원의 상전류는 선전류와의 관계로부터 식 (5.29)를 이용하여 구한다.

$$\boldsymbol{I}_{ab} = \frac{\boldsymbol{I}_a}{\sqrt{3}}\angle\frac{\pi}{6} = \frac{E}{3Z}\angle -\theta\,[\mathrm{A}]$$

$$\boldsymbol{I}_{bc} = \frac{\boldsymbol{I}_b}{\sqrt{3}}\angle\frac{\pi}{6} = \frac{E}{3Z}\angle -\frac{2\pi}{3} - \theta\,[\mathrm{A}]$$

$$\boldsymbol{I}_{ca} = \frac{\boldsymbol{I}_c}{\sqrt{3}}\angle\frac{\pi}{6} = \frac{E}{3Z}\angle -\frac{4\pi}{3} - \theta\,[\mathrm{A}] \qquad (5.30)$$

예제 7. 그림 5−13과 같은 Δ−Y회로에서 선간전압이 220 [V]평형 3상 Δ결선이고, 각 상의 부하 임피던스는 $R=4[\Omega]$, $X_L=3[\Omega]$인 평형 부하인 경우 선전류를 구하여라.

해설 식 (5.28)로부터 상전압은

$$\boldsymbol{E}_a = \frac{\boldsymbol{E}_{ab}}{\sqrt{3}}\angle -30° = \frac{220}{\sqrt{3}}\angle -30°\,[\mathrm{V}]$$

부하 임피던스는

$$\boldsymbol{Z} = 4 + j3 = 5\angle 36.9°\,[\Omega]$$

그림 5−14와 같은 등가회로를 생각하고, 선전류 $\boldsymbol{I}_a$를 구하면

$$\boldsymbol{I}_a = \frac{\boldsymbol{E}_a}{Z\angle\theta} = \frac{\frac{220}{\sqrt{3}}\angle -30°}{5\angle 36.9°} = 25.4\angle -66.9°\,[\mathrm{A}]$$

$\boldsymbol{I}_b$, $\boldsymbol{I}_c$는 위상차가 $\boldsymbol{I}_a$ 보다 각각 120°, 240° 씩 늦으므로

$$\boldsymbol{I}_b = 25.4\angle -186.9°\,[\mathrm{A}]$$

$$\boldsymbol{I}_c = 25.4\angle -306.9°\,[\mathrm{A}]$$

3−4 전원과 부하가 Δ결선 (Δ−Δ)

그림 5−15와 같은 Δ−Δ결선 평형 3상 회로에서는 상전류를 구해서 선전류를 쉽게 구할 수 있다. $\boldsymbol{E}_{ab} = E\angle 0°$를 기준 페이저로 하고 각 상의 부하 임피던스를 $\boldsymbol{Z} = Z\angle\theta$라고 한다. 여기서 전원측과 부하측이 모두 평형이라 하였으므로 전원에서 흐르는 상전류와 부하에서 흐르는 상전류는 같다.

$$\boldsymbol{I}_{ab}=\frac{\boldsymbol{E}_{ab}}{Z\angle\theta}=\frac{E}{Z}\angle-\theta\,[\mathrm{A}]$$

$$\boldsymbol{I}_{bc}=\frac{\boldsymbol{E}_{bc}}{Z\angle\theta}=\frac{E}{Z}\angle-\frac{2}{3}\pi-\theta\,[\mathrm{A}]$$

$$\boldsymbol{I}_{ca}=\frac{\boldsymbol{E}_{ca}}{Z\angle\theta}=\frac{E}{Z}\angle-\frac{4}{3}\pi-\theta\,[\mathrm{A}] \tag{5.31}$$

또 선전류 $\boldsymbol{I}_a$, $\boldsymbol{I}_b$, $\boldsymbol{I}_c$는 상전류와의 관계로부터 식 (5.31)을 적용하면 다음 식을 얻는다.

$$\boldsymbol{I}_a=\sqrt{3}\,\boldsymbol{I}_{ab}\angle-\frac{\pi}{6}=\frac{\sqrt{3}E}{Z}\angle-\frac{\pi}{6}-\theta\,[\mathrm{A}]$$

$$\boldsymbol{I}_b=\sqrt{3}\,\boldsymbol{I}_{bc}\angle-\frac{\pi}{6}=\frac{\sqrt{3}E}{Z}\angle-\frac{2\pi}{3}-\frac{\pi}{6}-\theta\,[\mathrm{A}]$$

$$\boldsymbol{I}_c=\sqrt{3}\,\boldsymbol{I}_{ca}\angle-\frac{\pi}{6}=\frac{\sqrt{3}E}{Z}\angle-\frac{4\pi}{3}-\frac{\pi}{6}-\theta\,[\mathrm{A}] \tag{5.32}$$

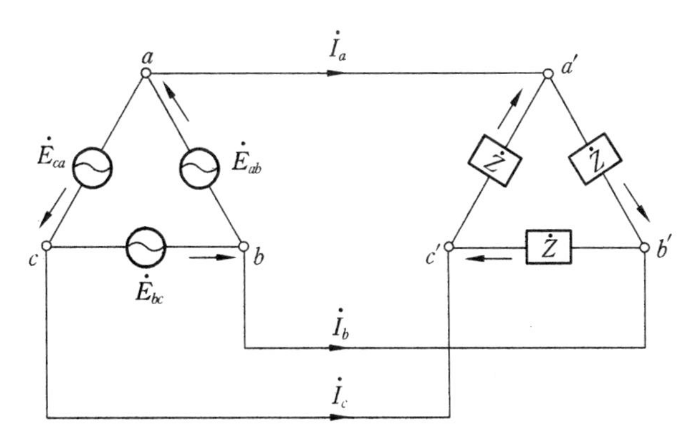

그림 5-15 Δ전원과 Δ부하

예제 8. 그림 5-15에서 선간전압이 440[V]이고, 부하의 각 상이 $R=80[\Omega]$, $X_L=60[\Omega]$이라면, 이 때 상전류와 선전류를 구하여라.

해설 $\boldsymbol{E}_{ab}=440\angle 0°\,[\mathrm{V}]$

부하 임피던스 $Z=80+j60=100\angle 36.9°\,[\Omega]$이다. 식 (5.31)로부터

$$\boldsymbol{I}_{ab}=\frac{\boldsymbol{E}_{ab}}{Z\angle\theta}=\frac{440\angle 0°}{100\angle 36.9°}=4.4\angle-36.9°\,[\mathrm{A}]$$

$\boldsymbol{I}_{bc}$, $\boldsymbol{I}_{ca}$는 위상차가 $\boldsymbol{I}_{ab}$보다 각각 120°, 240° 씩 늦으므로

$\boldsymbol{I}_{bc}=4.4\angle-156.9°\,[\mathrm{A}]$, $\boldsymbol{I}_{ca}=4.4\angle-276.9°\,[\mathrm{A}]$

선전류는 식 (5.32)로부터

$$\boldsymbol{I}_a=\sqrt{3}\,\boldsymbol{I}_{ab}\angle-\frac{\pi}{6}=\sqrt{3}\;4.4\angle-36.9°\angle-30°=\sqrt{3}\;4.4\angle-66.9°\,[\mathrm{A}]$$

$\boldsymbol{I}_b$, $\boldsymbol{I}_c$는 위상차가 $\boldsymbol{I}_a$보다 각각 120°, 240° 씩 늦으므로

$\boldsymbol{I}_b=\sqrt{3}\;4.4\angle-186.9°\,[\mathrm{A}]$, $\boldsymbol{I}_c=\sqrt{3}\;4.4\angle-306.9°\,[\mathrm{A}]$

3－5 선로 및 전원측에 임피던스가 존재할 경우

이미 앞 절에서 해석했던 모든 회로의 선로와 전원에 임피던스가 존재할 경우는 회로의 등가 형태가 Δ－Δ일지라도 Y－Y로 환산해서 계산하면 쉽게 해석할 수 있다.

또한 전체의 임피던스는 그림 5－16의 등가회로인 그림 5－17에서 보여주는 것처럼 Y－Y 형태에서 a－a′－N′－N－a의 폐회로를 보면 직렬로 연결되어 있으므로 합성 임피던스를 구하여 식 (5.23)을 이용하면 선전류를 구할 수 있다.

즉, 선간전압은 상전압으로 부하 임피던스는 평형이므로 $\frac{1}{3}$로 한 뒤 선전류와 상전류를 구한다. 불평형인 경우는 다음절에서 다루는 임피던스의 Y－Δ변환 방법을 이용하면 된다.

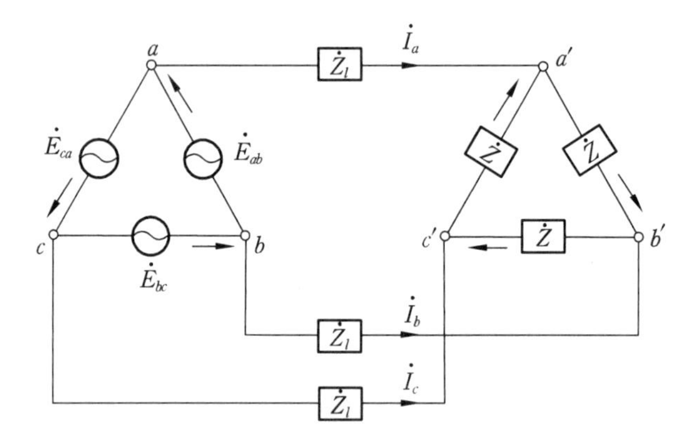

그림 5－16 전원, 선로에 임피던스가 존재하는 회로

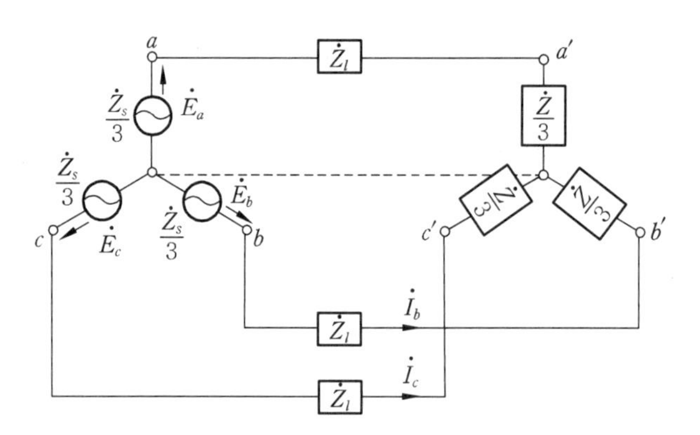

그림 5－17 Δ－Δ 결선의 Y－Y 결선 등가변환회로

예제 9. 그림 5－16에서 선간전압이 220［V］이고, 각 상의 선로 임피던스가 $Z_l=9+j0$［Ω］, 부하의 각 상이 $R=21$［Ω］, $X_L=36$［Ω］이라면, 이 때 상전류와 선전류를 구하여라.

해설 그림 5-17과 같은 등가회로를 생각한다. 여기서 $N-a-a'-N'$에 대하여 풀면 Y기전력은 식 (5.28)로부터

$$\boldsymbol{E}_a=\frac{E_{ab}}{\sqrt{3}}\angle-30°=\frac{220}{\sqrt{3}}\angle-30°\ [\mathrm{V}]$$

합성 임피던스는 평형 부하 $\boldsymbol{Z}=21+j36\ [\Omega]$이므로

$$\boldsymbol{Z}_0=\boldsymbol{Z}_l+\frac{1}{3}\boldsymbol{Z}=9+\frac{1}{3}(21+j36)=16+j12\ [\Omega]$$

선전류 $\boldsymbol{I}_a$는

$$\boldsymbol{I}_a=\frac{\boldsymbol{E}_a}{\boldsymbol{Z}_0}=\frac{\frac{220}{\sqrt{3}}\angle-30°}{16+j12}=\frac{\frac{220}{\sqrt{3}}\angle-30°}{20\angle36.9°}=6.35\angle-66.9°\ [\mathrm{A}]$$

$\boldsymbol{I}_b$, $\boldsymbol{I}_c$는 위상차가 $\boldsymbol{I}_a$보다 각각 120°, 240° 씩 늦으므로

$$\boldsymbol{I}_b=6.35\angle-186.9°\ [\mathrm{A}],\quad \boldsymbol{I}_c=6.35\angle-306.9°\ [\mathrm{A}]$$

상전류는

$$\boldsymbol{I}_{ab}=\frac{\boldsymbol{I}_a}{\sqrt{3}}\angle30°=\frac{6.35\angle-66.9°}{\sqrt{3}}\angle30°=3.67\angle36.9°\ [\mathrm{A}]$$

$$\boldsymbol{I}_{bc}=3.67\angle-156.9°\ [\mathrm{A}],\quad \boldsymbol{I}_{ca}=3.67\angle-276.9°\ [\mathrm{A}]$$

3-6 임피던스의 Y-Δ 변환

임피던스의 일반적인 직·병렬을 계산하는 경우는 그리 어렵지 않게 해석할 수 있다. 그러나 Δ↔Y(Π-T) 변환의 경우는 간단하게 해석할 수 없다. 여기서 그 풀이 관계를 알아본다.

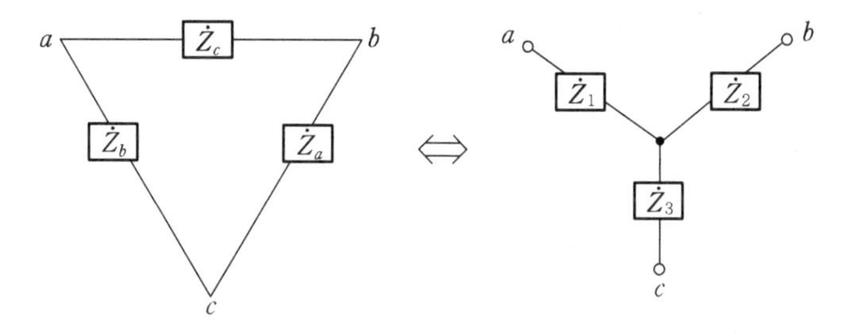

그림 5-18 Y-Δ 변환

따라서 먼저 Δ에서 Y로 변환되는 임피던스 $\boldsymbol{Z}_1$, $\boldsymbol{Z}_2$, $\boldsymbol{Z}_3$를 계산해 본다. 그러기 위해서는 그림 5-18로부터 식을

$$\boldsymbol{Z}_1+\boldsymbol{Z}_2=\frac{\boldsymbol{Z}_c(\boldsymbol{Z}_a+\boldsymbol{Z}_b)}{\boldsymbol{Z}_a+\boldsymbol{Z}_b+\boldsymbol{Z}_c} \tag{5.33}$$

$$\boldsymbol{Z}_2+\boldsymbol{Z}_3=\frac{\boldsymbol{Z}_a(\boldsymbol{Z}_b+\boldsymbol{Z}_c)}{\boldsymbol{Z}_a+\boldsymbol{Z}_b+\boldsymbol{Z}_c} \tag{5.34}$$

$$\boldsymbol{Z}_1+\boldsymbol{Z}_3=\frac{\boldsymbol{Z}_b(\boldsymbol{Z}_c+\boldsymbol{Z}_a)}{\boldsymbol{Z}_a+\boldsymbol{Z}_b+\boldsymbol{Z}_c} \tag{5.35}$$

와 같이 세운다. 즉, Δ형이 Y형과 등가이려면 대응하는 각 단자 쌍에서 보는 임피던스는 똑같아야 하고, 임피던스를 구한다면 단자 C를 개방하고 두 단자에서 보는 저항 $\boldsymbol{Z}_{ab}$가 동일해야 된다. 식 (5.35)−식 (5.34)는

$$\boldsymbol{Z}_1-\boldsymbol{Z}_2=\frac{\boldsymbol{Z}_b\boldsymbol{Z}_c+\boldsymbol{Z}_b\boldsymbol{Z}_a-\boldsymbol{Z}_a\boldsymbol{Z}_b-\boldsymbol{Z}_a\boldsymbol{Z}_c}{\boldsymbol{Z}_a+\boldsymbol{Z}_b+\boldsymbol{Z}_c}=\frac{\boldsymbol{Z}_b\boldsymbol{Z}_c-\boldsymbol{Z}_a\boldsymbol{Z}_c}{\boldsymbol{Z}_a+\boldsymbol{Z}_b+\boldsymbol{Z}_c}$$

과 같다. 다음은 $\boldsymbol{Z}_1-\boldsymbol{Z}_2+$ 식 (5.33)하여 계산하면

$$2\boldsymbol{Z}_1=\frac{\boldsymbol{Z}_b\boldsymbol{Z}_c-\boldsymbol{Z}_a\boldsymbol{Z}_c+\boldsymbol{Z}_a\boldsymbol{Z}_c-\boldsymbol{Z}_c\boldsymbol{Z}_b}{\boldsymbol{Z}_a+\boldsymbol{Z}_b+\boldsymbol{Z}_c}=\frac{2\boldsymbol{Z}_b\boldsymbol{Z}_c}{\boldsymbol{Z}_a+\boldsymbol{Z}_b+\boldsymbol{Z}_c}$$

로 계산된다. 여기에서 $\boldsymbol{Z}_1$은

$$\boldsymbol{Z}_1=\frac{\boldsymbol{Z}_b\boldsymbol{Z}_c}{\boldsymbol{Z}_a+\boldsymbol{Z}_b+\boldsymbol{Z}_c}\,[\Omega] \tag{5.36}$$

과 같다. 위와 같은 유사한 방법으로 $\boldsymbol{Z}_2$와 $\boldsymbol{Z}_3$을 구하면 식 (5.37)과 같다.

$$\boldsymbol{Z}_2=\frac{\boldsymbol{Z}_c\boldsymbol{Z}_a}{\boldsymbol{Z}_a+\boldsymbol{Z}_b+\boldsymbol{Z}_c}\,[\Omega] \tag{5.37}$$

$$\boldsymbol{Z}_3=\frac{\boldsymbol{Z}_a\boldsymbol{Z}_b}{\boldsymbol{Z}_a+\boldsymbol{Z}_b+\boldsymbol{Z}_c}\,[\Omega] \tag{5.38}$$

Y에서 Δ로 변환하기 위해서는 식 (5.37)÷식 (5.38)하면

$$\frac{\boldsymbol{Z}_2}{\boldsymbol{Z}_3}=\frac{\boldsymbol{Z}_c}{\boldsymbol{Z}_b},\quad \boldsymbol{Z}_c=\frac{\boldsymbol{Z}_2}{\boldsymbol{Z}_3}\boldsymbol{Z}_b \tag{5.39}$$

또한 식 (5.36)÷식 (5.37)하면

$$\frac{\boldsymbol{Z}_1}{\boldsymbol{Z}_2}=\frac{\boldsymbol{Z}_b}{\boldsymbol{Z}_a},\quad \boldsymbol{Z}_a=\frac{\boldsymbol{Z}_2}{\boldsymbol{Z}_1}\boldsymbol{Z}_b \tag{5.40}$$

와 같다. 위의 식 (5.39)와 식 (5.40)을 식 (5.35)에 $\boldsymbol{Z}_c$와 $\boldsymbol{Z}_a$ 대신 대입한다.

$$\boldsymbol{Z}_1+\boldsymbol{Z}_3=\frac{\boldsymbol{Z}_b\left(\frac{\boldsymbol{Z}_2}{\boldsymbol{Z}_3}\boldsymbol{Z}_b+\frac{\boldsymbol{Z}_2}{\boldsymbol{Z}_1}\boldsymbol{Z}_b\right)}{\frac{\boldsymbol{Z}_2}{\boldsymbol{Z}_1}\boldsymbol{Z}_b+\boldsymbol{Z}_b+\frac{\boldsymbol{Z}_2}{\boldsymbol{Z}_3}\boldsymbol{Z}_b}=\frac{\boldsymbol{Z}_b^{\,2}\left(\frac{\boldsymbol{Z}_2}{\boldsymbol{Z}_3}+\frac{\boldsymbol{Z}_2}{\boldsymbol{Z}_1}\right)}{\boldsymbol{Z}_b\left(\frac{\boldsymbol{Z}_2}{\boldsymbol{Z}_1}+1+\frac{\boldsymbol{Z}_2}{\boldsymbol{Z}_3}\right)}$$

$\boldsymbol{Z}_b$에 대해서 풀면 식 (5.41)과 같다.

$$\boldsymbol{Z}_b=\frac{(\boldsymbol{Z}_1+\boldsymbol{Z}_3)\left(\frac{\boldsymbol{Z}_2}{\boldsymbol{Z}_1}+1+\frac{\boldsymbol{Z}_2}{\boldsymbol{Z}_3}\right)}{\frac{\boldsymbol{Z}_2}{\boldsymbol{Z}_1}+\frac{\boldsymbol{Z}_2}{\boldsymbol{Z}_3}}=\frac{(\boldsymbol{Z}_1+\boldsymbol{Z}_3)\left(\frac{\boldsymbol{Z}_2\boldsymbol{Z}_3+\boldsymbol{Z}_1\boldsymbol{Z}_3+\boldsymbol{Z}_1\boldsymbol{Z}_2}{\boldsymbol{Z}_1\boldsymbol{Z}_3}\right)}{\boldsymbol{Z}_2\left(\frac{\boldsymbol{Z}_1+\boldsymbol{Z}_3}{\boldsymbol{Z}_3\boldsymbol{Z}_1}\right)}$$

$$=\frac{\boldsymbol{Z}_1\boldsymbol{Z}_2+\boldsymbol{Z}_2\boldsymbol{Z}_3+\boldsymbol{Z}_3\boldsymbol{Z}_1}{\boldsymbol{Z}_2}\,[\Omega] \tag{5.41}$$

이와 같이 식 (5.39)에서 식 (5.41)까지의 방법으로 $\boldsymbol{Z}_a$, $\boldsymbol{Z}_c$를 구한다.

$$\boldsymbol{Z}_a = \frac{\boldsymbol{Z}_1\boldsymbol{Z}_2 + \boldsymbol{Z}_2\boldsymbol{Z}_3 + \boldsymbol{Z}_3\boldsymbol{Z}_1}{\boldsymbol{Z}_1}[\Omega] \tag{5.42}$$

$$\boldsymbol{Z}_c = \frac{\boldsymbol{Z}_1\boldsymbol{Z}_2 + \boldsymbol{Z}_2\boldsymbol{Z}_3 + \boldsymbol{Z}_3\boldsymbol{Z}_1}{\boldsymbol{Z}_3}[\Omega] \tag{5.43}$$

임피던스의 크기가 3ϕ 모두 같은 평형 부하의 경우 $\Delta \leftrightarrow$Y변환하면

$$\boldsymbol{Z}_y = \frac{\boldsymbol{Z}_\Delta}{3}, \quad \boldsymbol{Z}_\Delta = 3\boldsymbol{Z}_y \tag{5.44}$$

와 같이 간단한 방법으로 해석할 수 있다. 여기서 $\boldsymbol{Z}_y$는 Y결선 임피던스이고, $\boldsymbol{Z}_\Delta$는 Δ결선 임피던스이다.

3-7 평형 3상 교류회로의 전력

단상에서 우리는 전력을 구한 경험이 있다. 가장 간단한 방법으로서 상전압과 상전류의 순시값을 구하고, 그 곱의 합인

$$P = P_a + P_b + P_c = e_a i_a + e_b i_b + e_c i_c \,[\mathrm{W}] \tag{5.45}$$

와 같이 구한다면 쉽다. 식 (5.45)에서 사용한 순시전압과 전류는

$$e_a = E_m \sin\omega t = \sqrt{2}E\sin\omega t\,[\mathrm{V}]$$

$$e_b = E_m \sin\left(\omega t - \frac{2\pi}{3}\right) = \sqrt{2}E\sin\left(\omega t - \frac{2\pi}{3}\right)[\mathrm{V}]$$

$$e_c = E_m \sin\left(\omega t - \frac{4\pi}{3}\right) = \sqrt{2}E\sin\left(\omega t - \frac{4\pi}{3}\right)[\mathrm{V}] \tag{5.46}$$

$$i_a = I_m \sin(\omega t - \theta) = \sqrt{2}I\sin(\omega t - \theta)\,[\mathrm{A}]$$

$$i_b = I_m \sin\left(\omega t - \frac{2}{3}\pi - \theta\right) = \sqrt{2}I\sin\left(\omega t - \frac{2}{3}\pi - \theta\right)[\mathrm{A}]$$

$$i_c = I_m \sin\left(\omega t - \frac{4}{3}\pi - \theta\right) = \sqrt{2}I\sin\left(\omega t - \frac{4}{3}\pi - \theta\right)[\mathrm{A}] \tag{5.47}$$

를 사용한다. 각 상 전력의 순시치는

$$P_a = E_m I_m \sin\omega t \cdot \sin(\omega t - \theta)$$
$$= EI\{\cos\theta - \cos(2\omega t - \theta)\}\,[\mathrm{W}]$$

$$P_b = E_m I_m \sin\left(\omega t - \frac{2}{3}\pi\right) \cdot \sin\left(\omega t - \frac{2}{3}\pi - \theta\right)$$
$$= EI\left\{\cos\theta - \cos\left(2\omega t - \frac{4}{3}\pi - \theta\right)\right\}[\mathrm{W}]$$

$$P_c = E_m I_m \sin\left(\omega t - \frac{4}{3}\pi\right) \cdot \sin\left(\omega t - \frac{4}{3}\pi - \theta\right)$$
$$= EI\left\{\cos\theta - \cos\left(2\omega t - \frac{8}{3}\pi - \theta\right)\right\}[\mathrm{W}] \tag{5.48}$$

와 같이 계산된다. 식 (5.48)의 각 상의 순시전력의 합은

$$P = P_a + P_b + P_c = 3EI\cos\theta\,[\mathrm{W}] \tag{5.49}$$

가 된다. 각 식의 우변 제2항은 2배의 주파수이고 그 최대치는 전부 EI이며 $\frac{4\pi}{3}$ [rad]의 상차가 난다. 그러므로 각 순시값의 합은 0이 된다.

평형 3상회로의 순시전력은 시간에 관계없이 일정하며, 1상의 소비전력을 식 (5.49)와 같이 3배하면 된다.

상전압 E와 상전류 I의 값을 선간전압 E_l과 선전류 I_l로 표시하면

$$P = \sqrt{3}E_l I_l \cos\theta = \sqrt{3} \times \text{선간전압} \times \text{선전류} \times \text{역률}\,[\mathrm{W}] \tag{5.50}$$

로 얻어진다.

예제 10. 평형 3상 회로의 Y결선된 부하측의 선간전압이 440 [V], 선전류는 50 [A], 뒤진 역률은 0.85일 때 유효전력, 무효전력, 피상전력을 구하여라.

해설 피상전력은

$$P_a = \sqrt{3}\,VI = \sqrt{3} \times 440 \times 50 = 38105\,[\mathrm{VA}]$$

유효전력은 식 (5.50)으로부터

$$P = \sqrt{3}\,VI\cos\theta = \sqrt{3} \times 440 \times 50 \times 0.85 = 32389\,[\mathrm{W}]$$

무효전력은

$$\sin\theta = \sqrt{1-\cos\theta^2} = \sqrt{1-0.85^2} = 0.527$$

$$P_r = \sqrt{3}\,VI\sin\theta = \sqrt{3} \times 440 \times 50 \times 0.527 = 2008\,[\mathrm{Var}]$$

4. 평형 3상 회로의 전력 측정

4-1 Y부하의 전력 측정 (중성점 존재)

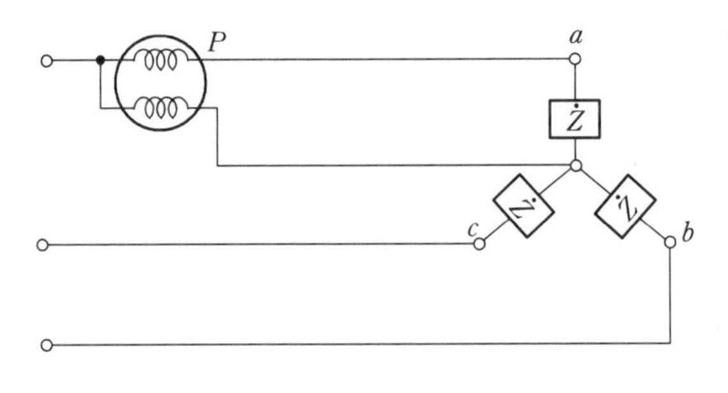

그림 5-19 Y형 부하의 전력 측정방법

중성점을 이용할 수 있는 부하에서 3상 전력을 측정하고자 할 때 단상전력계의 3상 중

한 상에는 전력계의 전류코일을 직렬로 접속하고, 상과 중성선에는 전압코일을 결선하여 측정된 전력값에 3배하면 3상 전력이 된다. 전원과 부하가 평형일 때만 성립하지만, 불평형 부하일 때에도 브론델 정리를 적용하면 3상 전력을 측정할 수 있다.

4-2 Δ부하의 전력 측정 (중성점 없을 때)

부하가 Δ결선일 때는 중성점이 없어서 전력계를 결선하여 측정하기가 어려우므로 그림 5-20과 같이 저항 3개로 인위적인 중성점을 만들어서 그 중성점과 한 상을 이용하여 전력을 측정한다. 한 상에 직렬로 전류코일을 접속하고, 인위적인 중성점과 상 간에는 전압코일을 접속하여, 전력계에 의하여 측정된 값을 3배하면 3상 전력이 된다.

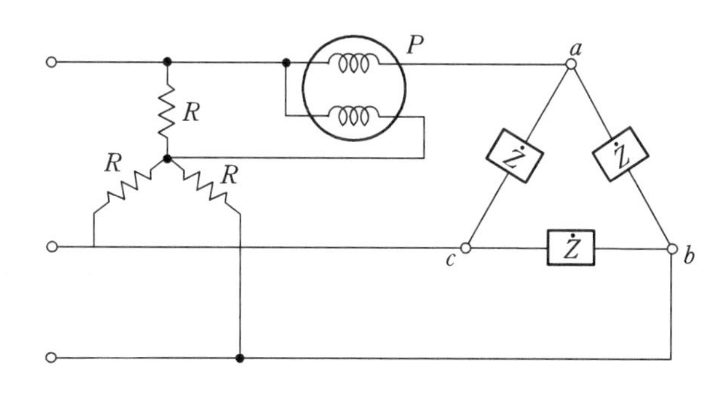

그림 5-20 Δ형 부하의 전력 측정방법

4-3 부하의 변동이 없을 때

전력 측정방법은 여러 가지 경우가 있으나 1전력계법, 2전력계법, 3전력계법에 대한 실체도까지만 여기서 알아본다. 실제의 전력계 전면을 이용한 그림으로서 본 절을 읽는 독자들의 이해를 돕고자 한다.

(1) 1전력계법

전력 측정 중 1전력계법은 2전력계법을 응용한 것으로 그림 5-21(a)와 같이 접속하여 상전압을 E_a, E_b, E_c, 선간전압을 E_{ba}, E_{bc}, 선전류를 I_a, I_b, I_c, 위상차를 ϕ라고 한다면 페이저도는 그림 5-21(b)와 같다.

그림 5-21(a)의 스위치 S_3를 1과 3에 각각 결선하였을 때 각 전력계의 지시값을 P_1 [W], P_2 [W]이라 하고 3상 전력을 P [W]라 한다면 두 곳에서 측정한 두 전력값을 합하여 3상 전력을 얻을 수 있다.

$$P_1 = E_{ba} I_2 \cos(30° - \phi) \text{ [W]}$$

$$P_2 = E_{bc} I_2 \cos(30° + \phi) \text{ [W]} \qquad (5.51)$$

가 된다. 따라서 이 경우는 평형 3상 부하에서 2전력계법으로 측정할 경우와 같은 결과를 얻는다.

$$P = P_1 + P_2 \, [\mathrm{W}] \tag{5.52}$$

그림 5-22는 1전력계법의 실체도이다.

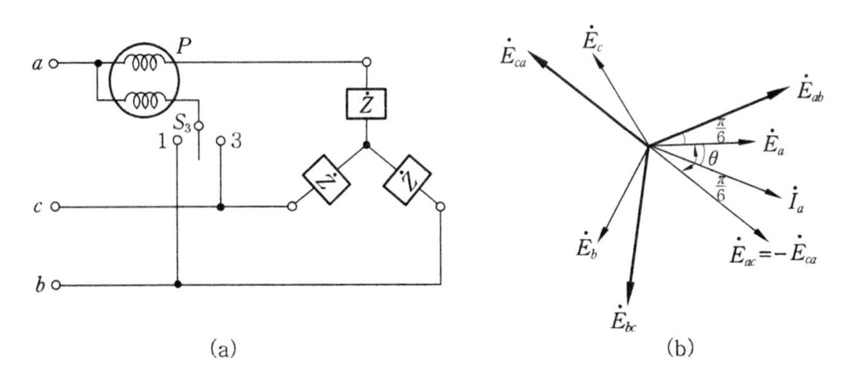

그림 5-21 1전력계 방법

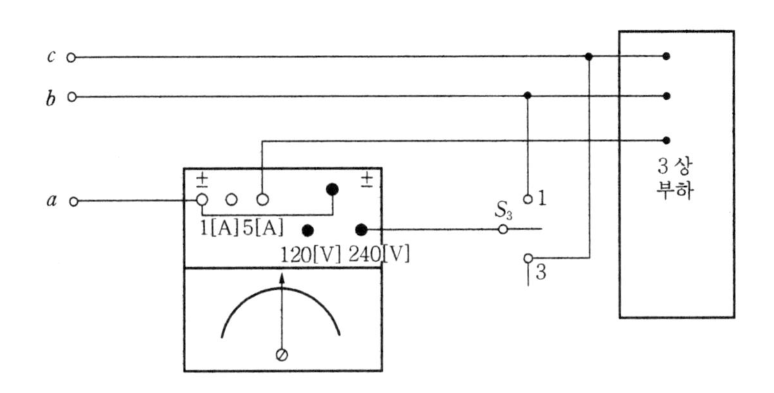

그림 5-22 1전력계법의 실체도

(2) 2전력계법

평형 3상 회로의 전력을 측정하는 것은 그림 5-23(a)와 같이 두 대의 단상 전력계 P_1과 P_2를 접속하여 측정된 값을 합하면 3상 전력이다. 상전압을 E_a, E_b, E_c, 선간전압을 E_{ab}, E_{bc}, E_{ca}, 선전류를 I_a, I_b, I_c, 위상차를 ϕ라고 한다면 페이저도는 그림 5-23(b)와 같다.

두 전력계의 지시값을 각각 P_1 [W], P_2[W], 3상 전력을 P[W]라 한다면

$$P_1 = E_{ab} I_a \cos(30° + \phi) \, [\mathrm{W}]$$

$$P_2 = E_{cb} I_a \cos(30° - \phi) \, [\mathrm{W}] \tag{5.53}$$

식 (5.53)에서 선간전압을 $E_{ab}=E_{cb}=E_l$, 선전류를 $I_a=I_b=I_c=I_l$ 라 놓으면

$$P_1=E_l I_l \cos(30°+\phi)\,[\mathrm{W}]$$
$$P_2=E_l I_l \cos(30°-\phi)\,[\mathrm{W}] \tag{5.54}$$

와 같이 얻는다. P_1과 P_2를 합하면

$$\begin{aligned} P &= P_1+P_2 \\ &= E_l I_l[\cos(30°+\phi)+\cos(30°-\phi)] \\ &= E_l I_l(2\cos 30°\cos\phi) \\ &= \sqrt{3}E_l I_l \cos\phi\,[\mathrm{W}] \end{aligned} \tag{5.55}$$

로 3상 전력을 얻으므로, 3상 전력계를 만드는 경우 이 2전력계법을 이용하여 만든다.

그림 5-24는 2전력계법의 실체도이다.

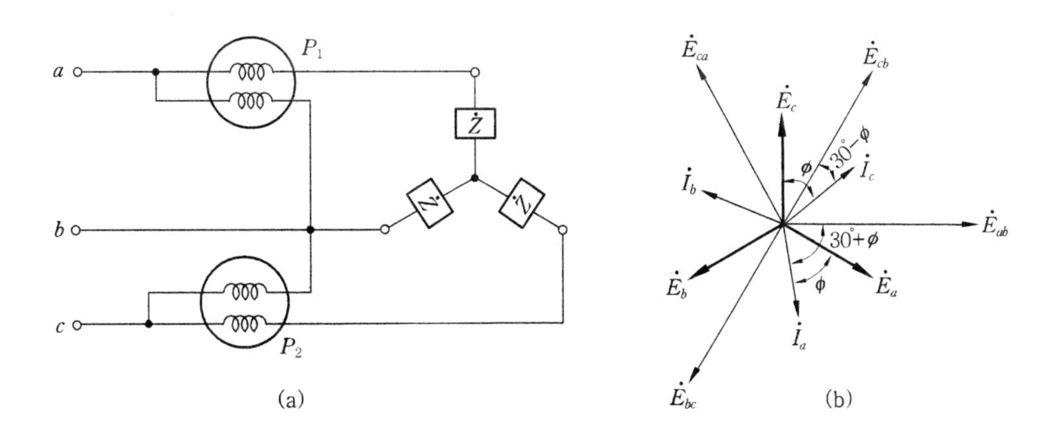

그림 5-23 2전력계 방법

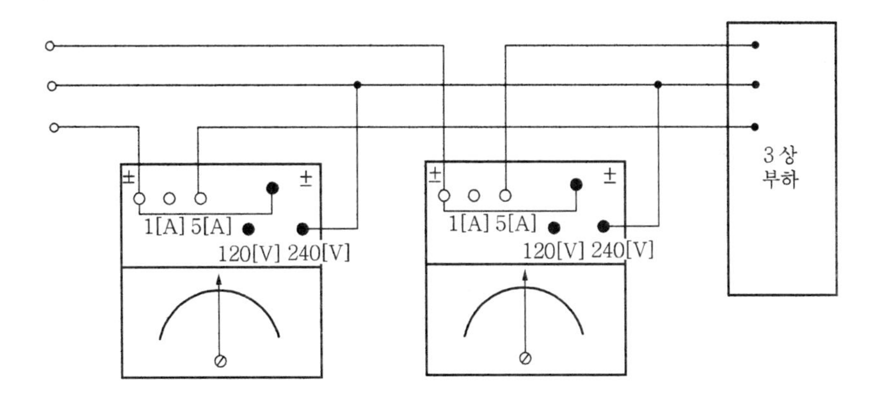

그림 5-24 2전력계법의 실체도

(3) 3전력계법

3전력계 방법은 중성선이 있는 경우와 없는 경우 단상 전력계를 결선하는 방법이 다르다는 것을 그림 5-25에 표현하였다. 그러나 단상 전력계의 전류코일이 각 상에 하나씩 연결된 것은 모두 똑같으나 전압코일에 중성선이 있는 경우는 중성선에 접속하지만, 그렇지 않은 경우는 세 개의 상에 연결되어 있는 전압코일이 공통으로 묶여 있음으로써 3상 전력을 측정하고 있다.

$$P = P_1 + P_2 + P_3\,[\mathrm{W}] \tag{5.56}$$

그리하여 식 (5.56)과 같이 각 전력계 P_1, P_2, P_3에 지시값을 모두 합하면 3상 전력이 된다. 일반적으로 그림 5-25와 같이 전력계 세 개를 연결하면 셋 중에 하나는 0[W]값을 지시하게 되므로 단상 전력계 두 개를 이용하여 2상 전력을 측정하는 방법을 택하고 있다. 그림 5-26은 3전력계법의 실체도의 한 예이다. 중성선이 없는 예를 다룬다.

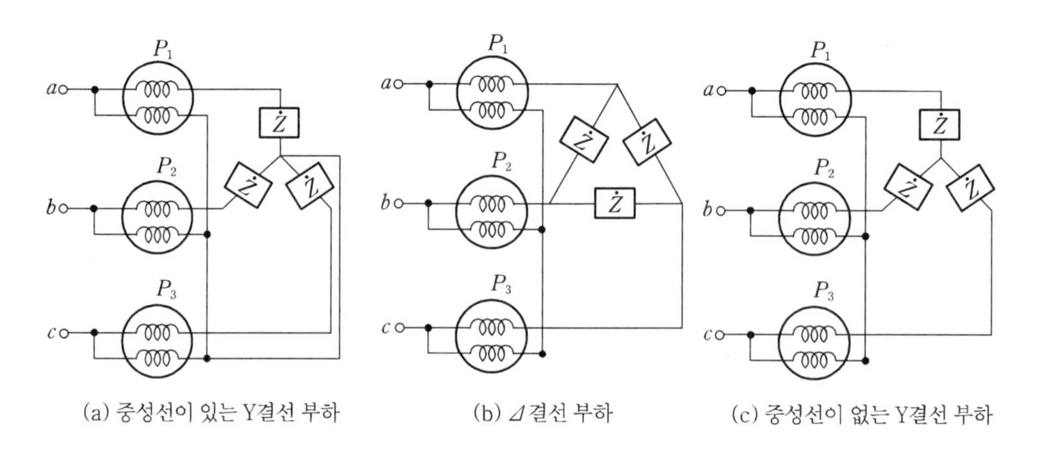

그림 5-25 3상 전력 측정방법

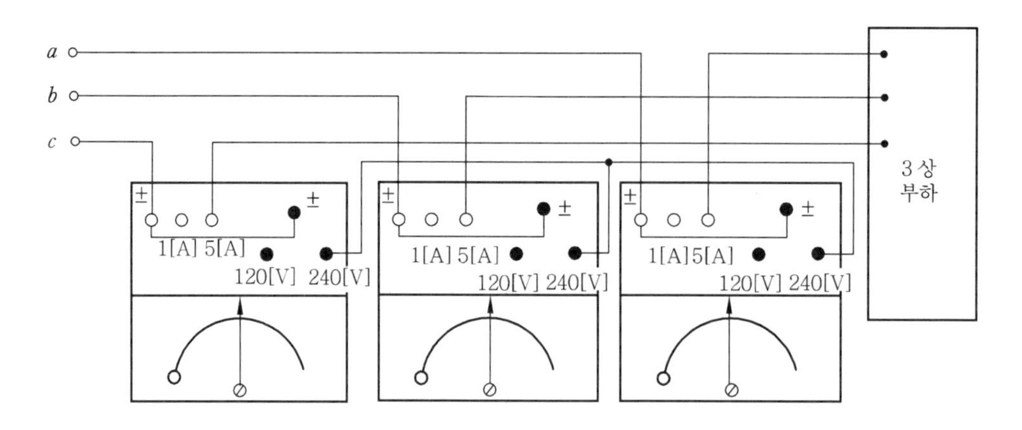

그림 5-26 3전력계법의 실체도 예

2전력계법이나 3전력계법에서 측정한 전력계의 지시값을 이용하여 역률을 구한다. 그것은 간단하게 식 (5.55)로부터 2전력계법에 의한 부하의 역률은

$$\cos\phi = \frac{P_1 + P_2}{\sqrt{3}E_l I_l} \times 100\,[\%] \tag{5.57}$$

와 같이 계산하여 얻을 수 있고, 3전력계법에 의한 부하의 역률은

$$\cos\phi = \frac{P_1 + P_2 + P_3}{\sqrt{3}E_l I_l} \times 100\,[\%] \tag{5.58}$$

와 같이 계산하여 얻는다. 또 다른 방법으로는 2전력계법으로 얻은 전력 P_1과 P_2의 합과 차를 구하여 역률을 구하는 방법이 있다. 합은 식 (5.55)에서 이미 구하였고, 그 차는

$$P_1 - P_2 = E_l I_l \left\{ \cos\left(\frac{\pi}{6} - \theta\right) - \cos\left(\frac{\pi}{6} + \theta\right) \right\}$$

$$= 2E_l I_l \sin\frac{\pi}{6}\sin\theta = E_l I_l \sin\theta\,[\mathrm{W}] \tag{5.59}$$

와 같다. 식 (5.59)÷식 (5.55)를 구하면

$$\frac{P_1 - P_2}{P_1 + P_2} = \frac{E_l I_l \sin\theta}{\sqrt{3}E_l I_l \cos\theta} = \frac{1}{\sqrt{3}}\tan\theta$$

$$\tan\theta = \frac{\sqrt{3}(P_1 - P_2)}{P_1 + P_2} \tag{5.60}$$

와 같이 $\tan\theta$ 를 구한다. $\tan\theta$ 의 우변항의 분모, 분자를 P_1 으로 나누고, 이 때 $\frac{P_2}{P_1} = n$ 이라면

$$\tan\theta = \sqrt{3} \cdot \frac{1 - \frac{P_2}{P_1}}{1 + \frac{P_2}{P_1}} = \sqrt{3} \cdot \frac{1-n}{1+n} \tag{5.61}$$

와 같다. 또한 삼각함수에서 $\cos\theta = \frac{1}{\sqrt{1 + \tan^2\theta}}$ 을 이용하여 $\tan\theta$ 를 대입하여 정리하면 식 (5.62)와 같다.

$$\cos\theta = \frac{1}{\sqrt{1 + 3\left(\frac{1-n}{1+n}\right)^2}} \tag{5.62}$$

를 얻는다. 역률을 계산하는 방법은 위에서 나타낸 방법 외에도 여러 가지 방법이 존재하지만 여기서는 계측기를 사용하여 얻은 측정값을 이용하여 계산하는 방법을 제시하고 있다. 따라서 전력계의 지시값의 크기에 따라서 쉽게 역률을 알 수 있는 것은 한 전력계가 다른 전력계의 두 배일 때는 $\cos\theta = 0.87$이고, 두 전력계의 지시값이 같을 때는 $\cos\theta = 1$이며, 두 전력계 중 어느 한 쪽이 0일 때는 $\cos\theta = 0.5$의 값을 가진다.

예제 11. 3상 부하의 전력을 단상 전력계 두 대로 측정하였더니 $P_1=100$ [W], $P_2=200$ [W]를 지시하고 있었다. 이 때 부하의 역률 $\cos\theta$ 를 구하여라.

해설 식 (5.62)로부터

$$\cos\theta=\frac{1}{\sqrt{1+3\left(\frac{1-n}{1+n}\right)^2}}=\frac{1}{\sqrt{1+3\left(\frac{1-2}{1+2}\right)^2}}=\frac{\sqrt{3}}{2}=0.866$$

4-4 무효전력의 측정

먼저 단상 무효전력을 측정하는 방법을 알아본다. 단상 무효전력을 측정하는 것은 그림 5-27(a)와 같이 무효전력계의 전압코일에 리액턴스가 큰 유도코일을 넣어 그림 5-27(b)와 같이 전압코일과 전류코일에 흐르는 전류간의 위상차를 $\frac{\pi}{2}$ [rad]이 되도록 하여 측정한다. 이러한 방법은 전류력계형을 이용하는 경우이고, 만약에 유도형 전력계를 사용하여 측정하고자 할 때는 전압코일에 고저항을 접속하여 저항에 흐르는 전류가 측정전류 I와 동상이 되도록 하여 측정하면 된다.

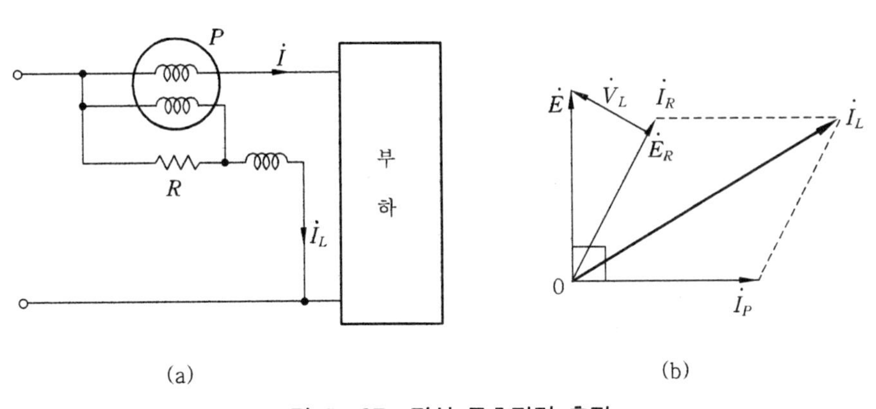

그림 5-27 단상 무효전력 측정

무효전력의 측정은 일반 가정에서는 신경을 쓰지 않는 전력이며, 이 전력은 유효전력과 함께 피상전력의 한 부분이다. 그러나 산업에 필요한 에너지를 제공해 주지 못하므로 무효전력을 줄일 수 있는 방법을 발전회사와 수용회사에서 모색하고 있다.

그림 5-28과 같이 전력계의 전류코일을 a 상에 직렬로 연결하고, b 상과 c 상에 병렬로 전압코일을 결선하여 무효전력을 측정하면, 무효전력계의 지시값은 상 하나에 걸리는 전력이므로 3상 무효전력의 $\frac{1}{\sqrt{3}}$ 배 값을 지시하게 된다. 이러한 관계를 수식화하려면, 선간전압 E_{bc}와 선전류 I_a에 무효율을 곱하면 된다.

$$Q = E_{bc} I_a \cos\left(\frac{\pi}{2} - \phi\right)$$
$$= E_{bc} I_a \sin\phi$$
$$= \sqrt{3}\, E_l I_l \sin\phi \,[\mathrm{Var}] \qquad (5.63)$$

식 (5.63)에서 3상의 무효전력을 얻는다. 그림 5-28에 결선방법과 1전력계법에 대한 페이저도를 나타낸다. 또한 그림 5-29에 실체도를 나타내어 단상 무효전력계를 이용하는데 도움을 주고자 하며, 3상 무효전력 측정도 유효전력 측정과 마찬가지로 거의 유사한 측정법을 사용한다.

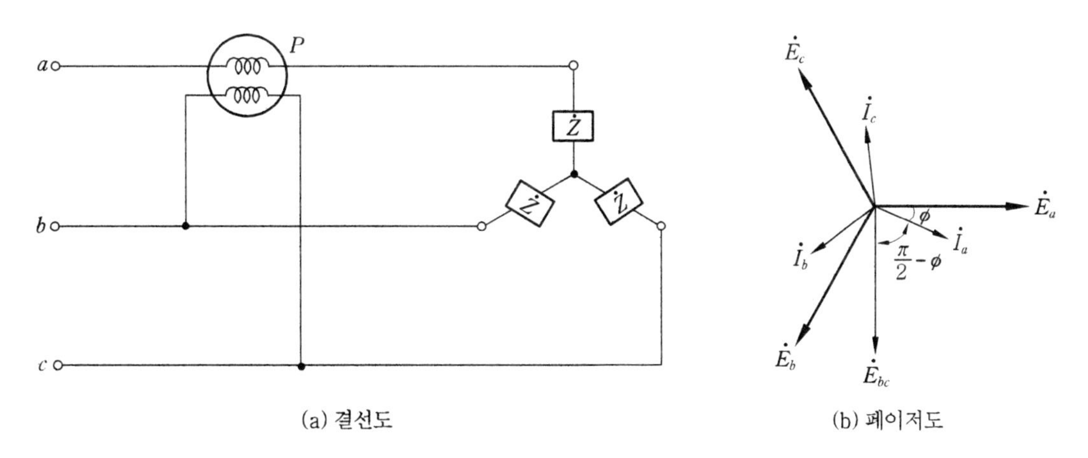

그림 5-28 3상 무효전력 측정(1전력계법)

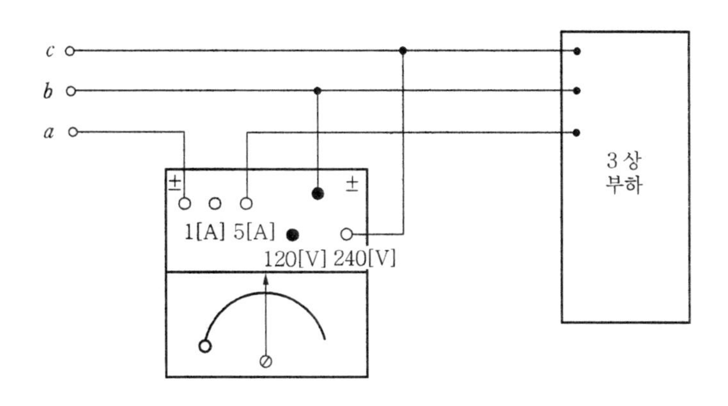

그림 5-29 실체도

이번에는 2전력계법을 이용하여 측정하는 방법을 알아본다. 두 대의 단상 무효전력계를 이용하여 그림 5-30 (a)와 같이 결선하여 각 상전압을 E_1, E_2, 선간전압을 E_{12}, E_{32}, 선전류를 I_1, I_2, I_3 위상차를 ϕ 라고 하면, 이들의 페이저도는 그림 5-30 (b)와 같다.

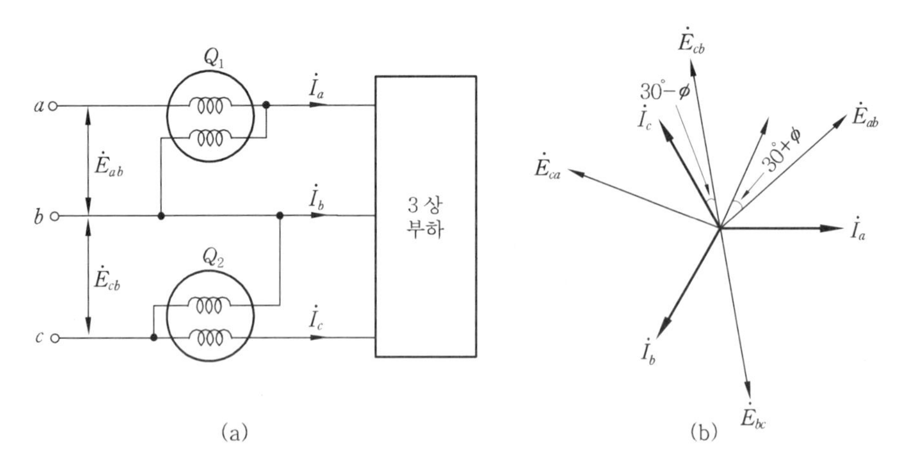

그림 5-30 3상 무효전력 측정(2전력계법)

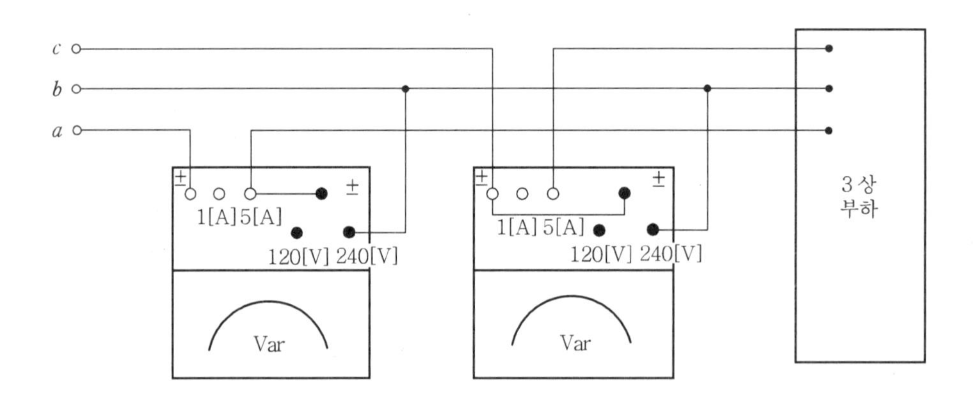

그림 5-31 실체도(무효전력 2전력계법)

두 전력계의 지시값을 각각 Q_1[Var], Q_2[Var]라 하면 다음과 같다.

$$Q_1 = E_{ab} I_1 \cos(30° + \phi) [\text{Var}]$$

$$Q_2 = E_{cb} I_1 \cos(30° - \phi) [\text{Var}] \qquad (5.64)$$

식 (5.64)에서 선간전압을 $E_{ab} = E_{cb} = E$, 선전류를 $I_a = I_b = I_c = I$라 놓으면

$$Q_1 = EI \cos(30° + \phi) [\text{Var}]$$

$$Q_2 = EI \cos(30° - \phi) [\text{Var}] \qquad (5.65)$$

와 같이 얻는다. Q_2에서 Q_1을 빼면 다음과 같다.

$$Q_2 - Q_1 = EI\left\{\cos\left(\frac{\pi}{6} - \phi\right) - \cos\left(\frac{\pi}{6} + \phi\right)\right\}$$

$$= 2EI \sin\frac{\pi}{6} \sin\phi = EI \sin\phi [\text{Var}] \qquad (5.66)$$

$$Q = \sqrt{3} EI \sin\phi = \sqrt{3} (Q_2 - Q_1) [\text{Var}] \qquad (5.67)$$

즉, 평형 3상 무효전력은 두 대의 전력계 지시값의 차를 $\sqrt{3}$배 하면 된다. 실체도는 그림 5－31과 같이 접속하면 된다.

불평형 3상 회로의 무효전력 측정은 전력계를 이용한 그림 5－31과 같이 접속하여 Blondel의 정리를 적용하여 계측할 수 있다. 무효전력 측정은 3전력계법이 있는데, 이것은 3상 4선식에서 이용하지만, 3상 3선식에서도 널리 사용하고 있다. 그림 5－32는 앞에서 설명한 전력과 전력량을 측정할 수 있는 계기들이다.

(a) 전력계

(b) 역률계

(c) 전력량계

그림 5－32 전력 측정 계기

5. 3상 V결선

3상 결선을 통하여 전력을 공급하는 방법은 3상 변압기를 이용하는 것이 가장 간편하다. 그러나 그러하지 못하는 경우에는 단상 변압기를 이용하여 공급하게 되는데, $\Delta-\Delta$결선에서 변압기 1대를 제거한 형태가 V 모양이어서 V결선이라 한다.

이 V결선은 3대의 변압기로 운전하던 중 1대에 고장이 발생하였을 경우 두 대의 변압기로도 운전할 수 있다는 장점이 있다. 또는 부하의 증가를 예측하여 변압기 추가 설치 계획의 일환으로 두 대의 변압기 운전도 가능하다. 이런 점들로 봤을 때 3상 변압기 1대를 사용하는 것보다는 좋은 점이 있다. 그래서 그러한 V결선의 변압기 2대로 평형 3상 전원을 공급하는 방법을 본 절에서 상세하게 다루어 본다.

3상 전원을 공급하는 V결선의 전원측의 전압과 전류는 그림 5－33(a)와 같은 형태로 공급되며, 이는 V결선 전원에 Δ결선된 평형 3상 부하를 접속한 것이다. 그림 5－33(b)는 대칭 3상 전원의 페이저도를 그린 것이다.

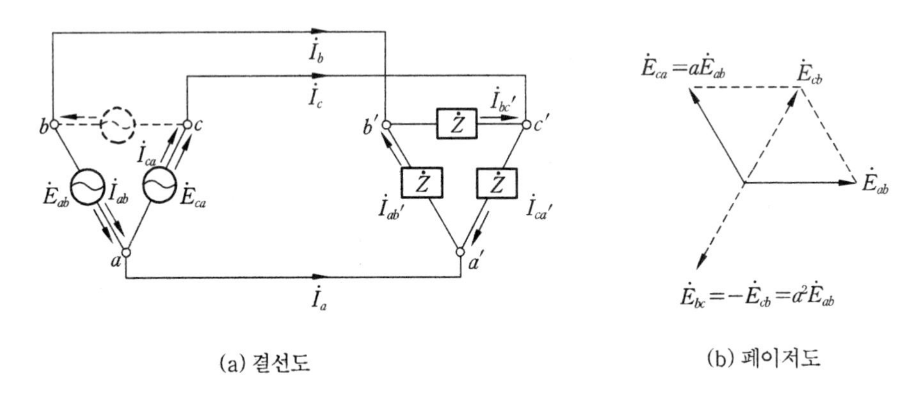

(a) 결선도 (b) 페이저도

그림 5－33 V결선

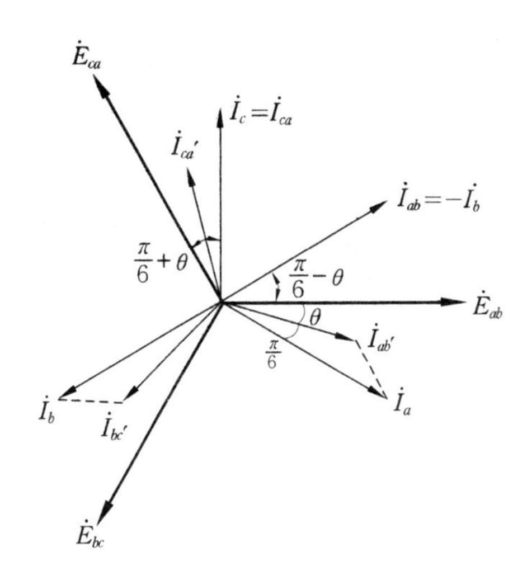

그림 5－34 V결선 Δ부하의 상전류와 선전류의 페이저도

그림 5－33(a)에서 변압기가 없는 c, b 간의 가상 기전력 $\boldsymbol{E}_{cb}$는

$$\boldsymbol{E}_{cb}=\boldsymbol{E}_{ab}+\boldsymbol{E}_{ca}=\boldsymbol{E}_{ab}+a\boldsymbol{E}_{ab}=(1+a)\boldsymbol{E}_{ab}\,[\mathrm{V}] \tag{5.68}$$

의 관계에 의하여 얻어진다. $\boldsymbol{E}_{cb}$의 반대방향 기전력 $\boldsymbol{E}_{bc}$는

$$\boldsymbol{E}_{bc} = -\boldsymbol{E}_{cb} = -(1+a)\boldsymbol{E}_{ab} = a^2\boldsymbol{E}_{ab}\,[\mathrm{V}] \tag{5.69}$$

가 된다. 따라서 변압기가 없는 c와 b 양단에 대칭 3상 전압이 발생됨을 알 수 있고, 그 관계에 의하여 그림 5-33(b)의 페이저도와 같이 평형 3상 전원이 형성된다. 이와 같은 결선 방식을 우리는 3상 V결선 방식이라고 한다. 이러한 전원에 결선되어 있는 부하가 평형이면, 부하의 상전류 $\boldsymbol{I}_{ab}'$, $\boldsymbol{I}_{bc}'$, $\boldsymbol{I}_{ca}'$의 평형 Δ3상 전류가 흐른다.

그림 5-33(a)에서 임피던스 $Z = R + jX\,[\Omega]$, $\theta = \tan^{-1}\dfrac{X}{R}$라면 페이저도는 그림 5-34와 같다. 그림 5-33(a)에서 선전류를 $\boldsymbol{I}_a$, $\boldsymbol{I}_b$, $\boldsymbol{I}_c$라 하고, 평형 Δ부하에 흐르는 상전류를 이용하여 구하면

$$\boldsymbol{I}_{ab}' = \boldsymbol{I}_{bc}' = \boldsymbol{I}_{ca}' = \boldsymbol{I}_P, \quad \boldsymbol{I}_{ab} = -\boldsymbol{I}_b, \quad \boldsymbol{I}_{ca} = \boldsymbol{I}_c$$

$$\boldsymbol{I}_a = \boldsymbol{I}_{ab}' - \boldsymbol{I}_{ca}'\,[\mathrm{A}]$$

$$\boldsymbol{I}_b = \boldsymbol{I}_{bc}' - \boldsymbol{I}_{ab}'\,[\mathrm{A}]$$

$$\boldsymbol{I}_c = \boldsymbol{I}_{ca}' - \boldsymbol{I}_{bc}'\,[\mathrm{A}] \tag{5.70}$$

와 같은 대칭 3상 전류가 된다. 이것을 전원측의 전류와 비교하면

$$\boldsymbol{I}_{ab} - \boldsymbol{I}_{ca} = -(\boldsymbol{I}_b + \boldsymbol{I}_c)\,[\mathrm{A}]$$

$$\boldsymbol{I}_b = -\boldsymbol{I}_{ab}\,[\mathrm{A}]$$

$$\boldsymbol{I}_c = -\boldsymbol{I}_{ca}\,[\mathrm{A}] \tag{5.71}$$

와 같다. 선전류는 상전류의 $\sqrt{3}$배의 크기인 전원측의 전류의 크기와 같다.

$$\boldsymbol{I}_a = \boldsymbol{I}_b = \boldsymbol{I}_c = \boldsymbol{I}_{ab} = \boldsymbol{I}_{ca} = \sqrt{3}\,\boldsymbol{I}_P \tag{5.72}$$

따라서 그림 5-34에서도 알 수 있듯이 $\boldsymbol{I}_{ab}$는 기전력 $\boldsymbol{E}_{ab}$보다 $\theta = \dfrac{\pi}{6} - \theta\,[\mathrm{rad}]$만큼 앞서고 있으며, $\boldsymbol{I}_{ca}$는 기전력 $\boldsymbol{E}_{ca}$보다 $\theta = \dfrac{\pi}{6} + \theta\,[\mathrm{rad}]$만큼 뒤지고 있음을 보여주고 있다.

이 위상차 θ 의 값이 앞서느냐 뒤지느냐에 따라 각각의 변압기에 걸리는 부하 분담이 다르게 된다. 이상에서 구한 두 상의 전압과 전류 그리고 그 위상차를 이용하여 V결선 전원의 3상 출력을 구하면 다음과 같다.

$$\begin{aligned} P &= \boldsymbol{E}_{ab}\boldsymbol{I}_{ab}\cos\left(\frac{\pi}{6} - \theta\right) + \boldsymbol{E}_{ca}\boldsymbol{I}_{ca}\cos\left(\frac{\pi}{6} + \theta\right) \\ &= \sqrt{3}\,\boldsymbol{E}_P\boldsymbol{I}_P\cos\theta\,[\mathrm{W}] \end{aligned} \tag{5.73}$$

단, 여기서 대칭 3상이므로 $\boldsymbol{E}_{ab} = \boldsymbol{E}_{ca} = \boldsymbol{E}_P$, $\boldsymbol{I}_{ab} = \boldsymbol{I}_{ca} = \boldsymbol{I}_P$의 관계가 있다. 이상의 결과에서 변압기가 두 대의 출력임에도 불구하고, 1대의 변압기 용량의 2배가 아닌 $\sqrt{3}$ 배의 3상 전력을 공급하고 있다는 것을 알 수 있다.

식 (5.73)을 이용하여 V결선 변압기의 이용률을 구하면, 변압기가 2대 사용되므로

$$\text{이용률} = \frac{\sqrt{3}\,\boldsymbol{EI}\cos\theta}{2\,\boldsymbol{EI}\cos\theta} = \frac{\sqrt{3}}{2} = 0.867 \qquad (5.74)$$

와 같은 값을 얻는다. 그러면 3대로 운전하다가 1대가 고장을 일으켰을 때, 3대로 운전할 경우와 2대로 V결선을 이용하여 운전할 때의 3상 전력의 출력비는

$$\text{출력비} = \frac{\sqrt{3}\,\boldsymbol{EI}\cos\theta}{3\,\boldsymbol{EI}\cos\theta} = \frac{\sqrt{3}}{3} = 0.577 \qquad (5.75)$$

와 같다. 실제 변압기가 두 대여서 $\frac{2}{3}$의 출력이 아니며 실제 변압기는 변압기 권선에 내부 임피던스가 존재하고, 부하의 경우도 평형 3상 부하가 된다는 것은 어렵다.

그리하여 각 부하의 단자전압에는 불평형이 발생하고, 선로에서는 선로 임피던스에 의하여 전압강하가 발생하므로 공장자동화나 사무자동화 기기들의 오동작이 발생할 수 있다.

예제 12. 용량 50 [kVA]의 단상 변압기 2대를 V결선하여 역률 0.8, 30 [kW]의 평형 3상 부하에 전력을 공급할 때, 각 변압기에 걸리는 부하 P_1, P_2를 구하여라.

해설 한 대의 변압기 피상전력은 식 (5.73)으로부터

$$E_p I_p = \frac{P}{\sqrt{3}\cos\theta} = \frac{30}{\sqrt{3}\times 0.8} = 21.65\,[\text{kVA}]$$

변압기의 분담 전력은 식 (5.73)으로부터

$$P_1 = E_{ab}I_{ab}\cos\left(\frac{\pi}{6} - \theta\right) = E_{ab}I_{ab}\left(\cos\frac{\pi}{6}\cos\theta + \sin\frac{\pi}{6}\sin\theta\right)$$

$$= 21.65\left(\frac{\sqrt{3}}{2}\times 0.8 + \frac{1}{2}\times 0.6\right) = 21.49\,[\text{kW}]$$

$$P_2 = E_{ab}I_{ab}\cos\left(\frac{\pi}{6} + \theta\right) = E_{ab}I_{ab}\left(\cos\frac{\pi}{6}\cos\theta - \sin\frac{\pi}{6}\sin\theta\right)$$

$$= 21.65\left(\frac{\sqrt{3}}{2}\times 0.8 - \frac{1}{2}\times 0.6\right) = 8.50\,[\text{kW}]$$

6. 불평형 3상 회로

6-1 불평형 Y 부하

(1) Y-Y 형 불평형 회로

전원이나 부하 중 어느 한 쪽이 비대칭이면 각 선전류 $\boldsymbol{I}_a$, $\boldsymbol{I}_b$, $\boldsymbol{I}_c$는 비대칭이 된다. 따라서 그림 5-35와 같이 Y-Y결선에 중성선을 접속하면 중성선 전류 $\boldsymbol{I}_N$이 흘러서 N과 N′ 사이에는 $\boldsymbol{E}_N$의 전압강하가 발생한다. 이와 같은 3상 회로를 불평형 3상 회로라 한다.

그림 5-35의 N-a-a′-N′-N 등으로 형성되는 각 폐회로에 키르히호프 법칙을 적용하고, 계산을 간소화하기 위하여 페이저 값을 이용하여 계산한다.

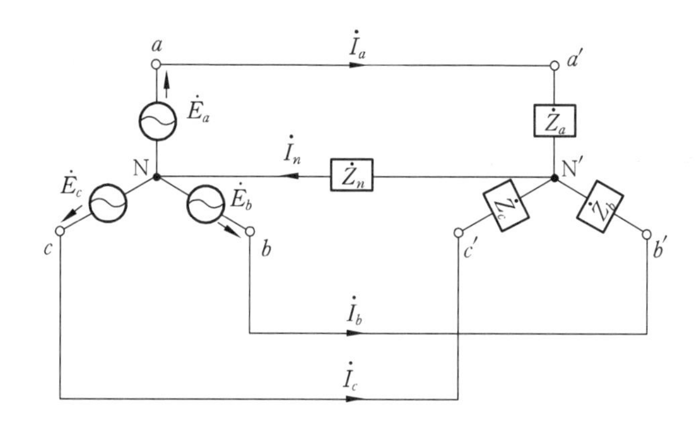

그림 5-35 Y부하 불평형 3상 회로(중성선 존재)

중성선 N-N′는 임피던스 $\boldsymbol{Z}_n$이 존재하므로 중성선 전류 $\boldsymbol{I}_N$이 흐른다. N′점의 전위를 N점에 대하여 $\boldsymbol{E}_N$이라면 식 (5.76)과 같다.

$$\boldsymbol{E}_a - \boldsymbol{I}_a \boldsymbol{Z}_a = \boldsymbol{E}_N [\mathrm{V}]$$

$$\boldsymbol{E}_b - \boldsymbol{I}_b \boldsymbol{Z}_b = \boldsymbol{E}_N [\mathrm{V}]$$

$$\boldsymbol{E}_c - \boldsymbol{I}_c \boldsymbol{Z}_c = \boldsymbol{E}_N [\mathrm{V}]$$

$$\boldsymbol{Z}_n \boldsymbol{I}_n = \boldsymbol{E}_N [\mathrm{V}] \tag{5.76}$$

식 (5.76)에서

$$\boldsymbol{I}_a = \frac{\boldsymbol{E}_a - \boldsymbol{E}_N}{\boldsymbol{Z}_a} = (\boldsymbol{E}_a - \boldsymbol{E}_N)\boldsymbol{Y}_a [\mathrm{A}]$$

$$\boldsymbol{I}_b = \frac{\boldsymbol{E}_b - \boldsymbol{E}_N}{\boldsymbol{Z}_b} = (\boldsymbol{E}_b - \boldsymbol{E}_N)\boldsymbol{Y}_b [\mathrm{A}]$$

$$\boldsymbol{I}_c = \frac{\boldsymbol{E}_c - \boldsymbol{E}_N}{\boldsymbol{Z}_c} = (\boldsymbol{E}_c - \boldsymbol{E}_N)\boldsymbol{Y}_c [\mathrm{A}]$$

$$\boldsymbol{I}_n = \frac{\boldsymbol{E}_N}{\boldsymbol{Z}_N} = \boldsymbol{E}_N \boldsymbol{Y}_N [\mathrm{A}] \tag{5.77}$$

와 같고, 그림 5-35의 부하의 N′점에서 KCL을 적용하면

$$\boldsymbol{I}_a + \boldsymbol{I}_b + \boldsymbol{I}_c - \boldsymbol{I}_N = 0 \tag{5.78}$$

과 같다. 식 (5.77)을 식 (5.78)에 대입해서 풀면

$$(\boldsymbol{E}_a - \boldsymbol{E}_N)\boldsymbol{Y}_a + (\boldsymbol{E}_b - \boldsymbol{E}_N)\boldsymbol{Y}_b + (\boldsymbol{E}_c - \boldsymbol{E}_N)\boldsymbol{Y}_c = \boldsymbol{E}_N \boldsymbol{Y}_N$$

$$\boldsymbol{E}_N = \frac{\boldsymbol{E}_a \boldsymbol{Y}_a + \boldsymbol{E}_b \boldsymbol{Y}_b + \boldsymbol{E}_c \boldsymbol{Y}_c}{\boldsymbol{Y}_a + \boldsymbol{Y}_b + \boldsymbol{Y}_c + \boldsymbol{Y}_N} [\mathrm{V}] \tag{5.79}$$

와 같이 중선선의 전압강하 $\boldsymbol{E}_N$을 얻을 수 있다.

예제 13. 그림 5-35와 같이 Y-Y 결선된 불평형 3상 회로에 선로 임피던스는 $Z_n=5+j0$ [Ω], 부하 임피던스는 $Z_a=8+j6$[Ω], $Z_b=3+j4$[Ω], $Z_c=4+j3$[Ω]일 때, 220[V]의 평형 3상 전압을 인가하면 선전류는?

해설 각 상전압은 다음과 같다.

$$E_a=220\angle 0°\,[V]$$

$$E_b=220\angle -120°=-110-j110\sqrt{3}\,[V]$$

$$E_c=220\angle -240°=-110+j110\sqrt{3}\,[V]$$

각 어드미턴스를 구하면

$$Y_n=0.2[℧],\quad Y_a=\frac{1}{8+j6}=0.08-j0.06[℧],$$

$$Y_b=\frac{1}{3+j4}=0.12-j0.16[℧],\quad Y_c=\frac{1}{4+j3}=0.16-j0.12[℧]$$

중성점 전위 E_N은 식 (5.79)로부터

$$E_N=\frac{E_aY_a+E_bY_b+E_cY_c}{Y_a+Y_b+Y_c+Y_N}=\frac{22.86-j53.66}{0.56-j0.34}=72.33-j51.9\,[V]$$

식 (5.77)로부터

$$I_a=Y_a(E_a-E_n)=(0.08-j0.06)\{220-(72.33-j51.9)\}$$
$$=14.93-j4.71\,[A]$$

$$I_b=Y_b(E_a-E_n)=(0.12-j0.16)\{(-110-j110\sqrt{3})-(72.33-j51.9)\}$$
$$=44.06-j12.54\,[A]$$

$$I_c=Y_c(E_c-E_n)=(0.16-j0.12)\{(-110+j110\sqrt{3})-(72.33-j51.9)\}$$
$$=0.18-j60.67\,[A]$$

$$I_n=Y_nE_n=0.2(72.33-j51.9)$$
$$=14.466-j10.38\,[A]$$

(2) 중성점 비접지식

그림 5-36과 같은 불평형 Y부하의 경우 $Y_n=0$, $I_n=0$이다. 그리고 각 어드미턴스가 각각 $Y_a=\frac{1}{Z_a}$, $Y_a=\frac{1}{Z_b}$, $Y_c=\frac{1}{Z_c}$ 이라면

$$I_a=(E_a-E_n)Y_a\,[A]$$

$$I_b=(E_b-E_n)Y_b\,[A]$$

$$I_c=(E_c-E_n)Y_c\,[A] \tag{5.80}$$

와 같은 전류식을 얻는다.

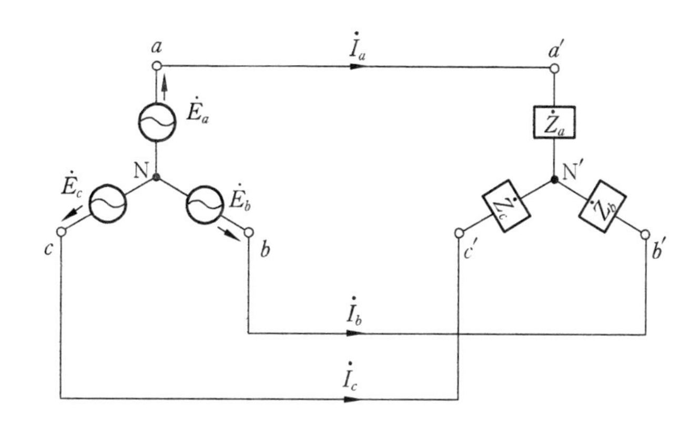

그림 5-36 비접지식 Y-Y 불평형 회로

$\boldsymbol{I}_a+\boldsymbol{I}_b+\boldsymbol{I}_c=0$ 에 식 (5.80)을 대입하여 $\boldsymbol{E}_n$에 대하여 정리하면 다음 식을 얻는다.

$$\boldsymbol{E}_n=\frac{\boldsymbol{Y}_a\boldsymbol{E}_a+\boldsymbol{Y}_b\boldsymbol{E}_b+\boldsymbol{Y}_c\boldsymbol{E}_c}{\boldsymbol{Y}_a+\boldsymbol{Y}_b+\boldsymbol{Y}_c}\,[\mathrm{V}] \tag{5.81}$$

전원만 대칭일 경우에는 $\boldsymbol{E}_a=\boldsymbol{E}$, $\boldsymbol{E}_b=a^2\boldsymbol{E}$, $\boldsymbol{E}_c=a\boldsymbol{E}$와 같은 값을 가지므로 식 (5.81)은

$$\boldsymbol{E}_n=\frac{\boldsymbol{Y}_a+a^2\boldsymbol{Y}_b+a\boldsymbol{Y}_c}{\boldsymbol{Y}_a+\boldsymbol{Y}_b+\boldsymbol{Y}_c}\,\boldsymbol{E}\,[\mathrm{V}] \tag{5.82}$$

와 같이 변형된 식을 얻는다. 이러한 방법은 각 선전류의 계산에 편리하다.

(3) Δ-Y형 불평형 회로

그림 5-37과 같은 일정 전원 전압에 $\boldsymbol{Z}_a$, $\boldsymbol{Z}_b$, $\boldsymbol{Z}_c$의 부하 임피던스를 접속했을 때의 선전류를 얻기 위하여

$$\boldsymbol{Z}_a\boldsymbol{I}_a-\boldsymbol{Z}_b\boldsymbol{I}_b=\boldsymbol{E}_{ab}$$

$$\boldsymbol{Z}_b\boldsymbol{I}_b-\boldsymbol{Z}_c\boldsymbol{I}_c=\boldsymbol{E}_{bc}$$

$$\boldsymbol{I}_a+\boldsymbol{I}_b+\boldsymbol{I}_c=0 \tag{5.83}$$

의 연립방정식을 $\boldsymbol{I}_a$, $\boldsymbol{I}_b$, $\boldsymbol{I}_c$에 관하여 풀면 식 (5.84)의 값을 얻는다.

$$\boldsymbol{I}_a=\frac{\boldsymbol{Z}_c\boldsymbol{E}_{ab}-\boldsymbol{Z}_b\boldsymbol{E}_{ca}}{\boldsymbol{Z}_a\boldsymbol{Z}_b+\boldsymbol{Z}_b\boldsymbol{Z}_c+\boldsymbol{Z}_c\boldsymbol{Z}_a}\,[\mathrm{A}]$$

$$\boldsymbol{I}_b=\frac{\boldsymbol{Z}_a\boldsymbol{E}_{bc}-\boldsymbol{Z}_c\boldsymbol{E}_{ab}}{\boldsymbol{Z}_a\boldsymbol{Z}_b+\boldsymbol{Z}_b\boldsymbol{Z}_c+\boldsymbol{Z}_c\boldsymbol{Z}_a}\,[\mathrm{A}]$$

$$\boldsymbol{I}_c=\frac{\boldsymbol{Z}_b\boldsymbol{E}_{ca}-\boldsymbol{Z}_a\boldsymbol{E}_{bc}}{\boldsymbol{Z}_a\boldsymbol{Z}_b+\boldsymbol{Z}_b\boldsymbol{Z}_c+\boldsymbol{Z}_c\boldsymbol{Z}_a}\,[\mathrm{A}] \tag{5.84}$$

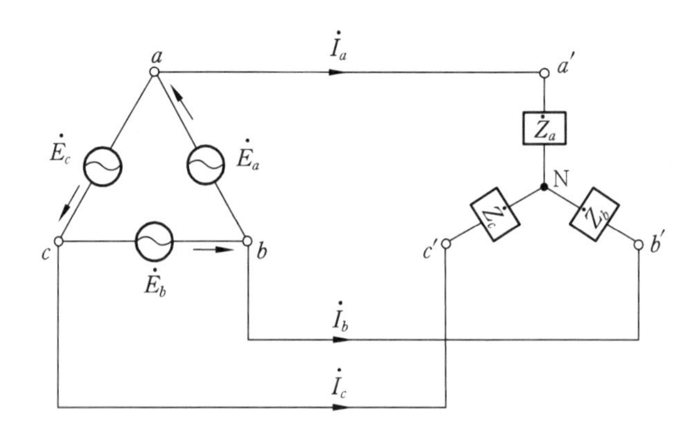

그림 5-37 Δ-Y 불평형 회로

그림 5-37의 부하의 단자전압은 $\boldsymbol{E}_{aN}=\boldsymbol{Z}_a\boldsymbol{I}_a$, $\boldsymbol{E}_{bN}=\boldsymbol{Z}_b\boldsymbol{I}_b$, $\boldsymbol{E}_{cN}=\boldsymbol{Z}_c\boldsymbol{I}_c$를 얻는다.

6-2 불평형 Δ부하

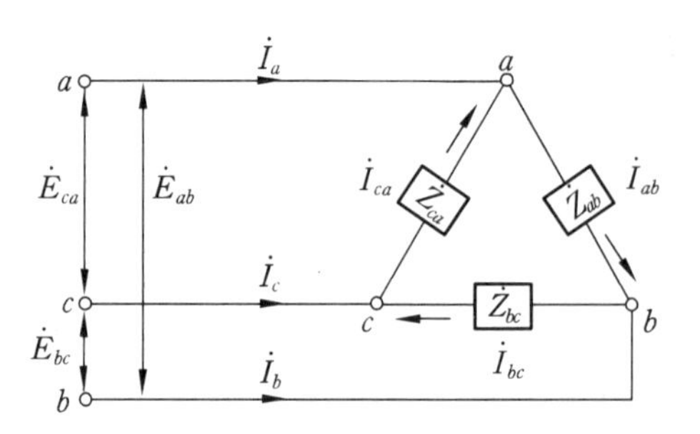

그림 5-38 불평형 Δ부하

각 임피던스의 크기가 다른 Δ로 결선된 불평형 부하에 대칭 또는 비대칭 3상 전압 공급 시, 그림 5-38과 같은 Δ형 불평형 3상 부하회로의 각 임피던스에 흐르는 상전류는

$$\boldsymbol{I}_{ab}=\frac{\boldsymbol{E}_{ab}}{\boldsymbol{Z}_{ab}}\ [\mathrm{A}]$$

$$\boldsymbol{I}_{bc}=\frac{\boldsymbol{E}_{bc}}{\boldsymbol{Z}_{bc}}\ [\mathrm{A}]$$

$$\boldsymbol{I}_{ca}=\frac{\boldsymbol{E}_{ca}}{\boldsymbol{Z}_{ca}}\ [\mathrm{A}] \tag{5.85}$$

와 같이 계산된다. 선전류는 상전류의 벡터 합으로서

$$I_a = I_{ab} - I_{ca} = \frac{E_{ab}}{Z_{ab}} - \frac{E_{ca}}{Z_{ca}} \text{ [A]}$$

$$I_b = I_{bc} - I_{ab} = \frac{E_{bc}}{Z_{bc}} - \frac{E_{ab}}{Z_{ab}} \text{ [A]}$$

$$I_c = I_{ca} - I_{bc} = \frac{E_{ca}}{Z_{ca}} - \frac{E_{bc}}{Z_{bc}} \text{ [A]} \quad (5.86)$$

와 같이 얻는다.

예제 14. 그림 5−38과 같이 부하가 Δ결선된 불평형 부하 임피던스가 $Z_{ab}=16+j12[\Omega]$, $Z_{bc}=6+j8[\Omega]$, $Z_{ca}=8+j6[\Omega]$이다. 이런 부하에 평형 3상 전압 220 [V]를 인가한다면 부하에서의 상전류와 선전류는?

해설 선전압은

$E_{ab}=220\angle 0°$ [V]

$E_{bc}=220\angle -120° = -110 - j110\sqrt{3}$ [V]

$E_{ca}=220\angle -240° = -110 + j110\sqrt{3}$ [V]

부하의 상전류는 식 (5.85)로부터

$$I_{ab} = \frac{E_{ab}}{Z_{ab}} = \frac{220\angle 0°}{20\angle 36.87°} = 11.\angle -36.87° = 8.8 - j6.6 \text{ [A]}$$

$$I_{bc} = \frac{E_{bc}}{Z_{bc}} = \frac{220\angle -120°}{10\angle 53.13°} = 22\angle -173.13° = -21.24 - j2.63 \text{ [A]}$$

$$I_{ca} = \frac{E_{ca}}{Z_{ca}} = \frac{220\angle -240°}{10\angle 36.87°} = 22\angle -276.87° = 2.63 - j21.84 \text{ [A]}$$

선전류는 식 (5.86)으로부터

$I_a = I_{ab} - I_{ca} = (8.8 - j6.6) - (2.63 + j21.84) = 6.17 - j28.44$ [A]

$I_b = I_{bc} - I_{ab} = (-21.24 - j2.63) - (8.8 - j6.6) = 30.64 + j3.97$ [A]

$I_c = I_{ca} - I_{bc} = (2.63 + j21.84) - (-21.24 - j2.63) = 23.87 + j24.47$ [A]

6−3 Δ결선 불평형 부하의 전력

각 상전압과 전류의 순시값 e_{ab}, e_{bc}, e_{ca}와 i_{ab}, i_{bc}, i_{ca}일 때 3상 순시전력 P는

$$P = e_{ab} i_{ab} + e_{bc} i_{bc} + e_{ca} i_{ca} \text{ [W]} \quad (5.87)$$

이고, $e_{ab} = -(e_{bc} + e_{ca})$이므로 식 (5.87)에 대입하면

$$P = -(e_{bc} + e_{ca}) i_{ab} + e_{bc} i_{bc} + e_{ca} i_{ca}$$

$$= e_{ca}(i_{ca} - i_{ab}) + e_{bc}(i_{bc} - i_{ab})$$

$$= \boldsymbol{e}_{ca}(-\boldsymbol{i}_a) + \boldsymbol{e}_{bc}\boldsymbol{i}_b$$

$$= \boldsymbol{e}_{ac}\boldsymbol{i}_a + \boldsymbol{e}_{bc}\boldsymbol{i}_b \,[\mathrm{W}] \tag{5.88}$$

와 같다. 이 P의 1주기의 평균치가 3상 전력 P일 것이므로 P는

$$P = \boldsymbol{e}_{ac}\boldsymbol{i}_a\text{의 평균치} + \boldsymbol{e}_{bc}\boldsymbol{i}_b\text{의 평균치}$$

$$= \boldsymbol{E}_{ac}\boldsymbol{I}_a\cos\theta_1 + \boldsymbol{E}_{bc}\boldsymbol{I}_b\cos\theta_2$$

$$= P_1 + P_2 \,[\mathrm{W}] \tag{5.89}$$

이상의 결과로부터 불평형 부하에서도 전력을 2전력계법으로 측정하여도 평형인 경우와 같은 방법을 사용하여도 된다는 것을 알 수 있다.

7. 대칭좌표법

불평형일 경우 평형 3상 회로의 계산과 다르게 전압과 전류를 계산하는데 이는 일반적으로 복잡하다. 대칭전압과 대칭전류로 분해하여 계산한 후 다시 합하여 불평형 3상 회로의 전압과 전류를 구하는 것이 대칭좌표법이다.

실제 송·배전 회로의 사고에서 불평형을 흔히 볼 수 있는데, 대칭좌표법은 부하의 불평형이나 선로간의 단락사고 및 지락사고 등 송·배전 회로의 고장전류 계산에 유용한 방법으로 사용된다. 또한 통신선에 대한 전력선의 유도 장해에 관한 문제점 해석에 유용한 방법이다.

7-1 대칭성분

먼저 1의 입방근을 살펴본다. $a^3-1=0$의 근은 $(a-1)(a^2+a+1)=0$의 근과 같으므로

$$a=1, \quad -\frac{1}{2}+j\frac{\sqrt{3}}{2}, \quad -\frac{1}{2}-j\frac{\sqrt{3}}{2}$$

또는

$$\left(-\frac{1}{2}+j\frac{\sqrt{3}}{2}\right)^2 = -\frac{1}{2}-j\frac{\sqrt{3}}{2}$$

$$\left(-\frac{1}{2}-j\frac{\sqrt{3}}{2}\right)^2 = -\frac{1}{2}+j\frac{\sqrt{3}}{2}$$

이므로 $a=-\frac{1}{2}+j\frac{\sqrt{3}}{2}$ 으로 놓으면 1의 입방근은 1, a, a^2, … 로 표시된다. 그림 5-39에서 알 수 있는 바와 같이 이 성립한다. 따라서

$$1 = a^3 = a^6 = a^{-3} = \cdots$$

$$a = a^4 = a^7 = a^{-2} = \cdots$$

$$a^2 = a^5 = a^8 = a^{-1} = \cdots$$

$$a^{-1}=\frac{1}{a}=\frac{a^2}{a^3}=a^2$$

$$a^{-2}=\frac{1}{a^2}=\frac{a}{a^3}=a$$

와 같으며 a를 삼각함수와 지수함수를 표시하면

$$a=-\frac{1}{2}+j\frac{\sqrt{3}}{2}=\cos\frac{2}{3}\pi+j\sin\frac{2}{3}\pi=\varepsilon^{j\frac{2}{3}\pi}=\varepsilon^{-j\frac{4}{3}\pi}$$

$$a^2=-\frac{1}{2}-j\frac{\sqrt{3}}{2}=\cos\frac{4}{3}\pi+j\sin\frac{4}{3}\pi=\varepsilon^{j\frac{4}{3}\pi}=\varepsilon^{-j\frac{2}{3}\pi}$$

$$a^3=1$$

과 같은 결과를 얻는다. 그래서 a를 곱한 벡터의 의미는 그 벡터의 절대치는 그대로 두고 방향만 반시계방향으로 $\frac{2}{3}\pi$만큼 회전시키는 것이다. 즉, a, a^2, … 을 곱하면, 크기는 같고 그 벡터의 위상만 $\frac{2}{3}\pi$, $\frac{4}{3}\pi$, … 앞서는 것을 뜻한다.

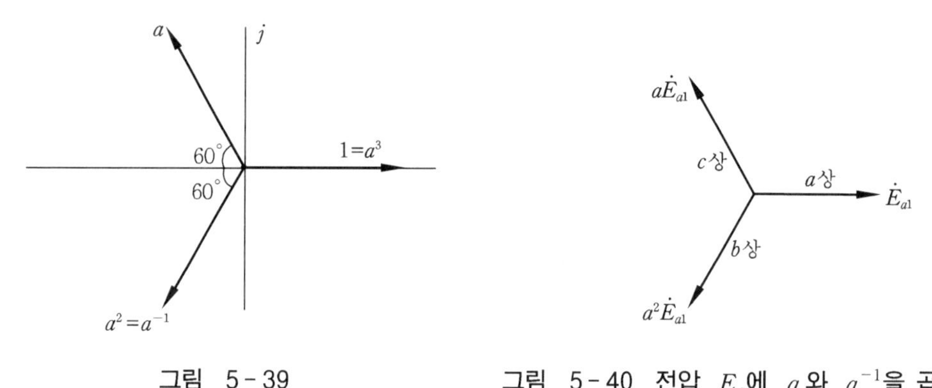

그림 5-39

그림 5-40 전압 E_a에 a와 a^{-1}을 곱한 모습

또한 a^{-1}을 곱한 벡터의 의미는 벡터를 시계방향으로 $\frac{2}{3}\pi$만큼 회전시키는 것이다. 즉, a^{-1}, a^{-2}, … 을 곱하면 그 벡터의 위상만 $\frac{2}{3}\pi$, $\frac{4}{3}\pi$, … 늦게 하는 것이다.

전압 E_a에 a와 a^{-1}을 곱하여 나타낸 것이 그림 5-40이다. 이들 3개의 벡터는 대칭 3상 교류를 표시하고 있는 것이다.

7-2 비대칭 3상 교류의 표현

대칭좌표법은 불평형(비대칭) 전압이나 전류를 평형(대칭)인 3성분으로 해석하여 취급함으로써 계산을 편리하게 할 수 있다. 그 세 성분은 영상분, 정상분, 역상분으로서 불평형 전압의 세 성분의 합성을 그림 5-41에 나타내었다.

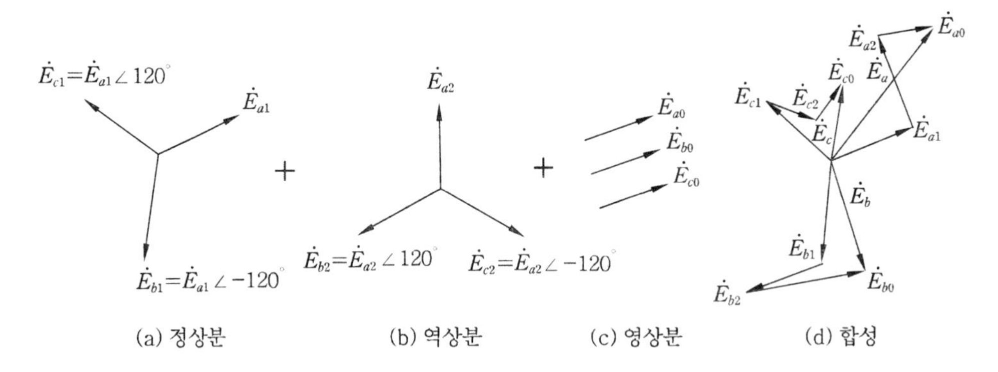

그림 5-41 불평형 전압의 세 성분의 대칭분 합성

불평형 3상 전압 $\boldsymbol{E}_a$, $\boldsymbol{E}_b$, $\boldsymbol{E}_c$를 해석함에 있어, 그림 5-41과 같은 세 성분 영상분 $\boldsymbol{E}_0$, 정상분 $\boldsymbol{E}_1$, 역상분 $\boldsymbol{E}_2$로 분해하여 해석을 한 다음 다시 세 성분을 합하면 불평형 3상전압에 관한 해석을 쉽게 구할 수 있다. 그 과정을 수식으로 표현하면 그림 5-41로부터 a상 대칭분에 대하여

$$\begin{aligned}
\boldsymbol{E}_a &= \boldsymbol{E}_{a0}+\boldsymbol{E}_{a1}+\boldsymbol{E}_{a2} \\
\boldsymbol{E}_b &= \boldsymbol{E}_{b0}+\boldsymbol{E}_{b1}+\boldsymbol{E}_{b2}=\boldsymbol{E}_{a0}+\boldsymbol{E}_{a1}\angle -120°+\boldsymbol{E}_{a2}\angle +120° \\
\boldsymbol{E}_c &= \boldsymbol{E}_{c0}+\boldsymbol{E}_{c1}+\boldsymbol{E}_{c2}=\boldsymbol{E}_{a0}+\boldsymbol{E}_{a1}\angle +120°+\boldsymbol{E}_{a2}\angle -120°
\end{aligned} \tag{5.90}$$

와 같이 나타낼 수 있다. 그러면 여기서 $\boldsymbol{E}_{a0}=\boldsymbol{E}_0$, $\boldsymbol{E}_{a1}=\boldsymbol{E}_1$, $\boldsymbol{E}_{a2}=\boldsymbol{E}_2$로 하고 대칭관계를 적용하면

$$\begin{aligned}
\boldsymbol{E}_a &= \boldsymbol{E}_0+\boldsymbol{E}_1+\boldsymbol{E}_2 \\
\boldsymbol{E}_b &= \boldsymbol{E}_0+a^2\boldsymbol{E}_1+a\boldsymbol{E}_2 \\
\boldsymbol{E}_c &= \boldsymbol{E}_0+a\boldsymbol{E}_1+a^2\boldsymbol{E}_2
\end{aligned}$$

로 표현이 가능하다. 또 매트릭스로 표현하면

$$\begin{bmatrix} \boldsymbol{E}_a \\ \boldsymbol{E}_b \\ \boldsymbol{E}_c \end{bmatrix} = \begin{bmatrix} 1 & 1 & 1 \\ 1 & a^2 & a \\ 1 & a & a^2 \end{bmatrix} = \begin{bmatrix} \boldsymbol{E}_0 \\ \boldsymbol{E}_1 \\ \boldsymbol{E}_2 \end{bmatrix} \tag{5.91}$$

와 같다. 여기서 영상분, 정상분, 역상분을 구하자. 위의 식 (5.90)을 모두 합하면

$$\boldsymbol{E}_0=\frac{1}{3}(\boldsymbol{E}_a+\boldsymbol{E}_b+\boldsymbol{E}_c)\,[\mathrm{V}]$$

를 얻는다. 식 (5.90)에서 $\boldsymbol{E}_b\times 1\angle +120°$, $\boldsymbol{E}_c\times 1\angle -120°$ 하고 세 식을 합하면

$$\boldsymbol{E}_a + \boldsymbol{E}_b \angle +120° + \boldsymbol{E}_c \angle -120° = 3\boldsymbol{E}_{a1}$$

$$\boldsymbol{E}_1 = \frac{1}{3}(\boldsymbol{E}_a + \boldsymbol{E}_b \angle +120° + \boldsymbol{E}_c \angle -120°) = \frac{1}{3}(\boldsymbol{E}_a + a\boldsymbol{E}_b + a^2\boldsymbol{E}_c)[\mathrm{V}]$$

가 얻어지며, 식 (5.90)에서 $\boldsymbol{E}_b \times 1\angle -120°$, $\boldsymbol{E}_c \times 1\angle +120°$ 하고 세 식을 합하면

$$\boldsymbol{E}_2 = \frac{1}{3}(\boldsymbol{E}_a + \boldsymbol{E}_b \angle -120° + \boldsymbol{E}_c \angle +120°) = \frac{1}{3}(\boldsymbol{E}_a + a^2\boldsymbol{E}_b + a\boldsymbol{E}_c)$$

를 얻는다. 영상분 $\boldsymbol{E}_0$, 역상분 $\boldsymbol{E}_2$, 정상분 $\boldsymbol{E}_1$의 세 성분값을 정리하면

$$\boldsymbol{E}_0 = \frac{1}{3}(\boldsymbol{E}_a + \boldsymbol{E}_b + \boldsymbol{E}_c)[\mathrm{V}]$$

$$\boldsymbol{E}_1 = \frac{1}{3}(\boldsymbol{E}_a + a\boldsymbol{E}_b + a^2\boldsymbol{E}_c)[\mathrm{V}]$$

$$\boldsymbol{E}_2 = \frac{1}{3}(\boldsymbol{E}_a + a^2\boldsymbol{E}_b + a\boldsymbol{E}_c)[\mathrm{V}]$$

와 같다. 또는 매트릭스로 표현하면

$$\begin{bmatrix} \boldsymbol{E}_0 \\ \boldsymbol{E}_1 \\ \boldsymbol{E}_2 \end{bmatrix} = \frac{1}{3}\begin{bmatrix} 1 & 1 & 1 \\ 1 & a & a^2 \\ 1 & a^2 & a \end{bmatrix} = \begin{bmatrix} \boldsymbol{E}_a \\ \boldsymbol{E}_b \\ \boldsymbol{E}_c \end{bmatrix} \tag{5.92}$$

와 같이 얻는다.

그림 5-41로부터 역으로 대칭분 세 값을 기하학적인 방법으로 구한다.
이 과정은 그림 5-41에서 구한 불평형 3상 전압 $\boldsymbol{E}_a$, $\boldsymbol{E}_b$, $\boldsymbol{E}_c$가 임의의 값으로 그림 5-42와 같이 주어진다면, 기하학적인 방법으로 세 성분 영상분 $\boldsymbol{E}_0$, 정상분 $\boldsymbol{E}_1$, 역상분 $\boldsymbol{E}_2$를 구하는 방법이다.

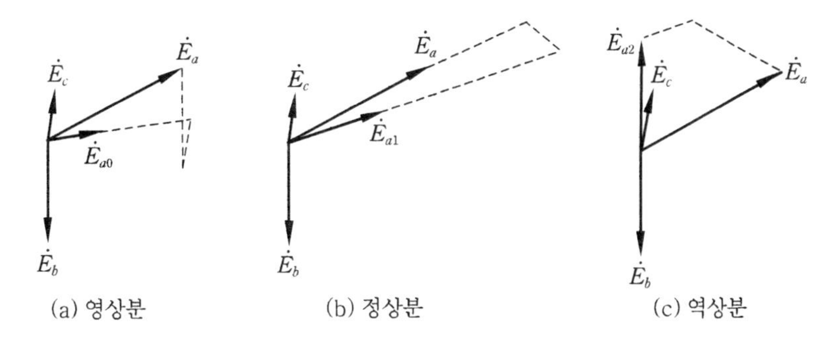

그림 5-42 기하학적인 방법의 불평형 전압 대칭분의 해

정상분은 기준 페이저 $\boldsymbol{E}_a$보다 늦은 페이저를 즉, 120° 만큼 늦게 하여 얻어진다고 기억하면 된다. 역상분은 이와 반대로 빠른 페이저 값을 적용하여 구하는 것이다.

불평형 전압들의 합이 $\boldsymbol{E}_a+\boldsymbol{E}_b+\boldsymbol{E}_c=0$이면 영상분은 없다. 그리고 $\boldsymbol{E}_a$, $\boldsymbol{E}_b$, $\boldsymbol{E}_c$가 상순이 a, b, c인 평형 3상 전압인 경우 $\boldsymbol{E}_a=\boldsymbol{E}_b\angle-120°$, $\boldsymbol{E}_c=\boldsymbol{E}_a\angle+120°$를 넣는다.

$\boldsymbol{E}_0$, $\boldsymbol{E}_1$, $\boldsymbol{E}_2$가 $\boldsymbol{E}_2$에 대입하여 풀이를 하면 $\boldsymbol{E}_0=0$, $\boldsymbol{E}_1=\boldsymbol{E}_a$, $\boldsymbol{E}_2=0$의 값을 얻는다. 따라서 평형 3상 전원에서는 정상분 전압만 존재를 한다는 것이고, 그 값이 곧 상전압이 되며, 전류도 전압과 같은 해를 얻을 수 있다.

7-3 평형 임피던스와 불평형 전압

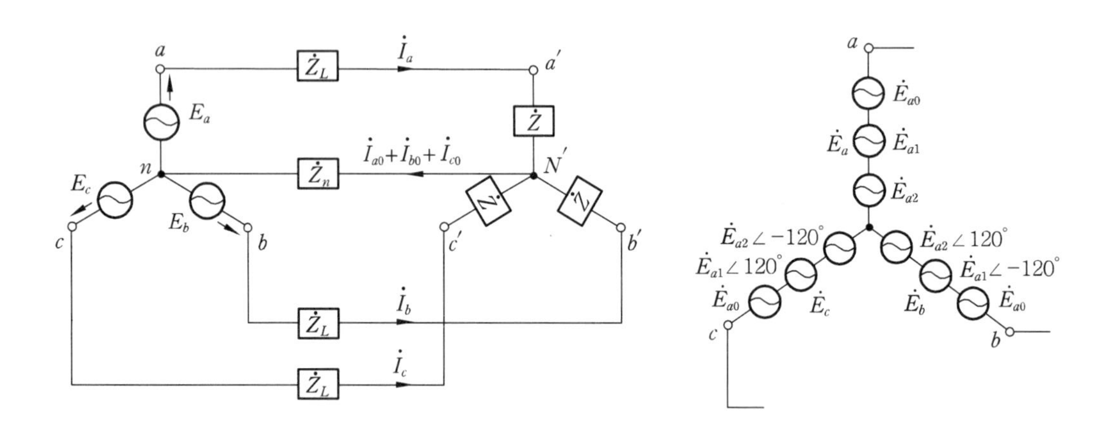

그림 5-43 불평형 전원과 평형 임피던스의 3상 4선식 회로

임피던스는 평형이므로 불평형 전압만 3개의 대칭분으로 분해하여 해석하면 되겠으며, 이것은 선형회로의 중첩의 원리에 기초를 둔 것이다. 다시 말해서 중첩의 원리에서 각 전원별로 계산한 후 최종적으로 합하여서 회로의 해를 구하는 것과 같은 것이다.

그 해석과정은 주어진 불평형 전압을 3개의 대칭분으로 분해한 다음 각 대칭분의 전압에 대응하는 전류의 대칭분을 구한다. 각 상에서 구한 전류 성분을 각 상별로 합함으로써 실제의 상전류를 구하는 것이다. 그림 5-43에서 $\boldsymbol{E}_a(=\boldsymbol{E}_{an})$, $\boldsymbol{E}_b(=\boldsymbol{E}_{bn})$, $\boldsymbol{E}_c(=\boldsymbol{E}_{cn})$를 불평형이라 하고, 3상 4선식에 평형 Y부하가 연결되어 있다. 따라서 대칭분은

$$\boldsymbol{E}_0=\frac{1}{3}(\boldsymbol{E}_a+\boldsymbol{E}_b+\boldsymbol{E}_c)\,[\mathrm{V}]$$

$$\boldsymbol{E}_1=\frac{1}{3}(\boldsymbol{E}_a+\boldsymbol{E}_b\angle+120°+\boldsymbol{E}_c\angle-120°)\,[\mathrm{V}]$$

$$\boldsymbol{E}_2=\frac{1}{3}(\boldsymbol{E}_a+\boldsymbol{E}_b\angle-120°+\boldsymbol{E}_c\angle+120°)\,[\mathrm{V}] \tag{5.93}$$

와 같다. a상의 대칭분이므로 a상에 관한 폐회로에 키르히호프의 전압방정식은

$$\boldsymbol{E}_0=\boldsymbol{Z}_L\boldsymbol{I}_0+\boldsymbol{Z}\boldsymbol{I}_0+\boldsymbol{Z}_n3\boldsymbol{I}_0\,[\mathrm{V}] \tag{5.94}$$

와 같이 얻어진다. a상 한 상만을 해석하면, 영상분 전류는 식 (5.94)로부터

$$\boldsymbol{I}_0 = \frac{\boldsymbol{E}_0}{\boldsymbol{Z}_L + \boldsymbol{Z} + 3\boldsymbol{Z}_n} \text{ [A]} \tag{5.95}$$

와 같이 구하며, 정상분은 선로 임피던스와 부하 임피던스의 영향을 받으므로

$$\boldsymbol{I}_1 = \frac{\boldsymbol{E}_1}{\boldsymbol{Z}_L + \boldsymbol{Z}} \text{ [A]} \tag{5.96}$$

과 같이 구한다. 역상분 또한 선로와 부하 임피던스의 영향을 받으므로

$$\boldsymbol{I}_2 = \frac{\boldsymbol{E}_2}{\boldsymbol{Z}_L + \boldsymbol{Z}} \text{ [A]} \tag{5.97}$$

와 같이 구한다.

b상, c상도 동일한 방법으로 계산한다. 그리고 전력선과 통신선이 나란히 가설될 경우 전력선의 세 가지 성분이 전력선과 통신선 자체에 영향을 주므로 3상 전력선에서 정상분, 역상분을 평형시키기 위한 방법으로 연가를 한다.

통신선에서는 전력선에서 영향을 받는 영상분을 평형시키기 위해서 연가를 한다. 즉 전력선과 통신선에 연가를 하는 목적은 각 성분을 평형시키는 것 뿐만 아니라 통신선의 전자유도 장해를 막기 위한 것이다.

또한 이렇게 비대칭 3상일 때 나타나는 정상분과 역상분의 비로 우리는 불평형의 정도를 표현하는데, 그것은 역상분과 정상분의 비로 $\dfrac{\boldsymbol{I}_2}{\boldsymbol{I}_1}$ 또는 $\dfrac{\boldsymbol{E}_2}{\boldsymbol{E}_1}$를 불평형률이라 한다.

예제 15. 부하에 불평형 3상 상전압이 $\boldsymbol{E}_a = 120 + j40$ [V], $\boldsymbol{E}_b = -150 - j200$ [V], $\boldsymbol{E}_c = -20 + j80$ [V]로 나타날 경우 정상전압 E_1과 역상전압 E_2와 불평형률을 구하여라.

해설 식 (5.92)로부터 $\boldsymbol{E}_1 = \frac{1}{3}(\boldsymbol{E}_a + a\boldsymbol{E}_b + a^2\boldsymbol{E}_c)$ [V]이므로

$$\boldsymbol{E}_1 = \frac{1}{3}\left\{(120+j40) + \left(-\frac{1}{2} + j\frac{\sqrt{3}}{2}\right)(-150-j200) + \left(-\frac{1}{2} - j\frac{\sqrt{3}}{2}\right)(-20+j80)\right\}$$

$$= \frac{1}{3}(447.48 - j12.58) = 149.16 - j4.19 \text{ [V]}$$

$$\boldsymbol{E}_2 = \frac{1}{3}\left\{(120+j40) + \left(-\frac{1}{2} - j\frac{\sqrt{3}}{2}\right)(-150-j200) + \left(-\frac{1}{2} + j\frac{\sqrt{3}}{2}\right)(-20+j80)\right\}$$

$$= \frac{1}{3}(-37.48 + j212.58) = -12.49 + j70.86 \text{ [V]}$$

$$\text{불평형률} = \frac{E_2}{E_1} = \frac{\sqrt{(12.49^2 + 70.86^2)}}{\sqrt{(149.16^2 + 4.19^2)}}$$

$$= \frac{71.95}{149.22} = 0.482$$

7-4 불평형 부하의 계산

(1) Y부하

중성점이 있는 Y부하는 불평형 Y부하의 중성점에 중성선이 연결되어 있거나, 중성점이 접지된 회로에서 상전압의 대칭분과 선전류의 대칭분과의 관계를 분석해 본다.

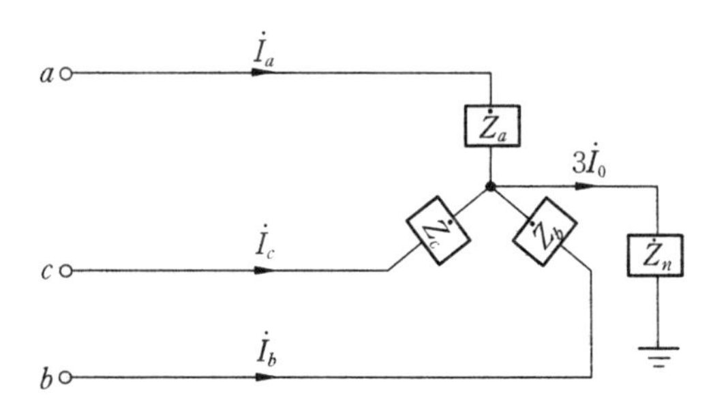

그림 5-44 중성선이 있는 Y부하

그림 5-44에서 각 상전압을 계산하면

$$\boldsymbol{E}_{an}=\boldsymbol{E}_a=\boldsymbol{Z}_a\boldsymbol{I}_a$$

$$\boldsymbol{E}_{bn}=\boldsymbol{E}_b=\boldsymbol{Z}_b\boldsymbol{I}_b$$

$$\boldsymbol{E}_{cn}=\boldsymbol{E}_c=\boldsymbol{Z}_c\boldsymbol{I}_c \tag{5.98}$$

와 같다. 대칭분의 간편한 분석을 하기 위하여 $\boldsymbol{I}_{a0}\rightarrow\boldsymbol{I}_0$, $\boldsymbol{I}_{a1}\rightarrow\boldsymbol{I}_1$, $\boldsymbol{I}_{a2}\rightarrow\boldsymbol{I}_2$라 하고 a상에 대하여 상전압 대칭분을 식 (5.92)로부터 구해 보면

$$\begin{aligned}\boldsymbol{E}_0&=\frac{1}{3}(\boldsymbol{E}_a+\boldsymbol{E}_b+\boldsymbol{E}_c)\\&=\frac{1}{3}(\boldsymbol{Z}_a\boldsymbol{I}_0+\boldsymbol{Z}_a\boldsymbol{I}_1+\boldsymbol{Z}_a\boldsymbol{I}_2+\boldsymbol{Z}_b\boldsymbol{I}_0+\boldsymbol{Z}_b\boldsymbol{I}_1\angle-120^\circ\\&\quad+\boldsymbol{Z}_b\boldsymbol{I}_2\angle120^\circ+\boldsymbol{Z}_c\boldsymbol{I}_0+\boldsymbol{Z}_c\boldsymbol{I}_1\angle120^\circ+\boldsymbol{Z}_c\boldsymbol{I}_2\angle-120^\circ)\\&=\frac{1}{3}(\boldsymbol{Z}_a+\boldsymbol{Z}_b+\boldsymbol{Z}_c)\boldsymbol{I}_0+\frac{1}{3}(\boldsymbol{Z}_a+\boldsymbol{Z}_b\angle-120^\circ+\boldsymbol{Z}_c\angle120^\circ)\boldsymbol{I}_1\\&\quad+\frac{1}{3}(\boldsymbol{Z}_a+\boldsymbol{Z}_b\angle120^\circ+\boldsymbol{Z}_c\angle-120^\circ)\boldsymbol{I}_2\,[\mathrm{V}]\end{aligned} \tag{5.99}$$

와 같이 분석된다. 정상분과 역상분 즉, $\boldsymbol{E}_{a1}$, $\boldsymbol{E}_{a2}$도 유사하게 계산하며, 식 (5.99)에서

$$\boldsymbol{Z}_0=\frac{1}{3}(\boldsymbol{Z}_a+\boldsymbol{Z}_b+\boldsymbol{Z}_c)$$

$$\boldsymbol{Z}_1=\frac{1}{3}(\boldsymbol{Z}_a+\boldsymbol{Z}_b\angle120^\circ+\boldsymbol{Z}_c\angle-120^\circ)$$

$$\boldsymbol{Z}_2=\frac{1}{3}(\boldsymbol{Z}_a+\boldsymbol{Z}_b\angle-120^\circ+\boldsymbol{Z}_c\angle120^\circ) \tag{5.100}$$

라고 간략하게 놓으면 대칭분의 세 성분은

$$\boldsymbol{E}_0 = \boldsymbol{Z}_0\boldsymbol{I}_0 + \boldsymbol{Z}_2\boldsymbol{I}_1 + \boldsymbol{Z}_1\boldsymbol{I}_2$$

$$\boldsymbol{E}_1 = \boldsymbol{Z}_1\boldsymbol{I}_0 + \boldsymbol{Z}_0\boldsymbol{I}_1 + \boldsymbol{Z}_2\boldsymbol{I}_2$$

$$\boldsymbol{E}_2 = \boldsymbol{Z}_2\boldsymbol{I}_0 + \boldsymbol{Z}_1\boldsymbol{I}_1 + \boldsymbol{Z}_0\boldsymbol{I}_2$$

$$\begin{bmatrix} \boldsymbol{E}_0 \\ \boldsymbol{E}_1 \\ \boldsymbol{E}_2 \end{bmatrix} = \begin{bmatrix} \boldsymbol{Z}_0 & \boldsymbol{Z}_2 & \boldsymbol{Z}_1 \\ \boldsymbol{Z}_1 & \boldsymbol{Z}_0 & \boldsymbol{Z}_2 \\ \boldsymbol{Z}_2 & \boldsymbol{Z}_1 & \boldsymbol{Z}_0 \end{bmatrix} \begin{bmatrix} \boldsymbol{I}_0 \\ \boldsymbol{I}_1 \\ \boldsymbol{I}_2 \end{bmatrix} \tag{5.101}$$

와 같이 된다.

식 (5.100)의 $\boldsymbol{Z}_0$, $\boldsymbol{Z}_1$, $\boldsymbol{Z}_2$를 불평형 임피던스의 대칭분이라고 한다. 이것들은 단순히 형식적으로 정의된 것일 뿐 물리적 의미는 없으며 $\boldsymbol{Z}_1$, $\boldsymbol{Z}_2$의 실수부가 부가 될 때도 있다. 식 (5.100)는 식 (5.93)와 같은 형식이다.

식 (5.101)은 전류의 대칭분인 $\boldsymbol{I}_0$, $\boldsymbol{I}_1$, $\boldsymbol{I}_2$의 함수이다. 그러나 불평형 부하인 경우에는 $\boldsymbol{Z}_a = \boldsymbol{Z}_b = \boldsymbol{Z}_c = \boldsymbol{Z}_0$, $\boldsymbol{Z}_{a1} = 0$, $\boldsymbol{Z}_{a2} = 0$이므로 $\boldsymbol{E}_0 = \boldsymbol{Z}_0\boldsymbol{I}_0$, $\boldsymbol{E}_1 = \boldsymbol{Z}_0\boldsymbol{I}_1$, $\boldsymbol{E}_2 = \boldsymbol{Z}_0\boldsymbol{I}_2$가 된다.

그림 5-44의 회로에서 세 선로에서의 정상분의 전류의 합 또는 역상분의 전류의 합은 0이므로 중성 임피던스 $\boldsymbol{Z}_n$에는 정상분 또는 역상분의 선전류에 대해서 ∞의 임피던스를 나타내어 전류가 흐르지 않는다. 그러나 영상분의 선전류의 합인 $3\boldsymbol{I}_{a0}$가 $\boldsymbol{Z}_n$을 흐르고, 따라서 $\boldsymbol{Z}_n$에는 $3\boldsymbol{I}_{a0}\boldsymbol{Z}_n$의 실제 전압강하가 발생한다.

(2) Δ부하

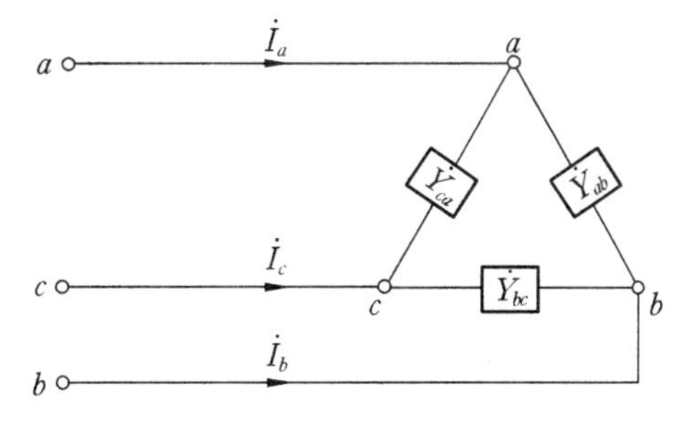

그림 5-45 Δ부하 회로

Δ부하에서는 Y부하의 경우와는 달리 영상분이 존재하지 않는다. 그림 5-45의 회로에서 선전류를 구하면 상전압과의 관계는

$$\boldsymbol{I}_a = \boldsymbol{Y}_{ab}(\boldsymbol{E}_a - \boldsymbol{E}_b) - \boldsymbol{Y}_{ca}(\boldsymbol{E}_c - \boldsymbol{E}_a)\,[\mathrm{A}]$$

$$\boldsymbol{I}_b = \boldsymbol{Y}_{bc}(\boldsymbol{E}_b - \boldsymbol{E}_c) - \boldsymbol{Y}_{ab}(\boldsymbol{E}_a - \boldsymbol{E}_b)\,[\mathrm{A}]$$

$$\boldsymbol{I}_c = \boldsymbol{Y}_{ca}(\boldsymbol{E}_c - \boldsymbol{E}_a) - \boldsymbol{Y}_{bc}(\boldsymbol{E}_b - \boldsymbol{E}_c)\,[\mathrm{A}] \tag{5.102}$$

와 같다. 식 (5.102)를 풀어서 정리하고, 전류의 대칭분을 구하면

$$\begin{bmatrix} \boldsymbol{I}_0 \\ \boldsymbol{I}_1 \\ \boldsymbol{I}_2 \end{bmatrix} = \frac{1}{3}\begin{bmatrix} 1 & 1 & 1 \\ 1 & a^2 & a \\ 1 & a & a^2 \end{bmatrix}\begin{bmatrix} \boldsymbol{Y}_{ca}+\boldsymbol{Y}_{ab} & -\boldsymbol{Y}_{ab} & -\boldsymbol{Y}_{ca} \\ -\boldsymbol{Y}_{ab} & \boldsymbol{Y}_{ab}+\boldsymbol{Y}_{bc} & -\boldsymbol{Y}_{bc} \\ -\boldsymbol{Y}_{ca} & -\boldsymbol{Y}_{bc} & \boldsymbol{Y}_{bc}+\boldsymbol{Y}_{ca} \end{bmatrix}\begin{bmatrix} \boldsymbol{E}_a \\ \boldsymbol{E}_b \\ \boldsymbol{E}_c \end{bmatrix}$$

$$= \frac{1}{3}\begin{bmatrix} 1 & 1 & 1 \\ 1 & a^2 & a \\ 1 & a & a^2 \end{bmatrix}\begin{bmatrix} \boldsymbol{Y}_{ca}+\boldsymbol{Y}_{ab} & -\boldsymbol{Y}_{ab} & -\boldsymbol{Y}_{ca} \\ -\boldsymbol{Y}_{ab} & \boldsymbol{Y}_{ab}+\boldsymbol{Y}_{bc} & -\boldsymbol{Y}_{bc} \\ -\boldsymbol{Y}_{ca} & -\boldsymbol{Y}_{bc} & \boldsymbol{Y}_{bc}+\boldsymbol{Y}_{ca} \end{bmatrix} \cdot \begin{bmatrix} 1 & 1 & 1 \\ 1 & a^2 & a \\ 1 & a & a^2 \end{bmatrix}\begin{bmatrix} \boldsymbol{E}_0 \\ \boldsymbol{E}_1 \\ \boldsymbol{E}_2 \end{bmatrix}$$

$$= \frac{1}{3}\begin{bmatrix} 0 & 0 & 0 \\ 0 & 3(\boldsymbol{Y}_{bc}+\boldsymbol{Y}_{ca}+\boldsymbol{Y}_{ab}) & -3(\boldsymbol{Y}_{bc}+a^2\boldsymbol{Y}_{ca}+a\boldsymbol{Y}_{ab}) \\ 0 & -3(\boldsymbol{Y}_{bc}+a\boldsymbol{Y}_{ca}+a^2\boldsymbol{Y}_{ab}) & 3(\boldsymbol{Y}_{bc}+\boldsymbol{Y}_{ca}+\boldsymbol{Y}_{ab}) \end{bmatrix}\begin{bmatrix} \boldsymbol{E}_0 \\ \boldsymbol{E}_1 \\ \boldsymbol{E}_2 \end{bmatrix} \tag{5.103}$$

로 된다. 식 (5.103)에서

$$\boldsymbol{Y}_0 = \frac{1}{3}(\boldsymbol{Y}_{bc}+\boldsymbol{Y}_{ca}+\boldsymbol{Y}_{ab})$$

$$\boldsymbol{Y}_1 = \frac{1}{3}(\boldsymbol{Y}_{bc}+a\boldsymbol{Y}_{ca}+a^2\boldsymbol{Y}_{ab})$$

$$\boldsymbol{Y}_2 = \frac{1}{3}(\boldsymbol{Y}_{bc}+a^2\boldsymbol{Y}_{ca}+a\boldsymbol{Y}_{ab}) \tag{5.104}$$

로 놓으면 식 (5.103)은 다음 식 (5.105)와 같이 간략하게 나타낼 수 있다.

$$\begin{bmatrix} \boldsymbol{I}_0 \\ \boldsymbol{I}_1 \\ \boldsymbol{I}_2 \end{bmatrix} = \frac{1}{3}\begin{bmatrix} 0 & 0 & 0 \\ 0 & 3\boldsymbol{Y}_0 & -3\boldsymbol{Y}_2 \\ 0 & -3\boldsymbol{Y}_1 & 3\boldsymbol{Y}_0 \end{bmatrix}\begin{bmatrix} \boldsymbol{E}_0 \\ \boldsymbol{E}_1 \\ \boldsymbol{E}_2 \end{bmatrix} \tag{5.105}$$

식 (5.105)로부터 선전류의 대칭분은 다음 식 (5.106)과 같이 얻는다.

$$\boldsymbol{I}_0 = 0$$

$$\boldsymbol{I}_1 = \boldsymbol{Y}_0\boldsymbol{E}_1 - \boldsymbol{Y}_2\boldsymbol{E}_2$$

$$\boldsymbol{I}_2 = -\boldsymbol{Y}_1\boldsymbol{E}_1 + \boldsymbol{Y}_0\boldsymbol{E}_2 \tag{5.106}$$

식 (5.106)의 결과에서 Δ부하 각 상마다의 영상전류는 없다는 것을 알 수 있다.

7－5 대칭 3상 발전기의 기본식

그림 5－46과 같은 3상 교류발전기에서 각 상의 기전력을 $\boldsymbol{E}_a$, $\boldsymbol{E}_b$, $\boldsymbol{E}_c$라고 하고 선로에 $\boldsymbol{I}_a$, $\boldsymbol{I}_b$, $\boldsymbol{I}_c$의 불평형 전류가 흐르고 있다.

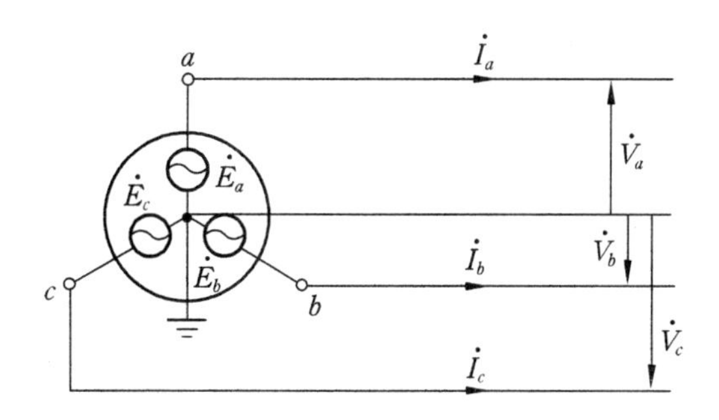

그림 5－46 3상 교류발전기

각 상의 대지전압이 $\boldsymbol{V}_0$, $\boldsymbol{V}_1$, $\boldsymbol{V}_2$일 때의 대칭성분은 식 (5.92)에 의해서 다음과 같다. 전원의 대칭분 전압은

$$\boldsymbol{E}_0=\frac{1}{3}(\boldsymbol{E}_a+\boldsymbol{E}_b+\boldsymbol{E}_c)[\mathrm{V}]$$

$$\boldsymbol{E}_1=\frac{1}{3}(\boldsymbol{E}_a+a\boldsymbol{E}_b+a^2\boldsymbol{E}_c)[\mathrm{V}]$$

$$\boldsymbol{E}_2=\frac{1}{3}(\boldsymbol{E}_a+a^2\boldsymbol{E}_b+a\boldsymbol{E}_c)[\mathrm{V}] \qquad (5.107)$$

와 같고, 부하 선로측에서 각 상의 대지전압의 대칭분 전압은

$$\boldsymbol{V}_0=\frac{1}{3}(\boldsymbol{V}_a+\boldsymbol{V}_b+\boldsymbol{V}_c)[\mathrm{V}]$$

$$\boldsymbol{V}_1=\frac{1}{3}(\boldsymbol{V}_a+a\boldsymbol{V}_b+a^2\boldsymbol{V}_c)[\mathrm{V}]$$

$$\boldsymbol{V}_2=\frac{1}{3}(\boldsymbol{V}_a+a^2\boldsymbol{V}_b+a\boldsymbol{V}_c)[\mathrm{V}] \qquad (5.108)$$

로 되며, 각 선로에 흐르는 대칭분 전류는

$$\boldsymbol{I}_0=\frac{1}{3}(\boldsymbol{I}_a+\boldsymbol{I}_b+\boldsymbol{I}_c)[\mathrm{A}]$$

$$\boldsymbol{I}_1=\frac{1}{3}(\boldsymbol{I}_a+a\boldsymbol{I}_b+a^2\boldsymbol{I}_c)[\mathrm{A}]$$

$$\boldsymbol{I}_2=\frac{1}{3}(\boldsymbol{I}_a+a^2\boldsymbol{I}_b+a\boldsymbol{I}_c)[\mathrm{A}] \qquad (5.109)$$

로 얻는다.

그림 5－46에서 3상 교류발전기의 각 대칭분에 대한 영상분, 정상분, 역상분, 임피던스를 $\boldsymbol{Z}_0$, $\boldsymbol{Z}_1$, $\boldsymbol{Z}_2$라고 하면 키르히호프의 전압법칙에 따라

$$V_0 = E_0 - Z_0 I_0 \text{ [V]}$$
$$V_1 = E_1 - Z_1 I_1 \text{ [V]}$$
$$V_2 = E_2 - Z_2 I_2 \text{ [V]} \quad (5.110)$$

로 표시된다. 그러나 실제의 3상 교류발전기는 대부분 대칭기전력을 발전하므로 $E_1 = E_a$, $E_0 = E_2 = 0$으로서 영상분과 역상분의 기전력은 나타나지 않는다. 그러므로 식 (5.110)은

$$V_0 = -Z_0 I_0 \text{ [V]}$$
$$V_1 = E_1 - Z_1 I_1 \text{ [V]}$$
$$V_2 = -Z_2 I_2 \text{ [V]} \quad (5.111)$$

와 같이 얻어진다. 식 (5.111)은 발전기 및 송전선을 포함하는 3상 회로의 고장전류 계산에 사용되는 유용한 식으로 대칭 3상 발전기의 기본식이라고 한다.

7-6 3상 회로의 고장전류 계산

발전기를 포함하는 송·배전 선로에서 천재지변에 의하여 일어나는 사고나 수목의 성장에 따라 발생되는 사고 등에 대한 고장전류를 구하는 방법을 몇 가지 알아보기로 한다.

(1) 1선 지락

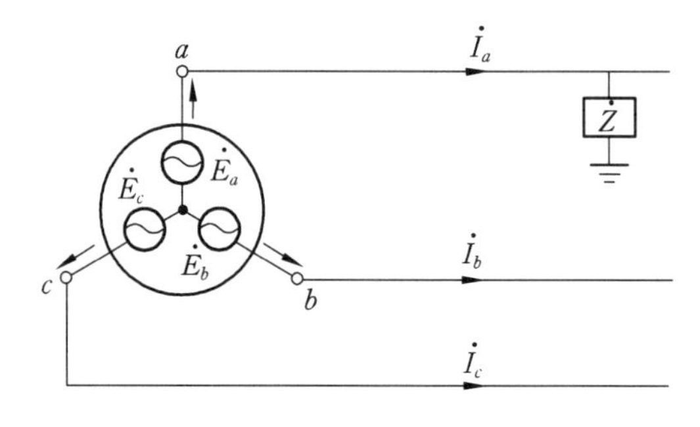

그림 5-47 3상 교류의 1선 지락

그림 5-47과 같이 대칭 3상 교류발전기에 나오는 송전선로 중 a상이 지락되었다. 이때 임피던스 Z를 통하여 흐르는 지락전류와 a상과 대지 간의 대지전압 V_a를 구한다. 이러한 경우 b상과 c상에 흐르는 전류는 0이다.

$$I_b = I_c = 0, \qquad V_a = Z I_a \quad (5.112)$$

b상과 c상의 전류 $I_b = I_c = 0$를 대칭성분으로 표시하면

$$I_b = I_0 + a^2 I_1 + a I_2 = 0$$
$$I_c = I_0 + a I_1 + a^2 I_2 = 0$$

와 같다. $\boldsymbol{I}_b - \boldsymbol{I}_c$로부터 $\boldsymbol{I}_1 = \boldsymbol{I}_2$를 얻을 수 있으므로

$$\boldsymbol{I}_0 = \boldsymbol{I}_1 = \boldsymbol{I}_2 = \frac{1}{3}(\boldsymbol{I}_a + \boldsymbol{I}_b + \boldsymbol{I}_c) = \frac{1}{3}\boldsymbol{I}_a \tag{5.113}$$

와 같다. 또한 대지전압 $\boldsymbol{V}_a = \boldsymbol{Z}\boldsymbol{I}_a$에서 $\boldsymbol{V}_a$는 발전기의 기본식 (5.111)을 이용하면

$$\begin{aligned}\boldsymbol{V}_a &= \boldsymbol{V}_0 + \boldsymbol{V}_1 + \boldsymbol{V}_2 \\ &= -\boldsymbol{Z}_0\boldsymbol{I}_0 + \boldsymbol{E}_a - \boldsymbol{Z}_1\boldsymbol{I}_1 - \boldsymbol{Z}_2\boldsymbol{I}_2 \\ &= \boldsymbol{E}_a - (\boldsymbol{Z}_0 + \boldsymbol{Z}_1 + \boldsymbol{Z}_2)\boldsymbol{I}_0\,[\mathrm{V}]\end{aligned} \tag{5.114}$$

와 같이 얻을 수 있다. 여기에서 식 (5.113)을 이용하면 또한 $\boldsymbol{Z}\boldsymbol{I}_a$는

$$\boldsymbol{Z}\boldsymbol{I}_a = \boldsymbol{Z}(\boldsymbol{I}_0 + \boldsymbol{I}_1 + \boldsymbol{I}_2) = 3\boldsymbol{Z}\boldsymbol{I}_0 \tag{5.115}$$

과 같이 구할 수 있으므로 $\boldsymbol{V}_a = \boldsymbol{Z}\boldsymbol{I}_a$에 대입하면

$$\boldsymbol{E}_a - (\boldsymbol{Z}_0 + \boldsymbol{Z}_1 + \boldsymbol{Z}_2)\boldsymbol{I}_0 = 3\boldsymbol{Z}\boldsymbol{I}_0 \tag{5.116}$$

과 같으며, 여기에서 영상분 전류 $\boldsymbol{I}_0$는 다음과 같이 된다.

$$\boldsymbol{I}_0 = \frac{\boldsymbol{E}_a}{\boldsymbol{Z}_0 + \boldsymbol{Z}_1 + \boldsymbol{Z}_2 + 3\boldsymbol{Z}}\,[\mathrm{A}] \tag{5.117}$$

그러므로 고장전류 $\boldsymbol{I}_a$는 식 (5.113)으로부터 다음과 같이 된다.

$$\boldsymbol{I}_a = 3\boldsymbol{I}_0 = \frac{3\boldsymbol{E}_a}{\boldsymbol{Z}_0 + \boldsymbol{Z}_1 + \boldsymbol{Z}_2 + 3\boldsymbol{Z}}\,[\mathrm{A}] \tag{5.118}$$

그리고 a상의 고장지점의 대지전압 $\boldsymbol{V}_a$는

$$\boldsymbol{V}_a = \boldsymbol{Z}\boldsymbol{I}_a = \frac{3\boldsymbol{Z}\boldsymbol{E}_a}{\boldsymbol{Z}_0 + \boldsymbol{Z}_1 + \boldsymbol{Z}_2 + 3\boldsymbol{Z}}\,[\mathrm{V}] \tag{5.119}$$

로서 고장전류와 고장시의 대지전압을 구할 수 있다.

(2) 2선 단락

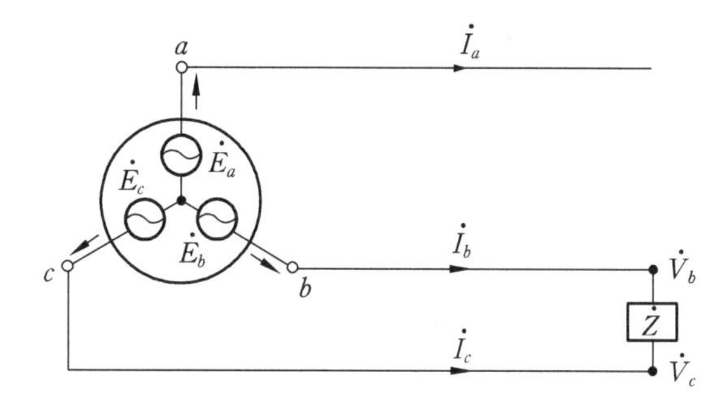

그림 5-48 3상 교류의 2선 단락

그림 5-48과 같이 대칭 3상 교류발전기에서 나오는 선로 중 b와 c 두 상이 서로 임피던스 Z를 통해서 단락되었을 때 단락전류 I_b와 각 상의 고장 대지전압을 구한다.

이 때 a상에는 전류가 흐르지 않고, b와 c상의 전류 합은 0이다. 그러면

$$I_a = 0$$

$$I_b = -I_c$$

$$V_b - V_c = ZI_b \tag{5.120}$$

와 같다. 이 식 (5.120)을 대칭성분으로 표시하면 다음과 같다.

$$I_a = I_0 + I_1 + I_2 = 0$$

$$I_b + I_c = I_0 + a^2 I_1 + aI_2 + I_0 + aI_1 + a^2 I_2 = 0 \tag{5.121}$$

전류의 조건인 식 (5.120)와 식 (5.121)으로부터

$$I_a + I_b + I_c = 0$$

$$\frac{1}{3}(I_a + I_b + I_c) = I_0 = 0$$

이다. 따라서 식 (5.121)의 I_a로부터

$$I_0 = 0$$

$$I_1 = -I_2 \tag{5.122}$$

임을 알 수 있고 전압 관계식 (5.120)으로부터

$$\begin{aligned} V_b - V_c &= (V_0 + a^2 V_1 + aV_2) - (V_0 + aV_1 + a^2 V_2) \\ &= (a^2 - a)(V_1 - V_2) = Z(I_0 + a^2 I_1 + aI_2) \end{aligned} \tag{5.123}$$

가 된다. 위의 식들을 정리하여 발전기의 기본식 (5.111)과 식 (5.122)을 식 (5.123)에 대입하면

$$(a^2 - a)(E_a - Z_1 I_1 + Z_2 I_2) = Z(I_0 + a^2 I_1 + aI_2)$$

$$(a^2 - a)\{E_a - (Z_1 + Z_2)I_1\} = Z(a^2 - a)I_1$$

$$I_1 = \frac{E_a}{Z_0 + Z_1 + Z} = -I_2 \,[\mathrm{A}] \tag{5.124}$$

와 같으므로 식 (5.121)과 식 (5.122)를 적용하면 고장전류 I_b는 다음과 같다.

$$\begin{aligned} I_b &= -I_c = I_0 + a^2 I_1 + aI_2 = (a^2 - a)I_1 \\ &= \frac{(a^2 - a)E_a}{Z_1 + Z_2 + Z} = \frac{E_{bc}}{Z_1 + Z_2 + Z} \end{aligned} \tag{5.125}$$

또 각 상의 대지전압을 구하면 $\boldsymbol{I}_0=0$이므로 $\boldsymbol{V}_0=0$이면

$$\boldsymbol{V}_a=\boldsymbol{V}_0+\boldsymbol{V}_1+\boldsymbol{V}_2=\frac{2\boldsymbol{Z}_2+\boldsymbol{Z}}{\boldsymbol{Z}_1+\boldsymbol{Z}_2+\boldsymbol{Z}}\boldsymbol{E}_a$$

$$\boldsymbol{V}_b=\boldsymbol{V}_0+a^2\boldsymbol{V}_1+a\boldsymbol{V}_2=\frac{-\boldsymbol{Z}_2+a^2\boldsymbol{Z}}{\boldsymbol{Z}_1+\boldsymbol{Z}_2+\boldsymbol{Z}}\boldsymbol{E}_a$$

$$\boldsymbol{V}_a=\boldsymbol{V}_0+a\boldsymbol{V}_1+a^2\boldsymbol{V}_2=\frac{-\boldsymbol{Z}_2+a\boldsymbol{Z}}{\boldsymbol{Z}_1+\boldsymbol{Z}_2+\boldsymbol{Z}}\boldsymbol{E}_a \tag{5.126}$$

로 2선 단락시 단락전류와 각 선로의 대지전압을 구할 수 있다.

식 (5.126)에서 선로 임피던스 $\boldsymbol{Z}$를 무시한다면 a상의 개방전압 $\boldsymbol{V}_a$는 단락전압 $\boldsymbol{V}_b(=\boldsymbol{V}_c)$의 두 배가 됨을 알 수 있다.

7-7 대칭좌표법과 전력

3상 교류의 상전압이 $\boldsymbol{V}_a$, $\boldsymbol{V}_b$, $\boldsymbol{V}_c$이고, 중성점으로 유입하는 선전류 $\boldsymbol{I}_a$, $\boldsymbol{I}_b$, $\boldsymbol{I}_c$인 불평형 Y형 부하인 3상 회로의 총 복소전력은 각 상의 복소전력의 합이다.

$$P+jP_r=\begin{bmatrix}3\overline{\boldsymbol{V}_0} & 3\overline{\boldsymbol{V}_1} & 3\overline{\boldsymbol{V}_2}\end{bmatrix}\begin{bmatrix}\boldsymbol{I}_0\\ \boldsymbol{I}_1\\ \boldsymbol{I}_2\end{bmatrix}$$

$$=3(\overline{\boldsymbol{V}_0}\boldsymbol{I}_0+\overline{\boldsymbol{V}_1}\boldsymbol{I}_1+\overline{\boldsymbol{V}_2}\boldsymbol{I}_2) \tag{5.127}$$

즉, 각 대칭분 간의 전력의 합의 3배이다. 서로 다른 종류의 대칭분의 전압과 전류 간 전력은 생기지 않는다. 이와 같은 전력은 Δ결선에서도 같은 결과를 가져 온다.

연 · 습 · 문 · 제

1. 평형 6상 Y결선된 상전압이 220 [V]일 때 선간전압은 몇 [V]인가?

답 220 [V]

2. 평형 6상 기전력의 선간전압과 상전압의 위상차는 얼마인가?

답 $\frac{\pi}{3}$ [rad]

3. 대칭 12상의 성형 선간전압 220 [V], 성형 선전류 20 [A], 역률이 0.85일 때 전력 P는?

답 43350 [W]

4. 전원과 부하가 $\Delta-\Delta$ 결선된 평형 3상 교류회로에서 전압이 100 [V]이고, 한 상의 임피던스가 $Z=8+j6$ [Ω]인 평형 부하의 선전류는?

답 $\boldsymbol{I}_a=10\sqrt{3}\angle-66.87°$ [A], $\boldsymbol{I}_b=10\sqrt{3}\angle-186.87°$ [A], $\boldsymbol{I}_c=10\sqrt{3}\angle-306.87°$ [A]

5. 평형 3상 교류회로가 Y−Y 결선되어 있다. 상전압 $\boldsymbol{E}_a=220\angle 0°$ [V]이며, 평형 부하 한 상의 임피던스는 $\boldsymbol{Z}=16+j12$ [Ω]이다. 선전압과 선전류를 구하여라.

답 $\boldsymbol{E}_{ab}=381\angle\frac{\pi}{6}$ [V], $\boldsymbol{E}_{bc}=381\angle-\frac{\pi}{2}$ [V], $\boldsymbol{E}_{ca}=381\angle-\frac{7\pi}{6}$ [V]

$\boldsymbol{I}_{ab}=11\angle-36.87°$ [A], $\boldsymbol{I}_{bc}=11\angle-156.87°$ [A], $\boldsymbol{I}_{ca}=11\angle-276.87°$ [A]

6. 그림 5−49와 같이 Y결선된 회로를 Δ로 환산하라.

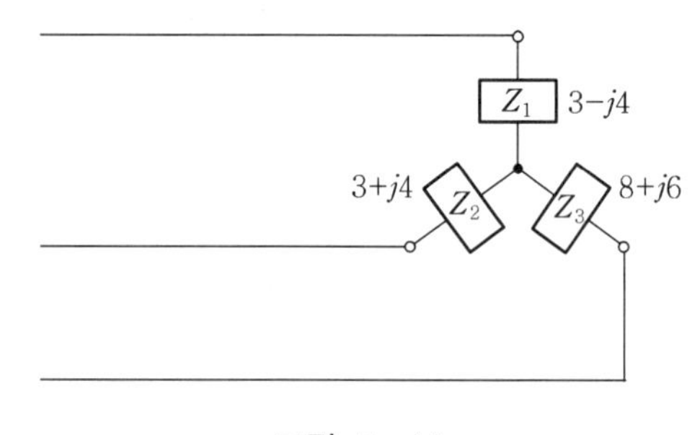

그림 5-49

답 $\boldsymbol{Z}_a=3+j16$ [Ω], $\boldsymbol{Z}_b=14.52-j7.36$ [Ω], $\boldsymbol{Z}_c=8-j1.5$ [Ω]

7. 평형 3상 4선식 Y 결선된 회로가 3상 3선식으로 사용할 수 있는 조건을 설명하여라.

8. 불평형 3상 부하에 흐르는 전류가 $\boldsymbol{I}_a=12+j3$ [A], $\boldsymbol{I}_b=-24-j16$ [A], $\boldsymbol{I}_c=-2+j12$ [A] 일 때 역상전류 $\boldsymbol{I}_2$를 구하여라.

답 $0.25+j8.02$ [A]

9. 부하측에 3상 불평형 전압이 공급되고 있다. 역상전압이 75 [V]이고, 정상전압이 220 [V]라고 한다면 전압의 불평형률은 얼마인가?

답 34.09 [%]

10. 단상변압기 용량이 300 [kVA]인 3대를 Δ결선으로 운전하던 중 1가 고장나서 V결선으로 운전하려고 한다. 이 때 부하에 공급할 수 있는 출력 [kVA]를 구하여라.

답 520 [kVA]

11. 3상 평형부하에 공급하는 선간전압은 220 [V]이고, 선전류는 10 [A]가 흐르고 있을 때 무효전력을 측정하였더니 1524 [Var]이었다. 이 때의 역률은?

답 0.917

12. 부하가 Y결선된 평형 3상 회로의 선간전압이 22.9 [kV], 선전류가 50 [A]이고, 늦는 역률은 0.85일 때 유효전력, 무효전력, 피상전력을 구하여라.

답 $P=1.69$ [MW], $P_r=1.044$ [MVar], $P_a=1.98$ [MVA]

13. 각 선로 임피던스가 3 [Ω]이고, Δ결선된 평형 부하 임피던스 $Z=9+j24$ [Ω]이다. 선간전압이 220 [V]인 평형 3상 전압을 공급할 때 상전류는?

답 12.7 [A]

14. 단상 전력계 2대를 이용하여 3상 저항부하의 전력을 측정하였더니 $P_1=200$[W], $P_2=200$[W]를 지시하였다. 이 때의 역률을 구하여라.

답 1

15. 그림 5-50과 같이 중성점이 접지된 3상 교류 발전기에서 1선 지락의 고장이 발생되었을 때 지락전류 $\boldsymbol{I}_a$는?

답 $\boldsymbol{I}_a=\dfrac{3\boldsymbol{E}_a}{\boldsymbol{Z}_0+\boldsymbol{Z}_1+\boldsymbol{Z}_2+3Z}$ [A]

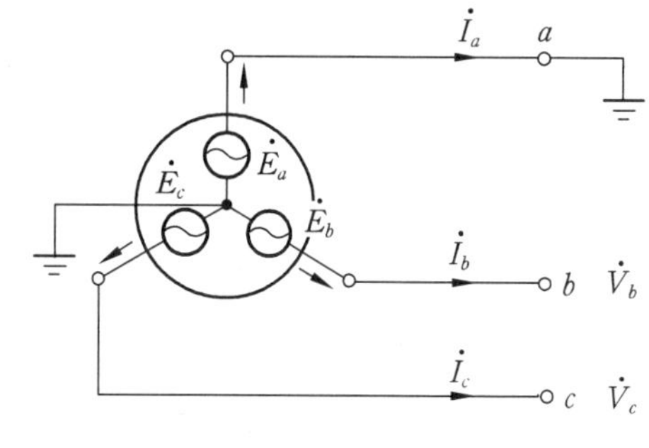

그림 5-50

6 CHAPTER 비정현파 교류

비정현파 교류에서는 이제까지 다루었던 것과는 다른 정현파가 아닌 주기적이면서 정수배인 함수를 다룬다. 교류파형은 인위적으로 혹은 발생 자체가 왜형인 비정현파가 많이 존재한다. 예를 들면 반도체 소자의 비선형 특성에 의한 현상, 발전기의 전기자 반작용, 철심의 자기 포화 및 히스테리시스 현상에 의한 여자전류 등이 있다. 이러한 비정현파들을 주파수와 크기가 다른 여러 가지 정현파 교류의 분석으로 고찰하고자 한다.

선형회로 해석에서 정현파를 사용하는 이유는 정현파가 해석상 취급이 용이하기 때문이다. 동일한 주파수 적용이나 페이저 표시가 가능하며, 임피던스 등의 개념을 이용하여 직류와 같이 해석이 가능하다. 또한 전압과 전류의 파형이 정현파에 가까운 것이 많아서, 어떠한 파형의 주기파라도 이것을 상이한 주파수를 갖는 여러 개의 정현파의 합으로써 표시할 수 있다.

본 장에서 비정현파를 여러 개의 정현파의 합으로서 표시하는 방법은 푸리에 분석을 이용한다. 그리하여 비정현파에 대한 해를 선형회로와 같이 계산하여 답을 구한다.

1. 푸리에 분석

푸리에 분석은 주파수가 다른 전기량들의 합으로 이루어진 비정현파를 다루기 위한 것으로 그림 6－1에 기본파와 제 3 고조파가 합성된 비정현파의 예를 보여 준다.

비정현파는 직류성분, 기본파, 제 2 고조파, 제 3 고조파 … 등으로 구성되어 있다. 이러한 여러 가지 성분들을 포함하는 비정현파들을 분석하기 위한 것은 다음과 같은 디리끄레(Dirichlet) 조건을 만족하는 주기파여야만 푸리에 급수로 전개할 수 있다.

① 불연속점을 가져도 좋으나 1주기간의 그 수는 유한 개수일 것

② 1주기 사이에서 극대, 극소점의 수는 유한개일 것

③ $\int_0^T |f(t)|dt$ 가 유한치를 가질 것, 즉 절대수렴일 것

이다. 전기공학에서 나타나는 비정현파는 거의 이 조건을 만족한다고 할 수 있다.

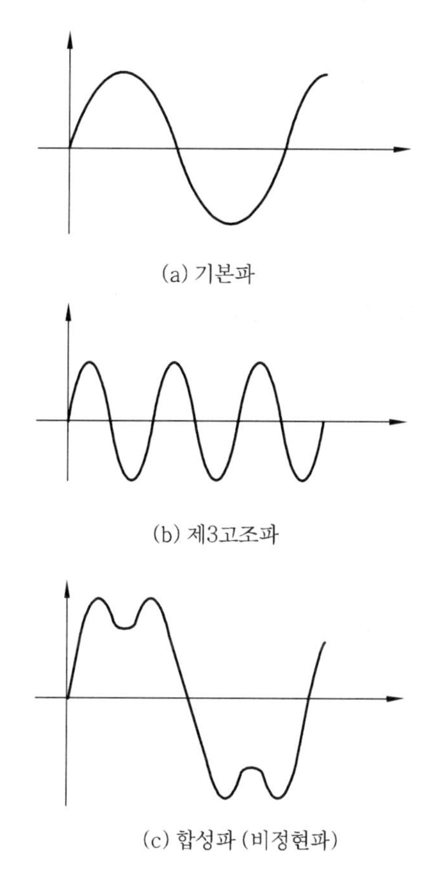

(a) 기본파

(b) 제3고조파

(c) 합성파 (비정현파)

그림 6-1 비정현파의 구성 예

주기가 T인 비정현파 함수가 $f(t)$라면

$$f(t)=f(t+T)$$

로 표현되고, 그 함수는

$$\begin{aligned} f(t) &= a_0 + a_1\cos\omega t + a_2\cos2\omega t + a_3\cos3\omega t \cdots \\ &\quad + b_1\sin\omega t + b_2\sin2\omega t + b_3\sin3\omega t \cdots \\ &= a_0 + \sum_{n=1}^{\infty} a_n\cos n\omega t + \sum_{n=1}^{\infty} b_n\sin n\omega t \end{aligned} \tag{6.1}$$

와 같이 표시된다. 식 (6.1)에서 $c_n=\sqrt{a_n^{\,2}+b_n^{\,2}}$, $\theta_n=\tan^{-1}\dfrac{a_n}{b_n}$, $n=1, 2, 3\cdots$이면

$$\begin{aligned} f(t) &= a_0 + c_1\sin(\omega t+\theta_1) + c_2\sin(2\omega t+\theta_2) + c_3\sin(3\omega t+\theta_3)\cdots \\ &= a_0 + \sum_{n=1}^{\infty} C_n\sin(n\omega t+\theta_n) \end{aligned} \tag{6.2}$$

와 같이 된다.

여기서 a_0는 직류성분, c_1은 기본파, c_2 이상 c_n은 고조파이며, n이 기수이면 기수고조

파, n이 우수이면 우수고조파이다. 따라서

비정현파 교류 = 직류성분 + 기본파 성분 + 고조파 성분

의 조합으로 구성되어 있다. 우리는 다음 절에서 식 (6.1)에 구성되어 있는 비정현파 교류의 각 성분들을 구한다.

2. 푸리에 급수의 계수 해석

푸리에 계수 값 a_0, a_n, b_n들은 비정현파가 주어졌을 때 알게 되는 각 주파수나 시간의 함수를 이용하여 구해야 할 값들이다.

2-1 a_0의 결정

식 (6.1)의 양변을 $0 \sim T$까지의 시간에 대하여 적분을 취하면

$$\int_0^T f(t)dt = a_0 \int_0^T dt + \sum_{n=1}^{\infty} a_n \int_0^T \cos n\omega t dt + \sum_{n=1}^{\infty} b_n \int_0^T \sin n\omega t dt$$
$$= a_0 T$$

로 되어, 적분공식

$$\int_0^T \sin m\omega t dt = 0 (m = 0, 1, 2, 3, \cdots)$$

$$\int_0^T \cos n\omega t dt = 0 (n = 0, 1, 2, 3, \cdots)$$

을 적용하면 우변에는 상수항만 존재한다. 따라서 직류성분 a_0는

$$a_0 = \frac{1}{T}\int_0^T f(t)dt = \frac{1}{2\pi}\int_0^{2\pi} f(\omega t)d(\omega t) \qquad (6.3)$$

와 같이 된다. 이것은 주기함수의 1주기간의 평균치이며, 직류성분이다.

2-2 $a_n (n \neq 0)$의 결정

식 (6.1)의 양변에 $\cos m\omega t$를 곱하고 $0 \sim T$까지 시간에 대하여 적분을 취하면

$$\int_0^T f(t)\cos m\omega t dt = a_0 \int_0^T \cos m\omega t dt + \sum_{n=1}^{\infty} a_n \int_0^T \cos n\omega t \cdot \cos m\omega t dt$$
$$+ \sum_{n=1}^{\infty} b_n \int_0^T \sin n\omega t \cdot \cos m\omega t dt$$

와 같이 된다. 제 1 항, 제 2 항, 제 3 항 모두 $m \neq n$인 경우 적분공식

$$\int_0^T \cos m\omega t dt = 0 \, (n = 0, 1, 2, 3, \cdots)$$

$$\int_0^T \sin m\omega t \cdot \cos n\omega t dt = 0 \, (m = 0, 1, 2, 3, \cdots)$$

$$\int_0^T \cos m\omega t \cdot \cos m\omega t dt = 0 (m = 0, 1, 2, 3, \cdots)$$

을 적용하면 0이 된다. 그러나 제 2 항, 제 3 항은 $m=n$일 때

$$\int_0^T \sin n\omega t \cdot \cos m\omega t dt = \frac{1}{2} \int_0^T [\sin(m+n)\omega t + \sin(m-n)\omega t] dt = 0$$

$$\int_0^T \cos n\omega t \cdot \cos m\omega t dt = \frac{1}{2} \int_0^T [\cos(m+n)\omega t + \cos(m-n)\omega t] dt$$

$$= \left\{ 0 : m \neq n \text{일 때}, \ \frac{T}{2} : m = n \text{일 때} \right\}$$

와 같이 제 3 항은 0, 제 2 항은 $\frac{T}{2}$값을 갖는다. 따라서 $m=n$일 때 이므로

$$\int_0^T f(t) \cos n\omega t dt = a_n \cdot \frac{T}{2}$$

$$a_n = \frac{2}{T} \int_0^T f(t) \cos n\omega t dt$$

$$= \frac{1}{\pi} \int_0^{2\pi} f(\omega t) \cos n\omega t d(\omega t) (n = 1, 2, 3, \cdots) \tag{6.4}$$

와 같이 여현성분 a_n값을 결정할 수 있다.

2-3 b_n의 결정

식 (6.1)의 양변에 $\sin m\omega t$를 곱하고, $0 \sim T$까지 시간에 대하여 적분을 취하면

$$\int_0^T f(t) \sin m\omega t dt = a_0 \int_0^T \sin m\omega t dt + \sum_{n=1}^{\infty} a_n \int_0^T \cos n\omega t \cdot \sin m\omega t dt$$

$$+ \sum_{n=1}^{\infty} b_n \int_0^T \sin n\omega t \cdot \sin m\omega t dt$$

와 같이 된다. 제 1 항, 제 2 항, 제 3 항 모두 $m \neq n$ 경우 적분공식

$$\int_0^T \sin m\omega t dt = 0 (m = 0, 1, 2, 3, \cdots)$$

$$\int_0^T \sin m\omega t \sin n\omega t \, dt = 0 (m = 0, 1, 2, 3, \cdots)$$

$$\int_0^T \sin m\omega t \cos n\omega t dt = 0 (m = 0, 1, 2, 3, \cdots)$$

을 적용하면 0이 된다. 제 2 항, 제 3 항은 $m=n$일 때

$$\int_0^T \cos n\omega t \cdot \sin m\omega t dt = \frac{1}{2} \int_0^T [\sin(m+n)\omega t + \sin(m-n)\omega t] dt = 0$$

$$\int_0^T \sin n\omega t \cdot \sin m\omega t dt = \frac{1}{2}\int_0^T [\cos(m-n)\omega t - \cos(m+n)\omega t]dt$$
$$= \left\{0 : m \neq n \text{일 때}, \ \frac{T}{2} : m = n \text{일 때}\right\}$$

와 같이 제 2 항은 0, 제 3 항은 $\frac{T}{2}$ 값을 갖는다. 따라서 $m=n$일 때 이므로

$$\int_0^T f(t)\sin m\omega t dt = b_n \cdot \frac{T}{2}$$
$$b_n = \frac{2}{T}\int_0^T f(t)\sin n\omega t dt$$
$$= \frac{1}{\pi}\int_0^{2\pi} f(\omega t)\sin n\omega t d(\omega t)(n=1, 2, 3, \cdots) \tag{6.5}$$

와 같이 정현성분 b_n 값을 결정할 수 있다.

이상과 같이 푸리에 계수를 결정하는데 주의할 점은

① 주기함수가 시간 t의 함수로서 주어졌는가 또는 각 ωt의 함수로서 주어졌는가에 따라서 두 가지 함수 중 적당한 것을 이용자가 선택하여야 한다.

② 적분한계를 $0 \sim T(0 \sim 2\pi)$ 대신에 $-\frac{T}{2} \sim \frac{T}{2}(-\pi \sim \pi)$ 또는 $t_1 \sim t_1 + T$ $(\theta_1 \sim \theta_1 + 2\pi)$로 해도 결과는 동일하다. 왜냐하면 $f(t)$, $\cos n\omega t$, $\sin n\omega t$는 모두 비정현파의 주기 $T(2\pi)$ 후에는 동일한 파형이 반복되므로 적분 한계의 시점을 사용자가 임의로 선택할 수 있는 것이다.

③ $\sin\theta$, $\cos\theta$에서 θ는 각이어야 하므로 가령 $\sin 5t$로 표시된 함수에서 5는 단순한 숫자가 아니고 $\omega=5$[rad/s]를 의미한다. 마찬가지로 $\cos t$의 각 주파수는 $\omega=1$[rad/s]이다.

3. 비정현파의 대칭

주어진 주기함수가 어떤 대칭성을 가질 때는 그 푸리에 계수 중 0이 되는 계수가 나오게 된다. 각 종류의 함수는 우함수, 기함수, 반파 대칭, 반파 및 기함수파, 반파 및 우함수파와 같이 분류하여 분석해 본다.

3-1 반파 대칭

주기 T인 비정현파가

$$f(t) = -f\left(t \pm \frac{T}{2}\right) \tag{6.6}$$

의 조건을 만족하는 경우 반파 대칭이라고 한다.

횡축을 기준으로 위에 있는 파형과 아래에 있는 파형이 같은 파형이고, 반주기$\left(\frac{T}{2}\right)$만큼 떨어진 점의 함수 크기의 절대값이 같다. 즉, 반주기마다 동일한 파형이 반복되거나 부호가 바뀌어진다는 의미이다. 그림 6-2에서 식 (6.6)이 성립하려면 $a_0=0$이 되어야 한다.

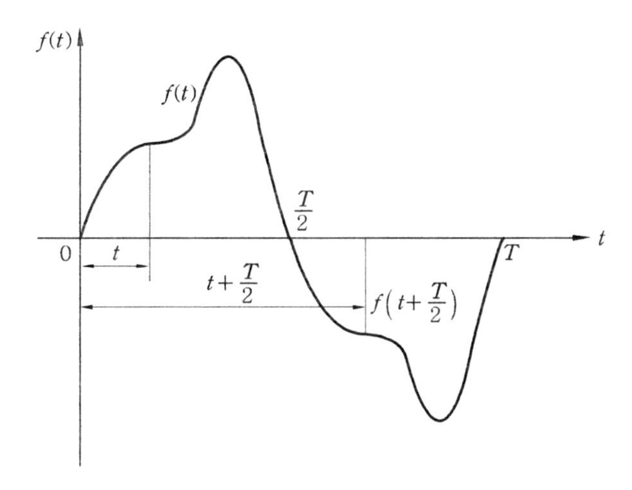

그림 6-2 반파 대칭파

식 (6.1)에 적용하면 다음과 같다.

$$a_n=\frac{T}{2}\int_{-\frac{T}{2}}^{\frac{T}{2}}f(t)\cos n\omega t dt$$

$$=\frac{T}{2}\left[\int_{-\frac{T}{2}}^{0}f(t)\cos n\omega t dt+\int_{0}^{\frac{T}{2}}f(t)\cos n\omega t dt\right] \tag{6.7}$$

식 (6.7)의 우변 1항에 $t\to t+\frac{T}{2}$라 놓으면

$$\int_{-\frac{T}{2}}^{0}f(t)\cos n\omega t dt=-\int_{0}^{\frac{T}{2}}f(t+\frac{T}{2})\cos n\omega(t+\frac{T}{2})dt$$

$$=-\cos n\pi\int_{0}^{\frac{T}{2}}f(t)\cos n\omega t dt \tag{6.8}$$

와 같으며, 식 (6.6)에서 $f(t+\frac{T}{2})=-f(t)$의 관계와 삼각함수 공식

$$\cos(\theta+n\pi)=\cos\theta\cdot\cos n\pi-\sin\theta\cdot\sin n\pi$$

$$=\cos\theta\cdot\cos n\pi-0$$

의 관계를 이용하여 구한 식 (6.8)을 식 (6.7)에 대입하여 정리하면

$$a_n = \frac{2}{T}(1 - \cos n\pi)\int_0^{\frac{T}{2}} f(t)\cos n\omega t dt$$

$$a_n = \begin{cases} 0 & : \quad n = \text{짝수일 때} \\ \frac{4}{T}\int_0^{\frac{2}{T}} f(t)\cos n\omega t dt & : \quad n = \text{홀수일 때} \end{cases} \tag{6.9}$$

의 결과를 얻는다. b_n은 유사하게

$$b_n = \begin{cases} 0 & : \quad n = \text{짝수일 때} \\ \frac{4}{T}\int_0^{\frac{2}{T}} f(t)\sin n\omega t dt & : \quad n = \text{홀수일 때} \end{cases} \tag{6.10}$$

의 결과를 얻는다. 푸리에 급수로 전개하면 다음 식과 같다.

$$f(t) = \sum_{n=0}^{\infty} a_n \cos n\omega t + \sum_{n=0}^{\infty} b_n \sin n\omega t \tag{6.11}$$

반파 대칭인 비정현파에서는 DC 성분은 0이고, cos항과 sin항에서 우수차(짝수차)의 고조파항은 0이다. 또한 기수차(홀수차)항의 계수를 구할 때에는 반주기만 적분하여 2배 한 결과와 같은 결과를 가져왔다. 이러한 결과는 교류발전기나 변압기들의 전력과 관련된 해석에 이용할 수 있겠다.

예제 1. 다음 그림 6-3과 같은 파형을 푸리에 급수로 전개하여라.

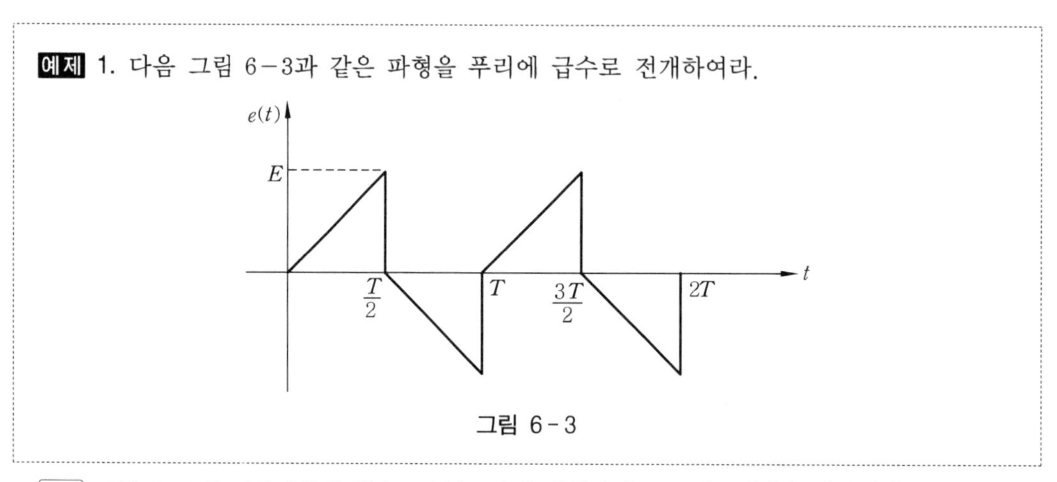

그림 6-3

해설 그림 6-3의 전압파형의 함수 $e(t)$는 반파 대칭파이므로 반주기만을 적분한다.

여기서 $0 \le t \le \frac{T}{2}$ 구간에서 $e(t) = \frac{2E_m}{T}t$ 이며,

식 (6.9)와 식 (6.10)을 이용하면

$$a_n = \frac{4}{T}\int_0^{\frac{2}{T}} f(t)\cos n\omega t dt = \frac{4}{T}\int_0^{\frac{2}{T}} \frac{2E_m}{T} t\cos n\omega t dt$$

$$= \frac{8E_m}{T^2}\left[\frac{\cos n\omega t + n\omega t \sin n\omega t}{n^2\omega^2}\right]_0^{\frac{T}{2}}$$

$$= \frac{8E_m \cos n\pi - \cos(0) + n\pi \sin n\pi - 0}{n^2\omega^2 T^2} = \frac{4E_m}{n^2\pi^2}$$

$$b_n = \frac{4}{T}\int_0^{\frac{2}{T}} f(t)\sin n\omega t dt = \frac{4}{T}\int_0^{\frac{2}{T}} \frac{2E_m}{T} t \sin n\omega t dt$$

$$= \frac{8E_m}{T^2}\left[\frac{\sin n\omega t + n\omega t \cos n\omega t}{n^2\omega^2}\right]_0^{\frac{T}{2}}$$

$$= \frac{8E_m \sin n\pi - \sin(0) + n\pi \cos n\pi - 0}{n^2\omega^2 T^2} = \frac{2E_m}{n\pi}$$

식 (6.11)으로 정리한다. 여기서 $n=1, 3, 5, \cdots$ 이다.

$$e(t) = \frac{2E_m}{\pi}\left\{\sin \omega t + \frac{1}{3}\sin 3\omega t + \frac{1}{5}\sin 5\omega t + \cdots\right\}$$
$$- \frac{4E_m}{\pi^2}\left\{\cos \omega t + \frac{1}{9}\cos 3\omega t + \frac{1}{25}\cos 5\omega t + \cdots\right\} [\mathrm{V}]$$

3-2 기함수파

기함수파는 t 나 $\sin \omega t$ 등을 함수로 나타내는 파형이다. 그림 6-4와 같이 원점 대칭되는 함수를 기함수파 또는 정현대칭파라고 한다.

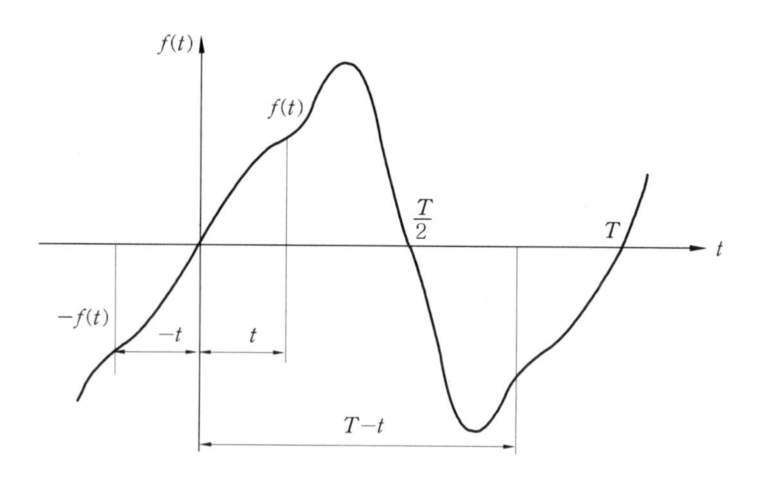

그림 6-4 기함수파

따라서 기함수파는

$$f(t) = -f(-t) \tag{6.12}$$

의 조건을 만족해야 한다. 식 (6.1)에 적용하면

$$-f(-t) = a_0 - \sum_{n=1}^{\infty} a_n \cos(-n\omega t) - \sum_{n=1}^{\infty} b_n \sin(-n\omega t) \tag{6.13}$$

와 같이 된다.

삼각함수 공식

$$\cos(-n\omega t) = \cos n\omega t$$

$$\sin(-n\omega t) = -\sin n\omega t$$

를 식 (6.13)에 적용하여 정리하면

$$-f(-t) = a_0 - \sum_{n=1}^{\infty} a_n \cos n\omega t + \sum_{n=1}^{\infty} b_n \sin n\omega t \tag{6.14}$$

를 얻는다. $f(t) = -f(-t)$가 되려는 조건은 직류분 a_0와 여현항 a_n은 0이므로 다음 식과 같다.

$$b_n = \frac{4}{T}\int_0^{\frac{T}{2}} f(t)\sin n\omega t dt \tag{6.15}$$

기함수의 푸리에 급수식은 다음과 같다.

$$f(t) = \sum_{n=1}^{\infty} b_n \sin n\omega t \qquad (n=1,\ 2,\ 3,\ 4,\ 5,\ \cdots) \tag{6.16}$$

그림 6-4는 기함수파이므로 직류분과 여현항은 0이 되고, 이것 또한 반주기를 적분하여 2배하면 값을 얻게 된다.

예제 2. 다음 그림 6-5와 같은 전압파형을 푸리에 급수로 전개하라.

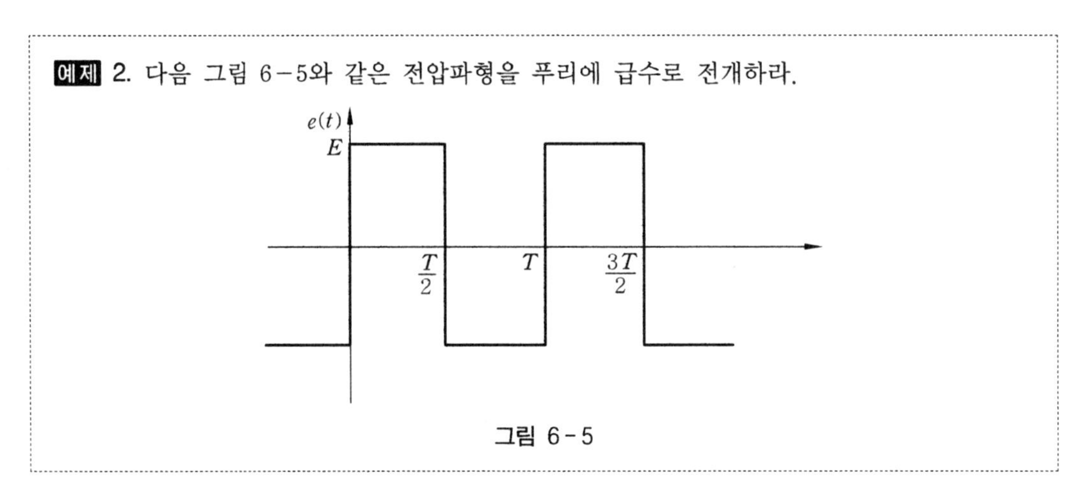

그림 6-5

해설 반파 대칭이면서 정현 대칭이므로 $a_0=0$, $a_n=0$이다. 따라서 정현항의 계수 b_n만을 구하면 된다.

$0 \le t \le \frac{T}{2}$ 에서 $e(t)=E$이므로 식 (6.15)에 적용하면

$$b_n = \frac{4}{T}\int_0^{\frac{T}{2}} E\sin n\omega t dt = \frac{4E}{n\omega T}[-\cos n\omega t]_0^{\frac{T}{2}} = \frac{4E}{n2\pi\frac{1}{T}T} \times 2 = \frac{4E}{n\pi}$$

식 (6.16)으로 푸리에 급수를 전개하면

$$e(t) = \frac{4E}{\pi}\left\{\sin\omega t + \frac{1}{3}\sin 3\omega t + \frac{1}{5}\sin 5\omega t + \cdots\right\}[\mathrm{V}]$$

3-3 우함수파

우함수파는 t^2나 $\cos\omega t$ 등을 함수로 나타내는 파형이다. 그림 6-6과 같이 종축에 대해서 좌우 대칭이 되는 파형을 우함수파라 한다.

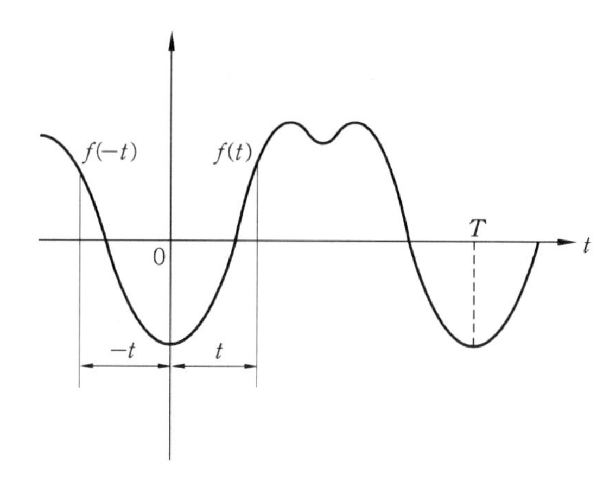

그림 6-6 우함수파

따라서 우함수파는

$$f(t)=f(-t) \tag{6.17}$$

의 조건을 만족하는 파형이며 우함수파 또는 여현대칭파라고 한다.

식 (6.1)에 식 (6.17)을 대입하면

$$f(-t)=a_0+\sum_{n=1}^{\infty}a_n\cos(-n\omega t)+\sum_{n=1}^{\infty}b_n\sin(-n\omega t) \tag{6.18}$$

과 같고, 삼각함수 공식

$$\cos(-n\omega t)=\cos n\omega t$$

$$\sin(-n\omega t)=-\sin n\omega t$$

를 식 (6.18)에 적용하여 정리하면

$$f(-t)=a_0+\sum_{n=1}^{\infty}a_n\cos n\omega t-\sum_{n=1}^{\infty}b_n\sin n\omega t \tag{6.19}$$

를 얻는다.

$f(t)=f(-t)$의 조건을 만족시키기 위해서 b_n(정현항)은 0이 되어

$$f(t)=a_0+\sum_{n=1}^{\infty}a_n\cos n\omega t \tag{6.20}$$

를 얻는다. 즉 직류항과 여현항을 얻게 된다.

예제 3. 다음 그림 6-7과 같은 전압파형을 푸리에 급수로 전개하라.

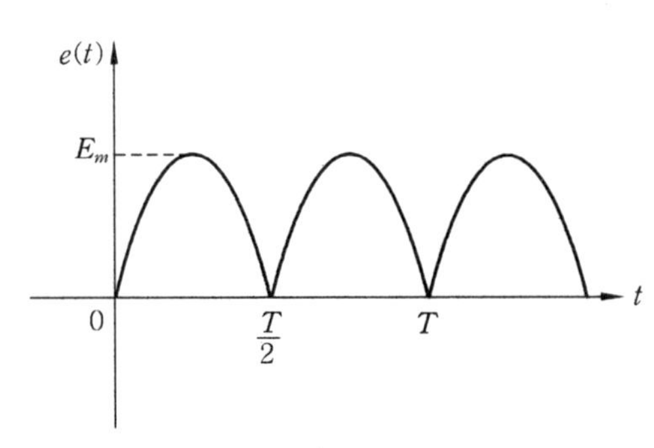

그림 6-7

해설 그림 6-7은 우함수이므로 $b_n=0$이다. 그러므로 a_0, a_n 계수만을 구하면 된다.

$0 \le t \le \frac{T}{2}$ 에서 $e(t)=E_m \sin\omega t$ 이다. 식 (6.3)과 식 (6.4)를 이용하여

$$a_0=\frac{2}{T}\int_0^{\frac{T}{2}} e(t)dt=\frac{2}{T}\int_0^{\frac{T}{2}} E_m \sin \omega t dt$$

$$=\frac{2E_m}{\omega T}[-\cos\omega t]_0^{\frac{T}{2}}=\frac{2E_m}{\pi}$$

$$=\frac{2}{T}\int_0^{\frac{T}{2}}\{\sin(n+1)\omega t-\sin(n-1)\omega t\}dt$$

$$=\frac{2E_m}{\omega T}\left[-\frac{\cos(n+1)\omega t}{n+1}+\frac{\cos(n-1)\omega t}{n-1}\right]_0^{\frac{T}{2}}$$

$$=\begin{cases} 0 & (n\text{이 홀수일 때}) \\ -\dfrac{4E_m}{\pi(n-1)(n+1)} & (n\text{이 짝수일 때}) \end{cases}$$

$$a_n=\frac{4}{T}\int_0^{\frac{T}{2}} f(t)\cos n\omega t dt=\frac{4}{T}\int_0^{\frac{T}{2}} E_m \sin\omega t \cos n\omega t dt$$

그림 6-7의 전파정류 전압파형의 푸리에 급수는 다음과 같다.

$$e(t)=\frac{4E_m}{\pi}\left\{\frac{1}{2}-\frac{1}{3}\cos 2\omega t-\frac{1}{15}\cos 4\omega t-\frac{1}{35}\cos 6\omega t-\cdots\right\}[\text{V}]$$

3-4 반파 대칭 및 기함수파

이러한 경우의 파형은 그림 6-8에서 보는 바와 같이 정현대칭이다. 따라서 반파 대칭이면서 기함수파는 식 (6.6)과 식 (6.12)의 조건을 포함하는

$$f(t)=-f(t+\frac{T}{2})=-f(-t) \tag{6.21}$$

의 조건을 만족해야 하므로 기수의 정현항인 b_n만 남는다.

$$
\begin{aligned}
b_n &= \frac{2}{T/2}\int_0^{\frac{2}{T}} f(t)\sin n\omega t dt \\
&= \frac{2}{T/2}\left[\int_0^{\frac{T}{4}} f(t)\sin n\omega t dt + \int_{\frac{T}{4}}^{\frac{T}{2}} f(t)\sin n\omega t dt\right] \\
&= \frac{2}{T/2}\left[\int_0^{\frac{T}{4}} f(t)\sin n\omega t dt + \int_{-\frac{T}{4}}^{0} f\left(t+\frac{T}{2}\right)\sin n\omega\left(t+\frac{T}{2}\right)dt\right] \\
&= \frac{4}{T/2}\int_0^{\frac{T}{4}} f(t)\sin n\omega t dt \qquad (6.22)
\end{aligned}
$$

단, $n=1, 3, 5, \cdots$이다. 따라서 직류분과 여현항은 0이고, 정현항 $\frac{1}{4}$주기만을 적분하여 4배하면 b_n의 값을 얻을 수 있다.

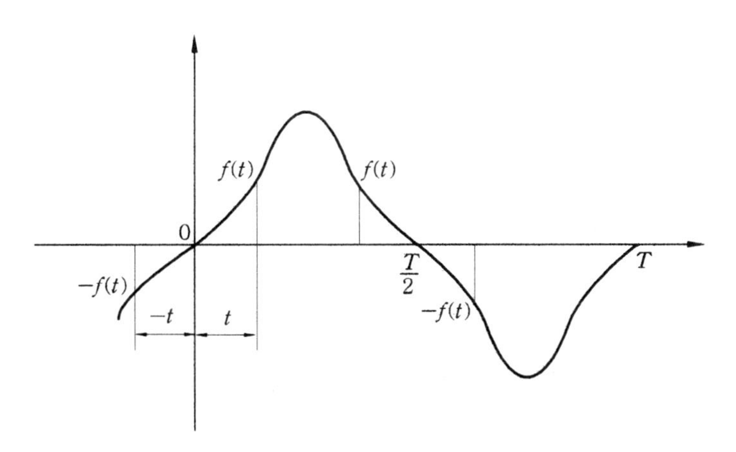

그림 6-8 반파 대칭 및 기함수파

3-5 반파 대칭 및 우함수파

이러한 경우의 함수는 그림 6-9에서 보는 바와 같이 여현 대칭이다.따라서 반파 대칭이면서 우함수파는 식 (6.6)과 식 (6.17)의 조건을 포함한

$$f(t) = -f\left(t+\frac{T}{2}\right) = f(-t) \qquad (6.23)$$

의 조건을 만족해야 하므로 기수 여현항만 남게 된다.

$$a_n = \frac{4}{T/2}\int_0^{\frac{T}{4}} f(t)\cos n\omega t dt \qquad (6.24)$$

단, $n=1, 3, 5, \cdots$이다.

여기서 직류분과 정현항은 0이고, 여현항은 $\frac{1}{4}$ 주기를 적분하여 4배하면 a_n값을 구할 수 있다.

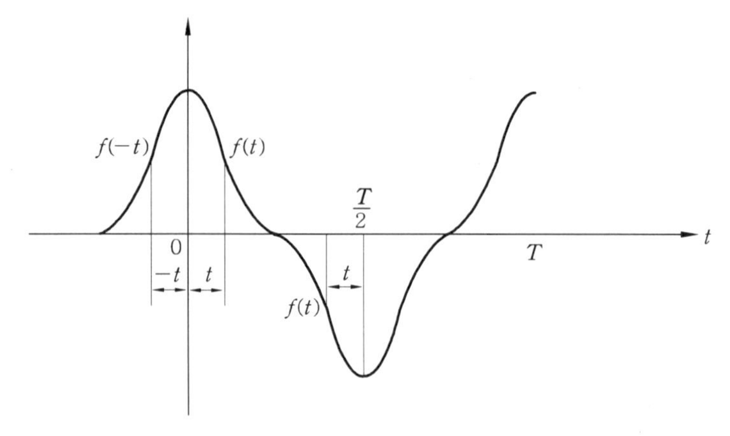

그림 6-9 반파 대칭 및 우함수파

일반적으로 어떠한 파형에서 수평축과 수직축을 임의로 평형 이동시키더라도 기본파 및 고조파의 진폭 스펙트럼에는 변화를 가져오지 않는다. 수평축을 상하로 이동시키면 평균치만이 변하고, 또 수직축을 좌우로 이동시키면 각 성분은 남아 있고, 정현파의 위상차만이 변한다. 또한, 두 가지 대칭조건을 동시에 만족하는 비정현파에 대하여서는 푸리에 급수가 더욱 간단해진다. 즉, 공통항만이 푸리에 급수로 나타난다.

4. 비정현파 교류회로의 계산

4−1 비정현파 전류

비정현파 전압을 선형회로에 가한 경우 회로에 흐르는 전류는 각각의 고조파 전류를 구한 값의 합계와 같다. 즉, 식 (6.1)의 각 성분에 따라서 각각 회로도로 설명을 한다면 그림 6−10과 같이 각각의 회로도를 해석하여 모두 합하면 전체의 값을 얻을 수 있다.

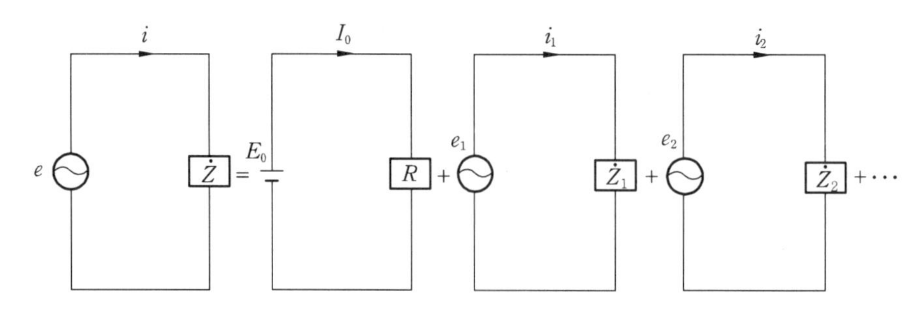

그림 6-10 그림으로 보는 비정현파 교류회로

RLC 직렬회로에 비정현파 전압을 가한 경우 비정현파 전류는 회로에

$$v(t) = \sum_{n=0}^{\infty} v_{mn} \sin(n\omega t + \phi_n)\,[\mathrm{V}] \tag{6.25}$$

와 같은 비정현파 전압을 공급하고 있다면

$$i(t) = \sum_{n=0}^{\infty} I_{mn} \sin(n\omega t + \phi_n - \theta_n)\,[\mathrm{A}] \tag{6.26}$$

와 같은 비정현파 전류가 흐른다. 단, 여기에서

$$I_{mn} = \frac{v_{mn}}{\sqrt{R^2 + \left(n\omega L - \dfrac{1}{n\omega C}\right)^2}}\,[\mathrm{A}] \tag{6.27}$$

$$\theta_n = \tan^{-1}\left(\frac{n\omega L}{R} - \frac{1}{n\omega CR}\right)$$

이다. 여기서 $n\omega L$은 고조파가 커질수록 임피던스 Z가 증가하고, 전류의 크기는 작아진다. 그리고 전류는 전압보다 파형의 비틀림이 적다. $\dfrac{1}{n\omega C}$는 고조파가 커질수록 임피던스 Z가 감소하고 전류는 커진다. 그러면서 전류는 점점 비틀림이 커진다.

4-2 비정현파 교류의 실효값

일반적인 비정현파 교류전압이

$$e(t) = E_0 + \sum_{n=1}^{\infty} E_{mn} \sin(n\omega t + \phi_n)\,[\mathrm{V}] \tag{6.28}$$

와 같이 공급된다면, 실효값은 식 (2.16)과 같이 $E = \sqrt{\dfrac{1}{T}\displaystyle\int_0^T e^2(t)dt}$ 에서 $e^2(t)$는 식 (6.28)에 의해 식 (6.29)와 같다.

$$\begin{aligned} e^2(t) = [\,& E_0 + E_{m1}\sin(\omega t + \phi_1) + E_{m2}\sin(2\omega t + \phi_2) \\ & + \cdots + E_{mn}\sin(n\omega t + \phi_n)]^2 \end{aligned} \tag{6.29}$$

식 (6.29)에서 E_0와 정현파가 곱으로 된 항과 주파수가 다른 두 정현파가 서로 곱으로 된 항의 1주기에 대한 적분은 0이다. 즉,

$$\frac{1}{T}\int_0^T E_{mn} E_{mk} \sin(n\omega t + \phi_n) \cdot \sin(k\omega t + \phi_k) = 0 \qquad (\text{단}, k \neq n)$$

따라서 비정현파 교류전압의 실효값은

$$\begin{aligned} E &= \sqrt{E_0{}^2 + \frac{1}{2}(E_{m1}{}^2 + E_{m2}{}^2 + \cdots + E_{mn}{}^2)} \\ &= \sqrt{E_0{}^2 + E_1{}^2 + E_2{}^2 + \cdots + E_n{}^2}\,[\mathrm{V}] \end{aligned} \tag{6.30}$$

로 구할 수 있고, 전류의 실효값도 마찬가지로 취급하여 다음과 같이 구할 수 있다.

$$I = \sqrt{I_0^2 + I_1^2 + I_2^2 + \cdots + I_n^2}\ [\mathrm{A}] \tag{6.31}$$

예제 4. 비정현파 전압 $v = \sqrt{2} \cdot 200 \sin \omega t + \sqrt{2} \cdot 90 \sin 2\omega t + \sqrt{2} \cdot 50 \sin 3\omega t$일 때 실효 전압을 구하여라.

해설 식 (6.30)을 이용하면 $E = \sqrt{200^2 + 90^2 + 50^2} = 225\,[\mathrm{V}]$

예제 5. $i = 150 + 80\sqrt{2} \sin \omega t + 30\sqrt{2} \sin\left(3\omega t + \frac{\pi}{6}\right)[\mathrm{A}]$로 표시되는 비정현파 전류의 실효값을 구하여라.

해설 식 (6.31)을 이용하면 $I = \sqrt{150^2 + 80^2 + 30^2} = 172.6\,[\mathrm{A}]$

4-3 비정현파의 파형률, 파고율 및 왜형률

다음과 같은 상수는 비정현파의 일그러짐의 척도이다. 또한 왜형률은 기본파에 고조파 성분의 포함 정도를 나타내는 것이다.

$$\text{파형률} = \frac{\text{실효값}}{\text{평균값}} = \frac{\sqrt{\frac{1}{T}\int_0^T e^2(t)dt}}{\frac{2}{T}\int_0^T e(t)dt} \tag{6.32}$$

$$\text{파고율} = \frac{\text{최대값}}{\text{실효값}} = \frac{E_m}{\sqrt{\frac{1}{T}\int_0^T e^2(t)dt}} \tag{6.33}$$

$$\text{왜형률} = \frac{\text{전고조파의 실효값}}{\text{기본파의 실효값}} = \frac{\sqrt{E_2^2 + E_3^2 + E_4^2 + \cdots + E_n^2}}{E_1} \tag{6.34}$$

예제 6. 비정현파 전류 $i = 50 \sin \omega t + 10 \sin 3\omega t + 5 \sin 5\omega t\,[\mathrm{A}]$의 왜형률을 구하여라.

해설 식 (6.34)로부터

$$\text{왜형률} = \frac{\sqrt{I_2^2 + I_3^2 + I_4^2 + \cdots + I_n^2}}{I_1} = \frac{\sqrt{10^2 + 5^2}}{50} = 0.224$$

예제 7. 비정현파 전압 $v = 100\sqrt{2} \sin \omega t + 40\sqrt{2} \sin 2\omega t + 10\sqrt{2} \sin 3\omega t\,[\mathrm{V}]$의 왜형률을 구하여라.

해설 식 (6.34)로부터

$$\text{왜형률} = \frac{\sqrt{E_2^2 + E_3^2 + E_4^2 + \cdots + E_n^2}}{E_1} = \frac{\sqrt{40^2 + 10^2}}{100} = 0.412$$

4-4 비정현파 교류의 전력

주어진 전압 $e(t)$와 전류 $i(t)$가

$$e(t) = E_0 + \sum_{n=1}^{\infty} E_{mn} \sin(n\omega t + \phi_n)\,[\mathrm{V}] \tag{6.35}$$

$$i(t) = I_0 + \sum_{n=1}^{\infty} I_{mn} \sin(n\omega t + \phi_n - \theta_n)\,[\mathrm{A}] \tag{6.36}$$

와 같을 때, 주파수가 다른 전압과 전류의 곱은 0이므로 비정현파 전력은

$$P = \frac{1}{T} e(t) i(t)\, dt = E_0 I_0 + \sum_{n=1}^{\infty} E_n I_n \cos\theta_n\,[\mathrm{W}] \tag{6.37}$$

와 같다.

여기서 θ_n은 동일 주파수의 전압과 전류의 위상차이다.

예제 8. 비정현파 기전력 $v = 220\sin\omega t - 80\sin(3\omega t + 15°) + 30\sin(5\omega t + 30°)[\mathrm{V}]$, 전류의 순시값이 $i = 30\sin(\omega t + 15°) + 10\sin(3\omega t - 15°) + 5\cos 5\omega t[\mathrm{A}]$일 때 전력을 구하여라.

해설 식 (6.37)로부터

$$P = V_1 I_1 \cos\theta_1 + V_3 I_3 \cos\theta_3 + V_5 I_5 \cos\theta_5$$

$$= \frac{220}{\sqrt{2}} \frac{30}{\sqrt{2}} \times \cos 15° - \frac{80}{\sqrt{2}} \frac{10}{\sqrt{2}} \times \cos 30° + \frac{30}{\sqrt{2}} \frac{5}{\sqrt{2}} \times \cos 30°$$

$$= 3187.6 - 346.4 + 65 = 2906.2\,[\mathrm{W}]$$

예제 9. 부하저항 20[Ω]에 흐르는 비정현파 부하단자 전압이 $v = 200 + 400\sin\omega t + 100\sin 2\omega t\,[\mathrm{V}]$, 비정현파 전류 $i = 10 + 20\sin\omega t + 5\sin 2\omega t[\mathrm{A}]$일 때 부하에서 소비되는 전력을 구하여라.

해설 식 (6.37)로부터

$$P = 200 \cdot 10 + \frac{400}{\sqrt{2}} \cdot \frac{20}{\sqrt{2}} + \frac{100}{\sqrt{2}} \cdot \frac{5}{\sqrt{2}} = 6250\,[\mathrm{W}]$$

예제 10. 예제 8에서 피상전력을 구하여라.

해설 비정현파 전압의 실효값

$$V = \sqrt{V_1^2 + V_3^2 + V_5^2} = \sqrt{\frac{220^2 + 80^2 + 30^2}{2}} = 166.88\,[\mathrm{V}]$$

비정현파 전류의 실효값

$$I = \sqrt{I_1^2 + I_3^2 + I_5^2} = \sqrt{\frac{30^2 + 10^2 + 5^2}{2}} = 22.64\,[\mathrm{A}]$$

피상전력은 전압과 전류 실효값의 곱

$$P_a = V \cdot I = 166.88 \times 22.64 = 3778.2\,[\mathrm{VA}]$$

5. 평형 3상 회로에서의 고조파

다상 교류회로에서의 비정현파의 취급은 단상회로와 동일하게 취급한다. 즉, 각 고조파에 대한 응답을 구하고 합하면 된다.

여기서 3상 발전기는 발전전압이 전기적으로 대칭이고, 기본적인 파형이 sin파이므로 각 상의 기전력은 비정현파일 때는 반파 대칭파이고, 우함수의 고조파를 포함하지 않는 기함수 고조파이다. 그리하여 각 상의 비정현 전압의 순시값은 그림 6-11의 3상 발전기의 결선법에 따라서 다음과 같다.

$$e_a = e_{aa}' = E_{m1}\sin\omega t + E_{m3}\sin 3\omega t + E_{m5}\sin 5\omega t + \cdots \text{ [V]} \tag{6.38}$$

$$\begin{aligned} e_b = e_{bb}' &= E_{m1}\sin(\omega t - 120°) + E_{m3}\sin 3(\omega t - 120°) \\ &\quad + E_{m5}\sin 5(\omega t - 120°) + \cdots \text{ [V]} \end{aligned} \tag{6.39}$$

$$\begin{aligned} e_c = e_{cc}' &= E_{m1}\sin(\omega t + 120°) + E_{m3}\sin 3(\omega t + 120°) \\ &\quad + E_{m5}\sin 5(\omega t + 120°) + \cdots \text{ [V]} \end{aligned} \tag{6.40}$$

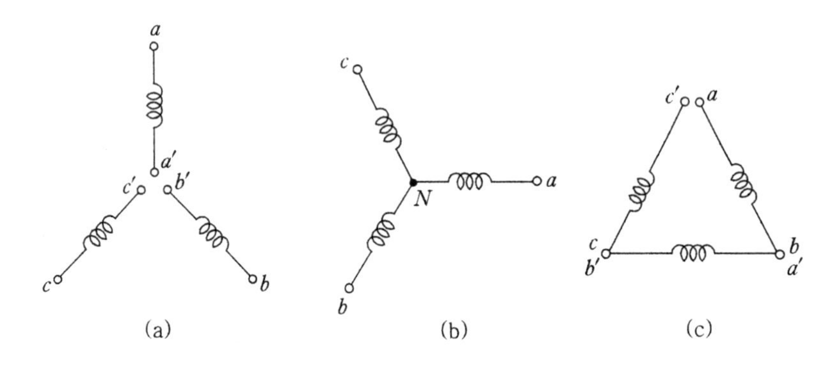

그림 6-11 3상 발전기의 결선

이상으로부터 식 (6.38), 식 (6.39), 식 (6.40)에서 제 1 항은 120° 씩의 상차가 있으므로 대칭 3상 기전력의 기본파를 형성한다. 제 2 항은 제 3 고조파로서 각 상의 전압의 크기가 같고, $\sin 3(\omega t \pm 120°) = \sin 3\omega t$ 의 관계가 있으므로 각 식이 모두 동상이다.

제 3 항의 제 5 고조파는 상순이 $\sin 5(\omega t \pm 120°) = \sin(5\omega t \pm 120°)$의 관계로부터 기본파와 반대인 대칭 3상 기전력을 형성한다.

제 4 항의 제 7 고조파는 $\sin 7(\omega t \pm 120°) = \sin(7\omega t \pm 120°)$의 관계로부터 기본파와 상순이 같은 대칭 3상 기전력을 형성한다. 일반적으로 평형 3상 회로에서 생기는 비정현파의 고조파는 3, 9, 15 등의 $3n$의 고조파는 각 상이 동상이다. 5, 11, 17 등은 $3n+2$의 고조파는 상순이

기본파와 반대인 평형 3상을 나타내고 있으며, 7, 13, 19 등의 $3n+1$의 고조파는 상순이 기본파와 같은 평형 3상이다. 여기에서 n은 1, 3, 5, 7, … 의 홀수다. 이들은 모두 영상분, 정상분, 역상분의 대칭분에 대응한다.

5-1 Y결선

발전기 권선을 그림 6-11(b)와 같이 Y결선으로 하는 경우 선간전압들은 $e_{ab}=e_a-e_b$, $e_{bc}=e_b-e_c$, $e_{ca}=e_c-e_a$이므로

$$e_{ab}=\sqrt{3}\,[\,E_{m1}\sin(\omega t-150°)+E_{m5}\sin(5\omega t+150°)+E_{m7}\sin(7\omega t-150°)+\cdots]\,[\mathrm{V}] \quad (6.41)$$

$$e_{bc}=\sqrt{3}\,[\,E_{m1}\sin(\omega t-270°)+E_{m5}\sin(5\omega t+270°)+E_{m7}\sin(7\omega t-270°)+\cdots]\,[\mathrm{V}] \quad (6.42)$$

$$e_{ca}=\sqrt{3}\,[\,E_{m1}\sin(\omega t-30°)+E_{m5}\sin(5\omega t+30°)+E_{m7}\sin(7\omega t-30°)+\cdots]\,[\mathrm{V}] \quad (6.43)$$

의 결과를 얻는다.

Y결선된 3상 발전기의 3, 9, … 등의 고조파의 전압파(영상분)는 상전압에서는 포함되어 있었으나, 선간전압에는 나타나지 않는다. 따라서 선간전압의 파형과 상전압의 파형의 크기가 달라진다. 즉 상전압의 크기에 $\sqrt{3}$배 한 값이 선간전압보다 크다.

$$(\text{선간전압}) < \sqrt{3}\ (\text{상전압}) \quad (6.44)$$

5-2 Δ결선

그림 6-11(c)와 같이 Δ결선으로 하는 경우 단자 a와 c' 간의 전압은 세 기전력의 합과 같다.

여기서 5, 11, 17 … 에 속하는 고조파(역상분)는 120° 씩 상차가 있으므로 그 합이 0이고, 7, 13, 19 … 에 속하는 고조파(정상분) 역시 마찬가지로 0이다. 그러나 3, 9, 15…에 속하는 고조파(영상분)는 동상이므로 각 상에 대한 것의 3배의 전압인 a와 c' 양단에

$$e_{ac'}=e_a+e_b+e_c$$

$$=3E_{m3}\sin3\omega t+3E_{m9}\sin9\omega t+3E_m\sin15\omega t+\cdots\,[\mathrm{V}] \quad (6.45)$$

의 전압이 걸린다. 만일 a와 c'를 연결하여 폐회로를 만들면 이 기전력으로 인하여 Δ결선 내에 순환전류가 흐르게 된다.

따라서 3상 발전기 권선의 임피던스는 매우 작으므로 순환전류가 매우 커 발전기가 소손될 수 있는데, 이는 발전기를 Δ결선으로 사용하지 않는 이유이다.

5-3 전 력

전압, 전류가 고주파를 포함하는 평형 3상 부하의 전력은 단상의 경우와 마찬가지로 각 고조파에 의한 전력을 합한 것과 같다. 3상 전력 P는 중성선이 존재하면 선간전압과 선전류를 이용하여

$$P = \sqrt{3}\, V_1 I_1 \cos\theta_1 + \sqrt{3}\, V_3 I_3 \cos\theta_3 + \sqrt{3}\, V_5 I_5 \cos\theta_5 + \cdots \text{[W]} \tag{6.46}$$

로 되고, 중성선이 없으면 3, 9, … 등의 고조파의 전류(영상분 전류)가 흐르지 않으므로 3상 전력은

$$P = \sqrt{3}\, V_1 I_1 \cos\theta_1 + \sqrt{3}\, V_5 I_5 \cos\theta_5 + \cdots \text{[W]} \tag{6.47}$$

이 된다.

연 · 습 · 문 · 제

1. 그림 6－12와 같은 반파정류의 전류파를 푸리에 급수로 전개하라.

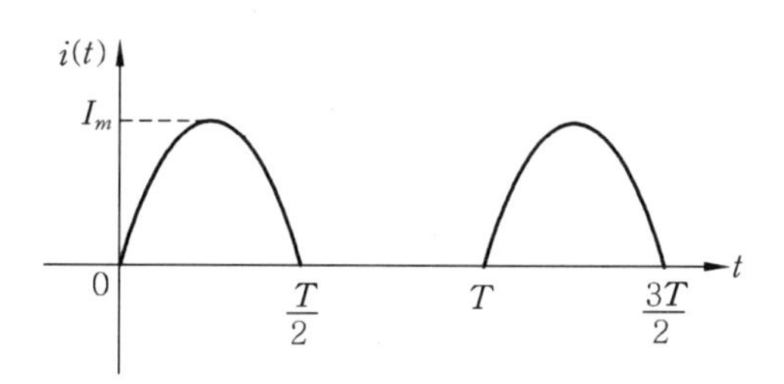

그림 6-12

답 $i(t)=\frac{2I_m}{\pi}-\frac{4I_m}{\pi}\left(\frac{1}{3}\cos 2\omega t+\frac{1}{15}\cos 4\omega t+\frac{1}{35}\cos 6\omega t+\cdots\right)+\frac{I_m}{2}\sin\omega t$ [A]

2. 그림 6－13과 같은 톱니파를 푸리에 급수로 전개하라.

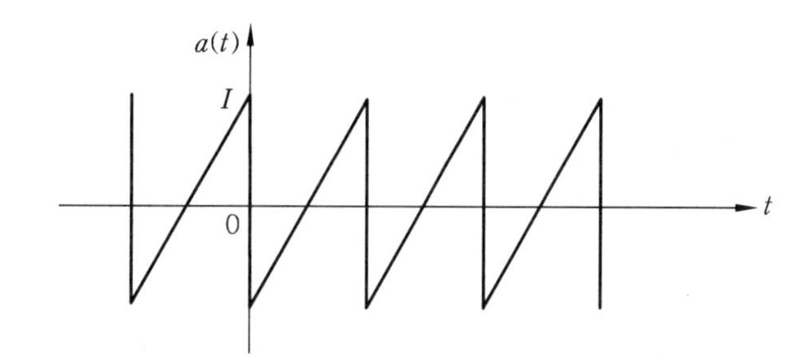

그림 6-13

답 $i(t)=-\frac{2I}{\pi}\left(\sin\omega t+\frac{1}{2}\sin 2\omega t+\frac{1}{3}\sin 3\omega t+\cdots+\frac{1}{n}\sin n\omega t\right)$ [A]

3. $i(t)=50+150\sin\omega t+60\sin 3\omega t$ [A]로 표시되는 비정현파 전류의 실효값은?

답 $I=124.7$ [A]

4. 비정현파 전압 $e(t)=200\sqrt{2}\sin\omega t+100\sqrt{2}\sin 2\omega t+40\sqrt{2}\sin 3\omega t$ [V]의 실효값과 왜형률을 구하여라.

답 $E=227.2$ [V], 왜형률 $=0.54$

5. 그림 6－14와 같은 삼각파의 푸리에 급수를 구하여라.

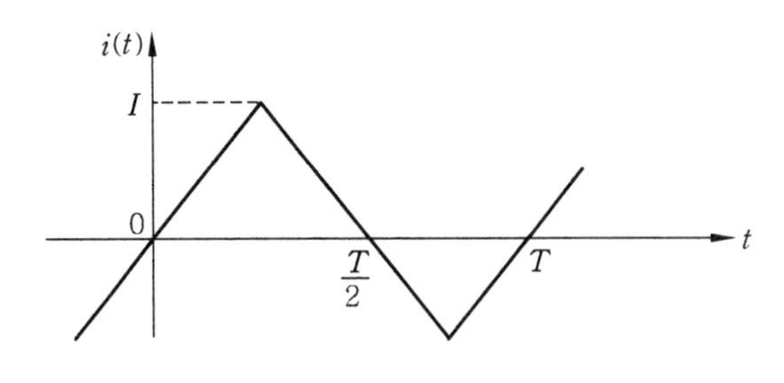

그림 6-14

답 $i(t)=-\frac{8I}{\pi^2}\left(\sin\omega t-\frac{1}{9}\sin 3\omega t+\frac{1}{25}\sin 5\omega t-\frac{1}{49}\sin 7n\omega t+\cdots\right)$ [A]

6. $i(t)=30\sin\omega t+10\sin(3\omega t+30°)$ [A]의 비정현파 전류의 실효값은?

답 $I=31.6$ [A]

7. 주어진 비정현파 전류가 기본파의 40 [%]인 3고조파와 20[%]인 5고조파를 포함하는 전류파의 왜형률을 구하여라.

답 0.45

8. 비정현파 교류회로에 $e(t)=220\sin\omega t+50\sin 3\omega t$ [V]인 전압을 공급했을 때 회로에 전류 $i(t)=30\sin(\omega t+30°)+5\sin(3\omega t+45°)$ [A]가 흘렀다. 교류회로에서 소비되는 전력은?

답 $P=2946.3$ [W]

9. 비정현파 전압 $e(t)=200\sin\omega t-100\sin(3\omega t+30°)+40\sin(5\omega t+45°)$ [V]가 공급될 때 전류 $i(t)=40\sin\omega t+20\sin(3\omega t-30°)+10\sin(5\omega t-45°)$ [A]가 흘렀다면 소비되는 전력은?

답 3.5 [kW]

10. 비정현파 전압과 전류의 순시값이 다음과 같이 회로에 공급될 때 유효전력과 등가역률을 구하여라.

$$e(t)=200\sqrt{2}\sin(\omega t+30°)-100\sin(3\omega t+30°)+50\sin(5\omega t-30°)\ [\mathrm{V}]$$
$$i(t)=40\sqrt{2}\sin(\omega t+30°)+40\sin(3\omega t+60°)+10\sin(5\omega t+15°)\ [\mathrm{A}]$$

답 $P=6621.55$ [W], $\cos\theta=0.604$

7
CHAPTER

2단자망

2단자망이란 2개의 단자를 가지는 회로망이다. 회로망에는 내부에 기전력이 존재하는 능동 회로망과 내부에 기전력이 존재하지 않는 수동 회로망이 있다. 2단자 회로망에서는 임피던스나 어드미턴스를 주파수의 함수로 분석하고, 단자에서 바라본 임피던스는 구동점 임피던스가 된다.

본 절에서는 수동 2단자망에 대한 주파수 특성을 알아본다.

1. 복소 주파수

1-1 복소 주파수

$\boldsymbol{V}(t)=\sqrt{2}\,|V|\sin(\omega t+\theta)$[V]의 시간을 포함한 페이저는 $\boldsymbol{V}=|V|\,e^{j(\omega t+\theta)}$ [V]이고, 감쇠하는 지수형식은

$$\boldsymbol{V}=|V|e^{\sigma t}\cdot e^{j(\omega t+\theta)}=|V|e^{j\theta}\cdot e^{(\sigma+j\omega)t}[\mathrm{V}] \tag{7.1}$$

이다. 이것은 전기 회로망에 대한 전압 미분방정식의 해로서 시간영역 함수의 형태로 주어진다. 식 (7.1)에서 복소 주파수는

$$\lambda=\sigma+j\omega \tag{7.2}$$

로서 σ 및 ω의 값에 따라 직류, 정현파 및 감쇠 정현파의 표현을 한다. 그림 7-1에 이러한 종류의 복소파형을 나타내었다.

그림 7-1(a)는 $\sigma > 0$인 조건으로 시간이 지남에 따라 순시전압이 점점 커진다(다른 말로 표현하면 발산한다고 할 수 있다). (b)는 $\sigma < 0$로서 시간이 지남에 따라 0에 가까워진다. 또한 (c)는 $\sigma=0$ 로서 일정한 정현파의 크기를 가지고 있다. 따라서 그림 7-1(c)의 경우라면 주어진 식 (7.1)과 같은 함수를 주파수 함수로만 해석을 하여도 무방하다. 여기서 임피던스는 λ 의 함수로 나타내고, 이러한 임피던스와 어드미턴스 함수를 총칭하여 이미턴스 함수라 한다.

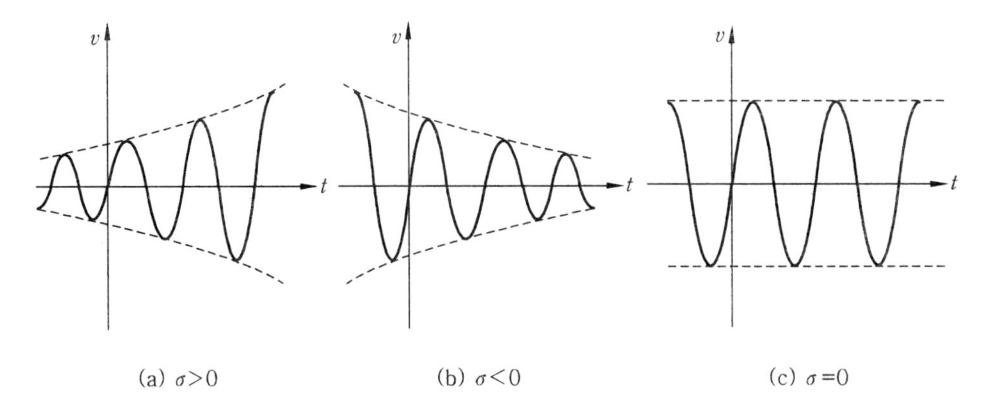

(a) $\sigma>0$ (b) $\sigma<0$ (c) $\sigma=0$

그림 7-1 각종 복소 정현파

1-2 임피던스 함수

그림 7-2와 같이 내부에 전원을 갖지 않는 임의의 수동 회로망에 대한 전류식을 매트릭스 형태로 구하면

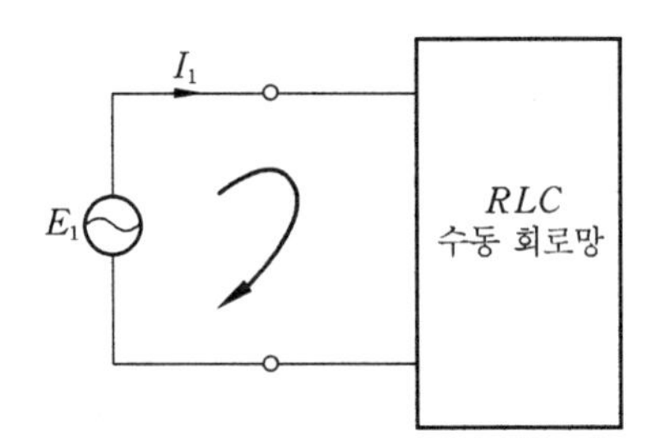

그림 7-2 수동 회로망

$$\begin{bmatrix} \boldsymbol{I}_1 \\ \boldsymbol{I}_2 \\ \vdots \\ \boldsymbol{I}_n \end{bmatrix} = \begin{bmatrix} \boldsymbol{Z}_{11} & \boldsymbol{Z}_{12} & \boldsymbol{Z}_{13} & \cdots & \boldsymbol{Z}_{1n} \\ \boldsymbol{Z}_{21} & \boldsymbol{Z}_{22} & \boldsymbol{Z}_{23} & \cdots & \boldsymbol{Z}_{2n} \\ \vdots & \vdots & \vdots & & \vdots \\ \boldsymbol{Z}_{n1} & \boldsymbol{Z}_{n2} & \boldsymbol{Z}_{n3} & \cdots & \boldsymbol{Z}_{nn} \end{bmatrix}^{-1} \begin{bmatrix} \boldsymbol{E}_1 \\ 0 \\ \vdots \\ 0 \end{bmatrix}$$

와 같이 구할 수 있고, 임피던스 행렬을 양변에 취하면 다음과 같다.

$$\begin{bmatrix} \boldsymbol{Z}_{11} & \boldsymbol{Z}_{12} & \boldsymbol{Z}_{13} & \cdots & \boldsymbol{Z}_{1n} \\ \boldsymbol{Z}_{21} & \boldsymbol{Z}_{22} & \boldsymbol{Z}_{23} & \cdots & \boldsymbol{Z}_{2n} \\ \vdots & \vdots & \vdots & & \vdots \\ \boldsymbol{Z}_{n1} & \boldsymbol{Z}_{n2} & \boldsymbol{Z}_{n3} & \cdots & \boldsymbol{Z}_{nn} \end{bmatrix} \begin{bmatrix} \boldsymbol{I}_1 \\ \boldsymbol{I}_2 \\ \vdots \\ \boldsymbol{I}_n \end{bmatrix} = \begin{bmatrix} \boldsymbol{E}_1 \\ 0 \\ \vdots \\ 0 \end{bmatrix}$$

$$\begin{bmatrix} \boldsymbol{I}_1 \\ \boldsymbol{I}_2 \\ \vdots \\ \boldsymbol{I}_n \end{bmatrix} = \frac{1}{\Delta} \begin{bmatrix} \Delta_{11} & \Delta_{21} & \Delta_{31} & \cdots & \Delta_{n1} \\ \Delta_{12} & \Delta_{22} & \Delta_{23} & \cdots & \Delta_{n2} \\ \vdots & \vdots & \vdots & & \vdots \\ \Delta_{1n} & \Delta_{2n} & \Delta_{3n} & \cdots & \Delta_{nn} \end{bmatrix} \begin{bmatrix} \boldsymbol{E}_1 \\ 0 \\ \vdots \\ 0 \end{bmatrix} \tag{7.3}$$

그림 7-2에서는 임피던스 $\boldsymbol{Z}=\frac{\boldsymbol{E}_1}{\boldsymbol{I}_1}$ [Ω]이 구동점 임피던스이고, 전류행렬에서 임피던스 파라미터 중 $\boldsymbol{Z}_{nn}$은 자기 임피던스이고, $\boldsymbol{Z}_{jk}$는 상호 임피던스이다. 식 (7.3)의 행렬에서

$$\boldsymbol{I}_1=\frac{\Delta_{11}}{\Delta}\ \boldsymbol{E}_1=\frac{\boldsymbol{E}_1}{\Delta/\Delta_{11}}\ [\mathrm{A}]$$

이고, 따라서 구동점 임피던스는

$$\boldsymbol{Z}=\frac{\Delta}{\Delta_{11}}\ [\Omega] \tag{7.4}$$

이다. 여기에서 Δ는 행렬식이고, Δ_{11}은 1행 1열의 여인수 행렬이다. 임피던스 행렬의 임의 요소 $\boldsymbol{Z}_{jk}$에 대하여, $j\omega=\lambda$로 대입하여 정리하면

$$\begin{aligned}\boldsymbol{Z}_{jk}&=R_{jk}+j\omega L_{jk}+\frac{1}{j\omega C_{jk}}\\&=R_{jk}+\lambda L_{jk}+\frac{1}{\lambda C_{jk}}\\&=\frac{1}{\lambda}\left(R_{jk}\cdot\lambda+\lambda^2 L_{jk}+\frac{1}{C_{jk}}\right)\end{aligned} \tag{7.5}$$

이 된다. Δ 전체는 $\boldsymbol{Z}_{jk}$에 대해서 n차이므로

$$\Delta=\frac{1}{\lambda^n}(a_0+a_1\lambda+\cdots+a_{2n}\lambda^{2n}) \tag{7.6}$$

Δ_{11}은 $\boldsymbol{Z}_{jk}$에 대해서 $(n-1)$차이므로

$$\Delta_{11}=\frac{1}{\lambda^{n-1}}(b_1+b_2\lambda+\cdots+b_{2n-1}\lambda^{2n-2}) \tag{7.7}$$

가 된다. 구동점 임피던스 $Z(\lambda)$는 식 (7.6), 식 (7.7)을 식 (7.4)에 대입하면

$$\begin{aligned}\boldsymbol{Z}(\lambda)=\frac{\Delta}{\Delta_{11}}&=\frac{\frac{1}{\lambda^n}(a_0+a_1\lambda+\cdots+a_{2n}\lambda^{2n})}{\frac{1}{\lambda^{n-1}}(b_1+b_2\lambda+\cdots+b_{2n-1}\lambda^{2n-2})}\\&=\frac{a_0+a_1\lambda+\cdots+a_{2n}\lambda^{2n}}{b_1\lambda+b_2\lambda^2+\cdots+b_{2n-1}\lambda^{2n-1}}\end{aligned} \tag{7.8}$$

과 같다. 식 (7.8)에 $\lambda=j\omega$를 대입하여 정리하면

$$\boldsymbol{Z}(j\omega)=\frac{A_0(\omega)+jA_1(\omega)}{B_0(\omega)+jB_1(\omega)}=R(\omega)+jX(\omega) \tag{7.9}$$

가 된다. 여기서 $R(\omega)$는 실효 저항으로서 우함수이고, $X(\omega)$는 실효 리액턴스로서 기함수이다. 분모, 분자의 λ의 차수에 대해서는 분자가 1차 높거나 같고, 1차 낮은 경우의 3가지가 있다. 식 (7.9)에서 $\boldsymbol{Z}(j\omega)$가 분자를 0으로 놓고 구한 λ 값을 영점, $\boldsymbol{Z}(j\omega)$에서 분모를 0으로 놓고 구한 λ 값을 극점이라 한다.

식 (7.9)에서 분자의 값을 0으로 놓으면

$$L_1 C_1 \lambda^2 + R_1 C_1 \lambda + 1 = 0$$

이 되며, 영점 λ_1, λ_2를 근의 공식을 이용하면,

$$\lambda_1 = -\frac{R_1}{2L_1} + \sqrt{\left(\frac{R_1}{2L_1}\right)^2 - \frac{1}{L_1 C_1}}$$

$$\lambda_2 = -\frac{R_1}{2L_1} - \sqrt{\left(\frac{R_1}{2L_1}\right)^2 - \frac{1}{L_1 C_1}} \tag{7.10}$$

이 얻어진다. 여기서

① $\dfrac{R_1}{2L_1} > \dfrac{1}{\sqrt{L_1 C_1}}$ 일 때 λ_1, λ_2는 부의 실수값을 갖는다.

② $\dfrac{R_1}{2L_1} = \dfrac{1}{\sqrt{L_1 C_1}}$ 일 때 $\lambda_1 = \lambda_2$이고 부의 실수값을 갖는다.

③ $\dfrac{R_1}{2L_1} < \dfrac{1}{\sqrt{L_1 C_1}}$ 일 때 λ_1, λ_2는 복소수이고, 실수부 $\dfrac{-R}{2L_1}$은 부의 실수값을 가지며, λ_1과 λ_2는 공액 복소수이다.

일반적으로 λ_n과 λ_m은 복소수이고, λ의 복소 평면에 나타내어 임의의 시스템의 안정한가 불안정한가를 평가한다.

제어 시스템에서는 영점과 극점이 좌반평면에 존재하면 안정 판정, 허축상에 존재하면 임계안정, 우반 평면은 불안정으로 판정한다. 그리고 극점 표시는 ×표, 영점 표시는 ○표로 한다.

예제 1. 다음 그림 7-3에서 2단자망의 복소 주파수를 이용한 임피던스를 구하여라.

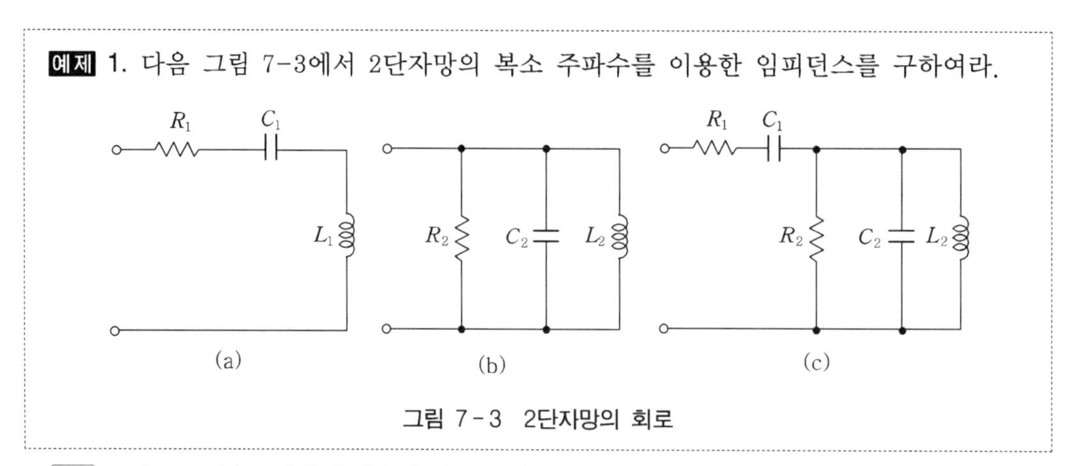

그림 7-3 2단자망의 회로

해설 그림 7-3 (a)는 분자의 차수가 분모의 차수보다 1차 높다.

$$Z_a = R_1 + j\omega L_1 + \frac{1}{j\omega C_1} = R_1 + L_1\lambda + \frac{1}{C_1\lambda}$$

$$= \frac{1 + R_1 C_1 \lambda + L_1 C_1 \lambda^2}{C_1 \lambda}$$

그림 7-3 (b)의 경우 어드미턴스로 표시하면

$$Y=\frac{1}{R_2}+j\omega C_2+\frac{1}{j\omega L_2}=\frac{R_2+L_2\lambda+R_2L_2C_2\lambda^2}{R_2L_2\lambda}$$

따라서 임피던스 Z_b는 Y_2의 역수가 되므로 분자가 분모보다 1차 낮다.

$$Z_b=\frac{1}{Y}=\frac{R_2L_2\lambda}{R_2+L_2\lambda+R_2L_2C_2\lambda^2}$$

그림 7-3 (c)의 경우

$$Z_c=\frac{1+R_1C_1\lambda}{C_1\lambda}+Z_b$$

$$=\frac{R_1R_2L_2C_1C_2\lambda^3+L_2(R_2C_1+R_2C_2+R_1C_1)\lambda^2+(L_2+R_1R_2C_1)\lambda+R_2}{R_2L_2C_1C_2\lambda^3+L_2C_1\lambda^2+R_2C_1\lambda}$$

예제 2. 임의의 2단자 회로망의 임피던스가 $Z(\lambda)=\dfrac{\lambda+2}{\lambda^2+5\lambda+6}$ 일 때 영점과 극점을 구하여라.

해설 영점은 분자항이 0이므로 $\lambda+2=0$, 영점 $\lambda=-2$

극점은 분모항이 0일 때이므로 $\lambda^2+5\lambda+6=0$

인수분해하면 $(\lambda+3)(\lambda+2)=0$

극점은 $\lambda=-3,\ \lambda=-2$

2. 리액턴스 2단자망

2-1 리액턴스 2단자망의 주파수 특성

회로망이 리액턴스 소자만으로 구성되어 있을 경우 이것을 리액턴스 회로망이라 한다. 또는 리액턴스 2단자망이라 한다.

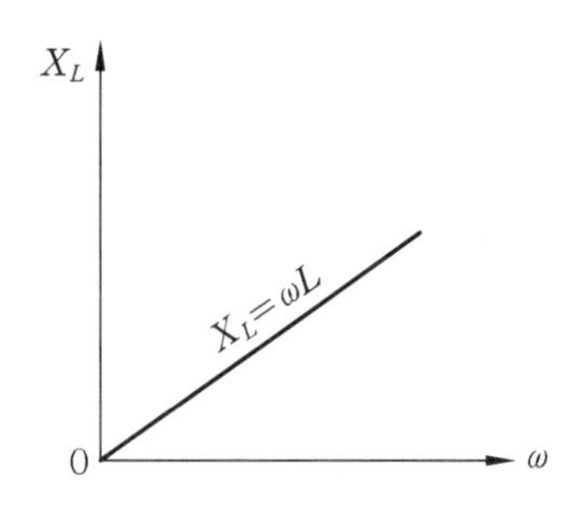

그림 7-4 인덕턴스의 특성

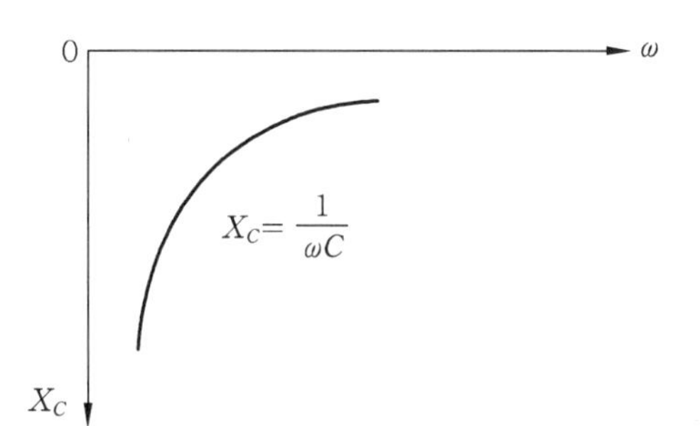

그림 7-5 커패시턴스의 특성

(1) 인덕턴스 L만의 회로

$X_L = j\omega L$에서 각 주파수는 ω에 비례한다.

(2) 정전용량 C만의 회로

$X_C = -j\dfrac{1}{\omega C}$에서 $\omega=0$에서 $X_C = -\infty$가 되고, $\omega=\infty$에서 $X_C=0$이 된다.

(3) LC 직렬회로

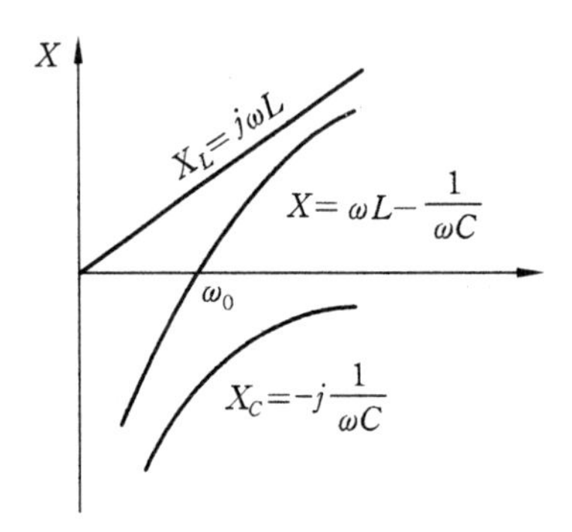

그림 7-6 LC 직렬회로의 리액턴스 특성

그림 7-6에서 L과 C를 직렬로 연결하였을 때의 리액턴스는

$$X = X_L + X_C = j\omega L - j\frac{1}{\omega C} \tag{7.11}$$

와 같고, X가 ω 축을 횡으로 자르는 점, 즉 $X=0$가 되는 각 주파수를 ω_0라면

$$\omega_0 L - \frac{1}{\omega_0 C} = 0$$

과 같다. ω_0로 정리하면

$$\omega_0 = \frac{1}{\sqrt{LC}}, \quad \omega_0 = 2\pi f_0$$

$$f_0 = \frac{1}{2\pi\sqrt{LC}} \text{ [Hz]} \tag{7.12}$$

와 같은 공진 주파수를 얻는다. 그림 7-6과 같은 LC 직렬회로에서 이 때를 직렬공진이라 하고, f_0를 공진 주파수라 한다.

예제 3. 임피던스가 $Z(s) = \dfrac{6s+2}{s}$ 로 표시되는 2단자 회로를 구하여라.

해설 임피던스를 $s=j\omega$ 를 대입하여 정리하면

$$Z(s)=\frac{6s+2}{s}=6+\frac{2}{s}=6+\frac{1}{\frac{1}{2}s}$$

$$=6+\frac{1}{\frac{1}{2}j\omega}=R+\frac{1}{j\omega C}$$ 가 되므로

$R=6$ [Ω], $C=\frac{1}{2}$ [F]의 RC 직렬회로가 된다.

(4) LC 병렬회로

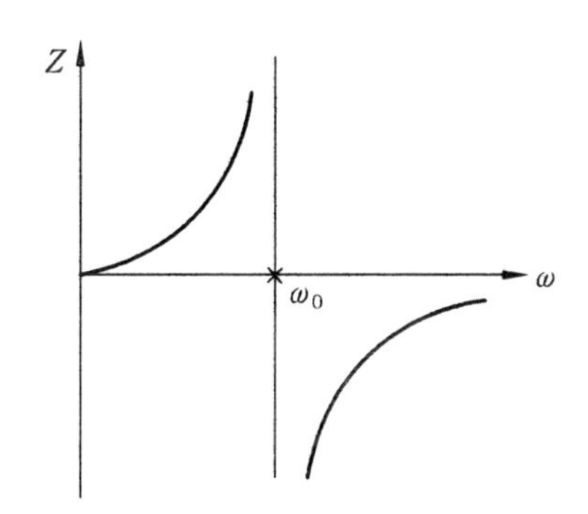

그림 7-7 LC 병렬회로의 리액턴스 특성

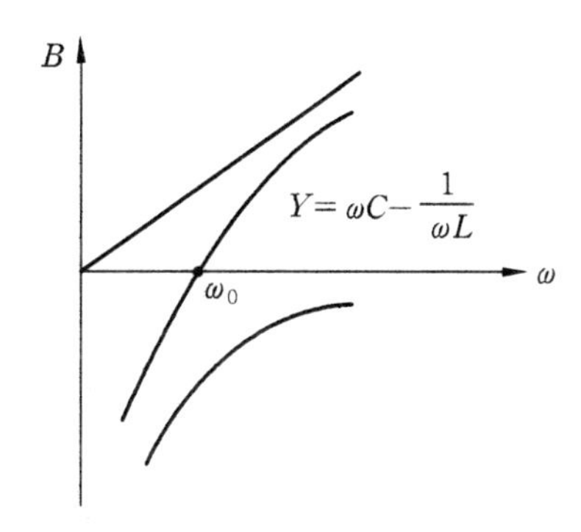

그림 7-8 LC 병렬공진회로의 어드미턴스 특성

그림 7-7은 LC 병렬회로로서 어드미턴스를 구하면

$$\boldsymbol{Y}=j\omega C+\frac{1}{j\omega L}=j\left(\omega C-\frac{1}{\omega L}\right)=jB \tag{7.13}$$

와 같다. 여기서 서셉턴스 B의 주파수 특성은 LC 직렬과 같다.
B가 ω 축을 횡축으로 자르는 점을 ω_0라 하면

$$\omega_0 C-\frac{1}{\omega_0 L}=0$$

이 된다. 여기에서 $\omega_0=2\pi f_0$를 대입하여 정리하면

$$f_0=\frac{1}{2\pi\sqrt{LC}}\ [\text{Hz}]$$

가 된다. 이 경우 $Y=0$, $Z=\infty$인 경우를 반공진 또는 병렬공진이라 하고 f_0를 반공진 주파수라 한다.

$$\boldsymbol{Z}=\frac{1}{\boldsymbol{Y}}=\frac{1}{j\left(\omega C-\frac{1}{\omega L}\right)}=\frac{j\omega L}{1-\omega^2 LC}=\frac{jL}{\frac{1}{\omega}-\omega LC}\ [\Omega] \tag{7.14}$$

이것으로부터 각 주파수 ω 가 0에서 ω_0로 증가하면 임피던스 Z는 0에서 ∞로 접근하고, 각 주파수 ω 가 ω_0에서 ∞로 증가하면 임피던스 Z는 $-\infty$에서 0으로 접근하게 된다.

(5) $L_1 - C_1$의 병렬회로에 L_0를 직렬접속

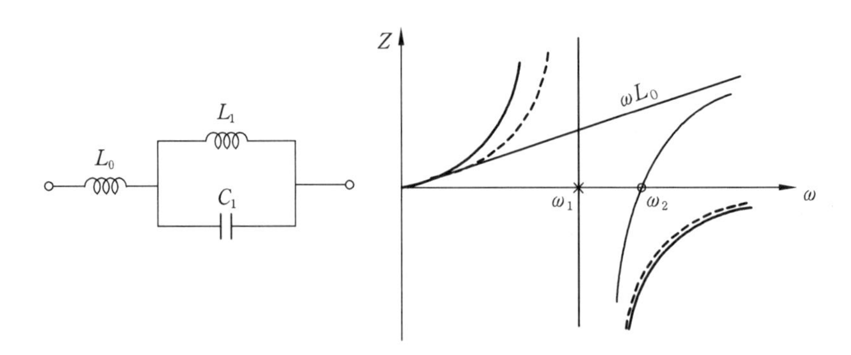

여기서 o : 공진, × : 반공진

그림 7-9 $L_0 - LC$ 직병렬회로의 리액턴스 특성

그림 7-9와 같은 접속의 임피던스 $\boldsymbol{Z}$는

$$\boldsymbol{Z} = j\omega L_0 + \frac{j\omega L_1}{1-\omega^2 L_1 C_1}$$

$$= \frac{j\omega(L_0 + L_1 - \omega^2 L_0 L_1 C_1)}{1-\omega^2 L_1 C_1} = jX \tag{7.15}$$

이다. 분자=0일 때 $\boldsymbol{Z}=0$, 분모=0일 때 $\boldsymbol{Z}=\infty$가 되므로 분모를 0으로 놓고 정리한 반공진각 주파수 ω_1과 분자를 0으로 놓고 정리한 공진각 주파수 ω_2가 동시 존재한다.

$$\omega_1 = \frac{1}{\sqrt{L_1 C_1}} \tag{7.16}$$

$$\omega_2 = \sqrt{\frac{L_0 + L_1}{L_0 L_1 C_1}} = \sqrt{\frac{1}{L_1 C_1}\frac{L_0 + L_1}{L_0}} = \omega_1\sqrt{1 + \frac{L_1}{L_0}} > \omega_1 \tag{7.17}$$

여기서 반공진각 주파수 ω_1은 직렬로 연결된 L_0의 영향을 받지 않고, 공진각 주파수 ω_2는 직렬로 연결된 L_0의 영향을 받으며, ω_1보다 큰 각 주파수를 갖는다.

(6) $L_1 - C_1$ 의 병렬회로에 C_0 를 직렬로 접속한 회로

그림 7-10과 같이 접속된 임피던스 Z는

$$Z = -j\frac{1}{\omega C_0} + \frac{j\omega L_1}{1-\omega^2 L_1 C_1} = \frac{j(\omega^2 L_1 C_1 + \omega^2 L_1 C_0 - 1)}{\omega C_0(1-\omega^2 L_1 C_1)} \tag{7.18}$$

과 같이 되고, 여기서 공진각 주파수 ω_1은 분자를 0으로 놓아 정리하면 식 (7.19)와 같다.

$$\omega_1 = \frac{1}{\sqrt{L_1(C_1 + C_0)}} \tag{7.19}$$

직렬 연결된 C_0 값의 영향을 받는다. 반공진각 주파수 ω_2는 분모를 0으로 놓고 정리하면

$$\omega_2 = \frac{1}{\sqrt{L_1 C_1}} \tag{7.20}$$

이며, 반공진각 주파수 ω_2는 직렬 연결된 C_0 값의 영향이 없다.

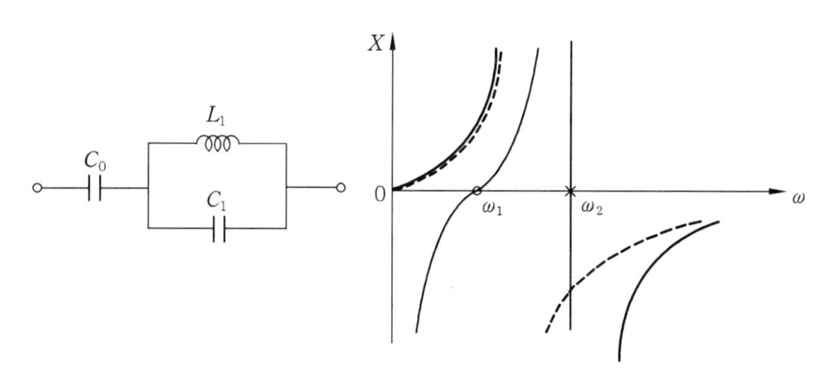

여기서 o : 공진, × : 반공진

그림 7-10 $C_0 - LC$ 직·병렬회로의 리액턴스 특성

예제 4. 그림 7-11과 같은 회로의 공진각 주파수 및 반공진각 주파수를 구하여라. (단, $L_1 = 0.025$ [mH], $L_2 = 0.2$ [mH], $C_1 = 0.02$ [μ F]이다.)

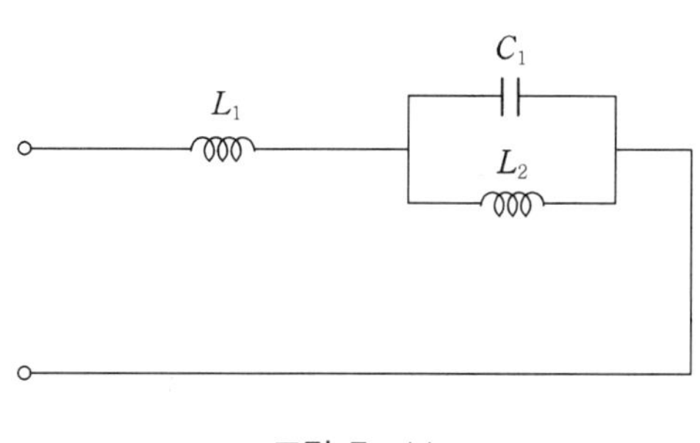

그림 7-11

해설 임피던스 Z는

$$Z = j\omega L_1 + \frac{\dfrac{j\omega L_2}{j\omega C_1}}{j\omega L_2 + \dfrac{1}{j\omega C_1}} = \frac{j\omega(L_1 + L_2 - \omega^2 L_1 L_2 C_1)}{1 - \omega^2 L_2 C_1} \ [\Omega]$$

따라서 반공진각 주파수 ω_1과 공진각 주파수 ω_2는

$$\omega_1 = \frac{1}{\sqrt{L_2 C_1}} = \frac{1}{\sqrt{0.2 \times 10^{-3} \times 0.02 \times 10^{-6}}} = \frac{10^6}{2} = 5 \times 10^5 \ [\text{rad/s}]$$

$$\omega_2 = \sqrt{\frac{L_1 + L_2}{L_1 L_2 C_1}} = \sqrt{\frac{0.025 \times 10^{-3} + 0.2 \times 10^{-3}}{0.025 \times 10^{-3} 0.2 \times 10^{-3} \times 0.02 \times 10^{-6}}}$$

$$= \sqrt{225 \times 10^{10}} = 1.5 \times 10^6 \ [\text{rad/s}]$$이다.

예제 5. 그림과 같은 리액턴스 2단자망의 공진각 주파수 및 반공진각 주파수를 구하여라.

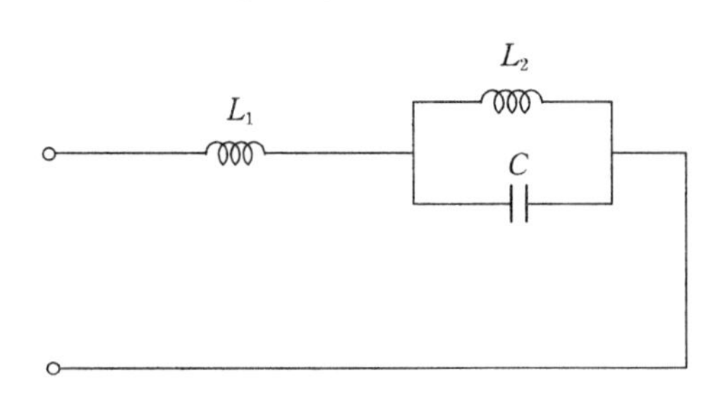

그림 7-12 LC 직 · 병렬회로

해설 단자 a, b의 등가 리액턴스를 구하면

$$Z = j\omega L_1 + \frac{1}{\frac{1}{j\omega L_2} + j\omega C} = j\omega L_1 - \frac{j\omega L_2}{\omega^2 L_2 C - 1}$$

$$= \frac{j\omega L_1(\omega^2 L_2 C - 1) - j\omega L_2}{\omega^2 L_2 C - 1} = \frac{j\omega L_1(\omega^2 L_2 C - 1) - j\omega \frac{L_2}{L_1} L_1}{\omega^2 L_2 C - 1}$$

$$= \frac{j\omega L_1\left(\omega^2 - \frac{1}{L_2 C}\right) - j\omega \frac{L_2 L_1}{L_2 L_1 C}}{\omega^2 - \frac{1}{L_2 C}} = \frac{j\omega L_1\left(\omega^2 - \frac{1}{L_2 C} - \frac{1}{L_1 C}\right)}{\omega^2 - \frac{1}{L_2 C}}$$

$$= \frac{j\omega\left\{\omega^2 - \left(\frac{1}{L_2 C} + \frac{1}{L_1 C}\right)\right\}}{\omega^2 - \frac{1}{L_2 C}} L_1$$

위의 식에서 $Z=0$이 되는 공진각 주파수 ω_1 및 ω_3는 분자로부터

$$\omega_1 = 0, \qquad \omega_3 = \sqrt{\frac{1}{L_2 C} + \frac{1}{L_1 C}}$$

가 되며, 또한 $Z=\infty$가 되는 반공진각 주파수 ω_2 및 ω_4는

분모에서 $\omega_2 = \frac{1}{\sqrt{L_2 C}}$, 분자에서 $\omega_4 = \infty$

가 된다. 여기서 ω_2와 ω_1의 대소관계를 구하면

$$\frac{1}{L_2 C} + \frac{1}{L_1 C} > \frac{1}{L_2 C}$$

$$\therefore \ \omega_3 > \omega_2$$

이 된다. 그러므로 4개의 공진각 주파수와 반공진각 주파수를 대소의 원자로 나열하면 다음 식과 같이 되며 공진각 주파수와 반공진각 주파수를 상호교환한 것이 된다.

ω_1	ω_2	ω_3	ω_4
0	$\frac{1}{\sqrt{L_2 C}}$	$\sqrt{\frac{1}{L_2 C} + \frac{1}{L_1 C}}$	∞
공진	반공진	공진	반공진

2-2 리액턴스 함수 정리

리액턴스 함수는 임피던스

$$Z=\frac{\Delta}{\Delta_{11}}=\frac{\left(j\frac{1}{\omega}\right)^{n}A(\omega^2-\omega_1{}^2)(\omega^2-\omega_3{}^2)\cdots\cdots(\omega^2-\omega_{2n-1}{}^2)}{\left(j\frac{1}{\omega}\right)^{n-1}B(\omega^2-\omega_2{}^2)(\omega^2-\omega_4{}^2)\cdots\cdots(\omega^2-\omega_{2n-2}{}^2)}$$

$$=\frac{j}{\omega}\frac{A(\omega^2-\omega_1{}^2)(\omega^2-\omega_3{}^2)\cdots\cdots(\omega^2-\omega_{2n-1}{}^2)}{B(\omega^2-\omega_2{}^2)(\omega^2-\omega_4{}^2)\cdots\cdots(\omega^2-\omega_{2n-2}{}^2)}$$

$$=j\omega\frac{H(\omega^2-\omega_1{}^2)(\omega^2-\omega_3{}^2)\cdots\cdots(\omega^2-\omega_{2n-1}{}^2)}{\omega^2(\omega^2-\omega_2{}^2)(\omega^2-\omega_4{}^2)\cdots\cdots(\omega^2-\omega_{2n-2}{}^2)} \tag{7.21}$$

와 같이 정리할 수 있다. 리액턴스 구동점 임피던스 $\boldsymbol{Z}$는 식 (7.21)과 같이 $\boldsymbol{Z}(j\omega)$는 $j\omega$의 정의 실계수 유리함수이다. $\boldsymbol{Z}(j\omega)$의 극점은 $0,\ \omega_2,\ \omega_4\cdots\omega_{2n-2}$이고, 영점은 $\omega_1,\ \omega_3,\ \omega_5\cdots\omega_{2n-1}$이므로 중복근이 아닌 단순근이며 항상 허축상에 존재한다.

또한 $\boldsymbol{Z}(j\omega)=jX(\omega)$라 하면, $\dfrac{dX(\omega)}{j\omega}>0$이므로 $\dfrac{d\boldsymbol{Z}}{j\omega}$는 항상 실수이다. 이것이 리액턴스 구동점 임피던스의 성질이며, 극점은 반공진각 주파수라고도 하고, 영점은 공진각 주파수라고도 한다.

3. 리액턴스 2단자망의 구성

구성된 리액턴스 2단자망의 각 주파수 ω가 0에서 ∞로 변화하는데 대하여 $\boldsymbol{Z}$가 0에서 시작하여 $+\infty$에서 끝나는 것을 $0-\infty$형이라 한다.

$$\boldsymbol{Z}=j\omega H\frac{(\omega^2-\omega_3{}^2)(\omega^2-\omega_5{}^2)\cdots\cdots(\omega^2-\omega_{2n-1}{}^2)}{(\omega^2-\omega_2{}^2)(\omega^2-\omega_4{}^2)\cdots\cdots(\omega^2-\omega_{2n-2}{}^2)} \tag{7.22}$$

동일한 방법에 의해서 $\boldsymbol{Z}$가 $-\infty$에서 시작하여 0에서 끝나는 것을 $\infty-0$형이라 하여

$$\boldsymbol{Z}=\frac{H}{j\omega}\frac{(\omega^2-\omega_1{}^2)(\omega^2-\omega_3{}^2)\cdots\cdots(\omega^2-\omega_{2n-3}{}^2)}{(\omega^2-\omega_2{}^2)(\omega^2-\omega_4{}^2)\cdots\cdots(\omega^2-\omega_{2n-2}{}^2)} \tag{7.23}$$

와 같이 표현하며, 동일한 방법에 의해서 $\boldsymbol{Z}$가 $-\infty$에서 시작하여 $+\infty$에서 끝나는 것은 $\infty-\infty$ 형이며

$$\boldsymbol{Z}=\frac{-H}{j\omega}\frac{(\omega^2-\omega_1{}^2)(\omega^2-\omega_3{}^2)\cdots\cdots(\omega^2-\omega_{2n-3}{}^2)}{(\omega^2-\omega_2{}^2)(\omega^2-\omega_4{}^2)\cdots\cdots(\omega^2-\omega_{2n-2}{}^2)} \tag{7.24}$$

와 같이 표현한다. 동일한 방법에 의해서 $\boldsymbol{Z}$가 0에서 시작하여 0으로 끝나는 것은 0-0형이다.

$$\boldsymbol{Z}=j\omega(-H)\frac{(\omega^2-\omega_3{}^2)(\omega^2-\omega_5{}^2)\cdots\cdots(\omega^2-\omega_{2n-1}{}^2)}{(\omega^2-\omega_2{}^2)(\omega^2-\omega_4{}^2)\cdots\cdots(\omega^2-\omega_{2n-4}{}^2)(\omega^2-\omega_{2n-2}{}^2)} \tag{7.25}$$

3－1 병렬공진회로의 직렬접속

주어진 주파수 특성을 가지는 리액턴스가 2단자 회로를 구성하는 경우의 구동점 임피던스 $\boldsymbol{Z}(s)$는 $s=j\omega$라 놓으면, 즉 $\sigma=0$이라면

$$\boldsymbol{Z}(s)=\frac{H(s^2+\omega_1{}^2)(s^2+\omega_3{}^2)\cdots\cdots(s^2+\omega_{2n-1}{}^2)}{s(s^2+\omega_2^2)(s^2+\omega_4{}^2)\cdots\cdots(s^2+\omega_{2n-2}{}^2)} \tag{7.26}$$

와 같이 얻을 수 있다. 임피던스 $\boldsymbol{Z}(s)$를 부분분수로 분해하면 다음과 같다.

$$\boldsymbol{Z}(s)=s\left(\frac{A_0}{s^2}+\frac{A_2}{s^2+\omega_2{}^2}+\frac{A_4}{s^2+\omega_4{}^2}+\cdots\cdots+\frac{A_{2n-2}}{s^2+\omega_{2n-2}{}^2}+A_\infty\right) \tag{7.27}$$

여기서 A_0, A_2, $A_4 \cdots A_\infty$는 유수이다. 유수를 구하는 방법은 다음과 같으며,

$$A_\infty=H$$

$$A_k=\left\{(s^2+\omega_k{}^2)\frac{Z(s)}{s}\right\}_{s=j\omega_k} \tag{7.28}$$

$k=0, 2, 4, \cdots, 2n-2$이고, 각 항을 유수의 정리로 구하면 된다. 그림 7－13과 같은 L_k와 C_k의 병렬회로의 임피던스 Z_k는

$$Z_k=\frac{L_k s}{1+L_k C_k s^2}=\frac{\dfrac{s}{C_k}}{s^2+\dfrac{1}{L_k C_k}} \tag{7.29}$$

와 같다.

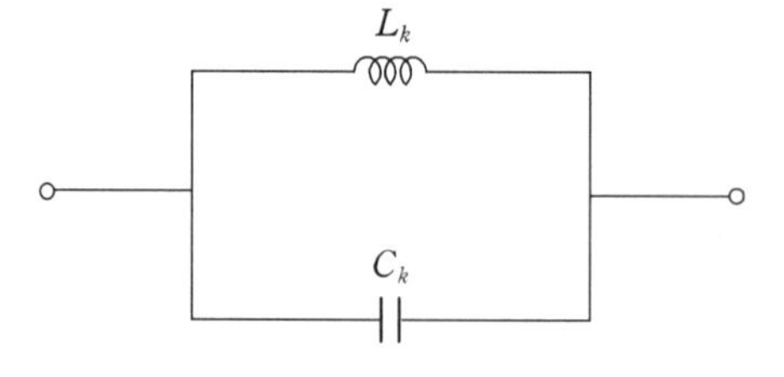

그림 7－13 LC 병렬회로

부분분수 제 k항의 임피던스 $\boldsymbol{Z}_k=\dfrac{A_k s}{s^2+\omega_k{}^2}$ 라면

$$A_k=\frac{1}{C_k},\quad C_k=\frac{1}{A_k},\quad \omega_k=\frac{1}{\sqrt{L_k C_k}},\quad L_k=\frac{1}{\sqrt{C_k\omega_k{}^2}} \tag{7.30}$$

ω_k는 공진상태(LC 병렬회로)이므로 그림 7－13의 LC 병렬공진회로의 직렬접속으로 표시할 L과 C의 값들은 다음과 같다.

$$C_k = \left(\frac{1}{s^2 + \omega_k^2} \cdot \frac{s}{Z(s)} \right)_{s=j\omega k}$$

$$L_k = \frac{1}{C_k \omega_k^2}, \quad L_\infty = H$$

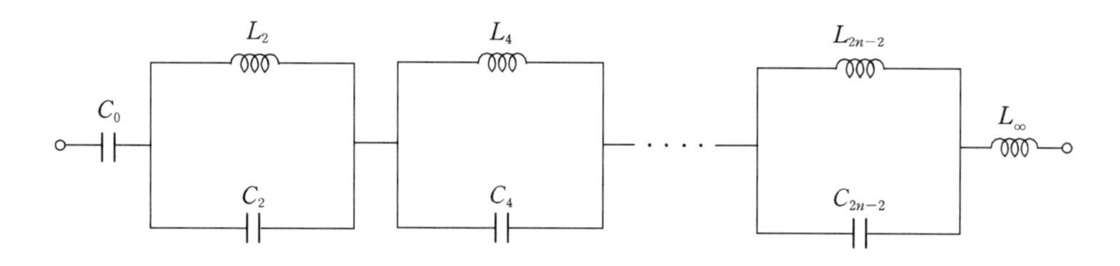

그림 7－14 LC 병렬공진회로의 직렬접속

3－2 직렬공진회로의 병렬접속

직렬공진회로에 병렬접속시킨 회로의 임피던스 $\boldsymbol{Z}(s)$를 얻기 위해서 식 (7.26)으로부터 먼저 구동점 어드미턴스 $\boldsymbol{Y}(s)$를 $s = j\omega$라 놓고 구한다.

$$\boldsymbol{Y}(s) = \frac{1}{\boldsymbol{Z}(s)} = \frac{s(s^2+\omega_2^2)(s^2+\omega_4^2) \cdots\cdots (s^2+\omega_{2n-2}^2)}{H(s^2+\omega_1^2)(s^2+\omega_3^2) \cdots\cdots (s^2+\omega_{2n-1}^2)} \tag{7.31}$$

부분분수로 고치면 다음과 같다.

$$\boldsymbol{Y}(s) = s\left(\frac{B_1}{s^2+\omega_1^2} + \frac{B_2}{s^2+\omega_3^2} + \cdots\cdots + \frac{B_{2n-1}}{s^2+\omega_{2n-1}^2} \right) \tag{7.32}$$

유수를 구하는 방법은

$$B_k = \left\{ (s^2+\omega_k^2) \frac{\boldsymbol{Y}(s)}{s} \right\}_{s=j\omega k} \tag{7.33}$$

와 같고, 여기서 $k=1, 3, 5, \cdots, 2n-1$이며, 직렬 어드미턴스 $\boldsymbol{Y}_k$는

$$\boldsymbol{Y}_k = \frac{sC_k}{1+L_kC_ks^2} = \frac{s \cdot \dfrac{1}{L_k}}{s^2 + \dfrac{1}{L_kC_k}} \tag{7.34}$$

와 같다. 식 (7.32)와 비교하여 $\boldsymbol{Y}_k = \dfrac{B_k s}{s^2+\omega_k^2}$로 하면 식 (7.35)와 같다.

$$B_k = \frac{1}{L_k}, \quad L_k = \frac{1}{B_k}, \quad \omega_k = \frac{1}{\sqrt{L_kC_k}}, \quad C_k = \frac{1}{L_k\omega_k^2} \tag{7.35}$$

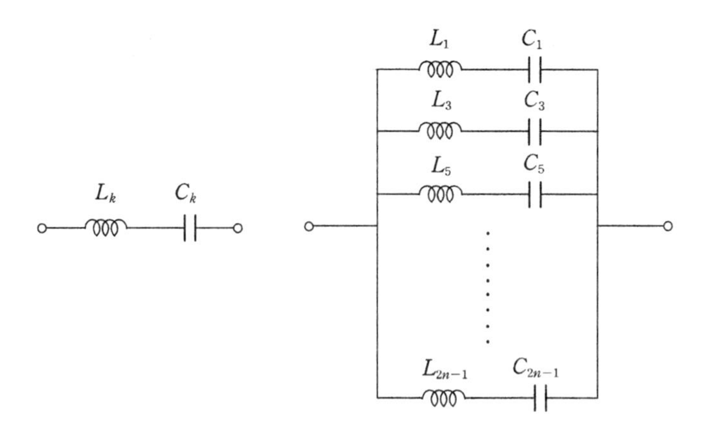

그림 7 - 15 직렬공진회로의 병렬접속

예제 6. $H=0.2$ 공진각 주파수 $\omega_1=3000$, $\omega_3=5000$ 반공진각 주파수 $\omega_2=4000$인 경우, 이와 같은 주파수 특성을 가지는 리액턴스 2단자 회로를 직렬공진회로의 병렬접속으로 나타내어라.

해설 $$\boldsymbol{Y}(s)=\frac{s(s^2+\omega_2{}^2)}{H(s^2+\omega_1{}^2)(s^2+\omega_3{}^2)}$$

$$L_1=\left\{\frac{1}{s^2+\omega_1{}^2}\cdot\frac{s}{Y(s)}\right\}_{S=j\omega_1}=H\frac{\omega_3{}^2-\omega_1{}^2}{\omega_2{}^2-\omega_1{}^2}$$

$$=0.2\,\frac{5000^2-3000^2}{4000^2-3000^2}=0.457\,[\mathrm{H}]$$

$$L_3=H\frac{\omega_1{}^2-\omega_3{}^2}{\omega_2{}^2-\omega_3{}^2}=0.2\,\frac{3000^2-5000^2}{4000^2-5000^2}$$

$$=0.356\,[\mathrm{H}]$$

$$C_1=\frac{1}{L_1\omega_1{}^2}=\frac{1}{0.457\times3000^2}=0.24\,[\mu\mathrm{F}]$$

$$C_3=\frac{1}{L_3\omega_3{}^2}=\frac{1}{0.356\times5000^2}=0.11\,[\mu\mathrm{F}]$$

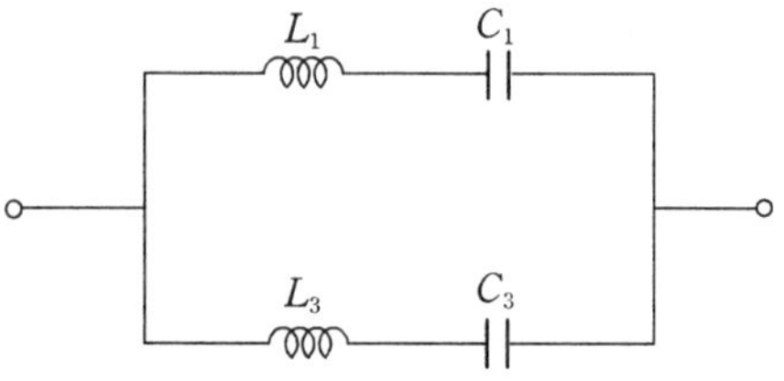

그림 7 - 16 설계된 직렬공진 회로의 병렬접속

3 - 3 사다리형 회로 (1)

그림 7-17과 같이 다수의 임피던스를 직렬 및 병렬로 상호접속한 회로이다. 그림 7-17 단자 ab에서 본 임피던스 $\boldsymbol{Z}$는 $\boldsymbol{Z}_1$과 단자 cd에서 오른쪽을 본 임피던스 $\boldsymbol{Z}_2{}'$와의 합으로

$$\boldsymbol{Z}=\boldsymbol{Z}_1+\frac{1}{\dfrac{1}{\boldsymbol{Z}_2}+\dfrac{1}{\boldsymbol{Z}_2{}'}}=\boldsymbol{Z}_1+\frac{1}{\boldsymbol{Y}_2+\dfrac{1}{\boldsymbol{Z}_2{}'}} \tag{7.36}$$

와 같이 나타낸다.

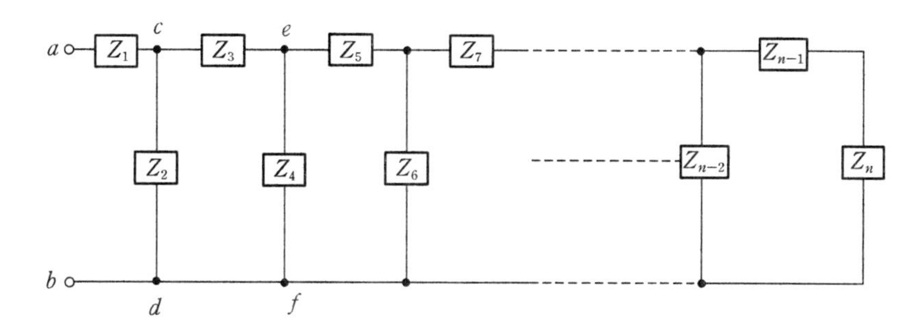

그림 7-17 사다리형 회로망

단자 ef에서 오른쪽를 본 임피던스가 $\boldsymbol{Z}_4'$ 라면

$$\boldsymbol{Z}_2' = \boldsymbol{Z}_3 + \cfrac{1}{\cfrac{1}{\boldsymbol{Z}_4} + \cfrac{1}{\boldsymbol{Z}_4'}} = \boldsymbol{Z}_3 + \cfrac{1}{\boldsymbol{Y}_4 + \cfrac{1}{\boldsymbol{Z}_4'}} \tag{7.37}$$

와 같이 구한다. $\boldsymbol{Z}_2'$를 $\boldsymbol{Z}$에 대입하여 정리하면

$$\boldsymbol{Z} = \boldsymbol{Z}_1 + \cfrac{1}{\boldsymbol{Y}_2 + \cfrac{1}{\boldsymbol{Z}_3 + \cfrac{1}{\boldsymbol{Y}_4 + \cfrac{1}{\boldsymbol{Z}_4'}}}} \tag{7.38}$$

와 같이 구할 수 있고, 동일하게 순차로 접속하면 연분수로 식 (7.39)와 같이 표현된다.

$$\boldsymbol{Z} = \boldsymbol{Z}_1 + \cfrac{1}{\boldsymbol{Y}_2 + \cfrac{1}{\boldsymbol{Z}_3 + \cfrac{1}{\boldsymbol{Y}_4} + \cfrac{1}{\boldsymbol{Z}_5 + \cfrac{1}{\boldsymbol{Y}_6 + \cdots}}}} \tag{7.39}$$

연분수의 또 다른 표현법은

$$\boldsymbol{Z} = \boldsymbol{Z}_1 + \frac{1}{\boldsymbol{Y}_2 +}\,\frac{1}{\boldsymbol{Z}_3 +}\,\frac{1}{\boldsymbol{Y}_4 +}\,\frac{1}{\boldsymbol{Z}_5 +}\,\frac{1}{\boldsymbol{Y}_6 +}\cdots \tag{7.40}$$

2단자망의 구성인 0~∞형에서

$$\boldsymbol{Z}(j\omega) = j\omega H \frac{(\omega^2 - \omega_1{}^2)(\omega^2 - \omega_3{}^2)\cdots(\omega^2 - \omega_{2n-1}{}^2)}{\omega^2(\omega^2 - \omega_2{}^2)(\omega^2 - \omega_4{}^2)\cdots(\omega^2 - \omega_{2n-2}{}^2)} \tag{7.41}$$

라 하면 식 (7.41)에 $j\omega = \lambda$를 대입하면

$$\boldsymbol{Z}(\lambda) = \frac{\lambda H\left\{\left(\frac{\lambda}{j}\right)^2 - \omega_1{}^2\right\}\left\{\left(\frac{\lambda}{j}\right)^2 - \omega_3{}^2\right\}\cdots\left\{\left(\frac{\lambda}{j}\right)^2 - \omega_{2n-1}{}^2\right\}}{\left(\frac{\lambda}{j}\right)^2\left\{\left(\frac{\lambda}{j}\right)^2 - \omega_2{}^2\right\}\left\{\left(\frac{\lambda}{j}\right)^2 - \omega_4{}^2\right\}\cdots\left\{\left(\frac{\lambda}{j}\right)^2 - \omega_{2n-2}{}^2\right\}}$$

$$= \frac{H(\lambda^2 + \omega_1{}^2)(\lambda^2 + \omega_3{}^2)\cdots(\lambda^2 + \omega_{2n-1}{}^2)}{\lambda(\lambda^2 + \omega_2{}^2)(\lambda^2 + \omega_4{}^2)\cdots(\lambda^2 + \omega_{2n-2}{}^2)}$$

$$= \frac{a_0 + a_2\lambda^2 + a_4\lambda^4 + \cdots + a_{2n}\lambda^{2n}}{\lambda(b_1 + b_3\lambda^2 + b_5\lambda^2 + \cdots + b_{2n-1}\lambda^{2n-2})}$$

$$= \frac{a_{2n}}{b_{2n-1}}\lambda + \frac{c_0 + c_2\lambda^2 + \cdots + c_{2n-2}\lambda^{2n-2}}{\lambda(b_1 + b_3\lambda^2 + \cdots + b_{2n-1}\lambda^{2n-2})} \tag{7.42}$$

와 같다. 위의 식 (7.42)에서 우변 2항의 분모를 분자로 나누면

$$Z(\lambda) = \frac{a_{2n}}{b_{2n}}\lambda + \cfrac{1}{\cfrac{b_{2n-1}}{c_{2n-2}}\lambda + \cfrac{\lambda(d_1 + d_3\lambda^2 + \cdots + d_{2n-3}\lambda^{2n-4})}{c_0 + c_2\lambda^2 + \cdots + c_{2n-2}\lambda^{2n-2}}} \tag{7.43}$$

와 같으며, 이 과정을 반복하고, $\lambda = j\omega$를 대입하면

$$Z(j\omega) = j\omega\frac{a_{2n}}{b_{2n-1}} + \frac{1}{j\omega\frac{b_{2n-1}}{c_{2n-1}} +}\ \frac{1}{j\omega\frac{c_{2n-2}}{d_{2n-3}} +} \tag{7.44}$$

과 같은 연분수로 표현한다. 각 소자의 값은 식 (7.45)와 같다.

$$L_1 = \frac{a_{2n}}{b_{2n-1}},\ L_2 = \frac{c_{2n-2}}{d_{2n-3}} \cdots,\ c_1 = \frac{b_{2n-1}}{c_{2n-2}},\ c_3 = \frac{d_{2n-3}}{e_{2n-4}} \cdots \tag{7.45}$$

L1
L2
L3
L4
Ln
C1
C2
C3
C4
Cn-1
Cn

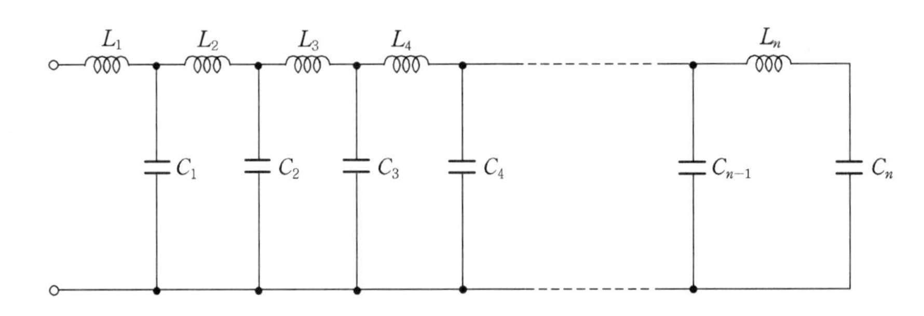

그림 7-18 설계된 LC형 사다리형 회로

예제 7. 임피던스가 $Z(s) = \dfrac{70s^4 + 23s^2 + 1}{35s^3 + 8s}$로 주어졌을 때 주파수 특성을 갖는 L형 리액턴스 2단자망을 사다리형 회로로 구하여라.

해설 식 (7.45)로부터

$\dfrac{70s^4+23s^2+1}{35s^3+8s} = 2s \rightarrow L_1$(나머지 : $7s^2+1$)

$\dfrac{35s^3+8s}{7s^2+1} = 5s \rightarrow C_1$(나머지 : $3s$)

$\dfrac{7s^2+1}{3s} = \dfrac{7}{3}s \rightarrow L_2$(나머지 : 1)

$\dfrac{3s}{1} = 3s \rightarrow C_2$

L1=2[H]
L2=7/3[H]
C1=5[F]
C2=3[F]

그림 7-19

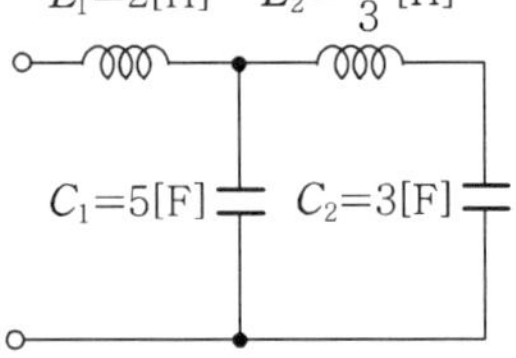

3-4 사다리형 회로 (2)

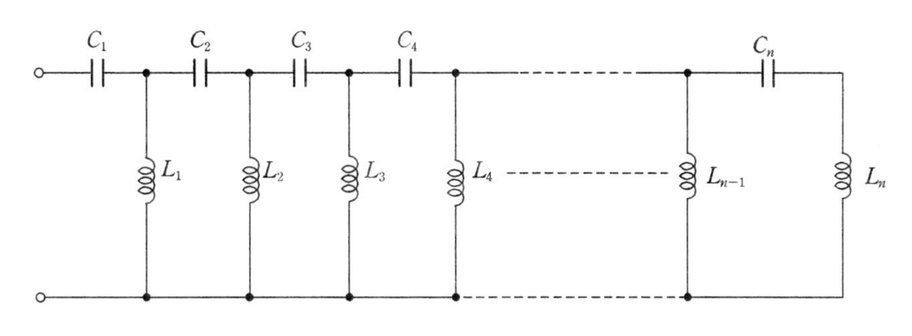

그림 7-20 CL형 사다리형 회로망

주어진 주파수의 특성을 고찰한 그림 7-20에 대해서 식 (7.42)를 연분수의 형으로 변형할 때 최저 차의 항에서 구하면 편리하다.

$$
\begin{aligned}
Z(\lambda) &= \frac{a_0 + a_2\lambda^2 + \cdots + a_{2n}\lambda^{2n}}{\lambda(b_1 + b_3\lambda^2 + \cdots b_{2n-1}\lambda^{2n-2})} \\
&= \frac{a_0}{b_1}\lambda + \frac{C_2\lambda^2 + C_4\lambda^4 + \cdots + C_{2n-1}\lambda^{2n-1}}{\lambda(b_1 + b_3\lambda^2 + \cdots b_{2n-1}\lambda^{2n-2})} \\
&= \frac{a_0}{b_1}\lambda + \cfrac{1}{\cfrac{b_1}{C_2\lambda} + \cfrac{\lambda(d_3\lambda^3 + d_5\lambda^5 + \cdots + d_{2n-1}\lambda^{2n-1})}{C_2\lambda^2 + C_4\lambda^4 + \cdots + C_{2n}\lambda^{2n}}}
\end{aligned}
\qquad (7.46)
$$

순차로 반복하면 결국 연분수로 표현하게 된다.

$$
Z(j\omega) = \frac{1}{j\omega C_1} + \frac{1}{\left(\frac{1}{j\omega L_1}\right) +} \frac{1}{\left(\frac{1}{j\omega C_2}\right) +} \cdots \frac{1}{\left(\frac{1}{j\omega C_n}\right) +} \frac{1}{\left(\frac{1}{j\omega L_n}\right) +} \qquad (7.47)
$$

$C_1 = \frac{b_1}{a_0}$, $L_1 = \frac{c_2}{b_1}$, $C_2 = \frac{d_3}{c_2}$, $L_2 = \frac{e_4}{d_3}$는 그림 7-20의 각 소자의 값을 구하는 방법이다.

3-5 정저항회로

2단자 임피던스의 허수부가 어떠한 주파수에 대해서도 항상 0이 되며 실수부도 주파수에 관계없이 항상 일정한 회로를 정저항회로라 한다. 정저항회로가 되는 것은 선형회로망에서 다루었던 역회로도 성립한다. 2단자망의 임피던스를 $Z(j\omega)$로 놓으면 식 (7.9)와 유사하게

$$
Z(j\omega) = \frac{A_0(\omega) + jA_1(\omega)}{B_0(\omega) + jB_1(\omega)} \qquad (7.48)
$$

와 같이 된다.

식 (7.48)에서 허수부가 ω의 어떤 값에도 불구하고 0이 되려면

$$\frac{A_0(\omega)}{B_0(\omega)}=\frac{A_1(\omega)}{B_1(\omega)} \tag{7.49}$$

가 성립되어야 한다. 이것을 $Z(j\omega)$에 대입하면

$$\boldsymbol{Z}(j\omega)=\frac{A_0(\omega)}{B_0(\omega)}=\frac{A_1(\omega)}{B_1(\omega)} \tag{7.50}$$

이 된다. 이것을 만족하기 위해서는

$$\begin{aligned}\boldsymbol{Z}(j\omega)&=\frac{a_0-a_2\omega^2+a_4\omega_4-\cdots+(-1)^n a_{2n}\omega^{2n}}{-b_2\omega^2+b_4\omega^4-\cdots(-1)^{n-1}b_{2n-2}\omega^{2n-2}}\\&\cdot\frac{+j\omega\{a_1+a_3\omega^2+\cdots+(-1)^{n-1}a_{2n-1}\omega^{2n}\}}{+j\omega\{b_1-b_3\omega^2+\cdots+(-1)^{n-1}b_{2n-1}\omega^{2n-2}\}}\\&=\frac{a_0-a_3\omega^2+\cdots+(-1)^{n-1}a_{2n-1}\omega^{2n-2}}{b_1-b_3\omega^2+\cdots(-1)^{n-1}b_{2n-1}\omega^{2n-2}}\end{aligned} \tag{7.51}$$

이 되어야 하고, 이 식 (7.51)이 성립할 조건은 ω에 관한 차수가 같아야 한다. 따라서 $a_0=0$, $a_{2n}=0$이 되어야 하고, 항상 등호가 ω에 관계없이 성립하기 위해서

$$\frac{a_1}{b_1}=\frac{a_2}{b_2}=\frac{a_3}{b_3}=\cdots\cdots=\frac{a_{2n-1}}{b_{2n-1}} \tag{7.52}$$

가 만족되어야 한다. 그림 7-21은 정저항 회로의 조건을 구하기 위한 예제 그림이다.

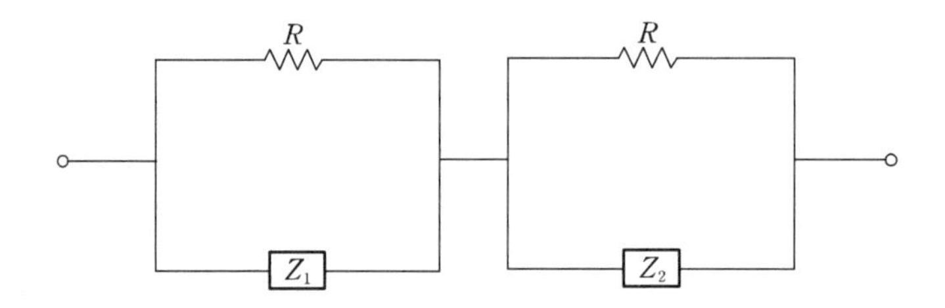

그림 7-21 정저항을 위한 병·직렬회로

그림 7-21에서 먼저 합성 임피던스 $\boldsymbol{Z}$는 다음과 같다.

$$\begin{aligned}\boldsymbol{Z}&=\frac{R\boldsymbol{Z}_1}{R+\boldsymbol{Z}_1}+\frac{R\boldsymbol{Z}_2}{R+\boldsymbol{Z}_2}\\&=\frac{R\boldsymbol{Z}_1(R+\boldsymbol{Z}_2)+R\boldsymbol{Z}_2(R+\boldsymbol{Z}_1)}{(R+\boldsymbol{Z}_1)(R+\boldsymbol{Z}_2)}\end{aligned} \tag{7.53}$$

식 (7.53)에서 $\boldsymbol{Z}_1=R_1+jX_1$, $\boldsymbol{Z}_2=R_2+jX_2$를 대입해서 정리하면 실수부가 X_1, X_2와 같은 주파수 영향을 받는 인자가 포함되어 있으므로 실수부가 주파수에 관계없이 일정할 수 없다. 따라서 식 (7.53)을 정리하면

$$\boldsymbol{Z} = \frac{R\boldsymbol{Z}_1(R+\boldsymbol{Z}_2)+R\boldsymbol{Z}_2(R+\boldsymbol{Z}_1)}{(R+\boldsymbol{Z}_1)(R+\boldsymbol{Z}_2)}$$

$$= \frac{R\{\boldsymbol{Z}_1(R+\boldsymbol{Z}_2)+\boldsymbol{Z}_2(R+\boldsymbol{Z}_1)\}}{(R+\boldsymbol{Z}_1)(R+\boldsymbol{Z}_2)} \tag{7.54}$$

와 같고, 식 (7.54)에서 $\boldsymbol{Z}=R$이 되기 위해서는

$$\boldsymbol{Z}_1(R+\boldsymbol{Z}_2)+\boldsymbol{Z}_2(R+\boldsymbol{Z}_1)=(R+\boldsymbol{Z}_1)(R+\boldsymbol{Z}_2) \tag{7.55}$$

인 관계가 성립하면 구동점 임피던스 $\boldsymbol{Z}$는 주파수에 관계없이 항상 일정식 R을 갖게 되므로 허수부는 항상 0이 된다. 식 (7.55)를 정리해 보면 다음과 같다.

$$\boldsymbol{Z}_1R+\boldsymbol{Z}_1\boldsymbol{Z}_2+\boldsymbol{Z}_2R+\boldsymbol{Z}_1\boldsymbol{Z}_2-\boldsymbol{Z}_2R-\boldsymbol{Z}_1R-\boldsymbol{Z}_1\boldsymbol{Z}_2=R^2$$

$$\boldsymbol{Z}_1\boldsymbol{Z}_2=R^2 \tag{7.56}$$

이것이 정저항이 되기 위한 조건이다. 즉, $\boldsymbol{Z}_1$과 $\boldsymbol{Z}_2$가 저항 R에 대해서 역회로가 성립되면 된다.

예제 8. 그림과 같은 회로에서 정저항회로가 되기 위한 R의 값은? (단, $C=0.2$ [μ F], $L=8$ [mH]이다.)

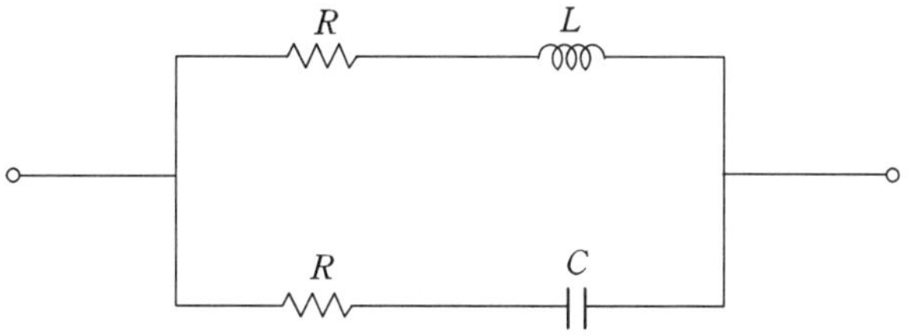

그림 7-22

해설 $Z_1=j\omega L$, $Z_2=\dfrac{1}{j\omega C}$로 하면

$$Z_1Z_2=\frac{L}{C}=R^2$$

$$R=\sqrt{\frac{L}{C}}=\sqrt{\frac{8\times10^{-3}}{0.2\times10^{-6}}}=\sqrt{4\times10^4}=200\ [\Omega]$$

연 · 습 · 문 · 제

1. 임피던스 함수 $Z(s)=\dfrac{s+20}{s^2+8s+4}$ [Ω]인 2단자 회로망이 직류전압 20[V]를 인가할 때, 이 회로에 흐르는 전류를 구하여라.

답 $I=4$ [A]

2. 임피던스 함수 $Z(s)=\dfrac{5s+6}{s}$ [Ω]으로 표시되는 2단자 회로를 구하여라.

답 직렬회로 : $R=5$ [Ω], $C=\dfrac{1}{6}$ [μF]

3. 임피던스 함수가 $Z(s)=\dfrac{s}{s^2+2}$ [Ω]로 표시되는 리액턴스 2단자 회로망을 구하여라.

답 병렬회로 : $C=1$ [μF], $L=0.5$ [H]

4. 그림 7－23과 같은 RLC 직렬회로의 구동점 임피던스 $Z(s)$를 구하여라.

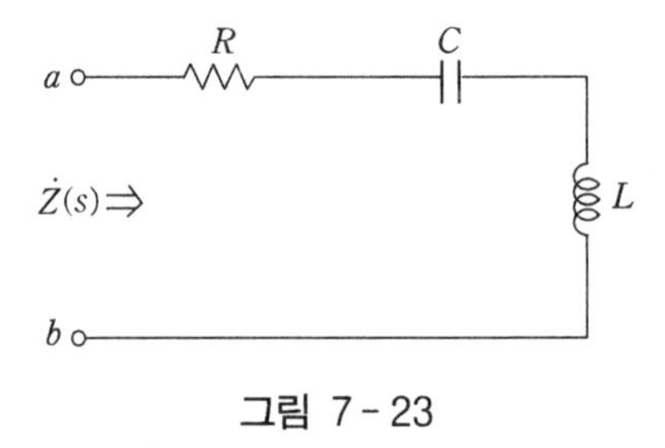

그림 7 - 23

답 $Z(s)=L\dfrac{\left(\dfrac{sR}{L}+\dfrac{1}{LC}+s^2\right)}{s}$ [Ω]

5. 그림 7－24와 같은 회로의 구동점 임피던스 $Z(s)$를 구하여라.

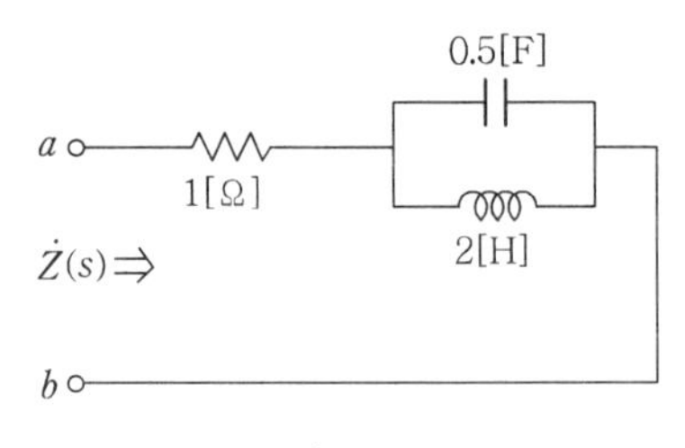

그림 7 - 24

답 $Z(s)=\dfrac{s^2+2s+1}{s^2+1}$ [Ω]

6. 그림 7-25와 같은 회로의 구동점 임피던스 $\boldsymbol{Z}(s)$를 구하여라. (단, $s=j\omega$이다.)

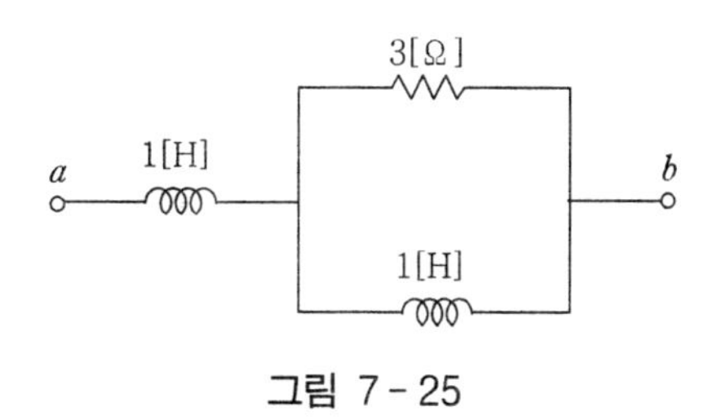

그림 7-25

답 $\boldsymbol{Z}(s)=\dfrac{s^2+6s}{s+3}$ [Ω]

7. 그림 7-26과 같은 2단자 회로망에서 영점과 극점을 구하여라.

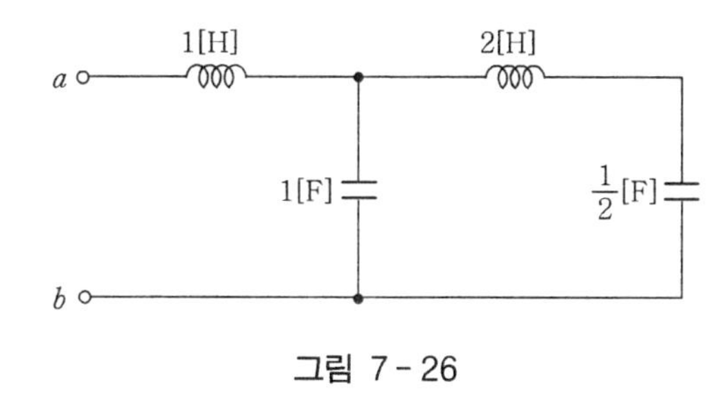

그림 7-26

답 영점 → $\pm j\dfrac{1}{\sqrt{2}}$, $\pm j\sqrt{2}$, 극점 → 0, $\pm j\sqrt{\dfrac{3}{2}}$

8. 그림 7-27과 같은 회로가 (a)와 (b)가 서로 역회로가 되기 위한 L_2의 값은?

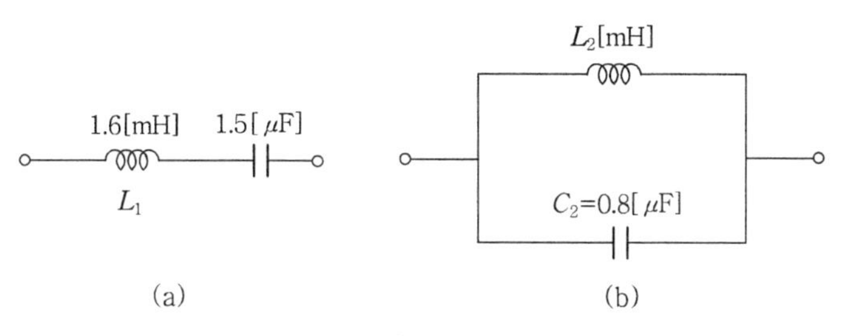

그림 7-27

답 $L_2=3$ [mH]

9. 그림 7-28과 같은 회로의 역회로를 구하여라. (단, $K=100$이다.)

답 $L_1=100$ [mH], $C_2=0.2$ [μF]

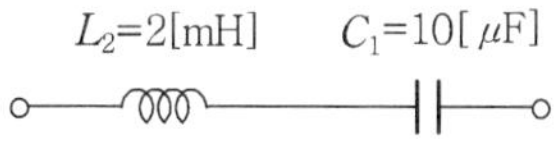

L_2=2[mH] C_1=10[μF]

그림 7-28

10. 그림 7−29는 정저항 회로이다. 이 때 정저항 회로가 되는 C의 값을 구하여라. (단, $\boldsymbol{Z}_1$은 L소자이고, $\boldsymbol{Z}_2$는 C의 소자이며, $R=200\,[\Omega]$, $L=20\,[\text{mH}]$이다.)

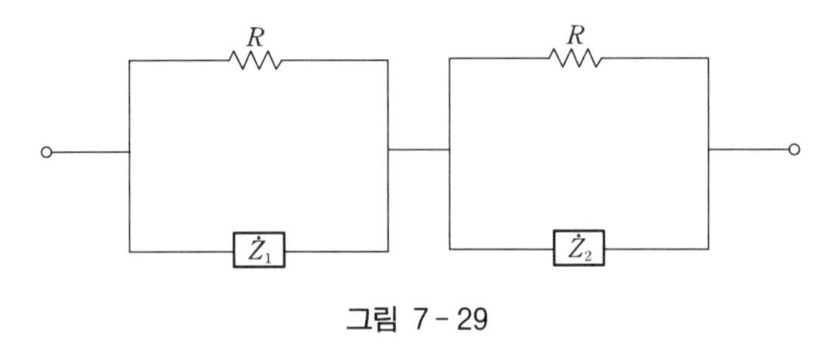

그림 7 - 29

답 $C=1\,[\mu\text{F}]$

11. 그림 7−30같은 회로에서 $R=5[\Omega]$, $L=25[\text{mH}]$일 때 이 회로가 정저항 회로가 되기 위해서는 C를 몇 $[\mu\text{F}]$로 하면 되는가?

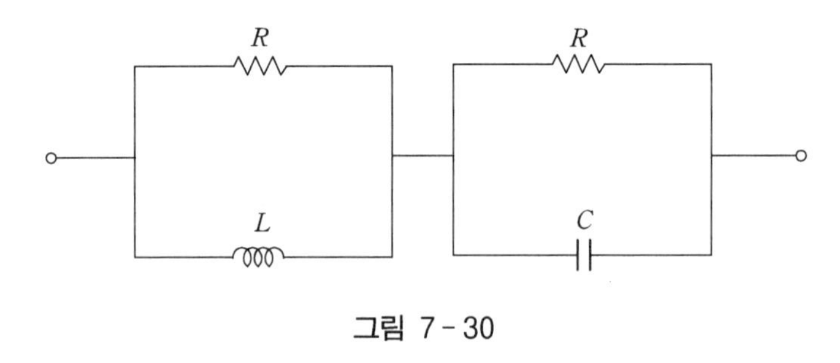

그림 7 - 30

답 $C=1000\,[\mu\text{F}]$

8 CHAPTER 4단자망

4단자망은 입력과 출력이 존재하는 회로이다. 이것은 내부에 전원의 유무에 따라서 전원이 존재하면 능동 4단자 회로망이라 하고, 그렇지 않으면 수동 4단자 회로망이라 한다.

본 장에서는 다음 조건을 만족하는 수동 4단자 회로망을 설명하고자 한다.

① 내부에 전원을 갖지 않는다(단, TR 같은 곳에 사용하는 직류전원 제외).

② 전압, 전류의 관계가 1차 식이다.

③ 입력단자에서 한쪽 단에 흘러들어 오는 전류는 타 단으로 흘러나가는 전류와 같다. 출력단자에서도 동일하다.

그림 8-1에 앞으로 취급할 4단자 회로망의 예를 나타내어 본다.

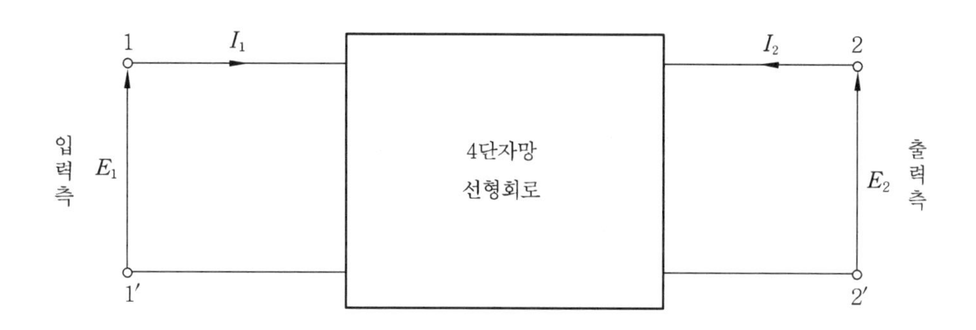

그림 8-1 4단자 회로망의 예

전기공학에서 입·출력을 사용하는 전기회로에는 전원변압기의 입력단자대와 출력단자대, 송전선의 송전단자대와 수전단자대가 있고, 전자회로에는 증폭기의 입력단자대와 출력단자대 등이 있다. 이와 같은 2개의 단자대를 취급하는 회로를 4단자 회로망이라 한다.

1. 회로정수

1－1 임피던스 파라미터

n개의 폐로의 회로망으로 구성된 회로들에 키르히호프의 전압법칙을 사용한 연립방정식을 매트릭스로 표시하면

$$\begin{bmatrix} Z_{11} & Z_{12} & \cdots & Z_{1n} \\ Z_{21} & Z_{22} & \cdots & Z_{2n} \\ Z_{31} & Z_{32} & \cdots & Z_{3n} \\ \vdots & \vdots & & \vdots \\ Z_{n1} & Z_{n2} & \cdots & Z_{nn} \end{bmatrix} \begin{bmatrix} I_1 \\ I_2 \\ I_3 \\ \vdots \\ I_n \end{bmatrix} = \begin{bmatrix} E_1 \\ E_2 \\ 0 \\ \vdots \\ 0 \end{bmatrix} \tag{8.1}$$

과 같이 얻을 수 있다. 4단자망에서는 E_1, E_2, I_1, I_2 를 고려하여 식 (8.1)을 다음과 같이 나누어 보자. 그러면 식 (8.2)를 얻는다.

$$\left[\begin{array}{cc|cc} Z_{11} & Z_{12} & \cdots & Z_{1n} \\ Z_{21} & Z_{22} & \cdots & Z_{2n} \\ \hline Z_{31} & Z_{32} & \cdots & Z_{3n} \\ \vdots & \vdots & \vdots & \\ Z_{n1} & Z_{n2} & \cdots & Z_{nn} \end{array}\right] \begin{bmatrix} I_1 \\ I_2 \\ I_3 \\ \vdots \\ I_n \end{bmatrix} = \begin{bmatrix} E_1 \\ E_2 \\ 0 \\ \vdots \\ 0 \end{bmatrix}$$

$$\begin{bmatrix} \begin{bmatrix} E_1 \\ E_2 \end{bmatrix} \\ \begin{bmatrix} 0 \\ 0 \end{bmatrix} \end{bmatrix} = \begin{bmatrix} [Z]_{11} & [Z]_{12} \\ [Z]_{21} & [Z]_{22} \end{bmatrix} \begin{bmatrix} \begin{bmatrix} I_1 \\ I_2 \end{bmatrix} \\ \begin{bmatrix} I_3 \\ I_n \end{bmatrix} \end{bmatrix} \tag{8.2}$$

식 (8.2)와 같이 블록 매트릭스로 표현해서 정리하면 각각

$$\begin{bmatrix} E_1 \\ E_2 \end{bmatrix} = [Z]_{11} \begin{bmatrix} I_1 \\ I_2 \end{bmatrix} + [Z]_{12} \begin{bmatrix} I_3 \\ I_n \end{bmatrix} \tag{8.3}$$

$$\begin{bmatrix} 0 \\ 0 \end{bmatrix} = [Z]_{21} \begin{bmatrix} I_1 \\ I_2 \end{bmatrix} + [Z]_{22} \begin{bmatrix} I_3 \\ I_n \end{bmatrix} \tag{8.4}$$

와 같다. 식 (8.4)에서

$$\begin{bmatrix} I_3 \\ I_n \end{bmatrix} = -[Z]_{22}^{-1}[Z]_{21} \begin{bmatrix} I_1 \\ I_2 \end{bmatrix}$$

를 구하여 식 (8.3)에 대입하면

$$\begin{bmatrix} E_1 \\ E_2 \end{bmatrix} = \{[Z]_{11} - [Z]_{12}[Z]_{22}^{-1}[Z]_{21}\} \begin{bmatrix} I_1 \\ I_2 \end{bmatrix} \tag{8.5}$$

식 (8.5)의 관계로부터

$$\begin{bmatrix} \boldsymbol{E}_1 \\ \boldsymbol{E}_2 \end{bmatrix} = \begin{bmatrix} [\boldsymbol{Z}]_{11} & [\boldsymbol{Z}]_{12} \\ [\boldsymbol{Z}]_{21} & [\boldsymbol{Z}]_{22} \end{bmatrix} \begin{bmatrix} \boldsymbol{I}_1 \\ \boldsymbol{I}_2 \end{bmatrix} \tag{8.6}$$

과 같이 쓸 수 있다. 따라서 4단자망의 기초방정식은 식 (8.7)과 같다.

$$\boldsymbol{E}_1 = \boldsymbol{Z}_{11}\boldsymbol{I}_1 + \boldsymbol{Z}_{12}\boldsymbol{I}_2$$

$$\boldsymbol{E}_2 = \boldsymbol{Z}_{21}\boldsymbol{I}_1 + \boldsymbol{Z}_{22}\boldsymbol{I}_2 \tag{8.7}$$

임피던스 파라미터를 구하는 방법은 그림 8-1에서 입력단자나 출력단자를 개방하고, 즉 $\boldsymbol{I}_1=0$ 또는 $\boldsymbol{I}_2=0$로 놓는다.

식 (8.7)에서 출력측인 2-2′를 개방하면 즉, $\boldsymbol{I}_2=0$면 식 (8.7)에서

$$\boldsymbol{Z}_{11} = \left(\frac{\boldsymbol{E}_1}{\boldsymbol{I}_1}\right)_{\boldsymbol{I}_2=0} \qquad \boldsymbol{Z}_{21} = \left(\frac{\boldsymbol{E}_2}{\boldsymbol{I}_1}\right)_{\boldsymbol{I}_2=0} \tag{8.8}$$

를 얻는다. 그림 8-1에서 입력측인 1-1′를 개방 즉, $\boldsymbol{I}_1=0$면 식 (8.7)에서

$$\boldsymbol{Z}_{12} = \left(\frac{\boldsymbol{E}_1}{\boldsymbol{I}_2}\right)_{\boldsymbol{I}_1=0} \qquad \boldsymbol{Z}_{22} = \left(\frac{\boldsymbol{E}_2}{\boldsymbol{I}_2}\right)_{\boldsymbol{I}_1=0} \tag{8.9}$$

를 얻는다. 이상에서 $\boldsymbol{Z}_{11}$은 출력개방 구동점 임피던스, $\boldsymbol{Z}_{22}$는 입력개방 구동점 임피던스이며, $\boldsymbol{Z}_{12}$는 입력개방 전달 임피던스이고, $\boldsymbol{Z}_{21}$은 출력개방 전달 임피던스이다.

식 (8.8)과 식 (8.9)에서 구한 임피던스가 $\boldsymbol{Z}_{12}=\boldsymbol{Z}_{21}$의 조건이면 일반적으로 선형회로이며 파라미터를 3개 구하면 된다. 또한 $\boldsymbol{Z}_{11}=\boldsymbol{Z}_{22}$를 만족하면 그 회로는 대칭회로인 경우이다.

예제 1. 그림 8-2와 같은 T형 회로망에서 임피던스 파라미터를 구하여라.

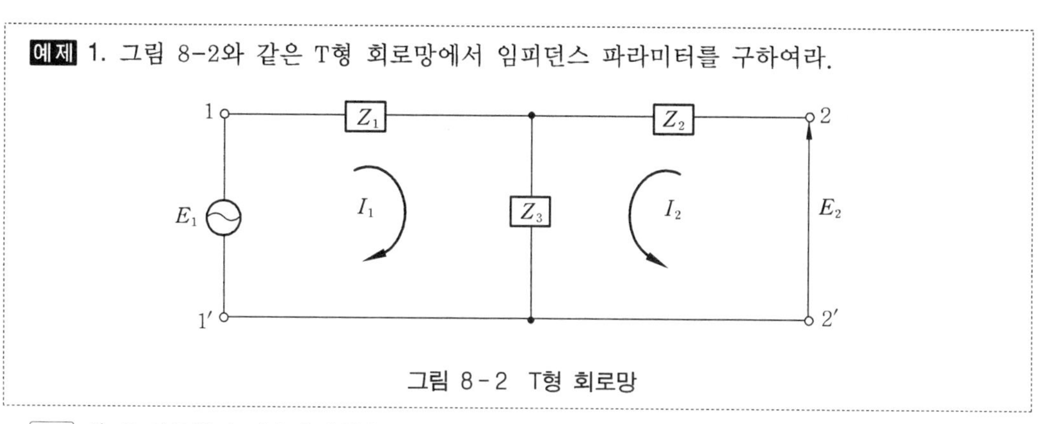

그림 8-2 T형 회로망

해설 식 (8.7)로부터 기초방정식은

$$(\boldsymbol{Z}_1+\boldsymbol{Z}_3)\boldsymbol{I}_1+\boldsymbol{Z}_3\boldsymbol{I}_2=\boldsymbol{E}_1$$

$$\boldsymbol{Z}_3\boldsymbol{I}_1+(\boldsymbol{Z}_2+\boldsymbol{Z}_3)\boldsymbol{I}_2=\boldsymbol{E}_2$$

와 같다. 출력단을 개방하면, 따라서 $\boldsymbol{I}_2=0$

$$Z_{11}=\left(\frac{E_1}{I_1}\right)_{I_2=0}=Z_1+Z_3\ ,\qquad Z_{21}=\left(\frac{E_2}{I_1}\right)_{I_2=0}=Z_3$$

입력단을 개방하면 $I_1=0$, 따라서

$$Z_{12}=\left(\frac{E_1}{I_2}\right)_{I_1=0}=Z_3\qquad Z_{22}=\left(\frac{E_2}{I_2}\right)_{I_1=0}=Z_2+Z_3$$

예제 2. 예제 1에서 $Z_1=5[\Omega]$, $Z_2=7[\Omega]$, $Z_3=6[\Omega]$일 때 임피던스 파라미터를 구하여라.

해설 예제 1의 해를 이용하여 출력단을 개방하면 $I_2=0$

$$Z_{21}=\left(\frac{E_2}{I_1}\right)_{I_2=0}=Z_3=6[\Omega],\quad Z_{11}=\left(\frac{E_1}{I_1}\right)_{I_2=0}=Z_1+Z_3=5+6=11[\Omega]$$

입력단을 개방하면, 따라서 $I_1=0$

$$Z_{12}=\left(\frac{E_1}{I_2}\right)_{I_2=0}=Z_3=6[\Omega],\quad Z_{22}=\left(\frac{E_2}{I_2}\right)_{I_2=0}=Z_2+Z_3=7+6=13[\Omega]$$

1－2 4단자망의 직렬접속

그림 8－3과 같이 회로망 N_1, N_2의 입·출력 단자를 직렬로 접속하여 새로운 4단자망을 만든다. 2개 이상의 회로망들도 이와 같이 결선하여 새로운 4단자망을 구성하는 방법을 직렬접속이라 한다.

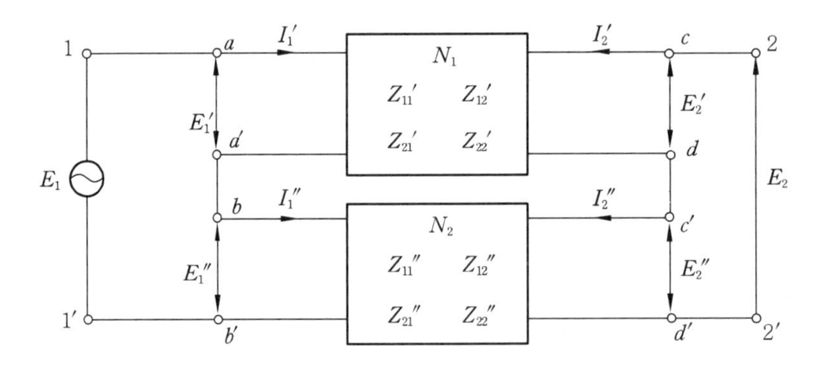

그림 8－3 회로망의 직렬접속

회로망 N_1에서

$$\begin{bmatrix} E_1' \\ E_2' \end{bmatrix}=\begin{bmatrix} Z_{11}' & Z_{12}' \\ Z_{21}' & Z_{22}' \end{bmatrix}\begin{bmatrix} I_1' \\ I_2' \end{bmatrix}\tag{8.10}$$

와 같고, 회로망 N_2에서

$$\begin{bmatrix} \boldsymbol{E}_1'' \\ \boldsymbol{E}_2'' \end{bmatrix} = \begin{bmatrix} \boldsymbol{Z}_{11}'' & \boldsymbol{Z}_{12}'' \\ \boldsymbol{Z}_{21}'' & \boldsymbol{Z}_{22}'' \end{bmatrix} \begin{bmatrix} \boldsymbol{I}_1'' \\ \boldsymbol{I}_2'' \end{bmatrix} \tag{8.11}$$

와 같다. 그림 8-3에서 입력단자 및 출력단자와의 관계는

$$\boldsymbol{E}_1 = \boldsymbol{E}_1' + \boldsymbol{E}_1'', \qquad \boldsymbol{I}_1 = \boldsymbol{I}_1' = \boldsymbol{I}_1''$$

$$\boldsymbol{E}_2 = \boldsymbol{E}_2' + \boldsymbol{E}_2'', \qquad \boldsymbol{I}_2 = \boldsymbol{I}_2' = \boldsymbol{I}_2''$$

의 관계를 갖는다. 이상의 관계를 바탕으로 매트릭스 표현은

$$\begin{bmatrix} \boldsymbol{I}_1 \\ \boldsymbol{I}_2 \end{bmatrix} = \begin{bmatrix} \boldsymbol{I}_1' \\ \boldsymbol{I}_2' \end{bmatrix} = \begin{bmatrix} \boldsymbol{I}_1'' \\ \boldsymbol{I}_2'' \end{bmatrix}$$

$$\begin{bmatrix} \boldsymbol{E}_1 \\ \boldsymbol{E}_2 \end{bmatrix} = \begin{bmatrix} \boldsymbol{E}_1' \\ \boldsymbol{E}_2' \end{bmatrix} + \begin{bmatrix} \boldsymbol{E}_1'' \\ \boldsymbol{E}_2'' \end{bmatrix} \tag{8.12}$$

이므로, 따라서 전체 행렬구성은 다음과 같다.

$$\begin{bmatrix} \boldsymbol{E}_1 \\ \boldsymbol{E}_2 \end{bmatrix} = \left\{ \begin{bmatrix} \boldsymbol{Z}_{11}' & \boldsymbol{Z}_{12}' \\ \boldsymbol{Z}_{21}' & \boldsymbol{Z}_{22}' \end{bmatrix} + \begin{bmatrix} \boldsymbol{Z}_{11}'' & \boldsymbol{Z}_{12}'' \\ \boldsymbol{Z}_{21}'' & \boldsymbol{Z}_{22}'' \end{bmatrix} \right\} \begin{bmatrix} \boldsymbol{I}_1 \\ \boldsymbol{I}_2 \end{bmatrix}$$

$$= \begin{bmatrix} \boldsymbol{Z}_{11}' + \boldsymbol{Z}_{11}'' & \boldsymbol{Z}_{12}' + \boldsymbol{Z}_{12}'' \\ \boldsymbol{Z}_{21}' + \boldsymbol{Z}_{21}'' & \boldsymbol{Z}_{22}' + \boldsymbol{Z}_{22}'' \end{bmatrix} \begin{bmatrix} \boldsymbol{I}_1 \\ \boldsymbol{I}_2 \end{bmatrix}$$

$$= \begin{bmatrix} \boldsymbol{Z}_{11} & \boldsymbol{Z}_{12} \\ \boldsymbol{Z}_{21} & \boldsymbol{Z}_{22} \end{bmatrix} \begin{bmatrix} \boldsymbol{I}_1 \\ \boldsymbol{I}_2 \end{bmatrix} \tag{8.13}$$

합성한 4단자망의 임피던스 파라미터는 각각의 임피던스 파라미터의 합으로 표현한다. 따라서, 임피던스 파라미터는 4단자망의 직렬접속의 경우 편리하게 계산할 수 있다. 그러나 회로망 N_1과 N_2의 입 · 출력단의 전압의 극성과 전류의 크기 등의 직렬접속 조건이 만족하지 않으면 직렬접속을 할 수 없는 경우가 발생한다.

2. 어드미턴스 파라미터와 병렬접속

2-1 어드미턴스 파라미터

식 (8.6)에 역 임피던스 매트릭스를 양변에 곱하면

$$\begin{bmatrix} \boldsymbol{Z}_{11} & \boldsymbol{Z}_{12} \\ \boldsymbol{Z}_{21} & \boldsymbol{Z}_{22} \end{bmatrix}^{-1} \begin{bmatrix} \boldsymbol{E}_1 \\ \boldsymbol{E}_2 \end{bmatrix} = \begin{bmatrix} \boldsymbol{Z}_{11} & \boldsymbol{Z}_{12} \\ \boldsymbol{Z}_{21} & \boldsymbol{Z}_{22} \end{bmatrix}^{-1} \begin{bmatrix} \boldsymbol{Z}_{11} & \boldsymbol{Z}_{12} \\ \boldsymbol{Z}_{21} & \boldsymbol{Z}_{22} \end{bmatrix} \begin{bmatrix} \boldsymbol{I}_1 \\ \boldsymbol{I}_2 \end{bmatrix} = \begin{bmatrix} \boldsymbol{I}_1 \\ \boldsymbol{I}_2 \end{bmatrix} \tag{8.14}$$

가 된다. 여기서 $[\boldsymbol{Z}]^{-1}=[\boldsymbol{Y}]$이다. 따라서 어드미턴스의 기초방정식은

$$\begin{bmatrix} \boldsymbol{I}_1 \\ \boldsymbol{I}_2 \end{bmatrix} = \begin{bmatrix} \boldsymbol{Y}_{11} & \boldsymbol{Y}_{12} \\ \boldsymbol{Y}_{21} & \boldsymbol{Y}_{22} \end{bmatrix} \begin{bmatrix} \boldsymbol{E}_1 \\ \boldsymbol{E}_2 \end{bmatrix} \tag{8.15}$$

$$\boldsymbol{I}_1 = \boldsymbol{Y}_{11}\boldsymbol{E}_1 + \boldsymbol{Y}_{12}\boldsymbol{E}_2$$

$$\boldsymbol{I}_2 = \boldsymbol{Y}_{21}\boldsymbol{E}_1 + \boldsymbol{Y}_{22}\boldsymbol{E}_2$$

로 얻어지고, 여기서 $\boldsymbol{Y}_{11}$, $\boldsymbol{Y}_{12}$, $\boldsymbol{Y}_{21}$, $\boldsymbol{Y}_{22}$는 어드미턴스 디멘션을 가진다. 식 (8.15)는 어드미턴스 파라미터를 이용한 4단자망의 기초방정식이며, 어드미턴스 파라미터는 $\boldsymbol{E}_1$, $\boldsymbol{E}_2$에 의해서 $\boldsymbol{I}_1$, $\boldsymbol{I}_2$를 표시하는 경우의 파라미터이다. 여기서 임피던스와 어드미턴스 파라미터의 관계는

$$\begin{bmatrix} \boldsymbol{Y}_{11} & \boldsymbol{Y}_{12} \\ \boldsymbol{Y}_{21} & \boldsymbol{Y}_{22} \end{bmatrix} = \begin{bmatrix} \boldsymbol{Z}_{11} & \boldsymbol{Z}_{12} \\ \boldsymbol{Z}_{21} & \boldsymbol{Z}_{22} \end{bmatrix}^{-1} = \frac{1}{\varDelta_Z} \begin{bmatrix} \boldsymbol{Z}_{22} & -\boldsymbol{Z}_{21} \\ -\boldsymbol{Z}_{12} & \boldsymbol{Z}_{11} \end{bmatrix} \tag{8.16}$$

와 같으며 단, $\begin{vmatrix} \boldsymbol{Z}_{11} & \boldsymbol{Z}_{12} \\ \boldsymbol{Z}_{21} & \boldsymbol{Z}_{22} \end{vmatrix} = \varDelta_Z$이다.

식 (8.16)으로부터 임피던스 파라미터를 이용하여 어드미턴스 파라미터를 구하는 방법이 식 (8.17)이다.

$$\boldsymbol{Y}_{11} = \frac{\boldsymbol{Z}_{22}}{\varDelta_Z}, \quad \boldsymbol{Y}_{12} = \frac{-\boldsymbol{Z}_{12}}{\varDelta_Z}, \quad \boldsymbol{Y}_{21} = \frac{-\boldsymbol{Z}_{21}}{\varDelta_Z}, \quad \boldsymbol{Y}_{22} = \frac{\boldsymbol{Z}_{11}}{\varDelta_Z} \tag{8.17}$$

역으로 어드미턴스를 이용한 임피던스 파라미터를 구하여 보면 식 (8.15)로부터

$$\begin{bmatrix} \boldsymbol{Z}_{11} & \boldsymbol{Z}_{12} \\ \boldsymbol{Z}_{21} & \boldsymbol{Z}_{22} \end{bmatrix} = \begin{bmatrix} \boldsymbol{Y}_{11} & \boldsymbol{Y}_{12} \\ \boldsymbol{Y}_{21} & \boldsymbol{Y}_{22} \end{bmatrix}^{-1} = \frac{1}{\varDelta_Y} \begin{bmatrix} \boldsymbol{Y}_{22} & -\boldsymbol{Y}_{12} \\ -\boldsymbol{Y}_{21} & \boldsymbol{Y}_{11} \end{bmatrix} \tag{8.18}$$

와 같으며 단, $\begin{vmatrix} \boldsymbol{Y}_{11} & \boldsymbol{Y}_{12} \\ \boldsymbol{Y}_{21} & \boldsymbol{Y}_{22} \end{vmatrix} = \varDelta_Y$이다.

식 (8.18)로부터 어드미턴스 파라미터를 이용한 임피던스 파라미터를 구하는 방법은 식 (8.19)이다.

$$\boldsymbol{Z}_{11} = \frac{\boldsymbol{Y}_{22}}{\varDelta_Y}, \quad \boldsymbol{Z}_{12} = \frac{-\boldsymbol{Y}_{12}}{\varDelta_Y}, \quad \boldsymbol{Z}_{21} = \frac{-\boldsymbol{Y}_{21}}{\varDelta_Y}, \quad \boldsymbol{Z}_{22} = \frac{\boldsymbol{Y}_{11}}{\varDelta_Y} \tag{8.19}$$

식 (8.15)의 어드미턴스 파라미터 기초 방정식으로부터 각 파라미터를 구하는 방법은

$$\boldsymbol{I}_1 = \boldsymbol{Y}_{11}\boldsymbol{E}_1 + \boldsymbol{Y}_{12}\boldsymbol{E}_2$$

$$\boldsymbol{I}_2 = \boldsymbol{Y}_{21}\boldsymbol{E}_1 + \boldsymbol{Y}_{22}\boldsymbol{E}_2$$

와 같다.

그러므로 그림 8－4에서 출력측 2－2′를 단락, 즉 $\boldsymbol{E}_2=0$일 때

$$\boldsymbol{Y}_{11}=\left(\frac{\boldsymbol{I}_1}{\boldsymbol{E}_1}\right)_{\boldsymbol{E}_2=0}, \qquad \boldsymbol{Y}_{21}=\left(\frac{\boldsymbol{I}_2}{\boldsymbol{E}_1}\right)_{\boldsymbol{E}_2=0} \tag{8.20}$$

과 같고, 입력측 1－1′을 단락, 즉 $\boldsymbol{E}_1=0$일 때 식 (8.21)을 구한다.

$$\boldsymbol{Y}_{12}=\left(\frac{\boldsymbol{I}_1}{\boldsymbol{E}_2}\right)_{\boldsymbol{E}_1=0}, \qquad \boldsymbol{Y}_{22}=\left(\frac{\boldsymbol{I}_2}{\boldsymbol{E}_2}\right)_{\boldsymbol{E}_1=0} \tag{8.21}$$

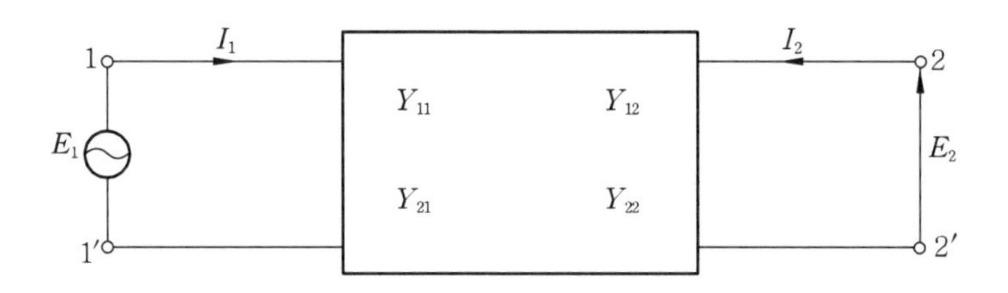

그림 8－4 어드미턴스 4단자망

여기서 $\boldsymbol{Y}_{11}$은 출력단락 구동점 어드미턴스, $\boldsymbol{Y}_{22}$는 입력단락 구동점 어드미턴스이고, $\boldsymbol{Y}_{12}$는 입력단락 전달 어드미턴스, $\boldsymbol{Y}_{21}$ 출력단락 전달 어드미턴스가 된다. 어드미턴스 4단자망 회로정수가 $\boldsymbol{Y}_{12}=\boldsymbol{Y}_{21}$이면, 선형회로라 하고, $\boldsymbol{Y}_{11}=\boldsymbol{Y}_{22}$가 되면 대칭회로라 한다. 이러한 어드미턴스 파라미터는 고주파 증폭회로의 해석에 많이 사용한다.

2－2 4단자망의 병렬접속

4단자 회로망 N_1, N_2의 입력단자 및 출력단자를 그림 8－5와 같이 각각 병렬로 접속해서 새로운 4단자 회로망 N을 만드는 접속방법을 병렬접속이라 한다.

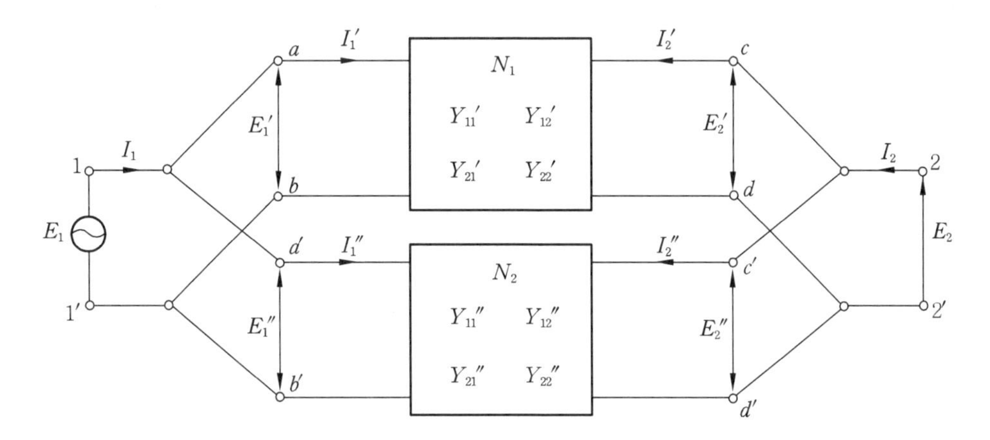

그림 8－5 4단자 회로망의 병렬접속

그림 8－5와 같이 입력단자와 출력단자의 관계가

$$\boldsymbol{E}_1 = \boldsymbol{E}_1' = \boldsymbol{E}_1'' \qquad \boldsymbol{I}_1 = \boldsymbol{I}_1' + \boldsymbol{I}_1''$$

$$\boldsymbol{E}_2 = \boldsymbol{E}_2' = \boldsymbol{E}_2'' \qquad \boldsymbol{I}_2 = \boldsymbol{I}_2' + \boldsymbol{I}_2'' \tag{8.22}$$

와 같으면 회로망의 매트릭스 표현은

$$\begin{bmatrix} \boldsymbol{E}_1 \\ \boldsymbol{E}_2 \end{bmatrix} = \begin{bmatrix} \boldsymbol{E}_1' \\ \boldsymbol{E}_2' \end{bmatrix} = \begin{bmatrix} \boldsymbol{E}_1'' \\ \boldsymbol{E}_2'' \end{bmatrix} \tag{8.23}$$

$$\begin{bmatrix} \boldsymbol{I}_1 \\ \boldsymbol{I}_2 \end{bmatrix} = \begin{bmatrix} \boldsymbol{I}_1' \\ \boldsymbol{I}_2' \end{bmatrix} + \begin{bmatrix} \boldsymbol{I}_1'' \\ \boldsymbol{I}_2'' \end{bmatrix} \tag{8.24}$$

와 같다. 그림 8－5에서 $N_1 + N_2$는

$$\begin{bmatrix} \boldsymbol{I}_1 \\ \boldsymbol{I}_2 \end{bmatrix} = \left\{ \begin{bmatrix} \boldsymbol{Y}_{11}' & \boldsymbol{Y}_{12}' \\ \boldsymbol{Y}_{21}' & \boldsymbol{Y}_{22}' \end{bmatrix} + \begin{bmatrix} \boldsymbol{Y}_{11}'' & \boldsymbol{Y}_{12}'' \\ \boldsymbol{Y}_{21}'' & \boldsymbol{Y}_{22}'' \end{bmatrix} \right\} \begin{bmatrix} \boldsymbol{E}_1 \\ \boldsymbol{E}_2 \end{bmatrix}$$

$$= \begin{bmatrix} \boldsymbol{Y}_{11}' + \boldsymbol{Y}_{11}'' & \boldsymbol{Y}_{12}' + \boldsymbol{Y}_{12}'' \\ \boldsymbol{Y}_{21}' + \boldsymbol{Y}_{21}'' & \boldsymbol{Y}_{22}' + \boldsymbol{Y}_{22}'' \end{bmatrix} \begin{bmatrix} \boldsymbol{E}_1 \\ \boldsymbol{E}_2 \end{bmatrix}$$

$$= \begin{bmatrix} \boldsymbol{Y}_{11} & \boldsymbol{Y}_{12} \\ \boldsymbol{Y}_{21} & \boldsymbol{Y}_{22} \end{bmatrix} \begin{bmatrix} \boldsymbol{E}_1 \\ \boldsymbol{E}_2 \end{bmatrix} \tag{8.25}$$

와 같다. 합성한 4단자망의 어드미턴스 파라미터는 각각의 어드미턴스의 합으로 표현한다. 어드미턴스 파라미터는 4단자망을 병렬접속할 경우 해석이 편리하다. 그리고 전압과 전류의 조건들이 병렬접속할 조건이 되지 못하면 병렬접속을 할 수 없다.

예제 3. 그림 8－6과 같은 L, C로 구성된 T형 회로의 임피던스와 어드미턴스 파라미터를 구하여라.

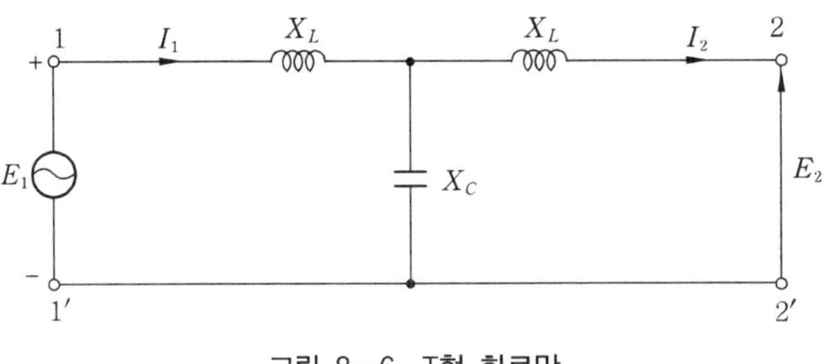

그림 8-6 T형 회로망

해설 2개의 폐회로에 대하여 다음 식을 얻을 수 있다.

$$jX_L I_1 - jX_C(I_1 - I_2) = \boldsymbol{E}_1, \qquad -jX_C(I_2 - I_1) + jX_L I_2 = -\boldsymbol{E}_2$$

$$j(X_L - X_C)I_1 + jX_C I_2 = \boldsymbol{E}_1, \quad jX_C I_1 + j(X_L - X_C)I_2 = -\boldsymbol{E}_2$$

$$Z_{11}=j(X_L-X_C),\ \ Z_{12}=Z_{21}=jX_C,\ \ Z_{22}=j(X_L-X_C)$$

다음에 어드미턴스 파라미터를 구하기 위하여는

$$I_1=Y_{11}E_1+Y_{12}E_2,\quad I_2=Y_{21}E_1+Y_{22}E_2$$

로부터 Y_{11} 및 Y_{21}을 구하기 위하여는 $E_2=0$ 즉 단자 2-2'를 단락한 경우의 I_1과 I_2를 구하고 E_1과 비교하여 얻는다.

$$Y_{11}=\left(\frac{I_1}{E_1}\right)_{E_2=0},\qquad Y_{21}=\left(\frac{I_2}{E_1}\right)_{E_2=0}$$

단자 2-2'를 단락한 경우 단자 1-1'에서 본 합성 어드미턴스를 구하면

$$Z_{11}=jX_L+\frac{(jX_L)(-jX_C)}{(jX_L)+(-jX_C)}=jX_L+\frac{X_LX_C}{j(X_L-X_C)}=\frac{-X_L^2+2X_LX_C}{j(X_L-X_C)}$$

$$I_1=\frac{E_1}{Z_{11}}=j\frac{X_L-X_C}{2X_LX_C-X_L^2}E_1$$

그러므로

$$Y_{11}=\frac{I_1}{E_1}=j\frac{X_L-X_C}{2X_LX_C-X_L^2}$$

그리고

$$I_2=I_1\frac{jX_C}{j(X_C-X_L)}=\frac{-jX_C}{2X_CX_L-X_L^2}E_1$$

$$Y_{21}=Y_{12}=\frac{I_2}{E_1}=-j\frac{X_C}{2X_CX_L-X_L^2}$$

Y_{22} 단자 1-1'를 단락해서 2-2'에서 본 합성 리액턴스를 구하면

$$Z_{22}=jX_L+\frac{jX_L(-jX_C)}{j(X_L-X_C)}=\frac{2X_LX_C-X_L^2}{j(X_L-X_C)}$$

$$I_2=\frac{E_2}{Z_{22}}=j\frac{(X_L-X_C)}{2X_LX_C-X_L^2}E_2$$

그러므로

$$Y_{22}=\left(\frac{I_2}{E_2}\right)_{E_1=0}=j\frac{(X_L-X_C)}{2X_LX_C-X_L^2}$$ 이 된다.

예제 4. 그림 8-7과 같은 회로망에서 어드미턴스 파라미터를 구하여라.

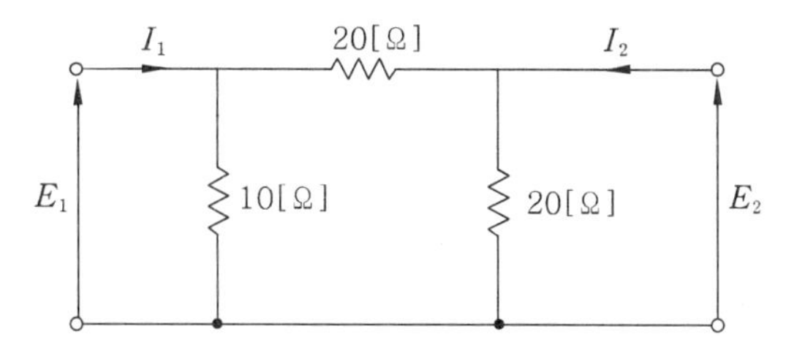

그림 8-7 π형 회로망

해설 그림 8－7 에서 출력단 2－2′가 단락상태에서, 즉 $\boldsymbol{E}_2=0$일 때

$$\boldsymbol{Y}_{11}=\left(\frac{\boldsymbol{I}_1}{\boldsymbol{E}_1}\right)_{\boldsymbol{E}_2=0}=\frac{1}{10}+\frac{1}{20}=0.15\,[\mho]$$

$$\boldsymbol{Y}_{21}=\left(\frac{\boldsymbol{I}_2}{\boldsymbol{E}_1}\right)_{\boldsymbol{E}_2=0}=-\frac{1}{20}=-0.05\,[\mho]$$

입력측 1－1′가 단락상태에서 즉, $\boldsymbol{E}_1=0$일 때

$$\boldsymbol{Y}_{22}=\left(\frac{\boldsymbol{I}_2}{\boldsymbol{E}_2}\right)_{\boldsymbol{E}_1=0}=\frac{1}{20}+\frac{1}{20}=0.1\,[\mho]$$

$$\boldsymbol{Y}_{12}=\left(\frac{\boldsymbol{I}_1}{\boldsymbol{E}_2}\right)_{\boldsymbol{E}_2}=0=-\frac{1}{20}=-0.05\,[\mho]$$

3. H파라미터와 직 · 병렬 접속

3－1 H파라미터

입력전압 $\boldsymbol{E}_1$, 출력전류 $\boldsymbol{I}_2$를 입력전류 $\boldsymbol{I}_1$, 출력전압 $\boldsymbol{E}_2$에 의해 표현한다. 회로망 계산보다는 입력단 개방과 출력단 단락을 하기 쉬운 회로에 사용된다. 즉, TR회로 해석에 많이 사용한다. H 파라미터에 의한 4단자망 기초방정식은 그림 8－8로부터

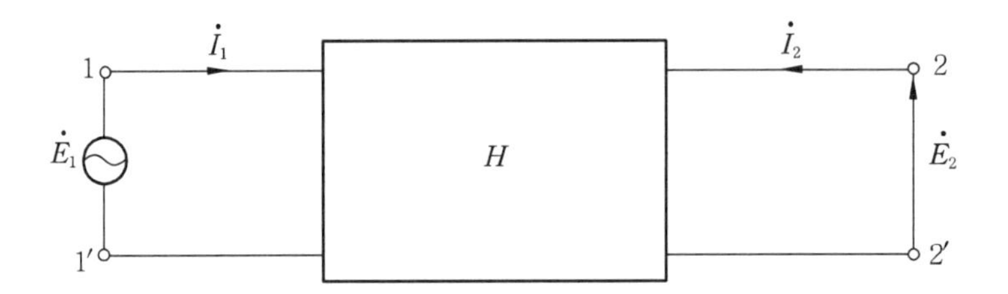

그림 8－8 H 파라미터 4단자 회로망

$$\begin{bmatrix}\boldsymbol{E}_1\\ \boldsymbol{I}_2\end{bmatrix}=\begin{bmatrix}\boldsymbol{H}_{11} & \boldsymbol{H}_{12}\\ \boldsymbol{H}_{21} & \boldsymbol{H}_{22}\end{bmatrix}\begin{bmatrix}\boldsymbol{I}_1\\ \boldsymbol{E}_2\end{bmatrix}$$

$$\boldsymbol{E}_1=\boldsymbol{H}_{11}\boldsymbol{I}_1+\boldsymbol{H}_{12}\boldsymbol{E}_2$$

$$\boldsymbol{I}_2=\boldsymbol{H}_{21}\boldsymbol{I}_1+\boldsymbol{H}_{22}\boldsymbol{E}_2 \tag{8.26}$$

과 같다. 식 (8.26)에서 H 파라미터를 구하면 출력측 단락은, 즉 $\boldsymbol{E}_2=0$면

$$\boldsymbol{H}_{11}=\left(\frac{\boldsymbol{E}_1}{\boldsymbol{I}_1}\right)_{\boldsymbol{E}_2=0},\quad \boldsymbol{H}_{21}=\left(\frac{\boldsymbol{I}_2}{\boldsymbol{I}_1}\right)_{\boldsymbol{E}_2=0} \tag{8.27}$$

이고, 입력측 개방은, 즉 $I_1=0$면

$$H_{12}=\left(\frac{E_1}{E_2}\right)_{I_1=0}, \quad H_{22}=\left(\frac{I_2}{E_2}\right)_{I_1=0} \tag{8.28}$$

이다. 식 (8.27)와 식 (8.28)에서 H 파라미터의 물리적 의미는

H_{11} : 입력측에서 본 단락 구동점 임피던스 [Ω]

H_{12} : 입력측 개방시 입력전압과 출력전압의 비

H_{21} : 출력측 단락시 입력전류와 출력전류의 비

H_{22} : 입력단 개방시 출력측에서 본 개방 구동점 어드미턴스 [℧]

와 같다. 만약 각 파라미터의 계산이 $H_{11}H_{22}-H_{12}H_{21}=1$과 같다면 대칭회로라 하고, $H_{12}=-H_{21}$와 같은 결과를 가져오면 상반회로 또는 선형회로라 한다.

여기서 H 파라미터와 어드미턴스 파라미터와의 관계는 식 (8.15)의

$$I_1=Y_{11}E_1+Y_{12}E_2$$
$$I_2=Y_{21}E_1+Y_{22}E_2$$

로부터 I_1식에서 E_1에 대해서 정리하면

$$Y_{11}E_1=I_1-Y_{12}E_2$$

$$E_1=\frac{1}{Y_{11}}I_1-\frac{Y_{12}}{Y_{11}}E_2=H_{11}I_1+H_{12}E_2 \tag{8.29}$$

와 같은 결과를 얻고, 구한 E_1을 I_2 식에 대입하면

$$I_2=Y_{21}\left(\frac{1}{Y_{11}}I_1-\frac{Y_{12}}{Y_{11}}E_2\right)+Y_{22}E_2$$
$$=\frac{Y_{21}}{Y_{11}}I_1-\frac{Y_{12}Y_{21}}{Y_{11}}E_2+Y_{22}E_2$$
$$=\frac{Y_{21}}{Y_{11}}I_1+\frac{Y_{12}{}^2-Y_{11}Y_{22}}{Y_{11}}E_2$$
$$=H_{21}I_1+H_{22}E_2 \tag{8.30}$$

의 결과를 얻는다. 또한 H 파라미터와 Z 파라미터의 관계는 식 (8.7)인

$$E_1=Z_{11}I_1+Z_{12}I_2$$
$$E_2=Z_{21}I_1+Z_{22}I_2$$

로부터 E_2식에서 I_2에 대해서 정리하면

$$Z_{22}I_2=-Z_{21}I_1+E_2$$

$$I_2=-\frac{Z_{21}}{Z_{22}}I_1+\frac{1}{Z_{22}}E_2=H_{21}I_1+H_{22}E_2 \tag{8.31}$$

가 되며, $\boldsymbol{I}_2$를 $\boldsymbol{E}_1$에 대입하면 식 (8.32)를 얻는다.

$$\begin{aligned}\boldsymbol{E}_1 &= \boldsymbol{Z}_{11}\boldsymbol{I}_1 + \boldsymbol{Z}_{12}\left(-\frac{\boldsymbol{Z}_{21}}{\boldsymbol{Z}_{22}}\boldsymbol{I}_1 + \frac{1}{\boldsymbol{Z}_{22}}\boldsymbol{E}_2\right)\\ &= \boldsymbol{Z}_{11}\boldsymbol{I}_1 - \frac{\boldsymbol{Z}_{12}\boldsymbol{Z}_{21}}{\boldsymbol{Z}_{22}}\boldsymbol{I}_1 + \frac{\boldsymbol{Z}_{12}}{\boldsymbol{Z}_{22}}\boldsymbol{E}_2\\ &= \frac{\boldsymbol{Z}_{11}\boldsymbol{Z}_{22} - \boldsymbol{Z}_{12}^{\ 2}}{\boldsymbol{Z}_{22}}\boldsymbol{I}_1 + \frac{\boldsymbol{Z}_{12}}{\boldsymbol{Z}_{22}}\boldsymbol{E}_2\\ &= \boldsymbol{H}_{11}\boldsymbol{I}_1 + \boldsymbol{H}_{12}\boldsymbol{E}_2 \end{aligned} \tag{8.32}$$

를 얻는다. 이상으로부터 Y, Z, H 파라미터의 관계는

$$\boldsymbol{H}_{11} = \frac{1}{\boldsymbol{Y}_{11}} = \frac{\boldsymbol{Z}_{11}\boldsymbol{Z}_{22} - \boldsymbol{Z}_{12}^{\ 2}}{\boldsymbol{Z}_{22}}, \quad \boldsymbol{H}_{12} = -\frac{\boldsymbol{Y}_{12}}{\boldsymbol{Y}_{11}} = \frac{\boldsymbol{Z}_{12}}{\boldsymbol{Z}_{22}}$$

$$\boldsymbol{H}_{21} = \frac{\boldsymbol{Y}_{21}}{\boldsymbol{Y}_{11}} = \frac{-\boldsymbol{Z}_{21}}{\boldsymbol{Z}_{22}}, \quad \boldsymbol{H}_{22} = -\frac{\boldsymbol{Y}_{11}\boldsymbol{Y}_{22} - \boldsymbol{Y}_{12}^{\ 2}}{\boldsymbol{Y}_{22}} = \frac{1}{\boldsymbol{Z}_{22}}$$

와 같은 결과를 얻는다.

3-2 4단자망의 직 · 병렬접속

4단자망의 입력단자를 직렬로, 출력단자를 병렬로 접속하는 곳에 많이 사용된다.

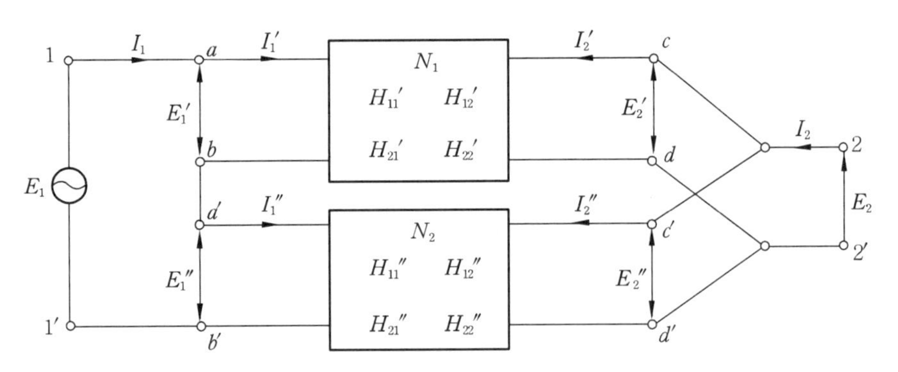

그림 8-9 4단자망의 직 · 병렬접속

그림 8-9와 같이 N_1과 N_2에서 행렬형태는 각각

$$\begin{bmatrix}\boldsymbol{E}_1{}'\\ \boldsymbol{I}_2{}'\end{bmatrix} = \begin{bmatrix}\boldsymbol{H}_{11}{}' & \boldsymbol{H}_{12}{}'\\ \boldsymbol{H}_{21}{}' & \boldsymbol{H}_{22}{}'\end{bmatrix}\begin{bmatrix}\boldsymbol{I}_1{}'\\ \boldsymbol{E}_2{}'\end{bmatrix}$$

$$\begin{bmatrix}\boldsymbol{E}_1{}''\\ \boldsymbol{I}_2{}''\end{bmatrix} = \begin{bmatrix}\boldsymbol{H}_{11}{}'' & \boldsymbol{H}_{12}{}''\\ \boldsymbol{H}_{21}{}'' & \boldsymbol{H}_{22}{}''\end{bmatrix}\begin{bmatrix}\boldsymbol{I}_1{}''\\ \boldsymbol{E}_2{}''\end{bmatrix} \tag{8.33}$$

이고, 각 조건들은

$$E_1 = E_1' + E_1'' , \qquad I_1 = I_1' = I_1''$$

$$E_2 = E_2' = E_2'' , \qquad I_2 = I_2' + I_2''$$

$$\begin{bmatrix} E_1 \\ I_2 \end{bmatrix} = \begin{bmatrix} E_1' \\ I_2' \end{bmatrix} + \begin{bmatrix} E_1'' \\ I_2'' \end{bmatrix}$$

$$\begin{bmatrix} I_1 \\ E_2 \end{bmatrix} = \begin{bmatrix} I_1' \\ E_2' \end{bmatrix} = \begin{bmatrix} I_1'' \\ E_2'' \end{bmatrix}$$

와 같다. 이러한 조건들과 식 (8.33)을 조합한 두 회로망의 직 · 병렬접속의 조합 행렬은

$$\begin{bmatrix} E_1 \\ I_2 \end{bmatrix} = \left\{ \begin{bmatrix} H_{11}' & H_{12}' \\ H_{21}' & H_{22}' \end{bmatrix} + \begin{bmatrix} H_{11}'' & H_{12}'' \\ H_{21}'' & H_{22}'' \end{bmatrix} \right\} \begin{bmatrix} I_1 \\ E_2 \end{bmatrix}$$

$$= \begin{bmatrix} H_{11}' + H_{11}'' & H_{12}' + H_{12}'' \\ H_{21}' + H_{21}'' & H_{22}' + H_{22}'' \end{bmatrix} \begin{bmatrix} I_1 \\ E_2 \end{bmatrix}$$

$$= \begin{bmatrix} H_{11} & H_{12} \\ H_{21} & H_{22} \end{bmatrix} \begin{bmatrix} I_1 \\ E_2 \end{bmatrix} \qquad (8.34)$$

와 같다. 이들 파라미터들은 임피던스, 어드미턴스, 전압이득과 전류이득들의 파라미터를 표현하고 있다. 이러한 하이브리드 H 파라미터들은 고압회로보다는 전자회로에서 많이 사용한다. 즉, 전기회로의 수동회로망에는 거의 사용하지 않는다. 입력단과 출력단 단락을 하기 쉬운 TR 회로 등의 전자회로에서 4단자망의 직 · 병렬접속이 자주 이루어지는 곳에 사용한다.

4. G파라미터와 병 · 직렬접속

4-1 G파라미터

역 H 파라미터라고도 하며, 4단자망의 입력전류 I_1, 출력전압 E_2를 입력전압 E_1, 출력전류 I_2에 의해서 G 파라미터의 4단자망 기초방정식으로 표현한다.

$$\begin{bmatrix} I_1 \\ E_2 \end{bmatrix} = \begin{bmatrix} G_{11} & G_{12} \\ G_{21} & G_{22} \end{bmatrix} \begin{bmatrix} E_1 \\ I_2 \end{bmatrix} \qquad (8.35)$$

$$I_1 = G_{11}E_1 + G_{12}I_2$$

$$E_1 = G_{21}E_1 + G_{22}I_2$$

G파라미터를 구하는 방법 및 Z, Y파라미터와의 관계는 H파라미터의 경우와 유사하다.

$$G_{11}=\left(\frac{I_1}{E_1}\right)_{I_2=0}=\frac{\Delta_Y}{Y_{22}}=\frac{1}{Z_{11}}$$

$$G_{12}=\left(\frac{I_1}{I_2}\right)_{I_2=0}=\frac{Y_{12}}{Y_{22}}=\frac{-Z_{21}}{Z_{11}}$$

$$G_{22}=\left(\frac{E_2}{E_1}\right)_{E_1=0}=\frac{-Y_{21}}{Y_{22}}=\frac{Z_{21}}{Z_{11}}$$

$$G_{22}=\left(\frac{E_2}{I_1}\right)_{E_1=0}=\frac{1}{Y_{22}}=\frac{\Delta_Z}{Z_{11}} \tag{8.36}$$

4-2 4단자망의 병 · 직렬접속

4단자망의 입력단자를 병렬로, 출력을 직렬로 접속하는 접속방법은 그림 8-10과 같다.

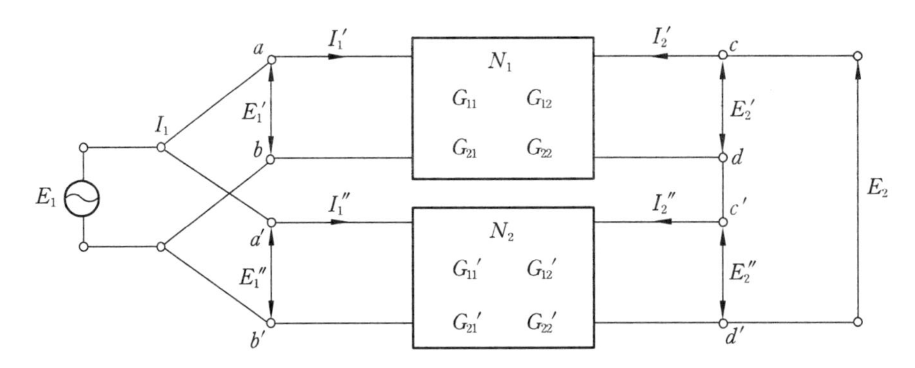

그림 8-10 4단자망의 병 · 직렬접속

그림 8-10의 회로망 N_1, N_2 의 행렬형태는

$$\begin{bmatrix} I_1' \\ E_2' \end{bmatrix}=\begin{bmatrix} G_{11}' & G_{12}' \\ G_{21}' & G_{22}' \end{bmatrix}\begin{bmatrix} E_1' \\ I_2' \end{bmatrix}$$

$$\begin{bmatrix} I_1'' \\ E_2'' \end{bmatrix}=\begin{bmatrix} G_{11}'' & G_{12}'' \\ G_{21}'' & G_{22}'' \end{bmatrix}\begin{bmatrix} E_1'' \\ I_2'' \end{bmatrix} \tag{8.37}$$

와 같고, 각 조건들은

$$E_1=E_1'=E_1'', \quad I_1=I_1'+I_1''$$

$$I_2=I_2'=I_2'', \quad E_2=E_2'+E_2''$$

$$\begin{bmatrix} \boldsymbol{E}_1 \\ \boldsymbol{I}_2 \end{bmatrix} = \begin{bmatrix} \boldsymbol{E}_1' \\ \boldsymbol{I}_2' \end{bmatrix} = \begin{bmatrix} \boldsymbol{E}_1'' \\ \boldsymbol{I}_2'' \end{bmatrix}$$

$$\begin{bmatrix} \boldsymbol{I}_1 \\ \boldsymbol{E}_2 \end{bmatrix} = \begin{bmatrix} \boldsymbol{I}_1' \\ \boldsymbol{E}_2' \end{bmatrix} + \begin{bmatrix} \boldsymbol{I}_1'' \\ \boldsymbol{E}_2'' \end{bmatrix}$$

와 같으며, 따라서 이러한 조건들과 식 (8.33)들을 조합한 두 회로망의 병 · 직렬접속의 조합의 행렬은 식 (8.38)과 같다.

$$\begin{bmatrix} \boldsymbol{I}_1 \\ \boldsymbol{E}_2 \end{bmatrix} = \left\{ \begin{bmatrix} \boldsymbol{G}_{11}' & \boldsymbol{G}_{12}' \\ \boldsymbol{G}_{21}' & \boldsymbol{G}_{22}' \end{bmatrix} + \begin{bmatrix} \boldsymbol{G}_{11}'' & \boldsymbol{G}_{12}'' \\ \boldsymbol{G}_{21}'' & \boldsymbol{G}_{22}'' \end{bmatrix} \right\} \begin{bmatrix} \boldsymbol{E}_1 \\ \boldsymbol{I}_2 \end{bmatrix}$$

$$= \begin{bmatrix} \boldsymbol{G}_{11}' + \boldsymbol{G}_{11}'' & \boldsymbol{G}_{12}' + \boldsymbol{G}_{12}'' \\ \boldsymbol{G}_{21}' + \boldsymbol{G}_{21}'' & \boldsymbol{G}_{22}' + \boldsymbol{G}_{22}'' \end{bmatrix} \begin{bmatrix} \boldsymbol{E}_1 \\ \boldsymbol{I}_2 \end{bmatrix}$$

$$= \begin{bmatrix} \boldsymbol{G}_{11} & \boldsymbol{G}_{12} \\ \boldsymbol{G}_{21} & \boldsymbol{G}_{22} \end{bmatrix} \begin{bmatrix} \boldsymbol{E}_1 \\ \boldsymbol{I}_2 \end{bmatrix} \qquad (8.38)$$

일반적으로 많이 사용되지는 않고, H 파라미터의 역으로서 4단자망의 병 · 직렬접속의 해석에 사용되나, 능동회로의 해석에도 가끔 사용된다.

5. 전송 파라미터와 종속접속

5－1 전송 파라미터

신호와 전력의 전송에 관한 해석을 할 때 입력측의 전압, 전류와 출력측의 전압, 전류와의 관계에서 함수 계산이 실제 편리할 경우가 많다.

그리하여 4단자망의 입력측 전압 $\boldsymbol{E}_1$과 전류 $\boldsymbol{I}_1$을 출력측의 전압 $\boldsymbol{E}_2$와 전류 $\boldsymbol{I}_2$로 표현한다. 이러한 관계에서 얻어지는 정수를 전송 파라미터라고 하고

$$\begin{bmatrix} \boldsymbol{E}_1 \\ \boldsymbol{I}_1 \end{bmatrix} = \begin{bmatrix} \boldsymbol{A} & \boldsymbol{B} \\ \boldsymbol{C} & \boldsymbol{D} \end{bmatrix} \begin{bmatrix} \boldsymbol{E}_2 \\ \boldsymbol{I}_2 \end{bmatrix}$$

$$\boldsymbol{E}_1 = \boldsymbol{A}\boldsymbol{E}_2 + \boldsymbol{B}\boldsymbol{I}_2$$

$$\boldsymbol{I}_1 = \boldsymbol{C}\boldsymbol{E}_2 + \boldsymbol{D}\boldsymbol{I}_2 \qquad (8.39)$$

와 같이 표현하며, 이를 전송 파라미터의 기초방정식이라 한다. 그러면 각 정수를 구해보면, 그림 8－1에서 출력단자를 개방, 즉 $\boldsymbol{I}_2=0$이라 하면

$$A=\left(\frac{E_1}{E_2}\right)_{I_2=0},\quad C=\left(\frac{I_1}{E_2}\right)_{I_2=0} \tag{8.40}$$

출력단자를 단락, 즉, $E_2=0$이라 하면

$$B=\left(\frac{E_1}{I_2}\right)_{E_2=0},\quad D=\left(\frac{I_1}{I_2}\right)_{E_2=0} \tag{8.41}$$

식 (8.40)과 식 (8.41)에서 구한 전송 파라미터들의 물리적 의미는 다음과 같다.

A : 출력측을 개방할 때 E_1과 E_2의 비 → 전압비

B : 출력측을 단락할 때 E_1과 I_2의 비 → 단락전달 임피던스 [Ω]

C : 출력측을 개방할 때 I_1과 E_2의 비 → 개방전달 어드미턴스 [℧]

D : 출력측을 단락할 때 I_1과 I_2의 비 → 전류비

인 것을 확인할 수 있다. 여기서 임피던스 파라미터 Z, 어드미턴스 파라미터 Y 및 전송 파라미터의 관계는 그림 8-11과 같이 생각하고 해석하면 편리하다.

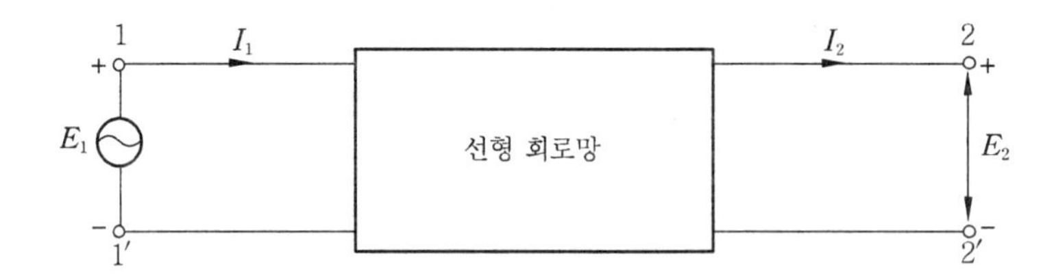

그림 8-11 4단자 선형 회로망

그림 8-11로부터 입력과 출력전압의 임피던스 파라미터에 대한 방정식을 세우면

$$E_1=Z_{11}I_1+Z_{12}I_2,\qquad -E_2=Z_{21}I_1+Z_{22}I_2 \tag{8.42}$$

와 같다. 여기서 $-E_2$ 식에서 I_1으로 정리하면

$$Z_{21}I_1=-E_2-Z_{22}I_2$$

$$I_1=-\frac{1}{Z_{21}}E_2+\left(\frac{-Z_{22}}{Z_{21}}\right)I_2=CE_2+DI_2 \tag{8.43}$$

와 같이 얻어진다. 이 I_1식을 식 (8.42)의 E_1에 대입해서 $Z_{12}=Z_{21}$의 조건으로 정리하면

$$E_1=Z_{11}\left(-\frac{Z_{22}}{Z_{21}}I_2-\frac{1}{Z_{21}}E_2\right)+Z_{12}I_2$$

$$=-\frac{Z_{11}Z_{22}}{Z_{21}}I_2-\frac{Z_{11}}{Z_{21}}E_2+Z_{12}I_2$$

$$=-\frac{Z_{11}}{Z_{21}}E_2+\frac{Z_{12}{}^2-Z_{11}Z_{22}}{Z_{21}}I_2=AE_2+BI_2 \tag{8.44}$$

와 같이 임피던스 파라미터와 전송 파라미터 간의 관계를 구할 수 있다. 또한 그림 8－11에서 입력과 출력전류에 대한 방정식을 세우면

$$I_1 = Y_{11}E_1 - Y_{12}E_2$$

$$I_2 = Y_{21}E_1 - Y_{22}E_2 \tag{8.45}$$

와 같다. I_2 식을 E_1에 대하여 정리하면

$$Y_{21}E_1 = Y_{22}E_2 + I_2$$

$$E_1 = \frac{Y_{22}}{Y_{21}}E_2 + \frac{1}{Y_{21}}I_2 = AE_2 + BI_2 \tag{8.46}$$

와 같다. 식 (8.46)의 E_1식을 I_1에 대입하여 $Y_{12} = Y_{21}$라는 조건으로 정리하면

$$\begin{aligned} I_1 &= Y_{11}\left(\frac{Y_{22}}{Y_{21}}E_2 + \frac{1}{Y_{21}}I_2\right) - Y_{12}E_2 \\ &= \frac{Y_{11}Y_{22}}{Y_{21}}E_2 + \frac{Y_{11}}{Y_{21}}I_2 - Y_{12}E_2 \\ &= \frac{Y_{11}Y_{22} - Y_{12}^2}{Y_{21}}E_2 + \frac{Y_{11}}{Y_{21}}I_2 \\ &= CE_2 + DI_2 \end{aligned} \tag{8.47}$$

와 같다. 따라서 식 (8.43), 식 (8.44)의 임피던스 파라미터 관계와 식 (8.46), 식 (8.47)의 어드미턴스 파라미터의 관계로부터

$$A = -\frac{Z_{11}}{Z_{12}} = \frac{Y_{22}}{Y_{12}}, \qquad B = -\frac{\Delta_Z}{Z_{12}} = \frac{1}{Y_{12}}$$

$$C = -\frac{1}{Z_{12}} = -\frac{\Delta_Y}{Y_{12}}, \qquad D = -\frac{Z_{22}}{Z_{12}} = \frac{Y_{11}}{Y_{21}} \tag{8.48}$$

의 관계식을 종합할 수 있다. 또한 식 (8.48)에서

$$Z_{11} = \frac{A}{C}, \quad Z_{12} = -\frac{\Delta_F}{C}, \quad Z_{21} = -\frac{1}{C}, \quad Z_{22} = \frac{D}{C} \tag{8.49}$$

$$Y_{11} = \frac{D}{B}, \quad Y_{12} = \frac{1}{B}, \quad Y_{21} = \frac{\Delta_F}{B}, \quad Y_{22} = \frac{A}{B} \tag{8.50}$$

의 관계를 유도할 수 있으며, 여기에서 Δ_F는 전송 파라미터의 행렬식이다.

식 (8.40)과 식 (8.49)로부터

$$\frac{A}{C} = \left(\frac{E_1}{I_1}\right)_{I_2=0} = Z_{11} \tag{8.51}$$

를 얻는다. 즉, 출력단을 개방했을 때 입력측에서 바라본 구동점 임피던스이다. 식 (8.41)와 식 (8.50)에서

$$\frac{B}{D} = \left(\frac{E_1}{I_1}\right)_{E_2=0} = \frac{1}{Y_{11}} \tag{8.52}$$

을 얻는다. 즉, 출력단을 단락했을 때 입력측에서 바라본 구동점 임피던스는 $\frac{1}{Y_{11}}$ 이다. 여기에서 전송 파라미터의 A, B, C, D 간의 어드미턴스 파라미터를 이용한 행렬식의 관계는

$$\Delta_F = \begin{vmatrix} A & B \\ C & D \end{vmatrix} = AD - BC$$

$$= \frac{Y_{22}}{Y_{12}} \cdot \frac{Y_{11}}{Y_{12}} - \frac{1}{Y_{12}} \cdot \frac{Y_{11}Y_{22} - Y_{12}{}^2}{Y_{12}} = \frac{Y_{12}{}^2}{Y_{12}{}^2} = 1$$

$$AD - BC = 1 \tag{8.53}$$

의 값을 갖는다는 것을 알게 된다. 여기에서 대칭회로인 경우에는 $Y_{11} = Y_{22}$ 또는 $Z_{11} = Z_{22}$가 되어 $A = D$인 관계가 성립되어 4단자 회로망의 해석이 보다 더 쉬워진다. 그러면 다른 해석방법으로서 입력측의 전압 E_1, 전류 I_1에 의하여 출력측의 전압 E_2, 전류 I_2를 나타내는 경우를 알아본다. 식 (8.39)로부터 역행렬은

$$\begin{bmatrix} A & B \\ C & D \end{bmatrix}^{-1} = \frac{1}{\Delta_F}\begin{bmatrix} D & -B \\ -C & A \end{bmatrix} = \begin{bmatrix} D & -B \\ -C & A \end{bmatrix} \tag{8.54}$$

와 같고, 따라서 식 (8.39)양변에 식 (8.54)를 곱하고, 정리하면

$$\begin{bmatrix} E_2 \\ I_2 \end{bmatrix} = \begin{bmatrix} A & B \\ C & D \end{bmatrix}^{-1} \begin{bmatrix} E_1 \\ I_1 \end{bmatrix} = \begin{bmatrix} D & -B \\ -C & A \end{bmatrix} \begin{bmatrix} E_1 \\ I_1 \end{bmatrix} \tag{8.55}$$

과 같이 새로운 2차 전압에 대한 4단자망의 행렬을 얻는다. 식 (8.55)를 전개하여 연립방정식을 만들면

$$E_2 = DE_1 - BI_1$$

$$I_2 = -CE_1 + AI_1 \tag{8.56}$$

과 같고, 여기에서 입력단자를 개방하면 $I_1 = 0$ 에서

$$D = \left(\frac{E_2}{E_1}\right)_{I_1=0}, \quad C = \left(\frac{I_2}{-E_1}\right)_{I_1=0} \tag{8.57}$$

입력단자를 단락하면 $E_1 = 0$ 에서

$$B = \left(\frac{E_2}{-I_1}\right)_{E_1=0}, \quad A = \left(\frac{I_2}{I_1}\right)_{E_1=0} \tag{8.58}$$

를 구할 수 있다. 식 (8.57)과 식 (8.58)에서

$$\frac{D}{C} = \left(\frac{E_2}{-I_2}\right)_{I_1=0} = Z_{22}, \quad \frac{B}{A} = \left(\frac{-E_2}{I_2}\right)_{E_1=0} = \frac{1}{Y_{22}} \tag{8.59}$$

의 결과를 얻을 수 있다. 결국 출력단에서 바라 본 파라미터는 B와 C의 부호가 바뀌고, A와 D의 위치가 바뀌어져 있음을 알 수 있다. 즉, 전송 파라미터를 그대로 활용하여 해석할 수 있음을 보여주고 있다.

예제 5. 그림 8-12와 같이 1개의 직렬 임피던스로 구성된 가장 간단한 4단자망의 전송 파라미터를 구하여라.

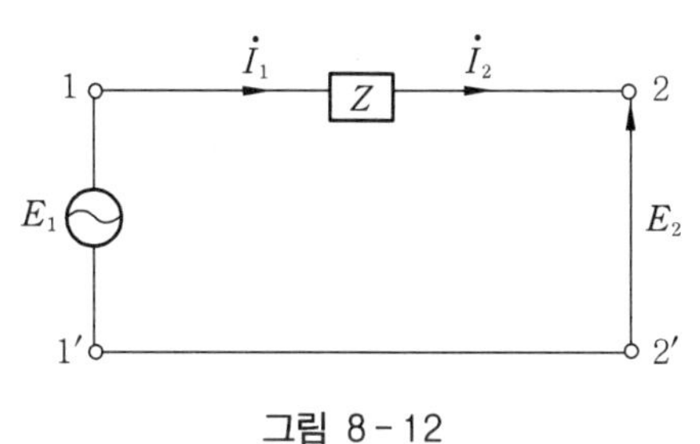

그림 8-12

해설 식 (8.40)과 식 (8.41)에서

$$A = \left(\frac{E_1}{E_2}\right)_{I_2=0} = \frac{E_1}{E_1} = 1, \qquad C = \left(\frac{I_2}{E_2}\right)_{I_2=0} = 0 \text{ (단, } I_1 = I_2 = 0)$$

$$B = \left(\frac{E_1}{I_2}\right)_{E_2=0} = \frac{E_1}{\frac{E_1}{Z}} = Z, \qquad D = \left(\frac{I_1}{I_2}\right)_{E_2=0} = \frac{I_1}{I_1} = 1$$

따라서 직렬 임피던스에 대한 전송 파라미터 $\begin{bmatrix} A & B \\ C & D \end{bmatrix} = \begin{bmatrix} 1 & Z \\ 0 & 1 \end{bmatrix}$

예제 6. 그림 8-13과 같은 1개의 병렬 임피던스로 구성된 가장 간단한 4단자망의 전송 파라미터를 구하여라.

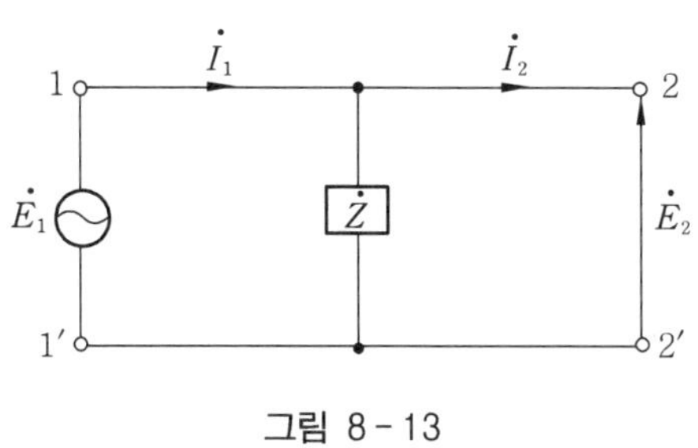

그림 8-13

해설 예제 6과 같은 방법으로

$$A = \left(\frac{E_1}{E_2}\right)_{I_2=0} = \frac{E_1}{E_1} = 1, \qquad C = \left(\frac{I_1}{E_2}\right)_{I_2=0} = \frac{I_1}{ZI_1} = \frac{1}{Z}$$

$$B=\left(\frac{E_1}{I_2}\right)_{E_2=0}=\frac{E_1}{\infty}=0\,,\qquad D=\left(\frac{I_1}{I_2}\right)_{E_2=0}=\frac{I_1}{I_1}=1 \text{ (단, } I_1=I_2)$$

따라서 $\begin{bmatrix} A & B \\ C & D \end{bmatrix}=\begin{bmatrix} 1 & 0 \\ \frac{1}{Z} & 1 \end{bmatrix}$

예제 7. 그림 8-14와 같은, T형 4단자망 전송 파라미터를 구하여라.

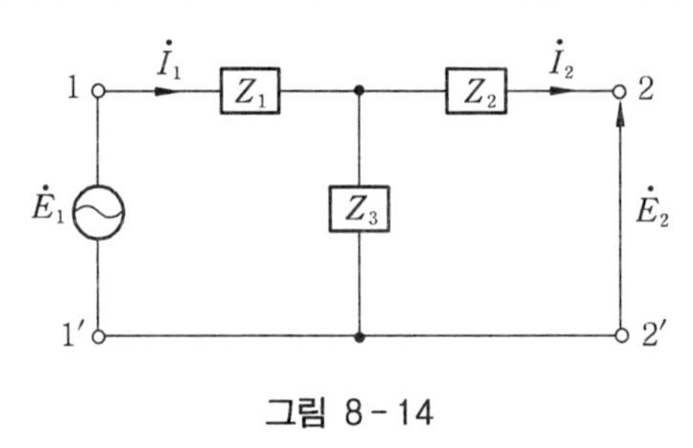

그림 8-14

해설 2-2′를 개방한 경우

$$I_1=\frac{E_1}{Z_1+Z_3}\,,\quad E_2=Z_3I_1=\frac{Z_3}{Z_1+Z_3}E_1$$

$$A=\left(\frac{E_1}{E_2}\right)_{I_2=0}=\frac{E_1}{\dfrac{Z_3}{Z_1+Z_3}E_1}=\frac{Z_1+Z_3}{Z_1}=1+\frac{Z_1}{Z_3}$$

$$C=\left(\frac{I_1}{E_2}\right)_{I_2=0}=\frac{I_1}{Z_3I_1}=\frac{1}{Z_3}$$

다음에 2-2′를 단락한 경우 1-1′에서 본 합성 임피던스 Z_{11}은

$$Z_{11}=Z_1+\frac{Z_2\ Z_3}{Z_2+Z_3}=\frac{Z_1\ Z_2+Z_2\ Z_3+Z_3\ Z_1}{Z_2+Z_3}$$

$$I_1=\frac{E_1}{Z_1}=\frac{Z_2+Z_3}{Z_1\ Z_2+Z_2\ Z_3+Z_3\ Z_1}E_1$$

$$I_2=I_1\frac{Z_3}{Z_2+Z_3}=\frac{Z_3}{Z_1\ Z_2+Z_2\ Z_3+Z_3\ Z_1}E_1 \text{ 이 되므로}$$

$$B=\left(\frac{E_1}{I_2}\right)_{E_2=0}=\frac{E_1}{\dfrac{Z_3}{Z_1Z_2+Z_2Z_3+Z_3Z_1}E_1}=\frac{Z_1Z_2+Z_2Z_3+Z_3Z_1}{Z_3}$$

$$D=\left(\frac{I_1}{I_2}\right)=\frac{\dfrac{Z_2+Z_3}{Z_1Z_2+Z_2Z_3+Z_3Z_1}E_1}{\dfrac{Z_3}{Z_1Z_2+Z_2Z_3+Z_3Z_1}E_1}=\frac{Z_2+Z_3}{Z_3}=1+\frac{Z_2}{Z_3}$$

$$AD-BC=\frac{Z_1+Z_3}{Z_3}\,\frac{Z_2+Z_3}{Z_3}-\frac{Z_1Z_2+Z_2Z_3+Z_3Z_1}{Z_3}\,\frac{1}{Z_3}=1 \text{이 된다.}$$

예제 8. 그림 8－15와 같은 역 L형 4단자망의 전송 파라미터를 구하여라.

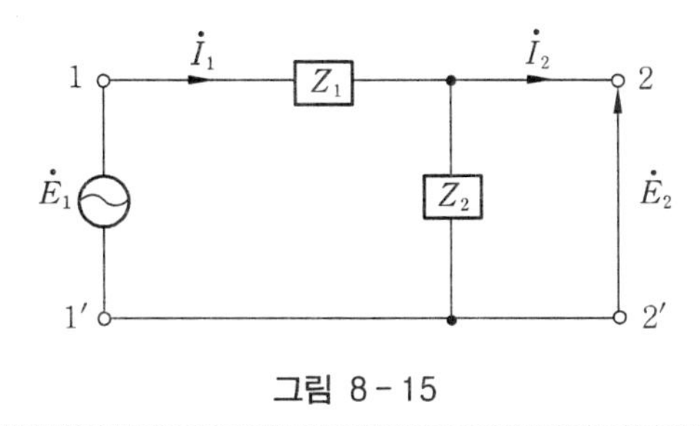

그림 8 - 15

해설 먼저 2－2′를 개방해서 $I_2=0$로 한 경우

$$I_1=\frac{E_1}{Z_1+Z_2}\ ,\quad E_2=Z_2\ I_1=\frac{Z_2}{Z_1+Z_2}\ E_1$$ 이 되므로

$$A=\left(\frac{E_1}{E_2}\right)_{I_2=0}=\frac{E_1}{\dfrac{Z_2}{Z_1+Z_2}E_1}=\frac{Z_1+Z_2}{Z_2}=1+\frac{Z_1}{Z_2}$$

$$C=\left(\frac{I_1}{E_2}\right)_{I_2=0}=\frac{I_1}{ZI}\,1=\frac{1}{Z_2}$$

다음에 2－2′를 단락해서 $E_2=0$으로 한 경우

$I_1=I_2$, $E_1=Z_1I_1=Z_1I_2$ 를 이용하면

$$B=\left(\frac{E_1}{I_2}\right)_{E_2=0}=\frac{E_1}{\dfrac{E_1}{Z_1}}=Z_1\ ,\quad D=\left(\frac{I_1}{I_2}\right)_{E_2=0}=\frac{I_1}{I_1}=1$$

를 얻는다. 따라서 전송 파라미터의 관계를 입증해 보면

$$\begin{bmatrix} A & B \\ C & D \end{bmatrix}=\begin{bmatrix} 1+\dfrac{Z_1}{Z_2} & Z_1 \\ \dfrac{1}{Z_2} & 1 \end{bmatrix}$$

$AD-BC=\dfrac{Z_1+Z_2}{Z_2}1-Z_1\dfrac{1}{Z_2}=\dfrac{Z_1+Z_2-Z_1}{Z_2}=1$이 되어 $AD-BC=1$의 관계가 성립된다.

5－2 4단자 회로망의 종속접속

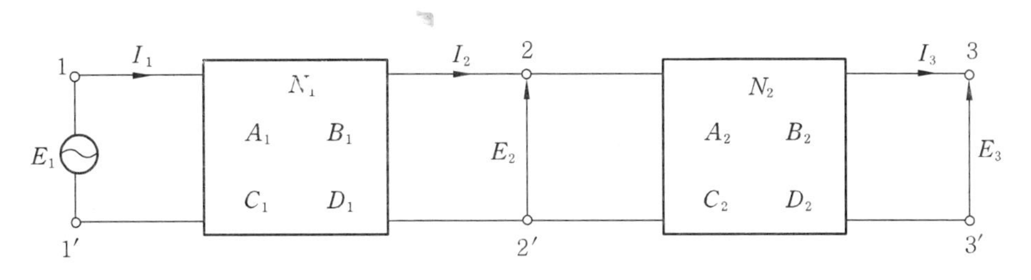

그림 8 - 16 4단자 회로망의 종속접속

가장 많이 사용하는 접속방식으로서 그림 8-16과 같은 접속방법이다. 회로망 N_1과 N_2의 행렬형태는 식 (8.39)를 인용하여

$$\begin{bmatrix} \boldsymbol{E}_1 \\ \boldsymbol{I}_1 \end{bmatrix} = \begin{bmatrix} \boldsymbol{A}_1 & \boldsymbol{B}_1 \\ \boldsymbol{C}_1 & \boldsymbol{D}_1 \end{bmatrix} \begin{bmatrix} \boldsymbol{E}_2 \\ \boldsymbol{I}_2 \end{bmatrix}$$

$$\begin{bmatrix} \boldsymbol{E}_2 \\ \boldsymbol{I}_2 \end{bmatrix} = \begin{bmatrix} \boldsymbol{A}_2 & \boldsymbol{B}_2 \\ \boldsymbol{C}_2 & \boldsymbol{D}_2 \end{bmatrix} \begin{bmatrix} \boldsymbol{E}_3 \\ \boldsymbol{I}_3 \end{bmatrix} \tag{8.60}$$

과 같이 구성이 되며, 식 (8.58)에서

$$\begin{aligned} \begin{bmatrix} \boldsymbol{E}_1 \\ \boldsymbol{I}_1 \end{bmatrix} &= \begin{bmatrix} \boldsymbol{A}_1 & \boldsymbol{B}_1 \\ \boldsymbol{C}_1 & \boldsymbol{D}_1 \end{bmatrix} \begin{bmatrix} \boldsymbol{A}_2 & \boldsymbol{B}_2 \\ \boldsymbol{C}_2 & \boldsymbol{D}_2 \end{bmatrix} \begin{bmatrix} \boldsymbol{E}_3 \\ \boldsymbol{I}_3 \end{bmatrix} \\ &= \begin{bmatrix} \boldsymbol{A}_1\boldsymbol{A}_2 + \boldsymbol{B}_1\boldsymbol{C}_2 & \boldsymbol{A}_1\boldsymbol{B}_2 + \boldsymbol{B}_1\boldsymbol{D}_2 \\ \boldsymbol{C}_1\boldsymbol{A}_2 + \boldsymbol{D}_1\boldsymbol{C}_2 & \boldsymbol{C}_1\boldsymbol{B}_2 + \boldsymbol{D}_1\boldsymbol{D}_2 \end{bmatrix} \begin{bmatrix} \boldsymbol{E}_3 \\ \boldsymbol{I}_3 \end{bmatrix} \\ &= \begin{bmatrix} \boldsymbol{A} & \boldsymbol{B} \\ \boldsymbol{C} & \boldsymbol{D} \end{bmatrix} \begin{bmatrix} \boldsymbol{E}_3 \\ \boldsymbol{I}_3 \end{bmatrix} \end{aligned} \tag{8.61}$$

의 관계를 얻을 수 있다. 식 (8.61)에서 보는 것처럼 여러 개의 전송 파라미터의 적의 요소들로 표시가 된다.

예제 9. 예제 7과 같은 T형 4단자망의 전송 파라미터를 종속접속 방법으로 구하여라.

해설

$$\begin{aligned} \begin{bmatrix} \boldsymbol{A} & \boldsymbol{B} \\ \boldsymbol{C} & \boldsymbol{D} \end{bmatrix} &= \begin{bmatrix} 1 & \boldsymbol{Z}_1 \\ 0 & 1 \end{bmatrix} \begin{bmatrix} 1 & 0 \\ \dfrac{1}{\boldsymbol{Z}_3} & 1 \end{bmatrix} \begin{bmatrix} 1 & \boldsymbol{Z}_2 \\ 0 & 1 \end{bmatrix} = \begin{bmatrix} 1+\dfrac{\boldsymbol{Z}_1}{\boldsymbol{Z}_3} & \boldsymbol{Z}_1 \\ \dfrac{1}{\boldsymbol{Z}_3} & 1 \end{bmatrix} \begin{bmatrix} 1 & \boldsymbol{Z}_2 \\ 0 & 1 \end{bmatrix} \\ &= \begin{bmatrix} 1+\dfrac{\boldsymbol{Z}_1}{\boldsymbol{Z}_3} & \boldsymbol{Z}_2\left(1+\dfrac{\boldsymbol{Z}_1}{\boldsymbol{Z}_3}\right)+\boldsymbol{Z}_1 \\ \dfrac{1}{\boldsymbol{Z}_3} & 1+\dfrac{\boldsymbol{Z}_2}{\boldsymbol{Z}_3} \end{bmatrix} \end{aligned}$$

6. 영상 파라미터

이제까지 다루었던 파라미터들은 외부의 임피던스를 고려하지 않고, 내부 임피던스 문제를 다루었다. 그러나 송전선로나 통신선로는 입력단과 출력단에 연결되어 있는 임피던스를 고려하지 않을 수 없다. 이러한 회로에서 입력단과 출력단에 연결될 임피던스를 예측하여 파라미터를 구하는 방법을 영상 파라미터라 한다. 이러한 방법은 임피던스 정합이나 여파기 설계 등에 사용한다.

6-1 영상 임피던스

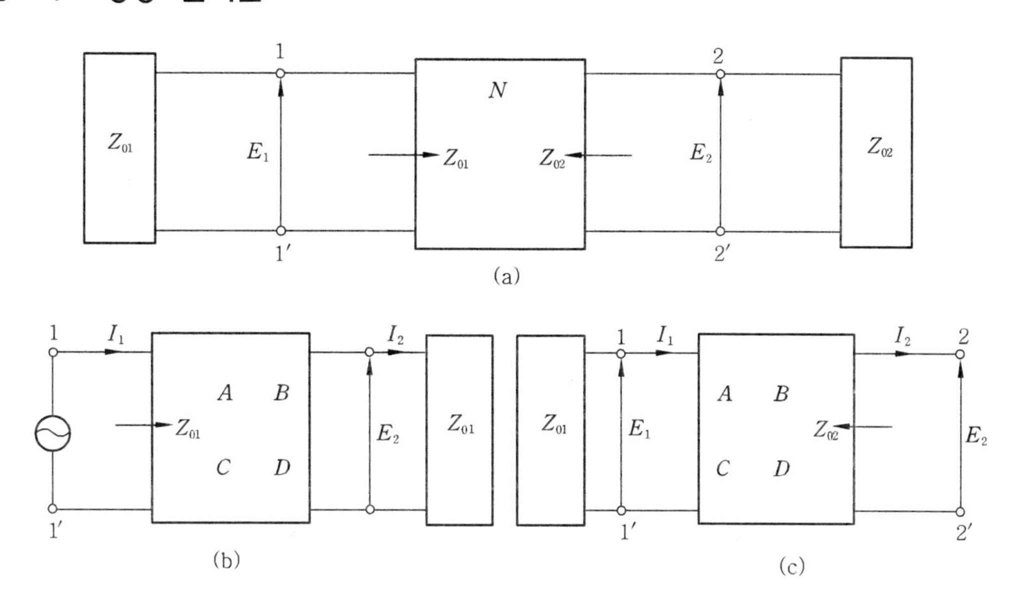

그림 8-17 영상 임피던스를 갖는 회로망

입력측의 전압 $\boldsymbol{E}_1$, 전류 $\boldsymbol{I}_1$을 출력측의 전압 $\boldsymbol{E}_2$, 전류 $\boldsymbol{I}_2$로 표시한다. 그림 8-17과 같이 입력측과 출력측에 각각 $\boldsymbol{Z}_{01}$, $\boldsymbol{Z}_{02}$인 임피던스를 접속했을 때 입력측 단자 및 출력측 단자에서 회로망을 바라본 임피던스가 $\boldsymbol{Z}_{01}$, $\boldsymbol{Z}_{02}$와 같으면 영상 임피던스라고 한다.

6-2 영상 임피던스와 전송 파라미터와의 관계

영상 파라미터는 전송 파라미터로서 표시되는 경우가 많다. 식 (8.39)의 기초방정식은

$$\boldsymbol{E}_1 = \boldsymbol{A}\boldsymbol{E}_2 + \boldsymbol{B}\boldsymbol{I}_2$$

$$\boldsymbol{I}_1 = \boldsymbol{C}\boldsymbol{E}_2 + \boldsymbol{D}\boldsymbol{I}_2$$

와 같다. 그림 8-17(b)와 같이 입력 단자측에서 본 내부 임피던스가 $\boldsymbol{Z}_{01}$이므로

$$\boldsymbol{E}_1 = \boldsymbol{Z}_{01}\boldsymbol{I}_1$$

$$\boldsymbol{Z}_{01} = \frac{\boldsymbol{E}_1}{\boldsymbol{I}_1} = \frac{\boldsymbol{A}\boldsymbol{E}_2 + \boldsymbol{B}\boldsymbol{I}_2}{\boldsymbol{C}\boldsymbol{E}_2 + \boldsymbol{D}\boldsymbol{I}_2} \tag{8.62}$$

출력단 2-2′에 연결된 임피던스 $\boldsymbol{Z}_{02}$에 생기는 임피던스 강하 $\boldsymbol{E}_2 = \boldsymbol{Z}_{02}\boldsymbol{I}_2$를 식 (8.62)에 대입하여 정리하면

$$\boldsymbol{Z}_{01} = \frac{\boldsymbol{E}_1}{\boldsymbol{I}_1} = \frac{\boldsymbol{A}\boldsymbol{Z}_{02}\boldsymbol{I}_2 + \boldsymbol{B}\boldsymbol{I}_2}{\boldsymbol{C}\boldsymbol{Z}_{02}\boldsymbol{I}_2 + \boldsymbol{D}\boldsymbol{I}_2} = \frac{\boldsymbol{A}\boldsymbol{Z}_{02} + \boldsymbol{B}}{\boldsymbol{C}\boldsymbol{Z}_{02} + \boldsymbol{D}} \tag{8.63}$$

과 같다. 다음에 입력측 E_1, I_1에서 출력측 E_2, I_2를 나타내는 경우의 기초방정식은 식 (8.56)에서

$$E_2 = DE_1 - BI_1$$

$$I_2 = -CE_1 + AI_1$$

과 같다. 그림 8-17(c)와 같이 입력단 1-1′에 Z_{01}을 접속했을 때 출력단에서 본 임피던스는 Z_{02}이므로

$$E_2 = -Z_{02}I_2$$

$$Z_{02} = \frac{E_2}{-I_2} = \frac{DE_1 - BI_1}{-(-CE_1 + AI_1)} \tag{8.64}$$

과 같다. 식 (8.64)에 $E_1 = -Z_{01}I_1$을 Z_{02}에 대입하여 정리하면 식 (8.65)와 같다.

$$Z_{02} = \frac{DE_1 - BI_1}{CE_1 - AI_1} = \frac{D(-Z_{01}I_1) - BI_1}{C(-Z_{01}I_1) - AI_1} = \frac{DZ_{01} + B}{CZ_{01} + A} \tag{8.65}$$

식 (8.63) 및 식 (8.65)로부터 입·출력의 영상 임피던스와 전송 파라미터의 관계를 구하기 위하여

$$CZ_{01}Z_{02} + DZ_{01} - AZ_{02} - B = 0 \tag{8.66}$$

$$CZ_{01}Z_{02} - DZ_{01} + AZ_{02} - B = 0 \tag{8.67}$$

와 같이 전개하고, 식 (8.66)과 식 (8.67)의 두 식을 합하면

$$2CZ_{01}Z_{02} = 2B, \qquad Z_{01}Z_{02} = \frac{B}{C} \tag{8.68}$$

와 같고, 식 (8.66)－식 (8.67)하여 정리하면 식 (8.69)와 같다.

$$2DZ_{01} = 2AZ_{02}, \qquad \frac{Z_{01}}{Z_{02}} = \frac{A}{D} \tag{8.69}$$

식 (8.68)×식 (8.69)에서 입력 영상 임피던스 Z_{01}은

$$\frac{Z_{01}{}^2 Z_{02}}{Z_{02}} = \frac{AB}{CD}, \quad Z_{01} = \sqrt{\frac{AB}{CD}} \tag{8.70}$$

와 같이 구할 수 있다. 식 (8.70)을 식 (8.69)에 대입하면 Z_{02}는

$$\frac{\dfrac{B}{Z_{02}C}}{Z_{02}} = \frac{A}{D}, \qquad Z_{02} = \sqrt{\frac{BD}{AC}} \tag{8.71}$$

와 같이 구해진다. 식 (8.68)과 식 (8.69)에서 서로 Z_{01}, Z_{02}를 구하여 서로에 대입하여도 각 임피던스를 구할 수 있다.

영상 파라미터는 4단자 회로망의 고유값으로서 전송 파라미터로 결정할 수 있음을 보여줬다. 만약에 해석하는 회로망이 대칭 4단자망이면 $\boldsymbol{A}=\boldsymbol{D}$ 이므로 식 (8.70)과 식 (8.71)은

$$\boldsymbol{Z}_{01}=\boldsymbol{Z}_{02}=\sqrt{\frac{\boldsymbol{B}}{\boldsymbol{C}}} \tag{8.72}$$

와 같이 $\boldsymbol{Z}_{01}$과 $\boldsymbol{Z}_{02}$는 그 크기가 같다. 단락 임피던스와 개방 임피던스로서 표시하면 식 (8.51), 식 (8.52) 및 (8.59)에서

$$\frac{\boldsymbol{A}}{\boldsymbol{C}}=\boldsymbol{Z}_{11}, \quad \frac{\boldsymbol{B}}{\boldsymbol{D}}=\frac{1}{\boldsymbol{Y}_{11}}, \quad \frac{\boldsymbol{D}}{\boldsymbol{C}}=\boldsymbol{Z}_{22}, \quad \frac{\boldsymbol{B}}{\boldsymbol{A}}=\frac{1}{\boldsymbol{Y}_{22}} \tag{8.73}$$

과 같이 구한다. 따라서 입·출력 영상 임피던스 $\boldsymbol{Z}_{01}$과 $\boldsymbol{Z}_{02}$는 임피던스 파라미터와 어드미턴스 파라미터로 계산이 가능하다.

$$\boldsymbol{Z}_{01}=\sqrt{\frac{\boldsymbol{Z}_{11}}{\boldsymbol{Y}_{11}}}, \quad \boldsymbol{Z}_{02}=\sqrt{\frac{\boldsymbol{Z}_{22}}{\boldsymbol{Y}_{22}}} \tag{8.74}$$

즉, 영상 임피던스는 개방 및 단락 임피던스의 기하학적 평균값이다.

6-3 전달정수

출력단에 영상 임피던스 $\boldsymbol{Z}_{02}$를 접속했을 때 $\boldsymbol{E}_1$과 $\boldsymbol{E}_2$의 비(전압 전송비)를 ε^{θ_1}으로 놓으면

$$\frac{\boldsymbol{E}_1}{\boldsymbol{E}_2}=\varepsilon^{\theta_1} \tag{8.75}$$

이 된다. 여기에 전송 파라미터의 기초방정식 (8.39)의 $\boldsymbol{E}_1$을 대입하고, 식 (8.71)의 $\boldsymbol{Z}_{02}$를 적용하여 전송 파라미터로 정리하면

$$\boldsymbol{E}_2=\boldsymbol{Z}_{02}\boldsymbol{I}_2$$

$$\begin{aligned}\varepsilon^{\theta_1}&=\frac{\boldsymbol{A}\boldsymbol{E}_2+\boldsymbol{B}\boldsymbol{I}_2}{\boldsymbol{E}_2}=\boldsymbol{A}+\boldsymbol{B}\frac{\boldsymbol{I}_2}{\boldsymbol{E}_2}=\boldsymbol{A}+\boldsymbol{B}\frac{\boldsymbol{I}_2}{\boldsymbol{Z}_{02}\boldsymbol{I}_2}\\&=\boldsymbol{A}+\frac{\boldsymbol{B}}{\boldsymbol{Z}_{02}}=\boldsymbol{A}+\frac{\boldsymbol{B}}{\sqrt{\frac{\boldsymbol{BD}}{\boldsymbol{AC}}}}=\boldsymbol{A}+\frac{\boldsymbol{B}\sqrt{\boldsymbol{AC}}}{\sqrt{\boldsymbol{BD}}}\\&=\boldsymbol{A}+\frac{\sqrt{\boldsymbol{B}}\sqrt{\boldsymbol{AC}}}{\sqrt{\boldsymbol{D}}}=\frac{(\sqrt{\boldsymbol{A}})^2\sqrt{\boldsymbol{D}}}{\sqrt{\boldsymbol{D}}}+\frac{\sqrt{\boldsymbol{ABC}}}{\sqrt{\boldsymbol{D}}}\\&=\sqrt{\frac{\boldsymbol{A}}{\boldsymbol{D}}}(\sqrt{\boldsymbol{AD}}+\sqrt{\boldsymbol{BC}})\end{aligned} \tag{8.76}$$

과 같다. 또한 $\boldsymbol{I}_1$과 $\boldsymbol{I}_2$의 비(전류 전송비)를 ε^{θ_2}로 하면

$$\frac{\boldsymbol{I}_1}{\boldsymbol{I}_2}=\varepsilon^{\theta_2} \tag{8.77}$$

와 같다. 식 (8.77)에 전송 파라미터 기초방정식 (8.39)의 I_1을 식 (8.71)의 Z_{02}를 적용하여 전송 파라미터로 정리하면 식 (8.78)을 얻는다.

$$E_2 = Z_{02}\ I_2$$

$$\begin{aligned} \varepsilon^{\theta_2} &= \frac{I_1}{I_2} = \frac{CE_2 + DI_2}{I_2} = \frac{CE_2}{I_2} + D \\ &= C\frac{Z_{02}\ I_2}{I_2} + D = CZ_{02} + D \\ &= C\sqrt{\frac{BD}{AC}} + D = \sqrt{\frac{BCD}{A}} + \frac{\sqrt{AD}^2}{A} \\ &= \sqrt{\frac{D}{A}}(\sqrt{AD} + \sqrt{BC}) \end{aligned} \tag{8.78}$$

이상에서 Z_{01}, Z_{02}, θ_{01}, θ_{02}는 4단자 회로망의 특유 정수로서 회로망의 특징을 부여하는 정수이다. θ를 영상 전달정수라 하는데, 복소수이므로 $\theta = \alpha + j\beta$라 하면, α는 감쇄정수이고, β는 위상정수라고 한다. 전압 전송비와 전류전송비에서 구한 θ_1과 θ_2는

$$\theta = \frac{\theta_1 + \theta_2}{2} \tag{8.79}$$

와 같이 나타내면, 영상 전달정수를 구하기 위해서는 식 (8.76), 식 (8.78)과 식 (8.79)를 이용하여

$$\begin{aligned} \varepsilon^{\theta} &= \varepsilon^{\frac{\theta_1 + \theta_2}{2}} = \sqrt{\varepsilon^{\theta_1 + \theta_2}} = \sqrt{\varepsilon^{\theta_1}\varepsilon^{\theta_2}} \\ &= \sqrt{\sqrt{\frac{A}{D}}\sqrt{\frac{D}{A}}(\sqrt{AD} + \sqrt{BC})^2} = \sqrt{AD} + \sqrt{BC} \end{aligned} \tag{8.80}$$

와 같이 계산할 수 있다. 식 (8.80)으로부터 로그 함수의 정의를 적용하여 영상 전달정수 θ를 구하면

$$\theta = \log(\sqrt{AD} + \sqrt{BC}) \tag{8.81}$$

와 같이 전송 파라미터의 값으로 구할 수 있다. 또한 다른 방법으로 식 (8.75)×식 (8.77)을 구하면

$$\frac{E_1 I_1}{E_2 I_2} = \varepsilon^{\theta_1}\varepsilon^{\theta_2} = \varepsilon^{\theta_1 + \theta_2} = \varepsilon^{2\left(\frac{\theta_1 + \theta_2}{2}\right)} = \varepsilon^{2\theta} \tag{8.82}$$

와 같이 구해지는데, 여기에도 로그 함수의 정의를 적용하면

$$2\theta = \log\frac{E_1 I_1}{E_2 I_2}, \qquad \theta = \frac{1}{2}\log\frac{E_1 I_1}{E_2 I_2} \tag{8.83}$$

와 같은 영상 전달정수를 입·출력전압과 전류로서 결정할 수 있다. 식 (8.80)에서 $-\theta$에 대해서는

$$\varepsilon^{-\theta} = \frac{1}{\varepsilon^{\theta}} = \frac{1}{\sqrt{AD}+\sqrt{BC}} = \frac{\sqrt{AD}-\sqrt{BC}}{(\sqrt{AD}+\sqrt{BC})(\sqrt{AD}-\sqrt{BC})}$$

$$= \sqrt{AD}-\sqrt{BC} \tag{8.84}$$

와 같이 얻어진다. 식 (8.80)+식 (8.84)하면

$$\varepsilon^{\theta} + \varepsilon^{-\theta} = 2\sqrt{AD} \tag{8.85}$$

와 같고, 쌍곡선 함수로 표현하면

$$\cosh\theta = \frac{\varepsilon^{\theta} + \varepsilon^{-\theta}}{2} = \sqrt{AD} \tag{8.86}$$

이며, 식 (8.80)−식 (8.84)하면

$$\varepsilon^{\theta} - \varepsilon^{-\theta} = 2\sqrt{BC} \tag{8.87}$$

와 같고, 쌍곡선 함수로 표현하면

$$\sinh\theta = \frac{\varepsilon^{\theta} - \varepsilon^{-\theta}}{2} = \sqrt{BC} \tag{8.88}$$

을 얻는다. 식 (8.86)과 식 (8.88)로부터 식 (8.89)와 같은 관계를 얻는다.

$$\tanh\theta = \frac{\sinh\theta}{\cosh\theta} = \sqrt{\frac{BC}{AD}} \tag{8.89}$$

6-4 전송 파라미터와 영상 파라미터의 관계

식 (8.69)와 식 (8.86)으로부터 영상 파라미터로 구성되는 전송 파라미터 A, D 를 구하면

$$\frac{Z_{01}}{Z_{02}} = \frac{A}{D}, \quad \cosh\theta = \sqrt{AD}$$

에서 $\sqrt{D} = \dfrac{\cosh\theta}{\sqrt{A}}$ 를 구하여 A에 대하여 정리하면

$$A = \frac{Z_{01}}{Z_{02}} D = \frac{Z_{01}}{Z_{02}} \left(\frac{\cosh\theta}{\sqrt{A}}\right)^2 = \frac{Z_{01}}{Z_{02}} \frac{(\cosh\theta)^2}{A}$$

$$A^2 = \frac{Z_{01}}{Z_{02}} (\cosh\theta)^2$$

$$A = \frac{\sqrt{Z_{01}}}{\sqrt{Z_{02}}} \cosh\theta \tag{8.90}$$

와 같이 구하며, 같은 방법으로 식(8.91)을 구한다.

$$D = \sqrt{\frac{Z_{01}}{Z_{02}}} \cosh\theta \tag{8.91}$$

또한 식 (8.68)과 식 (8.88)로부터 영상 파라미터로 구성되는 전송 파라미터 B, C 를 구하기 위하여

$$\boldsymbol{Z}_{01}\boldsymbol{Z}_{02}=\frac{\boldsymbol{B}}{\boldsymbol{C}}, \qquad \sinh\theta=\sqrt{\boldsymbol{BC}}$$

에서 $\sqrt{\boldsymbol{C}}=\frac{\sin h\theta}{\sqrt{\boldsymbol{B}}}$를 구하여 B에 대하여 정리하면

$$\boldsymbol{B}=\boldsymbol{Z}_{01}\boldsymbol{Z}_{02}\boldsymbol{C}=\boldsymbol{Z}_{01}\boldsymbol{Z}_{02}\left(\frac{\sin h\theta}{\sqrt{\boldsymbol{B}}}\right)^2=\boldsymbol{Z}_{01}\boldsymbol{Z}_{02}\frac{\sin h^2\theta}{\boldsymbol{B}}$$

$$\boldsymbol{B}^2=\boldsymbol{Z}_{01}\boldsymbol{Z}_{02}\sin h^2\theta$$

$$\boldsymbol{B}=\sqrt{\boldsymbol{Z}_{01}\boldsymbol{Z}_{02}}\sin h\theta \tag{8.92}$$

와 같이 구하며, 같은 방법으로 식 (8.93)을 구한다.

$$\boldsymbol{C}=\frac{1}{\sqrt{\boldsymbol{Z}_{01}\boldsymbol{Z}_{02}}}\sin h\theta \tag{8.93}$$

이상에서 구한 4단자 회로망의 영상 파라미터를 이용하여 전송 파라미터의 기초방정식 (8.39)에 대입하면 영상 파라미터의 관계는

$$\boldsymbol{E}_1=\left(\sqrt{\frac{\boldsymbol{Z}_{01}}{\boldsymbol{Z}_{02}}}\cosh\theta\right)\boldsymbol{E}_2+\left(\sqrt{\boldsymbol{Z}_{01}\boldsymbol{Z}_{02}}\sin h\theta\right)\boldsymbol{I}_2$$

$$\boldsymbol{I}_1=\left(\frac{1}{\sqrt{\boldsymbol{Z}_{01}\boldsymbol{Z}_{02}}}\sin h\theta\right)\boldsymbol{E}_2+\left(\sqrt{\frac{\boldsymbol{Z}_{02}}{\boldsymbol{Z}_{01}}}\cos h\theta\right)\boldsymbol{I}_2 \tag{8.94}$$

회로망이 대칭인 경우는 $\boldsymbol{Z}_{01}=\boldsymbol{Z}_{02}=\boldsymbol{Z}_0$의 관계를 가지므로 식 (8.94)는

$$\boldsymbol{E}_1=\boldsymbol{E}_2\cosh\theta+\boldsymbol{Z}_0\boldsymbol{I}_2\sin h\theta$$

$$\boldsymbol{I}_1=\frac{\boldsymbol{E}_2}{\boldsymbol{Z}_0}\sin h\theta+\boldsymbol{I}_2\cos h\theta \tag{8.95}$$

와 같이 간략하게 표현할 수 있다.

6-5 영상 파라미터에 의한 회로망의 종속접속

이 영상 파라미터의 특징은 접속점 1－1′, 2－2′ 등에서 좌우 회로망 앞 단의 출력 임피던스와 다음 단의 입력 임피던스가 같으며 접속점에서 반사가 없는 접속, 즉 임피던스의 정합접속을 하는 경우에 매우 중요하다.

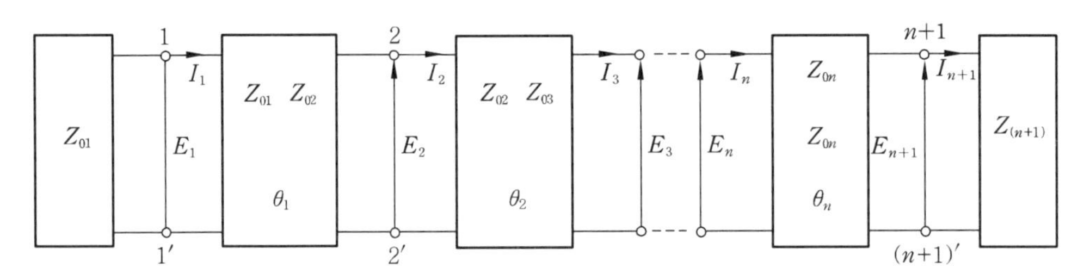

그림 8-18 영상 파라미터의 종속접속

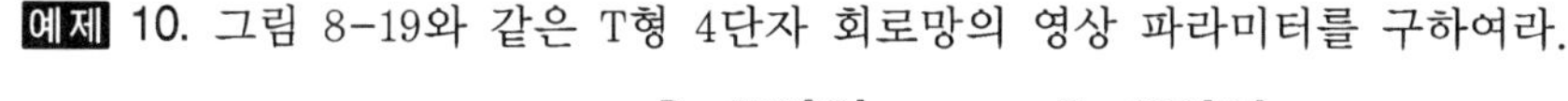

예제 10. 그림 8-19와 같은 T형 4단자 회로망의 영상 파라미터를 구하여라.

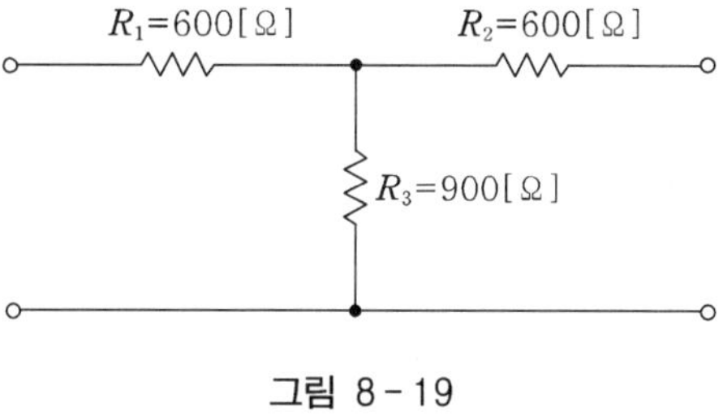

그림 8-19

해설 이 회로의 전송 파라미터는 예제 9의 해를 인용하면

$$A=1+\frac{R_1}{R_3}=1+\frac{600}{900}=\frac{5}{3}$$

$$B=\frac{R_1R_2+R_2R_3+R_3R_1}{R_3}=\frac{600^2+600\times900+600\times900}{900}=1600\ [\Omega]$$

$$C=\frac{1}{R_3}=\frac{1}{900}\ [\mho]$$

$$D=1+\frac{R_2}{R_3}=1+\frac{600}{900}=\frac{5}{3}$$

와 같이 전송 파라미터를 구하여 검산하면

$$AD-BC=\frac{5}{3}\frac{5}{3}-1600\times\frac{1}{900}=\frac{25}{9}-\frac{16}{9}=1$$

와 같다. 영상 파라미터를 구해보면 식 (8.70), 식 (8.71)과 식 (8.81)로부터

$$Z_{01}=\sqrt{\frac{AB}{CD}}=\sqrt{\frac{\frac{5}{3}\times1600}{\frac{1}{900}\times\frac{5}{3}}}=1200\ [\Omega]$$

$$Z_{02}=\sqrt{\frac{BD}{AC}}=\sqrt{\frac{1600\times\frac{5}{3}}{\frac{5}{3}\times\frac{1}{900}}}=1200\ [\Omega]$$

$$\theta=\log(\sqrt{AD}+\sqrt{BC})=\log\left(\sqrt{\frac{5}{3}\times\frac{5}{3}}+\sqrt{1600\times\frac{1}{900}}\right)$$

$$=\log\left(\frac{5}{3}+\frac{4}{3}\right)=\log 3$$ 을 얻는다.

7. 반복 파라미터

그림 8-20과 같은 4단자 회로망에서 출력 단자 2-2′에 Z_{s1}을 연결하고, 입력 단에서 회로망을 바라본 임피던스가 Z_{s1}이면 반복 임피던스라 한다. 또한 입력 단자 1-1′에 Z_{s2}를 연결하고, 출력 단자 2-2′에서 회로망을 바라본 임피던스가 Z_{s2}이면, 이것도 반복 임피던스라 한다.

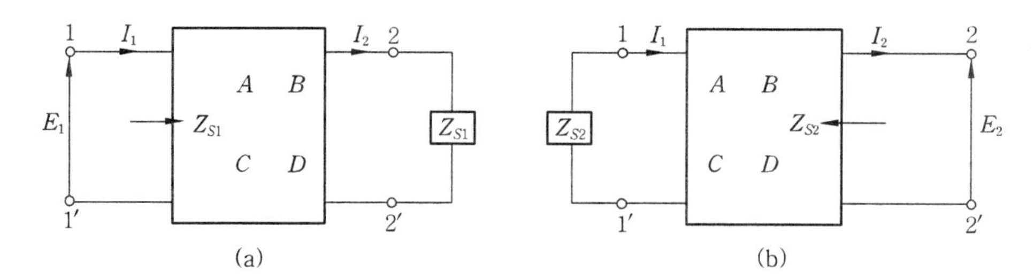

그림 8 - 20 반복 임피던스를 갖는 4단자 회로망

7－1 반복 임피던스와 전송 파라미터의 관계

그림8－20 (a)에서 E_1, E_2는

$$E_1 = Z_{s1} I_1, \quad E_2 = Z_{s1} I_2 \tag{8.96}$$

와 같다. 식 (8.96)에서 Z_{s1}에 대하여 정리하고, E_2와 식 (8.39)의 전송 파라미터의 기초 방정식으로부터

$$Z_{s1} = \frac{E_1}{I_1} = \frac{AE_2 + I_2}{CE_2 + DI_2} = \frac{AZ_{s1} I_2 + BI_2}{CZ_{s1} I_2 + DI_2} = \frac{AZ_{s1} + B}{CZ_{s1} + D} \tag{8.97}$$

와 같이 얻는다. 식 (8.97)을 Z_{s1}의 차순방정식으로 다시 정리하면

$$CZ_{s1}{}^2 + Z_{s1} D = AZ_{s1} + B$$

$$CZ_{s1}{}^2 + (D - A) Z_{s1} - B = 0 \tag{8.98}$$

와 같다. 식 (8.98)에서 Z_{s1}의 해는 근의 공식을 이용하면

$$\begin{aligned} Z_{s1} &= \frac{-(D-A) \pm \sqrt{(D-A)^2 - 4C(-B)}}{2C} \\ &= \frac{1}{2C} \{ (A - D) \pm \sqrt{(D-A)^2 + 4CB} \} \end{aligned} \tag{8.99}$$

와 같이 구할 수 있다. 또한 그림 8－20 (b)에서 E_1, E_2는 식 (8.100)과 같다.

$$E_2 = -Z_{s2} I_2, \quad E_1 = -Z_{s2} I_1 \tag{8.100}$$

식 (8.100)에서 Z_{s2}에 대하여 정리하고, E_2와 식 (8.39)의 전송 파라미터의 기초방정식으로부터

$$\begin{aligned} Z_{s2} &= -\frac{E_1}{I_1} = \frac{-AE_2 - BI_2}{CE_2 + DI_2} \\ &= \frac{AZ_{s2} I_2 - BI_2}{-CZ_{s2} I_2 + DI_2} = \frac{AZ_{s2} - B}{-CZ_{s2} + D} \end{aligned} \tag{8.101}$$

가 된다. 식 (8.101)을 Z_{s2}의 차순방정식으로 다시 정리하면

$$-CZ_{s2}^{\ 2}+Z_{s2}D=AZ_{s2}-B$$

$$CZ_{s2}^{\ 2}+(A-D)Z_{s2}-B=0 \tag{8.102}$$

과 같다. 식 (8.102)에서 Z_{s2}의 해는 근의 공식에 의하여 식 (8.103)과 같다.

$$Z_{s2}=\frac{-(A-D)\pm\sqrt{(A-D)^2-4C(-B)}}{2C}$$

$$=\frac{1}{2C}\{(D-A)\pm\sqrt{(A-D)^2+4BC}\} \tag{8.103}$$

7-2 전파정수

그림 8-20 (a)와 같이 반복 임피던스를 접속했을 때

$$\frac{E_1}{I_1}=\frac{E_2}{I_2}=Z_{s1} \tag{8.104}$$

의 값을 얻을 수 있으며, 입·출력 단자의 전압, 전류의 비는 동일하게

$$\frac{E_1}{E_2}=\frac{I_1}{I_2}=\varepsilon^{r} \tag{8.105}$$

를 얻을 수 있다. 여기서 r를 전파정수라고 한다.

r를 구하기 위하여 식 (8.39)를 식 (8.105)에 적용하여 반복 임피던스와 전송 파라미터로 표시하면 각각

$$\frac{E_1}{E_2}=\frac{AE_2+BI_2}{E_2}=A+B\frac{I_2}{E_2}$$

$$=A+B\frac{I_2}{Z_{s1}I_2}=A+\frac{B}{Z_{s1}} \tag{8.106}$$

$$\frac{I_1}{I_2}=\frac{CE_2+DI_2}{I_2}=\frac{CE_2}{I_2}+D$$

$$=C\frac{Z_{s1}I_2}{I_2}+D=CZ_{s1}+D \tag{8.107}$$

와 같이 구할 수 있다. 식 (8.107)에 식 (8.99)를 대입하여 정리하면

$$\varepsilon^{r}=CZ_{s1}+D$$

$$=C\left[\frac{1}{2C}\{(A-D)+\sqrt{(D-A)^2+4BC}\}\right]+D$$

$$=\frac{1}{2}\{(\boldsymbol{A}-\boldsymbol{D})+\sqrt{(\boldsymbol{D}-\boldsymbol{A})^2+4\boldsymbol{BC}}\}+\boldsymbol{D}$$

$$=\frac{\boldsymbol{A}-\boldsymbol{D}+2\boldsymbol{D}}{2}+\sqrt{\left(\frac{\boldsymbol{D}-\boldsymbol{A}}{2}\right)^2+\frac{4\boldsymbol{BC}}{4}}$$

$$=\frac{\boldsymbol{A}+\boldsymbol{D}}{2}+\sqrt{\frac{\boldsymbol{D}^2-2\boldsymbol{AD}+\boldsymbol{A}^2}{4}+\boldsymbol{AD}-1}$$

$$=\frac{\boldsymbol{A}+\boldsymbol{D}}{2}+\sqrt{\frac{\boldsymbol{D}^2-2\boldsymbol{AD}+\boldsymbol{A}^2+4\boldsymbol{AD}}{4}-1}$$

$$=\frac{\boldsymbol{A}+\boldsymbol{D}}{2}+\sqrt{\left(\frac{\boldsymbol{A}+\boldsymbol{D}}{2}\right)^2-1} \tag{8.108}$$

와 같이 얻어진다.

같은 방법으로 ε^{-r}에 대해서는

$$\varepsilon^{-r}=\frac{\boldsymbol{A}+\boldsymbol{D}}{2}-\sqrt{\left(\frac{\boldsymbol{A}+\boldsymbol{D}}{2}\right)^2-1} \tag{8.109}$$

와 같이 얻는다.

쌍곡선 함수 공식으로부터

$$\cos hr=\frac{\varepsilon^r+\varepsilon^{-r}}{2}=\frac{1}{2}(\boldsymbol{A}+\boldsymbol{D}) \tag{8.110}$$

이므로 식 (8.108)에서

$$\varepsilon^r=\frac{\boldsymbol{A}+\boldsymbol{D}}{2}+\sqrt{\left(\frac{\boldsymbol{A}+\boldsymbol{D}}{2}\right)^2-1} \tag{8.111}$$

를 구할 수 있다. 그러므로 식 (8.108)과 식 (8.110)으로부터 전파정수는

$$r=\log\left(\frac{\boldsymbol{A}+\boldsymbol{D}}{2}+\sqrt{\left(\frac{\boldsymbol{A}+\boldsymbol{D}}{2}\right)^2-1}\right)$$

$$=\cos h^{-1}\frac{1}{2}(\boldsymbol{A}+\boldsymbol{D}) \tag{8.112}$$

와 같다. 대칭인 경우 $\boldsymbol{A}=\boldsymbol{D}$이므로 식 (8.99)와 식 (8.103)으로부터

$$\boldsymbol{Z}_{s1}=\boldsymbol{Z}_{s2}=\sqrt{\frac{\boldsymbol{B}}{\boldsymbol{C}}}=\boldsymbol{Z}_{01}=\boldsymbol{Z}_{02} \tag{8.113}$$

와 같이 얻을 수 있으며, 식 (8.112)로부터

$$r=\cos h^{-1}\boldsymbol{A}=\theta \tag{8.114}$$

를 구함으로써 반복 임피던스와 영상 임피던스는 동일하며, 또한 전파정수와 전달정수도 같다는 것을 알 수 있다.

여기에서 반복 임피던스 $\boldsymbol{Z}_{s1}$, $\boldsymbol{Z}_{s2}$와 전파정수 r를 반복 파라미터라고 한다. 반복 파라미터는 회로망 정합접속에는 부적당하나, 분포정수회로의 계산에 많이 이용하고 있다.

8. 4단자망의 등가회로

4단자 회로망의 등가회로는 선형수동 4단자 회로망에 대하여 전송 파라미터와 그 외의 파라미터와의 관계로 나타낸다. 즉, 전송 파라미터 $\boldsymbol{A}$, $\boldsymbol{B}$, $\boldsymbol{C}$, $\boldsymbol{D}$로 표현되는 다른 파라미터로의 표현이 가능하다는 이야기이다.

8-1 등가 T형 회로

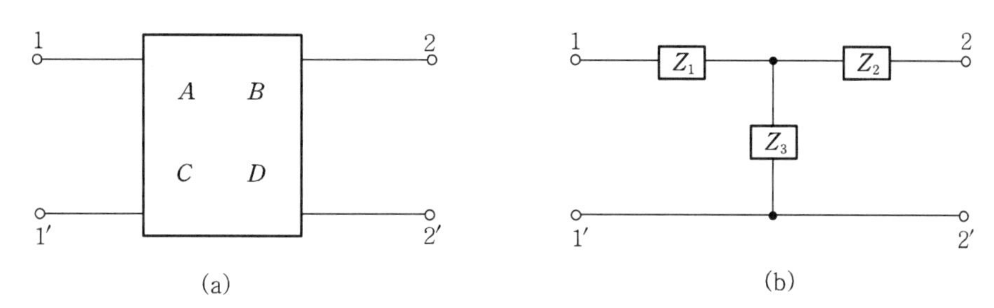

그림 8-21 4단자 회로망의 T형 등가회로

먼저 그림 8-21(a)의 전송 파라미터로 표현된 $\boldsymbol{A}$, $\boldsymbol{B}$, $\boldsymbol{C}$, $\boldsymbol{D}$를 그림 8-21(b)의 T형 회로의 $\boldsymbol{Z}_1$, $\boldsymbol{Z}_2$, $\boldsymbol{Z}_3$로 표현한다. 그러면 전송 파라미터가 갖는 값들은 식 (8.115)와 같다.

$$\boldsymbol{A}=1+\frac{\boldsymbol{Z}_1}{\boldsymbol{Z}_3} \tag{8.115}$$

$$\boldsymbol{B}=\frac{\boldsymbol{Z}_1\boldsymbol{Z}_2+\boldsymbol{Z}_2\boldsymbol{Z}_3+\boldsymbol{Z}_3\boldsymbol{Z}_1}{\boldsymbol{Z}_3} \tag{8.116}$$

$$\boldsymbol{C}=\frac{1}{\boldsymbol{Z}_3} \tag{8.117}$$

$$\boldsymbol{D}=1+\frac{\boldsymbol{Z}_2}{\boldsymbol{Z}_3} \tag{8.118}$$

이상으로부터 $\boldsymbol{Z}_1$, $\boldsymbol{Z}_2$, $\boldsymbol{Z}_3$를 전송 파라미터로 표현해 보면 식 (8.115)와 식 (8.117)에서

$$\boldsymbol{Z}_1=\frac{\boldsymbol{A}-1}{\boldsymbol{C}} \tag{8.119}$$

를 얻으며, 식 (8.117)로부터

$$\boldsymbol{Z}_3=\frac{1}{\boldsymbol{C}} \tag{8.120}$$

을 얻고, 식 (8.117)과 식 (8.118)로부터 식 (8.121)을 얻는다.

$$\boldsymbol{Z}_2=\frac{\boldsymbol{D}-1}{\boldsymbol{C}} \tag{8.121}$$

8-2 등가 π형 회로

그림 8-22(a)의 전송 파라미터로 표현된 $\boldsymbol{A}$, $\boldsymbol{B}$, $\boldsymbol{C}$, $\boldsymbol{D}$를 그림 8-22(b)의 T형 회로의 $\boldsymbol{Z}_1$, $\boldsymbol{Z}_2$, $\boldsymbol{Z}_3$로 표현한다. 그러면 전송 파라미터가 갖는 값들은 식 (8.122)와 같다.

$$\boldsymbol{A}=1+\frac{\boldsymbol{Z}_2}{\boldsymbol{Z}_3} \tag{8.122}$$

$$\boldsymbol{B}=\boldsymbol{Z}_2 \tag{8.123}$$

$$\boldsymbol{C}=\frac{\boldsymbol{Z}_1+\boldsymbol{Z}_2+\boldsymbol{Z}_3}{\boldsymbol{Z}_1\boldsymbol{Z}_3} \tag{8.124}$$

$$\boldsymbol{D}=1+\frac{\boldsymbol{Z}_2}{\boldsymbol{Z}_1} \tag{8.125}$$

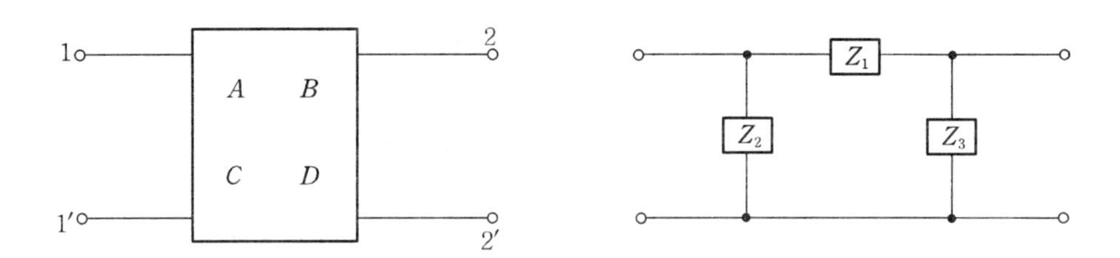

그림 8-22 등가 π형 등가회로

이상으로부터 $\boldsymbol{Z}_1$, $\boldsymbol{Z}_2$, $\boldsymbol{Z}_3$를 전송 파라미터로 표현해 보면 식 (8.122)와 식 (8.123)으로부터

$$\boldsymbol{Z}_3=\frac{\boldsymbol{B}}{\boldsymbol{A}-1} \tag{8.126}$$

을 얻으며, 식 (8.123)으로부터 식 (8.127)을 얻는다.

$$\boldsymbol{Z}_2=\boldsymbol{B} \tag{8.127}$$

식 (8.123)과 식 (8.125)로부터

$$\boldsymbol{Z}_1=\frac{\boldsymbol{B}}{\boldsymbol{D}-1} \tag{8.128}$$

를 구할 수 있다.

이상의 T형과 π형 등가회로에서 구한 $\boldsymbol{Z}_1$, $\boldsymbol{Z}_2$, $\boldsymbol{Z}_3$의 $\boldsymbol{A}$, $\boldsymbol{B}$, $\boldsymbol{C}$, $\boldsymbol{D}$에 임피던스 파라미터, 영상 파라미터 등으로 나타낸 값을 대입하면, 각 파라미터의 값으로 임피던스의 표현이 가능하다.

예제 11. 그림 8−23과 같은 π 형 회로망의 반복 파라미터를 구하여라.

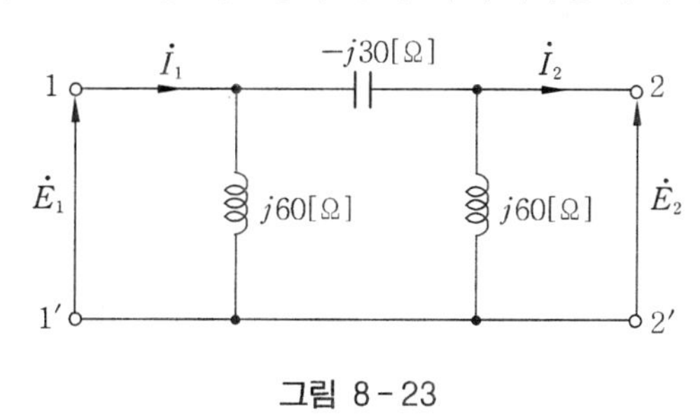

그림 8-23

해설 전송파라미터의 종속접속법을 인용하여 계산하면 A, B, C, D는

$$\begin{bmatrix} 1 & 0 \\ \frac{1}{j60} & 1 \end{bmatrix} \cdot \begin{bmatrix} 1 & -j30 \\ 0 & 1 \end{bmatrix} \cdot \begin{bmatrix} 1 & 0 \\ \frac{1}{j60} & 1 \end{bmatrix} = \begin{bmatrix} \frac{1}{2} & -j30 \\ -j\frac{1}{40} & \frac{1}{2} \end{bmatrix}$$

와 같다. 전송 파라미터를 구한 결과 $\boldsymbol{A}=\boldsymbol{D}$, 즉 대칭이므로 식 (8.113)으로부터

$$\boldsymbol{Z}_{s1}=\boldsymbol{Z}_{s2}=\sqrt{\frac{\boldsymbol{B}}{\boldsymbol{C}}}=\sqrt{\frac{-j30}{-j\frac{1}{40}}}=20\sqrt{3}[\Omega]$$

전파정수 γ 는 식 (8.114)에서

$$\cosh\gamma=\boldsymbol{A}=\frac{1}{2}$$

연 · 습 · 문 · 제

1. 그림 8−24와 같은 π 형 회로망에서 어드미턴스 파라미터를 구하여라.

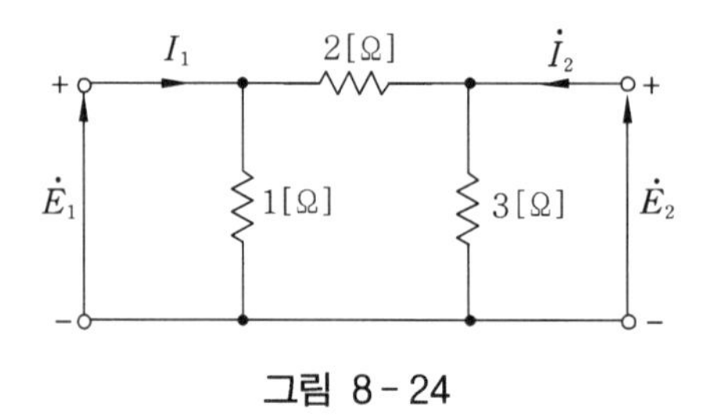

그림 8-24

답 $\boldsymbol{Y}_{11}=\frac{3}{2}[℧]$, $\boldsymbol{Y}_{21}=\boldsymbol{Y}_{12}=-\frac{1}{2}[℧]$, $\boldsymbol{Y}_{22}=\frac{5}{6}[℧]$

2. 그림 8−25와 같은 T형 회로망에서 임피던스 파라미터를 구하여라.

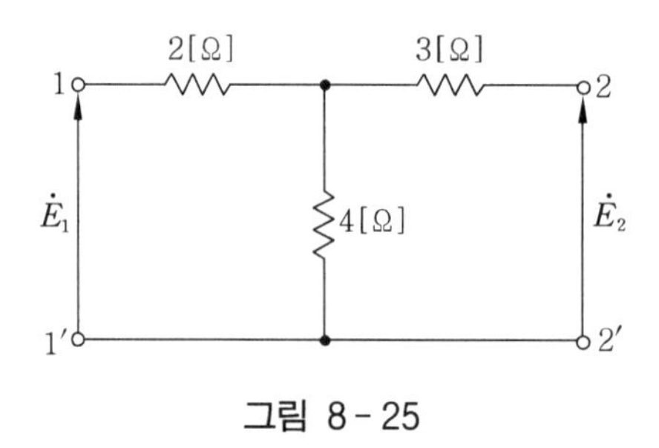

그림 8-25

답 $\boldsymbol{Z}_{11}=6[\Omega]$, $\boldsymbol{Z}_{12}=\boldsymbol{Z}_{21}=4[\Omega]$, $\boldsymbol{Z}_{22}=7[\Omega]$

3. 그림 8−26과 같은 π 형 회로망에서 어드미턴스 파라미터를 구하여라.

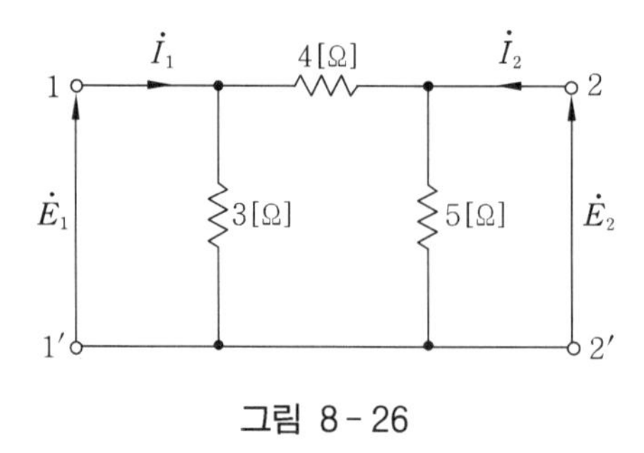

그림 8-26

답 $\boldsymbol{Y}_{11}=7[℧]$, $\boldsymbol{Y}_{21}=Y_{12}=-4[℧]$, $\boldsymbol{Y}_{22}=9[℧]$

4. 다음 8-27과 같이 전원측 저항이 25 [Ω], 부하저항이 1 [Ω]일 때 이것에 변압비 $n:1$의 이상변압기를 사용하여 정합을 취하려면 권수비 n은 얼마인가?

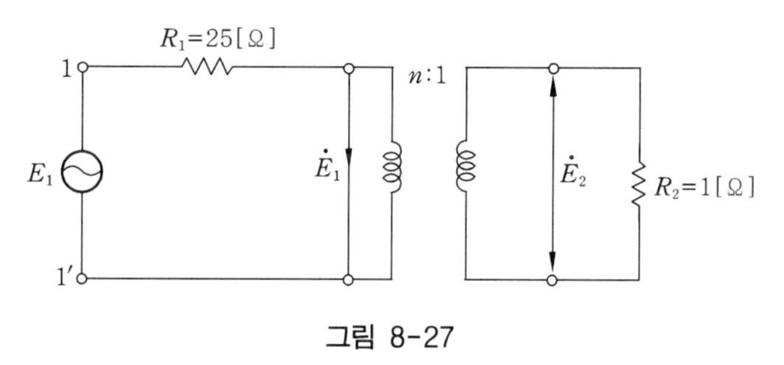

그림 8-27

답 $n=5$

5. 그림 8-28과 같은 L형 회로망의 전송 파라미터를 구하여라.

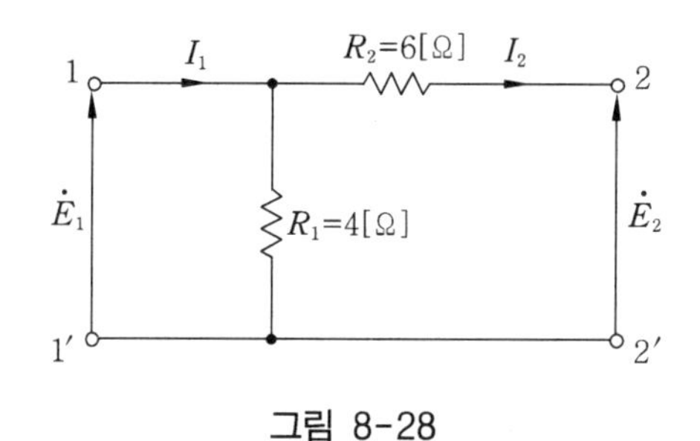

그림 8-28

답 $A=1$, $B=6[\Omega]$, $C=\frac{1}{4}[℧]$, $D=\frac{5}{2}$

6. 그림 8-29와 같은 π 형 회로망의 전송 파라미터를 구하여라.

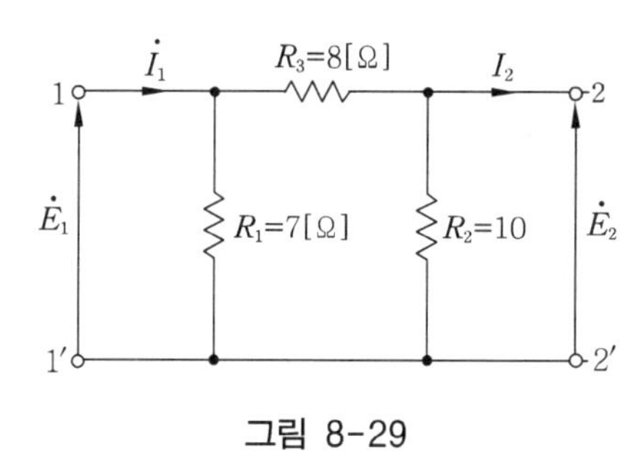

그림 8-29

답 $A=\frac{9}{5}$, $B=8[\Omega]$, $C=\frac{5}{14}[℧]$, $D=\frac{15}{7}$

7. 어떤 회로망의 4단자 정수가 $A=4$, $B=j2$, $C=4-j12.5$이면, 이 회로망의 D는 얼마인가?

답 $D=6.5+j2$

8. 그림 8−30과 같은 π 형 4단자 회로망의 전달정수 θ를 구하여라.

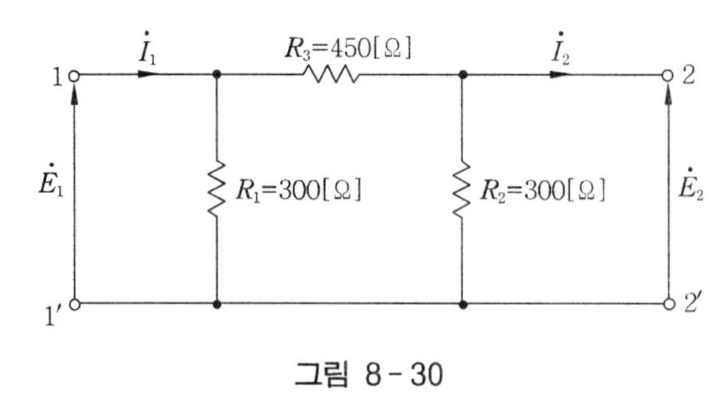

그림 8-30

답 $\theta=1.22$

9. L형 4단자 회로망에서 4단자 정수가 $\boldsymbol{B}=\frac{5}{4}$, $\boldsymbol{C}=1$이고, 영상 임피던스 $\boldsymbol{Z}_{02}=\frac{1}{2}[\Omega]$ 일 때, 영상 임피던스 $\boldsymbol{Z}_{01}$을 구하여라.

답 $\boldsymbol{Z}_{01}=\frac{5}{2}[\Omega]$

10. 그림 8−31과 같은 회로망의 전송 파라미터를 구하여라.

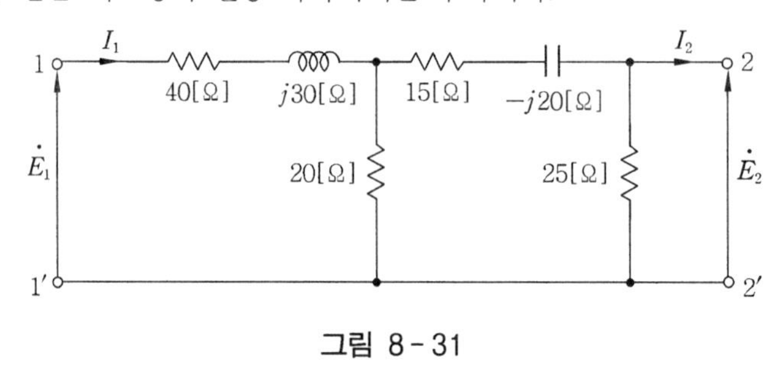

그림 8-31

답 $A=3.85\angle 8.98°$, $B=115.24\angle -3.73°$,
$C=0.032\angle -18.43°$, $D=1.01\angle -29.74°$

11. 그림 8−32와 같은 T형 회로망의 반복 파라미터 중 전파정수 $\cosh\gamma$ 를 구하여라.

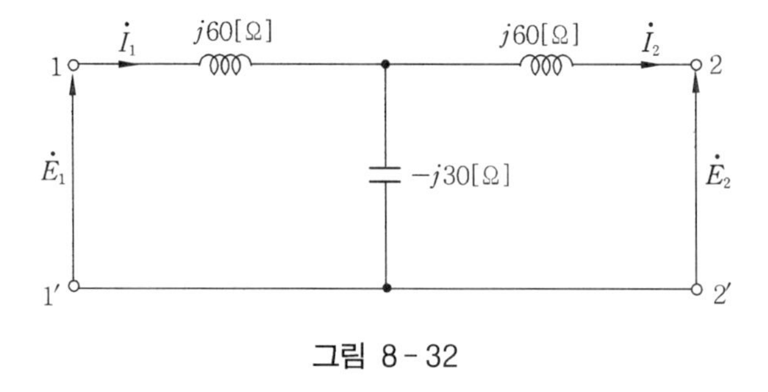

그림 8-32

답 $\cosh\gamma=-1$

9 CHAPTER 분포정수회로

현재 운용하고 있는 송전선로나 통신선로는 모두 선으로 회로망이 구성되어 있다. 그 곳에서 사용하는 도선은 저항과 인덕턴스 등이 있다. 또한 2개의 도체 간에는 미소하게 정전용량, 누설 컨덕턴스, 상호 인덕턴스들이 형성되고 있다. 이러한 요소들인 R, L, G, C, M 등이 한 곳에 집중되어 있는 회로망으로 해석을 하게 되면 이것을 집중정수회로라 하는데, 앞 장에서 해석한 것은 모두 집중되어 있는 경우를 다루었다.

그러나 미소한 저항 r와 인덕턴스 L이 직렬로 선로 안에 균일하게 분포되어 존재하고, 미소한 정전용량 C와 누설 컨덕턴스 g도 또한 선로간에 병렬로 균일하게 형성되어 있는데, 이러한 회로를 분포정수회로라고 한다.

전류와 전압이 회로를 통하여 전파하는 데에는 시간이 필요하므로 전류와 전압은 길이의 방향에 따라서 차례로 변화한다고 할 수 있다. 이 때문에 분포정수회로에서는 전류와 전압의 시간적 변화 이외에 공간적으로 길이의 방향에 있어서의 변화를 생각해서 취급해야 된다. 즉, 전력선인 송·배전선로는 수 km의 송전선도 집중 정수회로로 취급할 수 있으나, 극초단파에서는 수 cm의 길이도 분포정수회로로 취급해야 한다.

분포정수회로가 적용되는 회로망은 급전선, 통신선로와 장거리 송전선로 등이 있는데, 그림 9-1은 그 한 예를 보여주고 있다. 이러한 회로망을 생각하며 망의 정상 상태에서의 전압과 전류에 대한 여러 가지 조건에서의 해를 구하기로 하자.

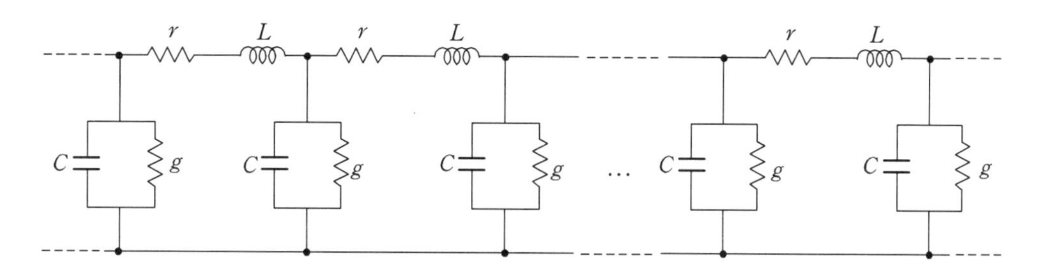

그림 9-1 분포정수회로망의 구성 예

1. 분포정수회로의 기본식

1－1 수학적 배경

분포 정수회로를 해석하는데 필요한 수학공식을 이해하기 위하여 쌍곡선 함수에 관하여 알아 보기로 한다.

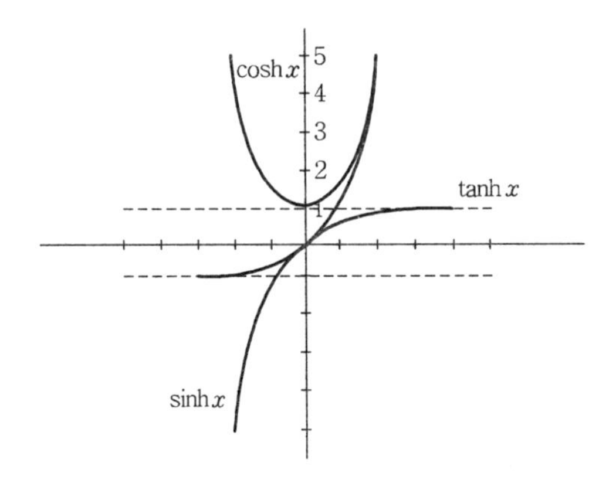

그림 9－2 x에 대한 쌍곡선 함수의 그래프

일반적으로 지수 함수 ε^x는 무한급수로 전개하면

$$\varepsilon^x = 1 + \frac{x}{1!} + \frac{x^2}{2!} + \cdots + \frac{x^n}{n!} \tag{9.1}$$

와 같다. x의 유한값에 대하여 항상 수렴한다. 그러면

$$\frac{1}{2}(\varepsilon^x - \varepsilon^{-x}) = \sinh x$$

$$\frac{1}{2}(\varepsilon^x + \varepsilon^{-x}) = \cosh x$$

$$\frac{\sinh x}{\cosh x} = \tanh x = \frac{1}{\coth x} \tag{9.2}$$

와 같이 정의하면, 쌍곡선 함수의 급수 전개는

$$\sinh x = x + \frac{x^3}{3!} + \frac{x^5}{5!} + \cdots$$

$$\cosh x = 1 + \frac{x^2}{2!} + \frac{x^4}{4!} + \cdots$$

$$\tanh x = x - \frac{1}{3}x^3 + \frac{2}{15}x^5 - \frac{217}{315}x^7 + \cdots \tag{9.3}$$

와 같다. 그리고 다음과 같은 관계가 있다.

$$\sinh(-x) = -\sinh x$$
$$\cosh(-x) = \cosh x$$
$$\tanh(-x) = -\tanh x \qquad (9.4)$$

그림 9-2는 쌍곡선 라디안으로 표시된 x의 여러 가지 쌍곡선 함수들의 그래프이다. 식 (9.2)로부터

$$\sinh^2 x = \frac{1}{4}(\varepsilon^x - \varepsilon^{-x})^2 = \frac{1}{4}(\varepsilon^{2x} - 2 + \varepsilon^{-2x})$$
$$\cosh^2 x = \frac{1}{4}(\varepsilon^x + \varepsilon^{-x})^2 = \frac{1}{4}(\varepsilon^{2x} + 2 + \varepsilon^{-2x})$$

의 값을 얻는다. 그러면

$$\cosh^2 x - \sinh^2 x = 1 \qquad (9.5)$$

이것은 삼각 함수의 $\sin^2 x + \cos^2 x = 1$에 대응하는 결과이고

$$\sin x = x - \frac{x^3}{3!} + \frac{x^5}{5!} - \cdots$$
$$\cos x = 1 - \frac{x^2}{2!} + \frac{x^4}{4!} - \cdots \qquad (9.6)$$

일 때 $j = \sqrt{-1}$ 이라 하면 식 (9.3)과 식 (9.6)으로부터

$$\sinh jx = j\sin x$$
$$\cosh jx = \cos x$$
$$\tanh jx = j\tan x \qquad (9.7)$$

의 결과를 얻는다. 식 (9.2)를 적용하면 쌍곡선 함수의 합은

$$\sinh x \cosh y + \cosh x \sinh y = \frac{1}{2}\{\varepsilon^{x+y} + \varepsilon^{-(x+y)}\}$$
$$= \sinh(x+y)$$
$$\sinh x \sinh y + \cosh x \cosh y = \cosh(x+y) \qquad (9.8)$$

와 같다. 식 (9.7)을 적용하여 식 (9.8)의 $(x+y)$부분을 $(\alpha + j\beta)$로 다시 쓰고 $\tanh(\alpha + j\beta)$로 정리하면

$$\sinh(\alpha + j\beta) = \sinh\alpha \cos\beta + j\cosh\alpha \sin\beta$$
$$\cosh(\alpha + j\beta) = \cosh\alpha \cos\beta + j\sinh\alpha \sin\beta$$
$$\tanh(\alpha + j\beta) = \frac{\sinh\alpha \cos\beta + j\cosh\alpha \sin\beta}{\cosh\alpha \cos\beta + j\sinh\alpha \sin\beta}$$
$$= \frac{\sinh\alpha \cos\beta + j\cosh\alpha \sin\beta}{\cosh^2\alpha \cos^2\beta + \sinh^2\alpha \sin^2\beta}$$
$$= \frac{\sin 2\alpha + j\sin 2\beta}{\cosh 2\alpha + \cos 2\beta}$$

$$\tan(\alpha+j\beta)=\frac{\sinh\alpha\,\cos\beta+j\cos\alpha\,\sin\beta}{\cosh\alpha\,\cos\beta+j\sinh\alpha\,\sin\beta}$$

$$=\frac{\tanh\alpha+j\tan\beta}{1+j\tanh\alpha\,\tan\beta} \tag{9.9}$$

그림 9-2에서는 x가 실수일 때 $+1\geq\tanh x\geq-1$, x의 복소량은 $x=\alpha+j\beta$라고 할 때, α가 클 때에는 β가 크고 작음에 따라 $\tanh x$의 실수부 또는 허수부의 절대값이 1이상으로 될 수도 있다.

n을 양의 정수라 하면 $\sin 2n\pi=0$, $\cos 2n\pi=1$이 되므로 식 (9.10)과 같다.

$$\sinh(x+j2n\pi)=\sinh x$$

$$\cosh(x+j2n\pi)=\cosh x \tag{9.10}$$

쌍곡선 함수는 $j2\pi$를 주기로 하는 주기 함수이다. $\sin(2n+1)\pi=0$, $\cos(2n+1)\pi=-1$인 관계를 적용하면

$$\sinh\{x+j(2n+1)\pi\}=-\sinh x$$

$$\cosh\{x+j(2n+1)\pi\}=-\cosh x$$

$$\sinh\left(x\pm j\frac{\pi}{2}\right)=\pm j\cosh x$$

$$\cosh\left(x\pm j\frac{\pi}{2}\right)=\pm j\sinh x$$

$$\tanh\left(x\pm j\frac{\pi}{2}\right)=\coth x \tag{9.11}$$

와 같이 삼각 함수 공식과 유사하게 얻을 수 있다. 식 (9.8)로부터 $x=y$라 할 때 식 (9.5)의 관계를 사용하여 다시 정리하면

$$\sinh 2x=2\sinh x\,\cosh x$$

$$\cosh 2x=\cosh^2 x+\sinh^2 x=2\cosh^2 x-1=1+2\sinh^2 x$$

$$\sinh\frac{x}{2}=\sqrt{\frac{1}{2}(\cosh x-1)}$$

$$\cosh\frac{x}{2}=\sqrt{\frac{1}{2}(\cosh x+1)}$$

$$\tanh\frac{x}{2}=\frac{\cosh x-1}{\sinh x} \tag{9.12}$$

와 같은 관계를 얻는다.

여기서 식 (9.5)로부터 $\sinh y=x$라 하면

$$\sinh^2 y+1=\cosh^2 y=x^2+1 \tag{9.13}$$

을 구하고, 여기에 $y=\sinh^{-1}x$라 하고, 식 (9.2)의 값을 대입하여 정리하면

$$x^2+1=\left(\frac{\varepsilon^{y}-\varepsilon^{-y}}{2}\right)^2+1$$

$$=\frac{(\varepsilon^{y})^2-2\varepsilon^{y}\cdot\varepsilon^{-y}+(\varepsilon^{-y})^2+4\varepsilon^{y}\cdot\varepsilon^{-y}}{2^2}$$

$$=\left(\frac{\varepsilon^{y}+\varepsilon^{-y}}{2}\right)^2 \tag{9.14}$$

과 같은 결과를 얻으며, 식 (9.14)에서

$$\frac{\varepsilon^{y}+\varepsilon^{-y}}{2}=\sqrt{x^2+1}=\cosh y \tag{9.15}$$

를 구할 수 있다. $\sinh y+\cosh y=\varepsilon^{y}$ 하면 $x+\sqrt{x^2+1}=\varepsilon^{y}$ 와 같으므로

$$y=\sinh^{-1}x=\ln(x+\sqrt{x^2+1}) \tag{9.16}$$

을 구한다. 이와 유사한 방법으로

$$\sinh^{-1}x=\ln(x+\sqrt{x^2+1}) \quad (-\infty<x<+\infty)$$
$$\cosh^{-1}x=\ln(x+\sqrt{x^2-1}) \quad (x>1)$$
$$\tanh^{-1}x=\frac{1}{2}\ln\left(\frac{1+x}{1-x}\right) \quad (x^2<1) \tag{9.17}$$

과 같은 식 (9.17)을 얻을 수 있다. 쌍곡선 함수의 미분을 생각하자.

$$y=\sinh ax=\frac{1}{2}(\varepsilon^{ax}-\varepsilon^{-ax})$$

라고 할 때 y를 dx로 미분하면

$$\frac{dy}{dx}=a\cosh ax=\frac{1}{2}a(\varepsilon^{ax}+\varepsilon^{-ax})$$

$$\frac{d^2y}{dx^2}=a^2\sinh ax=\frac{1}{2}a^2(\varepsilon^{ax}-\varepsilon^{-ax})=a^2y$$

와 같은 결과를 얻는다. 따라서 $\frac{d^2y}{dx^2}=a^2y$ 의 특별해는 $y=\sinh ax$이고, $\frac{d^2y}{dx^2}=a^2y$ 의 다른 특별해는 $y=\cosh ax$ 이다. 따라서 $\frac{d^2y}{dx^2}=a^2y$ 의 일반해는

$$y=A_1\sinh ax+A_2\cosh ax \tag{9.18}$$

이며, 여기에서 A_1과 A_2는 한계조건에 의해 결정되는 상수이다. 또한 지수 함수로 표시되는 일반해는

$$y=A_1'\varepsilon^{ax}+A_2'\varepsilon^{-ax} \tag{9.19}$$

와 같고, 이 경우 상수값은 식 (9.20)이 된다.

$$A_1'=\frac{1}{2}(A_1+A_2)\ ,\quad A_2'=-\frac{1}{2}(A_1-A_2) \tag{9.20}$$

1-2 분포정수회로의 기초방정식

길이가 l인 왕복선로 전체에 분포정수가 균일하게 분포되어 있는 경우 정현파 전압을 가할 때 선로의 전압과 전류에 대하여 고찰하여 본다.

그림 9-3과 같은 선로에는 저항은 R[Ω/m], 인덕턴스는 L[H/m], 캐패시턴스는 C[F/m]와 누설 컨덕턴스 G[℧/m]가 전선로에 균일하게 분포된 것으로 본다. 따라서 직렬 임피던스 $\boldsymbol{Z}$와 병렬 어드미턴스 $\boldsymbol{Y}$는 식 (9.21)과 같다.

$$\boldsymbol{Z}=R+j\omega L\,[\Omega/\text{m}]$$

$$\boldsymbol{Y}=G+j\omega C\,[\mho/\text{m}] \tag{9.21}$$

식 (9.21)에서 $\boldsymbol{Z}\neq\dfrac{1}{\boldsymbol{Y}}$이다. 여기에서 사용되는 R, L, C, G들을 1차 정수라고 한다.

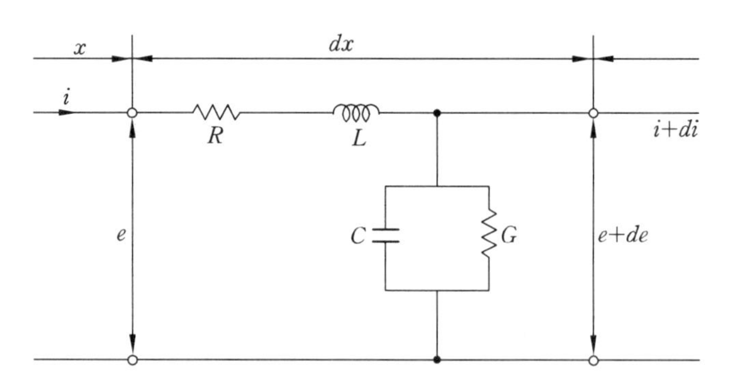

그림 9-3 분포정수회로

dx되는 작은 길이를 생각할 때, 그 부분에 있어서의 저항은 Rdx, 인덕턴스는 Ldx로서 전류 $i(t)$가 흘러서 생기는 전압강하는 거리 x가 증가함에 따라 $e(t)$는 감소하므로

$$-de(t)=Ri(t)dx+L\frac{\partial i(t)}{\partial t}dx\,[\text{V}] \tag{9.22}$$

와 같다. 미소거리 dx에서 전류 i의 감소는 어드미턴스를 통하여 흐르는 전류

$$-di(t)=Ge(t)dx+C\frac{\partial e(t)}{\partial t}dx\,[\text{A}] \tag{9.23}$$

이다. 식 (9.22)와 식 (9.23)을 거리에 대하여 편미분하면

$$-\frac{\partial e(t)}{\partial x}=Ri(t)+L\frac{\partial i(t)}{\partial t} \tag{9.24}$$

$$-\frac{\partial i(t)}{\partial x}=Ge(t)+C\frac{\partial e(t)}{\partial t} \tag{9.25}$$

와 같다. 정상상태에서 $e(t)$ 및 $i(t)$가 시간과 함께 ω라는 각 속도를 가지고 정현으로 변화하는 것이라면 식 (9.24), 식 (9.25)는 식 (9.26), 식 (9.27)과 같이 표시한다.

$$\frac{d\boldsymbol{E}}{dx} = -(R+j\omega L)\boldsymbol{I} = -\boldsymbol{ZI} \tag{9.26}$$

$$\frac{d\boldsymbol{I}}{dx} = -(G+j\omega C)\boldsymbol{E} = -\boldsymbol{YE} \tag{9.27}$$

이를 기초방정식이라고 하며, 식 (9.26)과 식 (9.27)을 x에 대해서 미분하면

$$\frac{d^2\boldsymbol{E}}{dx^2} = -\boldsymbol{Z}\frac{d\boldsymbol{I}}{dx} = \boldsymbol{YZE} \tag{9.28}$$

$$\frac{d^2\boldsymbol{I}}{dx^2} = -\boldsymbol{Y}\frac{d\boldsymbol{E}}{dx} = \boldsymbol{YZI} \tag{9.29}$$

와 같다. 식 (9.28)에 대한 해는 식 (9.18)에 의하여

$$\boldsymbol{E} = A_1 \sinh\sqrt{\boldsymbol{YZ}}\,x + A_2 \cosh\sqrt{\boldsymbol{YZ}}\,x = A_1 \sinh\gamma x + A_2 \cosh\gamma x \tag{9.30}$$

와 같고, 여기에서 $\gamma = \sqrt{\boldsymbol{YZ}}$라 한다. 식 (9.30)을 x에 관하여 미분하면,

$$\frac{d\boldsymbol{E}}{dx} = \gamma(A_1 \cosh\gamma x + A_2 \sinh\gamma x) \tag{9.31}$$

을 얻는다. 이 식 (9.31)을 식 (9.29)에 대입하여 정리하면

$$\begin{aligned}\boldsymbol{I} &= -\frac{1}{\boldsymbol{Z}} \cdot \frac{d\boldsymbol{E}}{dx} = -\frac{\gamma}{\boldsymbol{Z}}(A_1 \cosh\gamma x + A_2 \sinh\gamma x)\\ &= -\sqrt{\frac{\boldsymbol{Y}}{\boldsymbol{Z}}}(A_1 \cosh\gamma x + A_2 \sinh\gamma x)\\ &= -\frac{1}{\boldsymbol{Z}_0}(A_1 \cosh\gamma x + A_2 \sinh\gamma x)\end{aligned} \tag{9.32}$$

와 같다. 여기에서, $\boldsymbol{Z}_0 = \sqrt{\frac{\boldsymbol{Z}}{\boldsymbol{Y}}}$ 이다.

1-3 지수함수에 의한 표시

식 (9.28)에 $\boldsymbol{E} = A\varepsilon^{\gamma x}$를 대입하여 풀면

$$\frac{d^2 y}{dx^2} = \boldsymbol{ZYE} = \frac{d^2(A\varepsilon^{\gamma x})}{dx^2} = \gamma^2 A\varepsilon^{\gamma x} = \gamma^2 \boldsymbol{E} \tag{9.33}$$

를 얻을 수 있고, 여기에서 $\gamma = \pm\sqrt{\boldsymbol{ZY}}$ 이므로 식 (9.28)의 해는

$$\boldsymbol{E} = A_1\varepsilon^{-\sqrt{ZY}x} + B_1\varepsilon^{\sqrt{ZY}x}\,[\mathrm{V}] \tag{9.34}$$

로 표현이 가능하다. 식 (9.34)를 식 (9.28)에 대입하여 풀면 식 (9.35)와 같다.

$$\boldsymbol{I} = \frac{1}{\sqrt{\frac{\boldsymbol{Z}}{\boldsymbol{Y}}}}(A_1\varepsilon^{-\sqrt{ZY}x} - B_1\varepsilon^{\sqrt{ZY}x})\,[\mathrm{A}] \tag{9.35}$$

여기에서 A_1, B_1은 송전단 또는 수전단 등의 경계 조건에서 정해지는 적분상수이다.

2. 특성 임피던스와 전파정수

앞 절의 식 (9.30)의 $\gamma=\sqrt{\boldsymbol{YZ}}$ 는 감쇠정수와 위상정수를 갖는 전파정수이고, 식 (9.32)의 $Z_0=\sqrt{\dfrac{\boldsymbol{Z}}{\boldsymbol{Y}}}$ 는 파동 임피던스 또는 특성 임피던스라고 한다.

2-1 특성 임피던스

식 (9.34)와 식 (9.35)에서 x가 ∞일 때 송전단의 경우, 무한대 점에서 전압 · 전류가 무한대가 되는 것은 불합리하므로 상수 $B_1=0$이 되어야 한다. 그러면

$$\boldsymbol{E}=A_1\varepsilon^{-\sqrt{ZY}x}\,[\mathrm{V}] \tag{9.36}$$

$$I=\frac{1}{\sqrt{\dfrac{\boldsymbol{Y}}{\boldsymbol{Z}}}}A_1\varepsilon^{-\sqrt{ZY}x}\,[\mathrm{A}] \tag{9.37}$$

와 같고, 이 때 전압과 전류의 비를 구하면 식 (9.38)과 같다.

$$\frac{\boldsymbol{E}}{\boldsymbol{I}}=\sqrt{\frac{\boldsymbol{Z}}{\boldsymbol{Y}}}\,[\Omega] \tag{9.38}$$

즉, x에 무관한 선로상의 임의점에서의 전압과 전류는 항상 일정한 비를 유지하며, 이 때 선로의 특성 임피던스는 식 (9.39)와 같다.

$$\boldsymbol{Z}_0=\sqrt{\frac{\boldsymbol{Z}}{\boldsymbol{Y}}}=\sqrt{\frac{R+j\omega L}{G+j\omega C}}\,[\Omega] \tag{9.39}$$

무한길이 선로에서 전압이나 전류의 파는 입력단에서 무한점을 향해 전파되어가지만, 선로길이가 무한대이므로 반사파가 없는 정합된 이상적인 선로라고 본다. 실제로는 유한길이이므로 유한길이 선로의 특성 임피던스 $\boldsymbol{Z}_0$를 부하 임피던스 $\boldsymbol{Z}_R$과 같게 해주면 반사파는 제거된다. 따라서, 특성 임피던스 $\boldsymbol{Z}_0$는 선로의 정합관계상 중요한 정수이다.

2-2 전파정수

$\gamma=\sqrt{\boldsymbol{YZ}}=\alpha+j\beta$ 라 놓을 때, α, β와 선로정수와의 관계는

$$\gamma=\sqrt{\boldsymbol{YZ}}=\sqrt{(G+j\omega C)(R+j\omega L)}=\alpha+j\beta \tag{9.40}$$

와 같다. 식 (9.40)의 양변을 자승하여 정리하면

$$(\alpha+j\beta)^2=\alpha^2-\beta^2+j2\alpha\beta=(RG-\omega^2LC)+j\omega(GL+RC)$$

$$\alpha^2-\beta^2=RG-\omega^2LC$$

$$2\alpha\beta=\omega(GL+RC) \tag{9.41}$$

와 같다. 식 (9.41)에서

$$\alpha=\sqrt{\frac{1}{2}\{\sqrt{(R^2+\omega^2L^2)(G^2+\omega^2C^2)}+(RG-\omega^2LC)\}} \tag{9.42}$$

$$\beta=\sqrt{\frac{1}{2}\{\sqrt{(R^2+\omega^2L^2)(G^2+\omega^2C^2)}-(RG-\omega^2LC)\}} \tag{9.43}$$

를 구할 수 있다. 여기서 α는 감쇠정수로 선로상의 단위길이에 대한 진폭의 크기이며, 단위는 [neper/m]이다. β는 위상정수로서 위상의 변화관계를 나타내며, 단위는 [rad/m]이다.

전파정수는 진행파에 대한 선로의 작용을 나타내는 정수로서 선로상의 전압, 전류의 분포를 결정지어 준다. 이 때 특성 임피던스 Z_0와 전파정수 γ를 2차 정수라고 한다.

3. 무손실 선로와 무왜형 선로

3-1 무손실 선로

무손실 선로라고 하는 것은 선로상에서 $R=G=0$의 조건이 만족되는 것이다. 전파정수 γ 및 특성 임피던스 $\boldsymbol{Z}_0$에 조건을 대입하면

$$\boldsymbol{Z}_0=\sqrt{\frac{\boldsymbol{Z}}{\boldsymbol{Y}}}=\sqrt{\frac{R+j\omega L}{G+j\omega C}}=\sqrt{\frac{L}{C}} \tag{9.44}$$

와 같다. 식 (9.40)으로부터

$$\gamma=\alpha+j\beta=\sqrt{\boldsymbol{YZ}}=\sqrt{(G+j\omega C)(R+j\omega L)}$$

$$=j\omega\sqrt{LC}$$

$$\alpha=0, \quad \beta=\omega\sqrt{LC} \tag{9.45}$$

인 관계를 얻을 수 있다. 파장과 전파속도의 관계를 알아본다. 전압이나 전류의 위상이 선로상의 공간에서 2π[rad] 변화하는 사이의 거리 λ를 파장이라 하면, 파장과 위상정수 β와의 관계는

$$2\pi=\beta\lambda, \quad \lambda=\frac{2\pi}{\beta} \tag{9.46}$$

와 같으며, 주파수가 f라 하면 진행파의 전파속도 v, 즉 진행파와 같은 위상의 점이 선로상을 진행하고 있는 속도 v는 식 (9.47)과 같다.

$$v=\lambda f=\frac{2\pi f}{\beta}=\frac{\omega}{\beta}\ [\text{m/s}] \tag{9.47}$$

식 (9.45)의 관계에서 $\beta=\omega\sqrt{LC}$이므로 식 (9.47)에 대입하면 전파속도 v는

$$v=\frac{\omega}{\beta}=\frac{\omega}{\omega\sqrt{LC}}=\frac{1}{\sqrt{LC}}\ [\text{m/s}] \tag{9.48}$$

와 같다. 무손실 회로에서는 감쇠정수 $\alpha=0$으로 감쇠는 없고, 전원과 같은 파형이 주파수에 무관하게 일정한 전파속도 v[m/s]로 선로로 전파해 나간다. 자유공간의 평행선로의 경우 전기 에너지는 $\frac{1}{\sqrt{LC}}=3\times10^8$ [m/s]의 광속으로 전파해 나간다.

예제 1. 선로의 전파주파수가 100[kHz]이고, 위상정수가 $\frac{\pi}{3}$일 때 분포정수회로를 해석하기 위한 전파속도를 구하여라.

해설 식 (9.47)로부터

$$v=f\lambda=f\frac{2\pi}{\beta}=\frac{1\times10^5\times2\times\pi}{\frac{\pi}{3}}=6\times10^5\ [\text{m/s}]$$

예제 2. 송전선로의 분포정수회로에서 무손실 조건이 성립되었다. 이 때 선로의 인덕턴스 $L=0.1\,[\mu\text{ H/m}]$이고, 정전용량은 250 [pF/m]이다. 특성 임피던스를 구하여라.

해설 식 (9.44)로부터

$$\boldsymbol{Z}_0=\sqrt{\frac{L}{C}}=\sqrt{\frac{0.1\times10^{-6}}{250\times10^{-12}}}=\sqrt{\frac{1\times10^4}{25}}=\frac{100}{5}=20\ [\Omega]$$

3-2 무왜형 선로

전송선로의 1차 선로정수 R, L, G, C의 사이에 조건이

$$\frac{R}{L}=\frac{G}{C},\qquad RC=GL \tag{9.49}$$

이라면 특성 임피던스 $\boldsymbol{Z}_0$는 식 (9.39)로부터

$$\boldsymbol{Z}_0=\sqrt{\frac{\boldsymbol{Z}}{\boldsymbol{Y}}}=\sqrt{\frac{R+j\omega L}{G+j\omega C}}=\sqrt{\frac{R+j\omega L}{\frac{RC}{L}+j\omega C}}=\sqrt{\frac{L}{C}}$$

가 되어야 하고, 전파정수 γ는 식 (9.45)와 유사하게

$$\gamma=\sqrt{\boldsymbol{YZ}}=\sqrt{(G+j\omega C)(R+j\omega L)}=\sqrt{RG}+j\omega\sqrt{LC}$$

$$\gamma=\alpha+j\beta=\sqrt{RG}+j\omega\sqrt{LC}$$

와 같으며, 전파속도 v는 식 (9.48)에서

$$v=\frac{\omega}{\beta}=\frac{\omega}{\omega\sqrt{LC}}=\frac{1}{\sqrt{LC}}\ [\text{m/s}]$$

와 같다. 따라서 식 (9.49)의 관계가 있으면 특성 임피던스 $\boldsymbol{Z}_0$, 감쇠정수 α와 전파속도 v는 주파수에 무관하며, 위상정수 β는 주파수에 비례한다.

신호파 전송시 주파수에 무관하므로 동일한 속도로 신호를 전파하며, 위상은 변화되나

파형이 일그러지지 않는다. 따라서 식 (9.49)의 관계를 "무왜형 조건"이라 한다. 그러나 일반적인 선로의 상태는 $RC > GL$의 관계에 있기 때문에 L을 증가시켜 사용하는 방법으로 식 (9.49)식을 만족시키려고 한다. 이러한 것을 장하(loading)라고 한다.

예제 3. 선로의 1차 정수가 저항 $R=1.5$ [Ω /km], 인덕턴스 $L=0.35$ [mH/km], 캐패시턴스 $C=0.002$ [μ F/km]와 $G=0$으로 주어질 때 주파수 60[Hz]에서 전파정수 γ를 구하여라.

해설 전파정수 $\gamma=\sqrt{\boldsymbol{YZ}}$이므로

$$\boldsymbol{Z}=1.5+j2\pi\times60\times0.35\times10^{-3}=1.5+j0.132=1.506\angle5°\ [\Omega/\text{km}]$$

$$\boldsymbol{Y}=j\omega C=j2\pi\times60\times0.002\times10^{-6}=0.754\times10^{-6}\angle90°\ [℧/\text{km}]$$

$$\gamma=\sqrt{\boldsymbol{YZ}}=\sqrt{1.506\times0.754\times10^{-6}\angle95°}=1.066\angle47.5°$$

4. 유한길이 선로

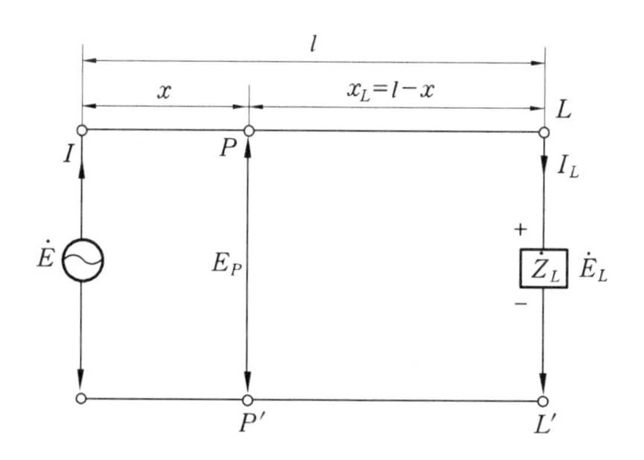

그림 9-4 유한장 선로

식 (9.30)과 식 (9.32)에서

$$\boldsymbol{E}=B_1\cosh\gamma x+B_2\sinh\gamma x\,[\text{V}]$$

$$\boldsymbol{I}=-\frac{1}{\boldsymbol{Z}_0}(B_1\sinh\gamma x+B_2\cosh\gamma x)\,[\text{A}] \tag{9.50}$$

와 같다. 그림 9-4와 같은 유한길이 선로에 대한 식 (9.50)의 정수 B_1과 B_2를 경계조건을 주어 결정함으로써 전압과 전류를 구한다.

4-1 송전단 전압과 전류가 주어진 경우

그림 9-4와 같은 선로에서 점 P의 경계조건으로 $x=0$이고, 이 때 송전단의 전압은 $\boldsymbol{E}_s$ [V], 전류는 $\boldsymbol{I}_s$[A]로 주어졌다면 식 (9.50)을 인용하여 다음과 같은 결과를 얻는다.

$$\boldsymbol{E}_s = B_1 \cosh \cdot 0 + B_2 \sinh \cdot 0 = B_1$$

$$\boldsymbol{I}_s = -\frac{1}{\boldsymbol{Z}_0}(B_1 \sinh \cdot 0 + B_2 \cosh \cdot 0) = -\frac{B_2}{\boldsymbol{Z}_0}$$

$$B_1 = E_s, \quad B_2 = -\boldsymbol{Z}_0 \boldsymbol{I}_s$$

의 결과인 이 값들을 식 (9.50)에 대입하면 송전단에서 x만큼 떨어진 P점의 전압 $\boldsymbol{E}_P$와 전류 $\boldsymbol{I}_P$는

$$\boldsymbol{E}_P = \boldsymbol{E}_s \cosh \gamma x - \boldsymbol{Z}_0 \boldsymbol{I}_s \sinh \gamma x \,[\mathrm{V}]$$

$$\boldsymbol{I}_P = -\frac{\boldsymbol{E}_s}{\boldsymbol{Z}_0} \sinh \gamma x + \boldsymbol{I}_s \cosh \gamma x \,[\mathrm{A}] \tag{9.51}$$

과 같다. 식 (9.51)을 행렬 표현하면

$$\begin{bmatrix} \boldsymbol{E}_P \\ \boldsymbol{I}_P \end{bmatrix} = \begin{bmatrix} \cosh \gamma x & -\boldsymbol{Z}_0 \sinh \gamma x \\ -\dfrac{1}{\boldsymbol{Z}_0} \sinh \gamma x & \cosh \gamma x \end{bmatrix} \begin{bmatrix} \boldsymbol{E}_s \\ \boldsymbol{I}_s \end{bmatrix} \tag{9.52}$$

와 같고, 여기에서 송전단전압과 전류에 대해서는

$$\begin{bmatrix} \boldsymbol{E}_s \\ \boldsymbol{I}_s \end{bmatrix} = \begin{bmatrix} \cosh \gamma x & -\boldsymbol{Z}_0 \sinh \gamma x \\ -\dfrac{1}{\boldsymbol{Z}_0} \sinh \gamma x & \cosh \gamma x \end{bmatrix}^{-1} \begin{bmatrix} \boldsymbol{E}_P \\ \boldsymbol{I}_P \end{bmatrix}$$

$$= \begin{bmatrix} \cosh \gamma x & Z_0 \sinh \gamma x \\ \dfrac{1}{\boldsymbol{Z}_0} \sinh \gamma x & \cosh \gamma x \end{bmatrix} \begin{bmatrix} \boldsymbol{E}_P \\ \boldsymbol{I}_P \end{bmatrix} \tag{9.53}$$

와 같이 구할 수 있다. 4단자 정수로는

$$\begin{bmatrix} A & B \\ C & D \end{bmatrix} = \begin{bmatrix} \cosh \gamma x & \boldsymbol{Z}_0 \sinh \gamma x \\ \dfrac{1}{\boldsymbol{Z}_0} \sinh \gamma x & \cosh \gamma x \end{bmatrix} \tag{9.54}$$

이며, 4단자 정수의 관계는 식 (9.54)의 행렬식으로부터 식 (9.55)와 같은 관계가 성립된다.

$$AD - BC = \cosh^2 \gamma x - \sinh^2 \gamma x = 1 \tag{9.55}$$

예제 4. 선로의 특성 임피던스 $\boldsymbol{Z}$=200 [Ω], 위상정수는 $\frac{\pi}{12}$ [rad/m], 선로의 길이가 4 [m]의 분포정수회로에서 4단자 정수회로의 C, D를 구하여라.

해설 식 (9.54)와 $\gamma l = (\alpha + j\beta) l = (0 + j\frac{\pi}{12})4 = \frac{\pi}{3}$를 이용한다.

$$C=\frac{1}{Z_0}\sinh\gamma l=\frac{1}{200}\sinh j\frac{\pi}{3}=j\frac{1}{200}\cdot\frac{\sqrt{3}}{2}=j\frac{\sqrt{3}}{400}$$

$$D=\cosh\gamma l=\cosh j\frac{\pi}{3}=\cos\frac{\pi}{3}=\frac{1}{2}$$

4-2 수전단 전압과 전류가 주어질 경우

경계조건은 $x=l$ 이며, 수전단전압과 전류가 $\boldsymbol{E}_L$, $\boldsymbol{I}_L$로 주어졌을 때, 이 관계를 식 (9.52)와 식 (9.53)의 행렬을 이용하여 $\boldsymbol{E}_P$, $\boldsymbol{I}_P$를 구해보자.

그림 9-4의 수전단측에서 $x_L=l-x$ 떨어진 점의 $\boldsymbol{E}_P$, $\boldsymbol{I}_P$는 식 (9.53)의 관계에서

$$\begin{bmatrix}\boldsymbol{E}_P\\ \boldsymbol{I}_P\end{bmatrix}=\begin{bmatrix}\cosh\gamma x_L & \boldsymbol{Z}_0\sinh\gamma x_L\\ \dfrac{1}{\boldsymbol{Z}_0}\sinh\gamma x_L & \cosh\gamma x_L\end{bmatrix}\begin{bmatrix}\boldsymbol{E}_L\\ \boldsymbol{I}_L\end{bmatrix} \tag{9.56}$$

와 같이 구한다. 이를 방정식으로 전개하면

$$\boldsymbol{E}_P=\boldsymbol{E}_L\cosh\gamma x_L+\boldsymbol{Z}_0\boldsymbol{I}_L\sinh\gamma x_L\,[\mathrm{V}]$$

$$\boldsymbol{I}_P=\frac{\boldsymbol{E}_L}{\boldsymbol{Z}_0}\sinh\gamma x_L+\boldsymbol{I}_L\cosh\gamma x_L\,[\mathrm{A}] \tag{9.57}$$

와 같은 유한길이의 선로에 대한 전압과 전류식 (9.57)을 구하였다.

4-3 구동점 임피던스

그림 9-4와 같이 수전단에 부하 임피던스가 $\boldsymbol{Z}_L$일 때 선로의 임의의 P점에서 임피던스 $\boldsymbol{Z}$를 구하기로 한다. 여기서 $\boldsymbol{E}_L=\boldsymbol{Z}_L\boldsymbol{I}_L$과 식 (9.57)을 이용하면

$$\boldsymbol{Z}=\frac{\boldsymbol{E}_P}{\boldsymbol{I}_P}=\frac{\boldsymbol{E}_L\cosh\gamma x_L+\boldsymbol{Z}_0\boldsymbol{I}_L\sinh\gamma x_L}{\dfrac{\boldsymbol{E}_L}{\boldsymbol{Z}_0}\sinh\gamma x_L+\boldsymbol{I}_L\cosh\gamma x_L}$$

$$=\boldsymbol{Z}_0\frac{\boldsymbol{Z}_L\cosh r x_L+\boldsymbol{Z}_0\sinh r x_L}{\boldsymbol{Z}_L\sinh r x_L+\boldsymbol{Z}_0\cosh r x_L}\,[\Omega] \tag{9.58}$$

과 같고, 송전단에서 본 구동점 임피던스 $\boldsymbol{Z}_s$는 식 (9.58)에서 $x_L=l$ 이라면

$$\boldsymbol{Z}_s=\boldsymbol{Z}_0\frac{\boldsymbol{Z}_L\cosh\gamma l+\boldsymbol{Z}_0\sinh\gamma l}{\boldsymbol{Z}_L\sinh\gamma l+\boldsymbol{Z}_0\cosh\gamma l}\,[\Omega] \tag{9.59}$$

과 같다. $\boldsymbol{Z}_L$이 특수한 값을 가질 때 송전단에서 바라본 임피던스 $\boldsymbol{Z}_s$와의 관계를 알아본다.

(1) 임피던스 정합일 때 ($Z_L = Z_0$)

식 (9.59)에 $Z_L = Z_0$를 대입하여 정리하면

$$Z_s = \frac{Z_0(\cosh\gamma l + \sinh\gamma l)}{\cosh\gamma l + \sinh\gamma l} = Z_0\,[\Omega] \tag{9.60}$$

으로서 $Z_L = Z_0 = Z_s$의 결과를 얻는다. 따라서 선로상의 어느 점에서 임피던스를 측정해도 항상 특성 임피던스는 같게 된다. 그래서 송전단에서 본 임피던스도 Z_0이고, 또한 수전단에 특성 임피던스 $Z_L = Z_0$를 부하로 접속해도 무한길이 선로로 볼 수 있다.

(2) 수전단 개방일 때 ($Z_L = \infty$)

식 (9.59)를 부하 임피던스 Z_L로 나누고 $Z_L = \infty$를 대입하여 정리하면

$$Z_{s\infty} = \left.\frac{\dfrac{Z_L}{Z_L}\cosh\gamma l + \dfrac{Z_0}{Z_L}\sinh\gamma l}{\dfrac{Z_0}{Z_L}\cosh\gamma l + \dfrac{Z_L}{Z_L}\sinh\gamma l}\right|_{Z_L=\infty} = Z_0\frac{\cosh\gamma l}{\sinh\gamma l}$$

$$= Z_0\coth\gamma l\,[\Omega] \tag{9.61}$$

과 같다. 이것은 수전단을 개방하고, 송전단측에서 바라본 임피던스 값이다.

(3) 수전단 단락일 때 ($Z_L = 0$)

이 경우는 부하가 단락상태로서 식 (9.59)에 $Z_L = 0$을 대입하여 정리하면

$$Z_{s0} = \frac{Z_0\sinh\gamma l}{\cosh\gamma l} = Z_0\tanh\gamma l\,[\Omega] \tag{9.62}$$

과 같다. 이것은 수전단을 단락하고, 송전단 측에서 바라본 임피던스를 구한 값이다.

예제 5. 선로의 특성 임피던스 $Z_0 = 100[\Omega]$, 길이 5[m]의 무손실 선로의 선로가 단락되었을 때 100[MHz]에 대한 입력 임피던스 $Z_{s0}[\Omega]$을 구하여라.

해설 식 (9.62)로부터 무손실 선로이므로

$$Z_s = Z_0\tanh\gamma l = 100\tanh j\beta l = 100\tanh j\frac{2\pi}{\lambda} = 100\tanh j\frac{2\pi}{\dfrac{3\times 10^8}{100\times 10^6}}\times 5$$

$$= j100\tan\left(\frac{10\pi}{3}\right) = j100\tan\left(2\pi + \frac{4\pi}{3}\right)$$

$$= j100\sqrt{3}$$

5. 반사계수

임피던스 정합이 되지 않은 전송선로상에서 반사되는 전압파와 전류파가 발생될 때, 입사파와 반대로 진행하게 되는데 이를 반사파라 한다. 식 (9.34)와 식 (9.35)로부터

$$\boldsymbol{E} = A_1 \varepsilon^{-\gamma x} + B_1 \varepsilon^{\gamma x} [\mathrm{V}]$$

$$\boldsymbol{I} = \frac{1}{\sqrt{\dfrac{\boldsymbol{Z}}{\boldsymbol{Y}}}} (A_1 \varepsilon^{-\gamma x} - B_1 \varepsilon^{\gamma x}) [\mathrm{A}] \quad (9.63)$$

가 되고, 식 (9.63)에서 그림 9-4의 x의 정방향으로 향하는 1항은 입사파이고, 2항은 x의 진행방향과 반대로 작용하는 반사파이다.

그림 9-4의 경계조건이 $x = l$ 인 수전단의 전압과 전류로 표현하면

$$\boldsymbol{E}_L = A_1 \varepsilon^{-\gamma x} + B_1 \varepsilon^{\gamma x} [\mathrm{V}]$$

$$\boldsymbol{I}_L = \frac{1}{\sqrt{\dfrac{\boldsymbol{Z}}{\boldsymbol{Y}}}} (A_1 \varepsilon^{-\gamma x} - B_1 \varepsilon^{\gamma x}) [\mathrm{A}] \quad (9.64)$$

와 같다. $\boldsymbol{E}_L = \boldsymbol{Z}_L \boldsymbol{I}_L$에서 $\boldsymbol{I}_L = \dfrac{\boldsymbol{E}_L}{\boldsymbol{Z}_L}$ 이므로 식 (9.64)의 전류식에 대입하여 정리하면

$$\boldsymbol{E}_L = \frac{\boldsymbol{Z}_L}{\boldsymbol{Z}_0} (A_1 \varepsilon^{-\gamma x} - B_1 \varepsilon^{\gamma x}) [\mathrm{V}]$$

와 같고, 다시 식 (9.64)의 전압식과 같은 형태로 정리하면 식 (9.65)를 얻는다.

$$\frac{\boldsymbol{Z}_0}{\boldsymbol{Z}_L} \boldsymbol{E}_L = A_1 \varepsilon^{-\gamma x} - B_1 \varepsilon^{\gamma x} [\mathrm{V}] \quad (9.65)$$

식 (9.64)의 전압식과 식 (9.65)를 합하면 $A_1 \varepsilon^{-\gamma x}$를 구하고, 빼면 $B_1 \varepsilon^{\gamma x}$을 구할 수 있다.

$$A_1 \varepsilon^{-\gamma x} = \frac{1}{2} (1 + \frac{\boldsymbol{Z}_0}{\boldsymbol{Z}_L}) E_L$$

$$B_1 \varepsilon^{\gamma x} = \frac{1}{2} (1 + \frac{\boldsymbol{Z}_0}{\boldsymbol{Z}_L}) E_L \quad (9.66)$$

유사한 방법으로 전류파에 대한 것은

$$A_1 \varepsilon^{-\gamma x} = \frac{1}{2} (\boldsymbol{Z}_L + \boldsymbol{Z}_0) I_L$$

$$-B_1 \varepsilon^{\gamma x} = \frac{1}{2} (\boldsymbol{Z}_L - \boldsymbol{Z}_0) I_L \quad (9.67)$$

과 같이 얻는다. 식 (9.66)과 식 (9.67)에서 $B_1 \varepsilon^{\gamma x}$항은 반사항이며,

$$\boldsymbol{Z}_0 = \boldsymbol{Z}_L \quad (9.68)$$

일 때 0이 된다. 따라서 유한장 분포정수회로에서는 부하 임피던스와 선로의 특성 임피던스가 같을 때 반사파가 없음을 알았고, 이 때가 무한장 선로와 같은 경우이다.
여기서 입사파와 반사파의 비는 식 (9.66)으로부터 전압을 기준으로 했을 경우

$$\rho_e = \frac{\text{반사파}}{\text{입사파}} = \frac{B_1 \varepsilon^{\gamma l}}{A_1 \varepsilon^{\gamma l}} = \frac{\boldsymbol{Z}_L - \boldsymbol{Z}_0}{\boldsymbol{Z}_L + \boldsymbol{Z}_0} \tag{9.69}$$

가 된다. 또한 식 (9.67)에서 전류기준에서의 반사계수는

$$\rho_i = \frac{-B_1 \varepsilon^{\gamma l}}{A_1 \varepsilon^{\gamma l}} = \frac{\boldsymbol{Z}_0 - \boldsymbol{Z}_L}{\boldsymbol{Z}_0 + \boldsymbol{Z}_L} = -\rho_e \tag{9.70}$$

와 같다. 이상으로부터 식 (9.69)에서 $\boldsymbol{Z}_L = \infty$이면, $\rho_e = 1$이 되어 완전반사이고, $\boldsymbol{Z}_L = 0$이면, $\rho_e = -1$이 되어 이 또한 완전반사이며, $\boldsymbol{Z}_0 = \boldsymbol{Z}_L$이면 $\rho_e = 0$이 된다.

따라서 $\rho_e = 0$가 되었을 때 반사가 없이 선로간의 임피던스 정합이 되었다고 한다.

예제 6. 유한장 송전선로의 특성 임피던스가 200 [Ω]이고, 부하저항이 300 [Ω]일 경우, 부하에서의 반사계수를 구하여라.

해설 식 (9.69)로부터

$$\rho_e = \frac{\boldsymbol{Z}_L - \boldsymbol{Z}_0}{\boldsymbol{Z}_L + \boldsymbol{Z}_0} = \frac{300 - 200}{300 + 200} = \frac{100}{500} = 0.2$$

예제 7. 무손실 송전선로가 있다. 선로의 인덕턴스 $L = 4$ [μ H/km]이고, 커패시턴스 $C =$ 100 [pF/km]일 때, 500 [Ω]의 부하를 수전단에 연결하였을 경우의 반사계수를 구하여라.

해설 식 (9.44)로부터

$$\boldsymbol{Z}_0 = \sqrt{\frac{L}{C}} = \sqrt{\frac{4 \times 10^{-6}}{100 \times 10^{-12}}} = \sqrt{4 \times 10^4} = 200 \ [\Omega]$$

식 (9.69)로부터

$$\rho_e = \frac{\boldsymbol{Z}_L - \boldsymbol{Z}_0}{\boldsymbol{Z}_L + \boldsymbol{Z}_0} = \frac{500 - 200}{500 + 200} = \frac{300}{700} = 0.43$$

6. 정재파 비

정재파란 임피던스 정합이 이루어지지 못하는 유한장 선로에서 입사파와 반사파의 진행 방향이 서로 반대이므로, 이 두 파가 합쳐져서 임의의 방향으로 진행하지 못하고 일정한 곳에 머물고 있는 상태를 말한다.

이러한 정재파는 시간과는 무관하며, 그 자리에서 열에너지로 소모된다. 이러한 현상은 통신선로에서는 좋지 않은 영향을 주므로 바람직하지 못하다. 이 정재파의 정도를 나타내

는 것이 정재파 비인데 전압 정재파 비는 전압 정재파의 최대값 $\boldsymbol{E}_{max}$와 최소값 $\boldsymbol{E}_{min}$의 비이다. 여기에서 최대값은 입사파와 반사파가 동상일 때로서 입사파와 반사파 전압의 합이며, 최소값은 입사파와 반사파가 역상일 때로서 입사파와 반사파 전압의 차가 된다. 그러면 정재파 비 S는

$$S=\left|\frac{\boldsymbol{E}_{max}}{\boldsymbol{E}_{min}}\right|=\left|\frac{\boldsymbol{E}_i+\boldsymbol{E}_L}{\boldsymbol{E}_i-\boldsymbol{E}_L}\right|=\left|\frac{1+\dfrac{\boldsymbol{E}_L}{\boldsymbol{E}_i}}{1-\dfrac{\boldsymbol{E}_L}{\boldsymbol{E}_i}}\right|=\frac{1+|\rho_e|}{1-|\rho_e|} \tag{9.71}$$

로 얻을 수 있다. 여기서 $\boldsymbol{E}_i$는 입사전압이고, $\boldsymbol{E}_L$은 반사전압이다.

식 (9.71)에서 선로가 임피던스 정합이 되어 반사계수가 0이면, 전압 정재파 비는 1로서 정재파는 없다. 만약 $\rho_e=1$인 완전반사가 이루어진다면, S는 ∞가 된다. 즉, 모든 선로상에서 정재파 비를 계산함으로서 수전단에서의 임피던스 정합 정도를 알 수 있다. 식 (9.71)로부터 반사계수를 구하는데 정재파 비를 이용하면 식 (9.72)를 구할 수 있다.

$$\rho_e=\frac{S-1}{S+1} \tag{9.72}$$

예제 8. 유한장 송전선로에서 특성 임피던스와 부하 임피던스의 관계가 $\boldsymbol{Z}_L=2\boldsymbol{Z}_0$와 같을 때 정재파 비를 구하여라.

해설 식 (9.44)로부터 $\rho_e=\dfrac{2\boldsymbol{Z}_0-\boldsymbol{Z}_0}{2\boldsymbol{Z}_0+\boldsymbol{Z}_0}=\dfrac{\boldsymbol{Z}_0}{3\boldsymbol{Z}_0}=\dfrac{1}{3}=0.33$

식 (9.71)로부터 $S=\dfrac{1+|\rho_e|}{1-|\rho_e|}=\dfrac{1+\dfrac{1}{3}}{1-\dfrac{1}{3}}=2$

연 · 습 · 문 · 제

1. 선로의 전파주파수가 100 [kHz]이고, 위상정수가 $\frac{\pi}{3}$일 때 분포정수회로를 해석하기 위한 전파속도를 구하여라.

답 $v=6\times10^5$ [m/s]

2. 무손실 송전선로가 있다. 분포정수회로의 인덕턴스 $L=6$ [μ H/km]이고, 커패시턴스 $C=200$[pF/km]일 때의 선로의 특성 임피던스를 구하여라.

답 $Z_0=173.2$ [Ω]

3. 전파속도가 광속으로 전파할 때 정전용량 $C=100$ [pF]일 경우, 선로의 인덕턴스 L을 구하여라.

답 $L=\frac{1}{9}$ [μH]

4. 분포정수회로에서 선로의 저항 $R=20$ [Ω/km], 누설 컨덕턴스 $G=0.4$ [℧/km], 인덕턴스 $L=0.5$ [μ H/km]일 경우, 정전용량 C를 구하여라.

답 $C=0.01$ [μF/km]

5. 선로의 특성 임피던스 $Z=200$ [Ω], 위상정수는 $\frac{\pi}{12}$ [rad/m], 선로의 길이가 4 [m]의 분포정수회로에서 4단자 정수회로의 A, B를 구하여라.

답 $A=\frac{1}{2}$, $B=j100\sqrt{3}$

6. 분포정수회로의 특성 임피던스 Z_0, 전파정수 γ, 길이 l의 일정한 선로의 π 형 등가회로를 구하여라.

답 $Z_1=Z_3=Z_0\coth\frac{\gamma l}{2}$, $Z_2=\sinh\gamma l$

7. 반사파가 없는 조건은 $Z_0=Z_L$이다. 전류식을 이용하여 다음 식의 입사파와 반사파식을 증명하여라.

$$A_1\varepsilon^{-\gamma x}=\frac{1}{2}(Z_L+Z_0)I_L,\quad -B_1\varepsilon^{\gamma x}=\frac{1}{2}(Z_L-Z_0)I_L$$

8. 무손실 전송선로에서 선로의 특성 임피던스가 600 [Ω]이고, 반사계수가 0.3일 경우의 부하 임피던스를 구하여라. (단, 전류 기준이다.)

답 $Z_L = 323$ [Ω]

9. 송전선로의 수전단을 개방했을 때 무손실 선로에서 입력 임피던스의 값을 특성 임피던스와 같게 하려고 한다면, 선로의 길이를 파장의 몇 배로 해야 하는지를 구하여라.

답 $l = \frac{\lambda}{8}$

10. 유한장 송전선로의 특성 임피던스가 500 [Ω], 무손실 선로에 접속한 부하저항이 300 [Ω]일 때 선로의 전압 정재파의 파복에서의 임피던스를 구하여라.

답 $Z_{max} = 833.3$ [Ω]

11. 유한장 송전선로의 특성 임피던스가 200 [Ω]이고, 부하저항이 600 [Ω]일 경우, 부하에서의 반사계수를 구하여라. (단, 전압 기준이다.)

답 $\rho_e = 0.5$

12. 무손실 송전선로가 있다. 선로의 인덕턴스 $L = 0.9$ [μ H/km], 커패시턴스 $C = 10$ [pF/km]일 때, 600 [Ω]의 부하를 수전단에 연결하였을 경우 반사계수를 구하여라.

답 $\rho_e = 0.33$

13. 반사계수 $\rho_e = \frac{2}{3}$ 일 때 정재파 비를 구하여라.

답 $S = 5$

10 CHAPTER 과도현상

지금까지 임의의 시스템에 직류 또는 교류전원을 인가하여 여러 가지 전기량을 계산하고, 그 현상을 해석했다. 그 결과들은 시스템이 정상상태에서 동작하는 것을 가정하고 해석했던 것이다. 그러나 시스템을 구성하고 있는 수동소자, 능동소자 등은 전원을 인가한 후 결과를 얻기까지 시간이 필요한데, 우리는 모든 해석을 순간적인 동작으로 보고 해석하였다. 그 순간적인 시간 동안에 일어나는 현상을 과도현상이라고 하며, 본 장에서는 그것을 해석하고자 한다.

어떠한 L과 C를 포함하는 회로망은 스위치의 개폐에 따라 L과 C의 저축 에너지가 증감한다. 그 에너지의 증감은 연속적으로 변화하며, 회로상태가 변화 전에서 변화 후의 정상상태에 도달하기 위해서는 시간이 필요하게 된다. 이 때 한 정상상태에서 다른 정상상태로 이행하는 동안에 일어나는 현상을 과도기라고 하고, 시시각각으로 변화하는 양을 과도값이라 한다. 일반적으로 과도상태의 전압, 전류는 정상상태의 전압 또는 전류보다 높은 전압 또는 큰 전류일 때가 있어 절연을 파괴하거나 성능을 저하시키는 원인이 될 수도 있다. 또는 높은 전압을 얻거나 파형을 변환하는데 이용하기도 한다. 이러한 현상을 본 장에서는 미분방정식을 이용하여 직류와 교류회로에 대하여 과도현상을 해석하고자 한다.

1. *RL* 직렬회로

1－1 직류전압 공급

그림 10－1과 같은 저항 R과 인덕턴스 L이 직렬로 연결된 회로의 전압방정식은 키르히호프의 전압법칙(KVL)에 의해서 식 (10.1)과 같은 미분방정식을 얻는다.

$$E = e_R(t) + e_L(t) = L\frac{di(t)}{dt} + Ri(t)\,[\mathrm{V}] \tag{10.1}$$

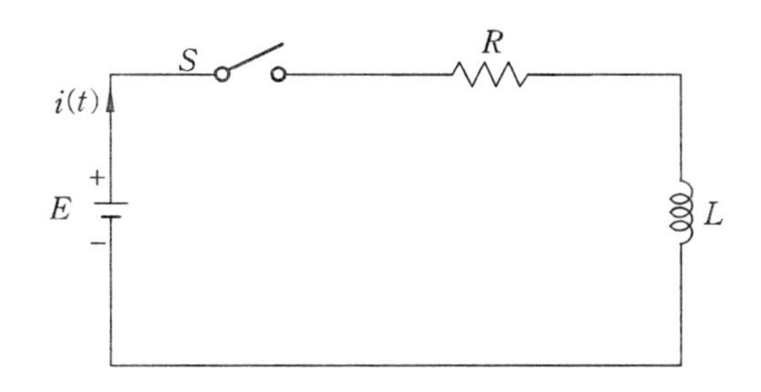

그림 10-1 RL 직렬회로

식 (10.1)의 미분방정식의 일반해 $i(t)$는 수학적으로 특수해 $i_p(t)$와 보조해 $i_c(t)$의 합으로 표시하면 식 (10.2)와 같다.

$$i(t)=i_p(t)+i_c(t)\,[\mathrm{A}] \tag{10.2}$$

그림 10-1과 같은 회로의 미분방정식에서 특수해 $i_p(t)$는 정상상태일 때의 정상해 $i_s(t)$의 의미이고, 보조해 $i_c(t)$는 과도해 $i_t(t)$의 의미이다. 공급전원이 직류이므로 정상해는 $\frac{di(t)}{dt}=0$이 되어 $E=Ri$ 에서 옴의 법칙을 적용하면

$$i_s(t)=\frac{E}{R}\,[\mathrm{A}] \tag{10.3}$$

와 같다. 과도해 $i_p(t)$는 식 (10.1)의 좌변을 0으로 놓으면,

$$L\frac{di(t)}{dt}+Ri(t)=0 \tag{10.4}$$

가 된다. 양변을 변수 분리하여 양변을 적분하면

$$\frac{di(t)}{i(t)}=-\frac{R}{L}dt$$

$$\ln i(t)=-\frac{R}{L}t+a \tag{10.5}$$

가 된다. 이를 로그 함수의 정의를 이용하여 지수 함수 형식으로 고치면

$$i_t(t)=e^a\cdot e^{-\frac{R}{L}t}=Ae^{-\frac{R}{L}t}\,[\mathrm{A}] \tag{10.6}$$

를 얻는다. 따라서 식 (10.1)의 일반해 $i(t)$는 식 (10.7)과 같다.

$$i(t)=i_p(t)+i_c(t)=i_s(t)+i_t(t)=\frac{E}{R}+Ae^{-\frac{R}{L}t}\,[\mathrm{A}] \tag{10.7}$$

여기서 A는 적분상수 a의 역대수이지만 a가 임의의 값이므로 A 역시 적분상수로 생각해도 좋다. 이 A를 구하는 것은 회로의 초기 조건에서 결정된다. $t=0$, 즉 스위치 ON의 직전, 직후인 $t=0_-$ 또는 $t=0_+$인 경우에 그림 10-1의 회로전류가 $i(t)=0$이라고 하면

$$i(t)\mid_{t=0}=0 \tag{10.8}$$

이 된다.

식 (10.8)을 식 (10.7)에 대입하면

$$\frac{E}{R}+Ae^{-\frac{R}{L}\times 0}=\frac{E}{R}+A=0$$

$$A=-\frac{E}{R} \tag{10.9}$$

를 얻는다. 따라서 식 (10.7)은 식 (10.10)과 같다.

$$i(t)=\frac{E}{R}\left(1-e^{-\frac{R}{L}t}\right)[\mathrm{A}] \tag{10.10}$$

식 (10.10)에서 제1항은 정상상태의 전류이고, 제2항은 과도상태의 전류이다. 그림 10−2는 완전해의 전류를 나타내고 있다.

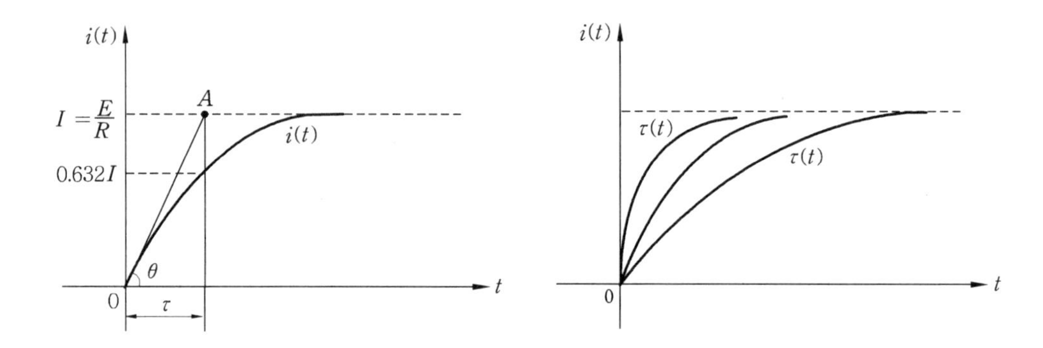

그림 10-2 RL 직렬회로의 과도전류

그림 10-3 시정수 τ와 과도전류 관계

전류 $i(t)$의 곡선에 $t=0$에서 접선을 그어 $i(t)=I$인 점 A까지의 시간을 τ라고 하면 식 (10.10)과 그림 10−2로부터

$$\tan\theta=\frac{di(t)}{dt}\bigg|_{t=0}=\frac{E}{R}\cdot\frac{R}{L}e^{-\frac{R}{L}t}=\frac{E}{L}=\frac{E/R}{\tau} \tag{10.11}$$

을 얻을 수 있다. 식 (10.11)에서 τ 를 구하면

$$\tau=\frac{L}{R}[\mathrm{s}] \tag{10.12}$$

와 같다. 여기서 τ를 시정수라 하며 시정수 τ의 크기에 따른 과도현상을 그림 10−3에 표시하였다.

식 (10.10)의 지수 함수에서 τ의 역수에 해당하는 $\frac{R}{L}$을 감쇠율이라 하고, 감쇠율은 $\alpha=\frac{1}{\tau}=\frac{R}{L}$이며, 식 (10.10)에 대입하여 다시 정리하면 전류의 일반해는

$$i(t)=\frac{E}{R}(1-e^{-\frac{1}{\tau}t})[\mathrm{A}] \tag{10.13}$$

와 같이 얻는다.

1－2 직류전압의 단락

그림 10－4에서 스위치 S_1을 열고 스위치 S_2를 닫으면 인덕턴스 L에 축적되어 있던 자기 에너지에 의한 방전전류가 폐회로에 흐른다.

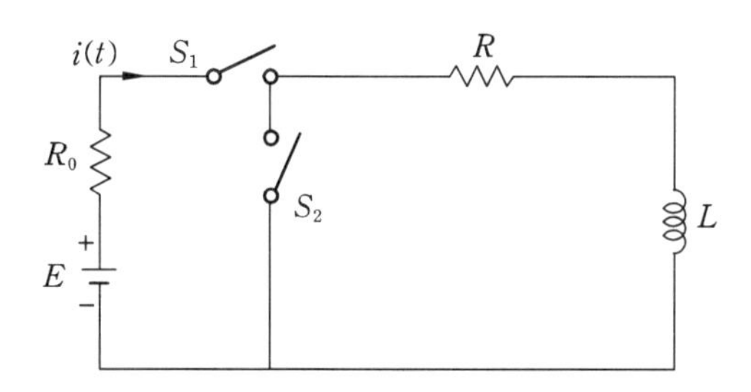

그림 10－4 RL 직렬회로의 전원 단락

이 경우 전압방정식은 폐회로의 키르히호프 전압법칙에서 식 (10.14)가 성립한다.

$$L\frac{di(t)}{dt}+Ri(t)=0 \tag{10.14}$$

이 방정식의 일반해는 정상항이 0이 되어 과도항만 남는다. 식 (10.6)과 마찬가지로

$$i(t)=Ae^{-\frac{R}{L}t}\,[\mathrm{A}] \tag{10.15}$$

를 얻는다. 미지수 A를 결정하는 초기 조건은 $t=0$에서 $i(t)=I$, $A=I$라고 한다면

$$i(t)=Ie^{-\frac{R}{L}t}\,[\mathrm{A}] \tag{10.16}$$

를 얻는다.

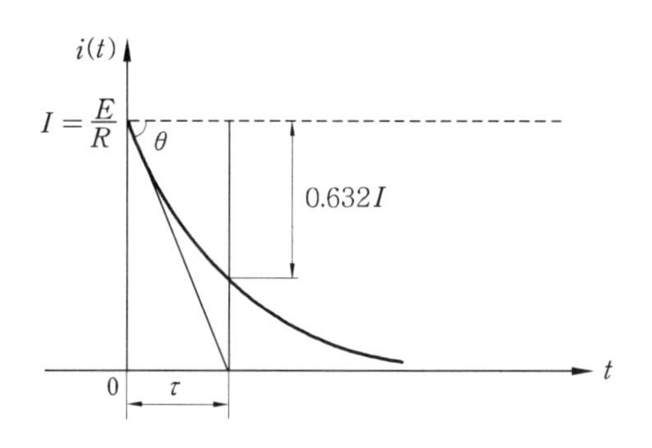

그림 10－5 RL 직렬회로의 전원 단락회로의 전류 RL

예제 1. 그림 10－1과 같은 회로에서 $R=20\,[\Omega]$, $L=10\,[\mathrm{mH}]$인 RL 직렬회로의 시정수 $\tau\,[\mathrm{s}]$는 얼마인가?

해설 식 (10.12)로부터 직렬회로의 시정수는

$$\tau=\frac{L}{R}=\frac{10\times10^{-3}}{20}=0.5\times10^{-3}\,[\mathrm{s}]$$

예제 2. 그림 10－4의 회로가 정상상태로 있는 중에 스위치 S_1을 열고 S_2를 닫았다면 L양단의 전위차는 얼마인가?

해설 식 (10.14)와 식 (10.15)에서

$$L\frac{di}{dt}+R_i=0,\quad i=Ae^{-\frac{R}{L}t}[\mathrm{A}]$$

그림 10－4에서 $t=0$일 때 $i=\frac{E}{R+R_0}$ 이므로 $A=\frac{E}{R+R_0}$

따라서 전류는 $i=\frac{E}{R+R_0}e^{-\frac{R}{L}t}[\mathrm{A}]$

L양단의 전위차 e_L은

$$e_L=L\frac{di(t)}{dt}=L\frac{E}{R+R_0}\left(-\frac{R}{L}\right)e^{-\frac{R}{L}t}=-\frac{RE}{R+R_0}e^{-\frac{R}{L}t}[\mathrm{V}]$$

2. *RC* 직렬회로

2－1 직류전압 공급

그림 10－6과 같은 저항 R과 정전용량 L의 직렬회로에서 스위치 S를 닫는 $t=0$인 순간의 전압방정식은 식 (10.17)과 같다.

$$Ri(t)+\frac{1}{C}\int i(t)dt=E[\mathrm{V}] \tag{10.17}$$

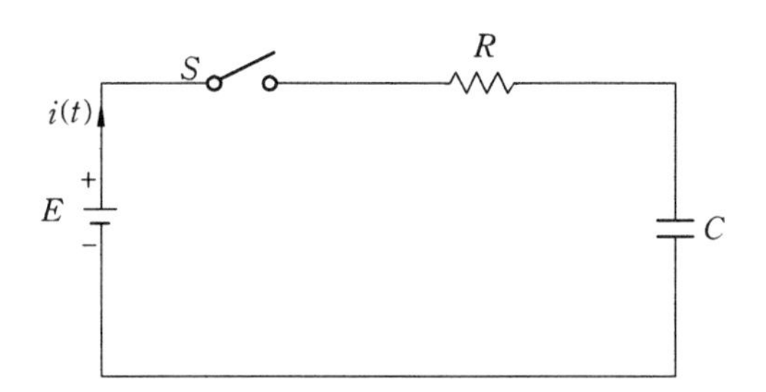

그림 10－6 *RC* 직렬회로에 직류전원 공급

식 (10.17)은 적분방정식이므로 미분방정식으로 바꾸면 $i(t)=\frac{dq(t)}{dt}$, $q(t)=\int i(t)dt$를 이용하여 구하면 식 (10.18)과 같다.

$$R\frac{dq(t)}{dt}+\frac{1}{C}q(t)=E[\mathrm{V}] \tag{10.18}$$

식 (10.18)의 일반해 $q(t)$는 정상항 $q_s(t)$와 과도항 $q_t(t)$의 합으로 식 (10.19)와 같다.

$$q(t)=q_s(t)+q_t(t)[\mathrm{C}] \tag{10.19}$$

정상항 $q_s(t)$는 식 (10.3)과 같은 방법으로 공급전원이 직류이므로 $\frac{dq(t)}{dt}=0$으로 놓으면

$$q_s(t)=CE\,[\mathrm{C}] \tag{10.20}$$

가 된다. 과도항 $q_t(t)$는 식 (10.18)의 우변을 0으로 놓으면 식 (10.6)을 얻는 과정과 같은 방법으로

$$q_t(t)=Ae^{-\frac{1}{RC}t} \tag{10.21}$$

를 얻을 수 있다. 따라서 다음과 같이 식 (10.18)의 미분방정식의 일반해를 구한다.

$$\begin{aligned} q(t)&=q_s(t)+q_t(t)\\ &=CE+Ae^{-\frac{1}{RC}t}\,[\mathrm{C}] \end{aligned} \tag{10.22}$$

식 (10.22)의 적분상수 A를 결정하는 초기 조건은

$$q(t)\,|_{\,t=0}=0 \tag{10.23}$$

이다. 식 (10.23)의 조건을 식 (10.22)에 대입하면

$$CE+Ae^{-\frac{1}{RC}\times 0}=CE+A$$

$$A=-CE \tag{10.24}$$

와 같은 결과를 얻는다. 식 (10.24)를 식 (10.22)에 대입하면

$$q(t)=CE\left(1-e^{-\frac{1}{RC}t}\right)[\mathrm{C}] \tag{10.25}$$

와 같은 전하에 관한 해를 얻는다. 식 (10.25)의 전하로부터 전류 $i(t)$를 구해 보면

$$i(t)=\frac{dq(t)}{dt}=\frac{E}{R}e^{-\frac{1}{RC}t}\,[\mathrm{A}] \tag{10.26}$$

와 같다.

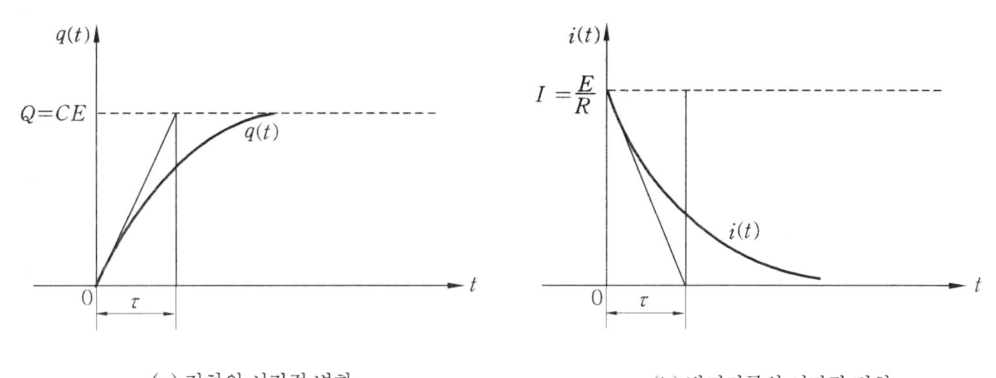

그림 10-7 전하량 $q(t)$와 방전전류 $i(t)$의 곡선

그림 10−7(a) $q(t)$의 곡선에서 $t=0$에서의 접선이 $q(t)$의 정상값 CE에 교차하는 시간 τ가 시정수이다. 또한 식 (10.25)를 미분한 값과 같은 기울기이므로

$$\left.\frac{dq(t)}{dt}\right|_{t=0}=\frac{E}{R}=\frac{CE}{\tau}=\tan\theta$$

$$\tau=RC[\mathrm{s}] \tag{10.27}$$

이다. 또한 그림 10−7(b)와 식 (10.26)을 이용하여 시정수를 구해보면 식 (10.28)과 같다.

$$\left.\frac{dq(t)}{dt}\right|_{t=0}=-\frac{E}{R^2C}=-\frac{E}{R\tau}=\tan\theta$$

$$\tau=RC[\mathrm{s}] \tag{10.28}$$

식 (10.25)와 식 (10.26)으로부터 전압 $e_R(t)$와 $e_c(t)$는

$$e_R(t)=Ri(t)=Ee^{-\frac{1}{RC}t}[\mathrm{V}]$$

$$e_c(t)=\frac{q(t)}{C}=E\left(1-e^{-\frac{1}{RC}t}\right)[\mathrm{V}] \tag{10.29}$$

와 같으며, 항상 $e_R(t)+e_c(t)=E$가 성립함을 그림 10−8에서 볼 수 있다.

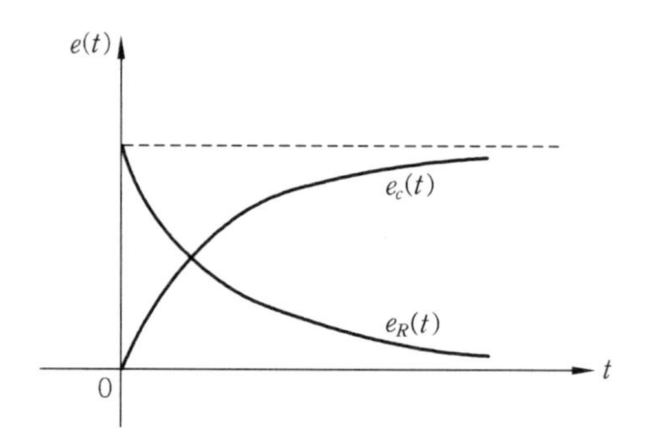

그림 10-8 RC 직렬회로의 단자전압 변화

2−2 방전회로의 과도현상

E로 충전되어 있고 초기의 전하가 Q인 캐패시터를 저항을 통하여 방전시킬 때의 전압 방정식은 그림 10−9로부터 키르히호프의 전압법칙을 사용하면

$$R\frac{dq(t)}{dt}+\frac{1}{C}q(t)=0 \tag{10.30}$$

과 같다. 식 (10.21)과 같이 회로의 정상항 $q_s(t)=0$이므로

$$q(t)=Ae^{-\frac{1}{RC}t}[\mathrm{C}] \tag{10.31}$$

을 얻는다.

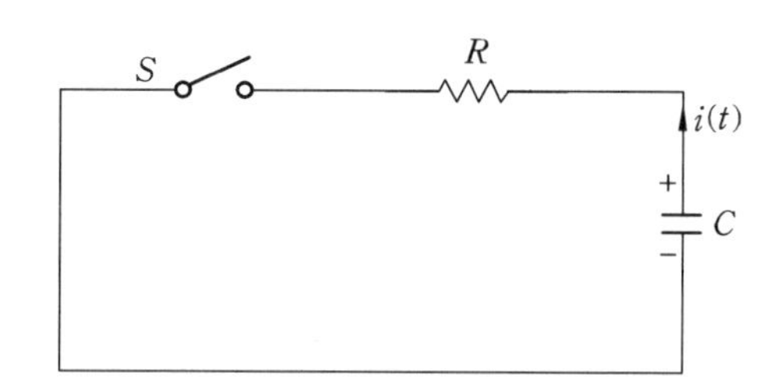

그림 10-9 정전용량의 방전회로

적분상수 A의 초기조건은 $q(t)\mid_{t=0}=CE$ 이므로

$$A=CE \tag{10.32}$$

가 된다. 따라서 식 (10.31)은 A를 대입하면

$$q(t)=CEe^{-\frac{1}{RC}t}\,[\mathrm{C}] \tag{10.33}$$

이며, 여기서 방전전류 $i(t)$는 전하를 시간으로 미분한

$$i(t)=\frac{dq(t)}{dt}=-\frac{E}{R}e^{-\frac{1}{RC}t}\,[\mathrm{A}] \tag{10.34}$$

와 같다. "−" 부호는 충전시를 "+" 로 잡았기 때문이고, $t=0$일 때 C의 단자전압은 E이므로 커패시턴스의 충전 전하량은 $Q=CE$이고, $I=\frac{E}{R}$라 하면 식 (10.34)는

$$i(t)=-Ie^{-\frac{1}{RC}t}\,[\mathrm{A}] \tag{10.35}$$

와 같다. 이 때의 전하 $q(t)$ 및 전류 $i(t)$의 시간적 변화는 그림 10−10과 같다.

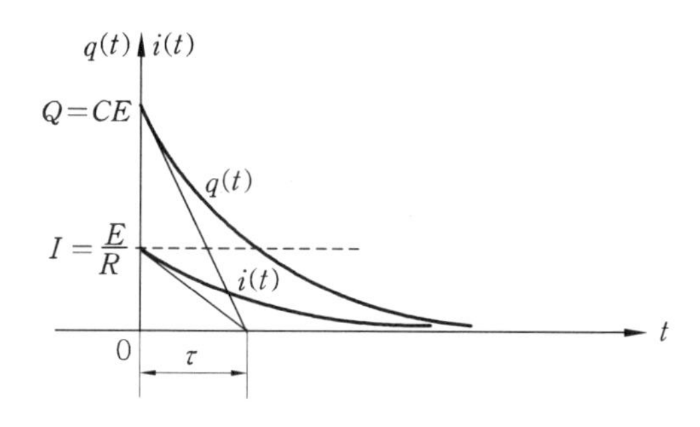

그림 10-10 정전용량 방전의 경우 전하 $q(t)$ 와 전류 $i(t)$ 의 변화

2−3 초기 전하 Q_0가 축적된 RC 직렬회로

전압방정식은 그림 10−6으로부터 식 (10.18)과 같으므로 $q(t)$의 일반해는 식 (10.22)와 같이 구해진다.

$$q(t)=q_s(t)+q_t(t)$$

$$=CE+Ae^{-\frac{1}{RC}t}[\mathrm{C}] \qquad (10.36)$$

단, 적분상수 A는 초기 조건이 $t=0$일 때 C가 Q_0의 전하를 가지고 있으므로

$$q(t)\mid_{t=0}=Q_0[\mathrm{C}] \qquad (10.37)$$

와 같다. 여기서 식 (10.37)을 식 (10.36)에 대입하여 정리하면

$$Q_0=CE+A$$

$$A=Q_0-CE \qquad (10.38)$$

를 얻는다. 전하량 $q(t)$는 식 (10.38)을 식 (10.36)에 대입하면

$$q(t)=CE\left(1-e^{-\frac{1}{RC}t}\right)+Q_0\,e^{-\frac{1}{RC}t}[\mathrm{C}] \qquad (10.39)$$

을 얻는다. $q(t)=q_s(t)+q_t(t)$일 때 충전전류 $i(t)$는 전하 $q(t)$를 미분하여 구하면

$$i(t)=\frac{dq(t)}{dt}=\frac{CE-Q_0}{RC}\,e^{-\frac{1}{RC}t}[\mathrm{A}] \qquad (10.40)$$

와 같다. 이 때 $I=\frac{E}{R}$, $I_0=\frac{Q_0}{RC}$ 라 하면 충전전류 $i(t)$는

$$i(t)=(I-I_0)e^{-\frac{1}{RC}t}[\mathrm{A}] \qquad (10.41)$$

와 같이 얻는다.

예제 3. 그림 10-11과 같은 RC 직렬회로에서 $t=0_+$일 때 스위치 S를 닫는다면 초기전류 $i(t)_{t=0}$는 얼마인가?(단, 콘덴서의 초기 전하는 0이다.)

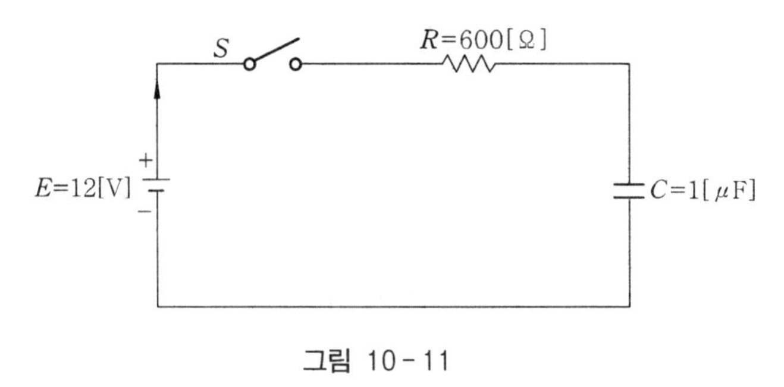

그림 10-11

해설 전류방정식 (10.26)

$$i=\frac{dq(t)}{dt}=\frac{E}{R}e^{-\frac{1}{RC}t}[\mathrm{A}]\text{로부터}$$

$$i(0)=\frac{E}{R}=\frac{12}{600}=20\,[\mathrm{mA}]$$

예제 4. 그림 10−11의 회로에 직류전압은 100 [V], 저항 R=10 [kΩ], 정전용량 C=20 [μF]로 구성되어 있을 때 스위치 S를 닫은 후 0.5초 일 때의 전류를 구하여라. 또한 이 회로의 시정수를 구하여라.

해설 식 (10.28)에서

$$\tau = RC = 10000 \times 20 \times 10^{-6} = 0.2\,[\mathrm{s}]$$

식 (10.26)과 t=0.5로부터

$$i(t) = \frac{E}{R} e^{-\frac{1}{RC}t} = \frac{100}{10 \times 10^3} e^{-\frac{0.5}{0.2}} = 0.82\,[\mathrm{mA}]$$

예제 5. 예제 4와 같은 RC 직렬회로에서 스위치 S를 닫은 후 0.2 [s] 경과했을 때 콘덴서 C에 충전되는 전압을 구하여라.

해설 충전전압은 식 (10.29)와 같이

$$e_c = \frac{q}{C} = 100\left(1 - e^{-\frac{1}{0.2}0.2}\right) = 36.79\,[\mathrm{V}]$$

3. *RLC* 직렬회로

3−1 직류전압을 가한 경우

그림 10−12와 같이 RLC 직렬회로에 일정한 직류전압 E를 가할 때 흐르는 전류를 $i(t)$라 하면 전압방정식은 식 (10.42)와 같이 된다.

$$Ri(t) + L\frac{di(t)}{dt} + \frac{1}{C}\int i(t)dt = E\,[\mathrm{V}] \tag{10.42}$$

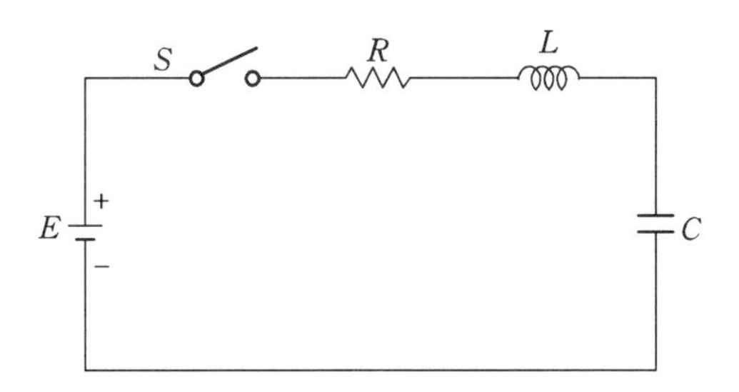

그림 10-12 *RLC* 직렬회로

윗 식 (10.42)에 $i(t) = \dfrac{dq(t)}{dt}$, $\dfrac{di(t)}{dt} = \dfrac{d^2q(t)}{dt^2}$의 관계를 적용하여 미분방정식으로 쓰면 식 (10.43)과 같이 된다.

$$L\frac{d^2q(t)}{dt^2}+R\frac{dq(t)}{dt}+\frac{1}{C}q(t)=E[\mathrm{V}] \tag{10.43}$$

미분연산자 $\frac{d}{dt}=S$ 로 놓고, 식 (10.43)을 정리하면 식 (10.44)와 같다.

$$\left(S^2+\frac{R}{L}S+\frac{1}{LC}\right)q=\frac{E}{L} \tag{10.44}$$

콘덴서 C는 직류 전압 E에 의해 $q_s(t)=CE=Q[\mathrm{C}]$의 전하로 충전되어 있으며, 정상항이다. 과도항은 식 (10.44)의 우변을 0으로 하였을 때이다. 따라서

$$\left(S^2+\frac{R}{L}S+\frac{1}{LC}\right)q(t)=0 \tag{10.45}$$

으로 되고 윗 식 (10.45)의 근 S는 근의 공식을 이용하여 구하면 식 (10.46)과 같이 된다.

$$S=-\frac{R}{2L}\pm\sqrt{\left(\frac{R}{2L}\right)^2-\frac{1}{LC}} \tag{10.46}$$

여기서 이 두 근을 S_1, S_2라 하면 식 (10.47)과 같이 된다.

$$S_1=-\frac{R}{2L}+\sqrt{\left(\frac{R}{2L}\right)^2-\frac{1}{LC}}=-\alpha+\beta \tag{10.47}$$

$$S_2=-\frac{R}{2L}-\sqrt{\left(\frac{R}{2L}\right)^2-\frac{1}{LC}}=-\alpha-\beta \tag{10.48}$$

$$\alpha=\frac{R}{2L},\ \beta=\sqrt{\left(\frac{R}{2L}\right)^2-\frac{1}{LC}} \tag{10.49}$$

이와 같은 결과로 미분방정식의 과도해 $q_t(t)$는 식 (10.50)과 같이 된다.

$$q_t(t)=A_1\varepsilon^{S_1t}+A_2\varepsilon^{S_2t} \tag{10.50}$$

따라서 식 (10.43)의 일반해는 식 (10.51)과 같다.

$$q(t)=q_s(t)+q_t(t)=Q+A_1\varepsilon^{S_1t}+A_2\varepsilon^{S_2t} \tag{10.51}$$

전류는 식 (10.51)을 시간으로 미분하면 식 (10.52)와 같다.

$$i(t)=\frac{dq(t)}{dt}=S_1A_1\varepsilon^{S_1t}+S_2A_2\varepsilon^{S_2t} \tag{10.52}$$

이 때 초기 조건은 $t=0$일 때 $q(t)=i(t)=0$이므로 식 (10.51)과 식 (10.52)에 대입하면

$$0=Q+A_1+A_2$$

$$0=A_1S_1+A_2S_2 \tag{10.53}$$

와 같이 되며, 식 (10.53)에서 적분상수 A_1 및 A_2는 식 (10.54)와 같이 결정된다.

$$A_1=\frac{S_2}{S_1-S_2}Q$$

$$A_2=\frac{-S_1}{S_1-S_2}Q \tag{10.54}$$

따라서 식 (10.54)를 식 (10.51)에 대입하여 정리하면 전하 $q(t)$는

$$q(t)=Q+\frac{Q}{S_1-S_2}(S_2\,\varepsilon^{S_1t}-S_1\,\varepsilon^{S_2t})\,[\mathrm{C}] \tag{10.55}$$

와 같고, 또한 식 (10.52)에 대입하면 전류식은 식 (10.56)과 같다.

$$i(t)=Q\frac{S_1S_2}{S_1-S_2}(\varepsilon^{S_1t}-\varepsilon^{S_2t})\,[\mathrm{A}] \tag{10.56}$$

위에서 전하 $q(t)$와 전류 $i(t)$는 S_1 및 S_2의 근호 내의 값에 따라 다음 세 가지의 현상이 나타난다.

(1) $R^2>\frac{4L}{C}$ 의 경우

이 때는 S_1 및 S_2가 실수가 되며 식 (10.55)는 식 (10.57)과 같이 된다.

$$\begin{aligned}q(t)&=Q\left[1+\frac{1}{2\beta}\{(-\alpha-\beta)\,\varepsilon^{(-\alpha+\beta)t}-(-\alpha+\beta)\,\varepsilon^{(-\alpha-\beta)t}\}\right]\\&=Q\left[1-\frac{\varepsilon^{-\alpha t}}{\beta}\left\{\alpha\frac{(\varepsilon^{\beta t}-\varepsilon^{-\beta t})}{2}+\beta\frac{(\varepsilon^{\beta t}+\varepsilon^{-\beta t})}{2}\right\}\right]\\&=Q\left\{1-\frac{\varepsilon^{-\alpha t}}{\beta}(\alpha\sinh\beta t+\beta\cosh\beta t)\right\}[\mathrm{C}]\end{aligned} \tag{10.57}$$

식 (10.56)은 식 (10.57)을 시간에 대하여 미분하고, 쌍곡선 함수의 관계를 적용하면

$$\begin{aligned}i(t)&=\frac{dq(t)}{dt}=Q\frac{d}{dt}\left\{1-\frac{\varepsilon^{-\alpha t}}{\beta}(\alpha\sinh\beta t+\beta\cosh\beta t)\right\}\\&=Q\frac{(\alpha^2-\beta^2)\,\varepsilon^{-\alpha t}}{\beta}\sinh\beta t\,[\mathrm{A}]\end{aligned} \tag{10.58}$$

와 같은 결과 식을 얻는다. 식 (10.58)에 식 (10.49)를 대입하여 정리하면

$$i(t)=\frac{E}{\beta L}\,\varepsilon^{-\alpha t}\cdot\sinh\beta t\,[\mathrm{A}] \tag{10.59}$$

와 같이 된다.

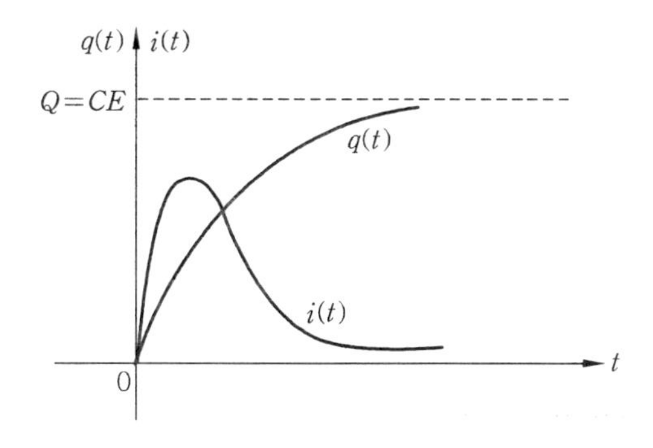

그림 10-13 비진동의 경우 전하와 전류의 변화

식 (10.57)과 식 (10.59)에서 $t=0$일 때 $q(t)=i(t)=0$이고 t가 증가함에 따라 $q(t)=CE=Q[\mathrm{C}]$, $i(t)=0$에 가까워지므로 $R^2>\frac{4L}{C}$일 때는 $q(t)$와 $i(t)$는 비진동적임을 알 수 있으며 $q(t)$와 $i(t)$의 시간에 따른 변화는 그림 10−13과 같다.

(2) $R^2=\frac{4L}{C}$ 의 경우

이 때는 S_1 및 S_2의 근호 내의 값이 0이 되므로 근은

$$S_1=S_2=\frac{-R}{2L}=-\alpha \tag{10.60}$$

가 된다. 따라서 식 (10.55)는

$$q(t)=q_s(t)+q_t(t)=Q+(A_1+A_2t)\,\varepsilon^{-\alpha t}\,[\mathrm{C}] \tag{10.61}$$

와 같고, 식 (10.56)은

$$\begin{aligned}i(t)&=\frac{dq(t)}{dt}=A_2\,\varepsilon^{-\alpha t}+(A_1+A_2t)(-\alpha)\,\varepsilon^{-\alpha t}\\&=\varepsilon^{-\alpha t}\{A_2-\alpha(A_1+A_2t)\}\,[\mathrm{A}]\end{aligned} \tag{10.62}$$

로 되며, 적분상수 A_1 및 A_2는 초기 조건 $t=0$일 때 $q(t)=i(t)=0$에서 식 (10.61)과 식 (10.62)에 적용하여 구하면

$$\begin{aligned}&0=A_1+Q, &&A_1=-Q\\&0=A_2-\alpha A_1, &&A_2=\alpha Q\end{aligned} \tag{10.63}$$

를 얻는다. 이 값을 식 (10.61)에 대입하면

$$\begin{aligned}q(t)&=Q+(-Q-\alpha CE_t)\,\varepsilon^{-\alpha t}\\&=Q(1-\varepsilon^{-\alpha t}-\alpha t\,\varepsilon^{-\alpha t})\,[\mathrm{C}]\end{aligned} \tag{10.64}$$

와 같은 결과를 얻는다. 식 (10.62)에 식 (10.63)을 적용하면

$$\begin{aligned}i(t)&=\frac{dq(t)}{dt}=\{-\alpha Q-\alpha(-Q-\alpha Qt)\}\,\varepsilon^{-\alpha t}\\&=Q\alpha^2t\,\varepsilon^{-\alpha t}=\frac{E}{L}\,t\,\varepsilon^{-\alpha t}\,[\mathrm{A}]\end{aligned} \tag{10.65}$$

를 구할 수 있다.

식 (10.64)와 식 (10.65)에서 전하 $q(t)$와 전류 $i(t)$는 $t=0$에서는 0이 되나 시간의 경과에 따라서 $q(t)=CE=Q\,[\mathrm{C}]$이 되고, $i(t)$는 0에 가까워지며, R^2과 $\frac{4L}{C}$의 그 크기가 어느 쪽이 큰 가에 따라 비진동과 진동이 결정되므로, $R^2=\frac{4L}{C}$일 때를 임계적이라고 한다. 그림 10−14는 전하 $q(t)$ 및 전류 $i(t)$의 시간에 따른 변화를 나타낸다.

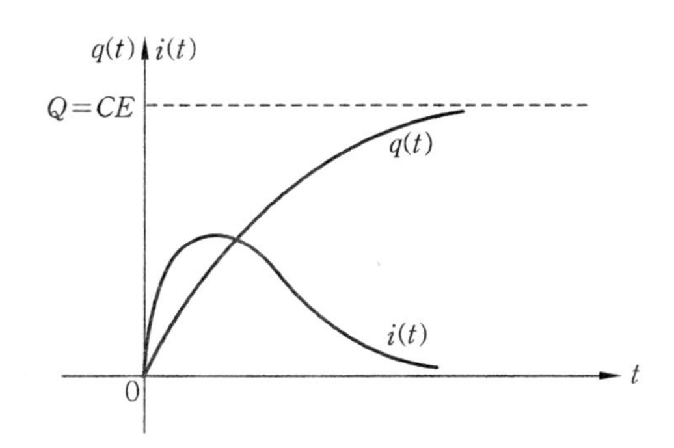

그림 10-14 임계진동에서의 전하와 전류의 변화

(3) $R^2 < \frac{4L}{C}$ 의 경우

이 때는 S_1 및 S_2가 복소수로 되며 식 (10.57)은 β 대신에 $j\beta$를 대입하면 된다.

$$q(t) = Q\left\{1 - \frac{\varepsilon^{-\alpha t}}{j\beta}(j\alpha \sin\beta t + j\beta \cos\beta t)\right\}$$

$$= Q\left\{1 - \varepsilon^{-\alpha t}\left(\frac{\alpha}{\beta}\sin\beta t + \cos\beta t\right)\right\}[\mathrm{C}] \tag{10.66}$$

또한 식 (10.59)도 β 대신에 $j\beta$를 대입하면

$$i(t) = \frac{E}{j\beta L}\varepsilon^{-\alpha t}\cdot j\sin\beta t = \frac{E}{\beta L}\varepsilon^{-\alpha t}\cdot \sin\beta t\,[\mathrm{A}] \tag{10.67}$$

와 같은 결과를 얻는다.

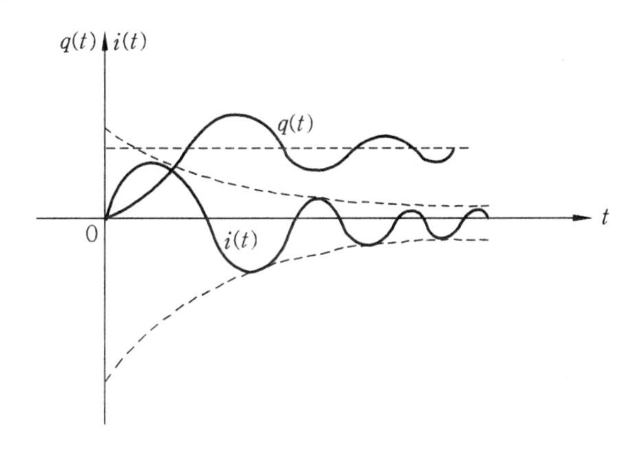

그림 10-15 감쇠진동의 경우에 대한 변화

식 (10.66)과 식 (10.67)에서 전하 $q(t)$와 전류 $i(t)$가 $R^2 < \frac{4L}{C}$ 일 때 감쇠율 α는 지수적으로 감쇠하면서 각 주파수 β로 진동함을 알 수 있다. 이 때 β를 이 회로의 고유각주파수라 하고, $f = \frac{\beta}{2\pi}$를 고유 주파수라고 한다.

$t=\infty$일 때는 $q(t)=CE=Q$[C], $i(t)=0$[A]가 된다. 전하 $q(t)$와 전류 $i(t)$의 변화는 그림 10−15와 같다. 만일 저항 R이 0일 때 즉, LC 직렬회로이면 감쇠율 α가 0이므로 식 (10.59)는

$$i(t)=\frac{E}{\sqrt{\frac{L}{C}}}\cdot\sin\frac{1}{\sqrt{LC}}t\,[\mathrm{A}] \tag{10.68}$$

로 얻어지게 되고, $f=\frac{1}{2\pi\sqrt{LC}}$ [Hz]로 지속적인 진동을 하게 된다. 실제 회로에서는 저항이란 반드시 존재하는 것이므로 이와 같은 영구 진동은 발생하지 않지만 저항에서 소비되는 손실 에너지 i^2R[W]를 계속 공급해주면 연속적으로 진동을 한다. 이러한 원리는 전자 기기 회로에서 발진기에 이용된다.

3−2 직류전원을 단락한 경우

RLC 직렬회로에 직류전압 E[V]를 그림 10−16과 같이 공급하고 있을 때 콘덴서 C는 전압 E로 충전되어 $Q=CE$[C]의 전하를 충전하고 있다.

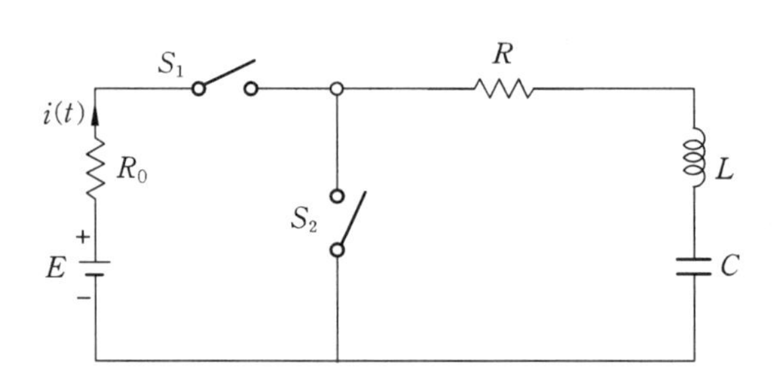

그림 10−16 RLC 직렬회로의 방전회로

이 상태에서 전원측의 스위치 S_1을 개방함과 동시에 스위치 S_2를 ON하면, 정전용량 C가 충전하고 있는 전하를 저항 R 및 인덕턴스 L을 통하여 방전시켰을 때의 전압방정식은 키르히호프 법칙의 전압법칙을 이용하면 다음과 같이 된다.

$$L\frac{di(t)}{dt}+Ri(t)+\frac{1}{C}\int i(t)dt=0 \tag{10.69}$$

식 (10.69)에서 $i(t)=\frac{dq(t)}{dt}$, $\frac{di(t)}{dt}=\frac{d^2q(t)}{dt^2}$를 적용하여 미분방정식을

$$\frac{d^2q(t)}{dt^2}+\frac{R}{L}\cdot\frac{dq(t)}{dt}+\frac{1}{LC}q(t)=0 \tag{10.70}$$

과 같이 얻을 수 있다. 미분연산자 $\frac{d}{dt}=S$로 놓고, 식 (10.70)을 정리하면 다음 식과 같다.

$$\left(S^2+\frac{R}{L}S+\frac{1}{LC}\right)q=0 \tag{10.71}$$

식 (10.71)의 근을 근의 공식으로부터 식 (10.46)과 같은

$$S=-\frac{R}{2L}\pm\sqrt{\left(\frac{R}{2L}\right)^2-\frac{1}{LC}} \tag{10.72}$$

을 얻는다. 이것은 여기서 이 두 근을 S_1, S_2라 하면

$$S_1=-\frac{R}{2L}+\sqrt{\left(\frac{R}{2L}\right)^2-\frac{1}{LC}}=-\alpha+\beta \tag{10.73}$$

$$S_2=-\frac{R}{2L}-\sqrt{\left(\frac{R}{2L}\right)^2-\frac{1}{LC}}=-\alpha-\beta \tag{10.74}$$

$$\alpha=\frac{R}{2L},\qquad \beta=\sqrt{\left(\frac{R}{2L}\right)^2-\frac{1}{LC}} \tag{10.75}$$

를 얻는다. 따라서 식 (10.71)의 근은 식 (10.50)과 같다. 식 (10.70)의 해는

$$q(t)=A_1\,\varepsilon^{S_1t}+A_2\,\varepsilon^{S_2t}\,[\mathrm{C}] \tag{10.76}$$

와 같이 얻는다. 식 (10.76)을 시간에 대하여 미분하면 다음과 같은 전류식을 얻는다.

$$i(t)=\frac{dq(t)}{dt}=S_1A_1\,\varepsilon^{S_1t}+S_2A_2\,\varepsilon^{S_2t}\,[\mathrm{A}] \tag{10.77}$$

여기에 초기 조건 $t=0$일 때 $q(t)=CE=Q[\mathrm{C}]$, $i(t)=0[\mathrm{A}]$를 대입하면 적분상수 A_1 및 A_2는 다음과 같이 구해진다.

$$Q=A_1+A_2$$

$$0=S_1A_1+S_2A_2 \tag{10.78}$$

식 (10.78)의 연립방정식을 풀면

$$A_1=\frac{-S_2}{S_1-S_2}Q,\quad A_2=\frac{S_1}{S_1-S_2}Q \tag{10.79}$$

를 얻는다. 이 적분상수의 값을 식 (10.76)에 대입하면 전하 q는 식 (10.80)과 같다.

$$q(t)=\frac{-S_2}{S_1-S_2}Q\varepsilon^{S_1t}+\frac{S_1}{S_1-S_2}Q\varepsilon^{S_2t}$$

$$=\frac{-Q}{S_1-S_2}(S_2\,\varepsilon^{S_1t}-S_1\,\varepsilon^{S_2t})[\mathrm{C}] \tag{10.80}$$

또한 식 (10.77)에 식 (10.79)를 대입하거나 식 (10.80)을 시간으로 미분하면 전류 $i(t)$는

$$i(t)=\frac{dq(t)}{dt}=\frac{-S_1S_2Q}{S_1-S_2}(\varepsilon^{S_1t}-\varepsilon^{S_2t})[\mathrm{A}] \tag{10.81}$$

를 얻는다.

이 때 전하 $q(t)$를 식 (10.55)의 과도해 $q_t(t)$와 비교해 보면 크기는 같고 부호만 반대로 된다. 또한 식 (10.56)과 $i(t)$를 비교하면 그 크기가 같고 부호가 반대이다. 이것은 충전할 때의 전류와 방전할 때의 전류가 반대 방향으로 흐름을 나타낸다. 방전하는 경우도 충전할 때와 같은 세 가지의 현상이 발생한다.

(1) $R^2 > \frac{4L}{C}$ 의 경우

이와 같은 경우 S_1 및 S_2가 실수로 되며 식 (10.80)에 식 (10.73)과 식 (10.74)의 S_1과 S_2를 대입하면 식 (10.82)와 같다.

$$\begin{aligned} q(t) &= \frac{-R}{2\beta} - \{(-\alpha-\beta)\,\varepsilon^{(-\alpha+\beta)t} - (-\alpha+\beta)\,\varepsilon^{(-\alpha+\beta)t}\} \\ &= \frac{Q}{\beta}\,\varepsilon^{-\alpha t}\left\{\alpha\frac{(\varepsilon^{\beta t} - \varepsilon^{-\beta t})}{2} + \beta\frac{(\varepsilon^{\beta t}\ \varepsilon^{-\beta t})}{2}\right\} \\ &= \frac{Q}{\beta}\,\varepsilon^{-\alpha t}(\alpha \sinh \beta t + \beta \cosh \beta t)\,[\mathrm{C}] \end{aligned} \tag{10.82}$$

식 (10.82)와 시간으로 미분하고, 식 (10.81)을 대입하여 정리하면 식 (10.83)과 같다.

$$\begin{aligned} i(t) = \frac{dq(t)}{dt} &= \frac{Q(\beta^2 - \alpha^2)}{\beta}\,\varepsilon^{-\alpha t} \cdot \sinh \beta t \\ &= \frac{-Q}{\beta L C}\,\varepsilon^{-\alpha t} \cdot \sinh \beta t \\ &= \frac{-E}{\beta L}\,\varepsilon^{-\alpha t} \cdot \sinh \beta t\,[\mathrm{A}] \end{aligned} \tag{10.83}$$

식 (10.82)와 식 (10.83)을 식 (10.57)의 과도항 및 식 (10.59)와 비교하면 그 크기는 같고 부호만 반대이다. 이것으로서 비진동적일 때 방전의 경우는 충전할 때의 전류와 반대방향으로 방전전류가 흐른다는 것을 알 수 있다. 그림 10-17은 방전전류 $i(t)$와 전하 $q(t)$의 시간에 따르는 변화를 나타낸 것이다.

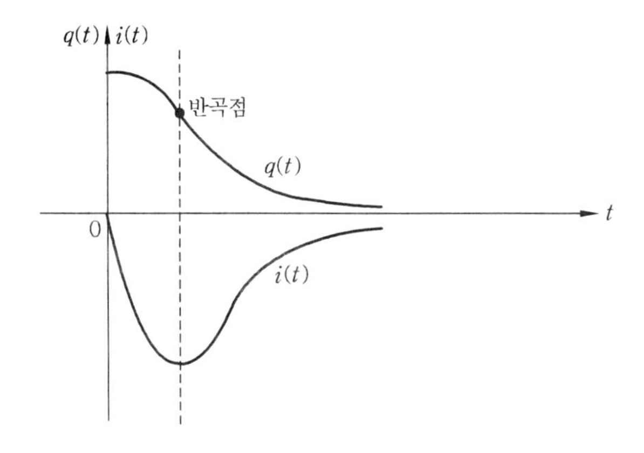

그림 10-17 $R^2 > \frac{4L}{C}$ 일 때 방전전류 $i(t)$와 전하 $q(t)$의 변화

(2) $R^2 = \frac{4L}{C}$ 의 경우

이 때는 S_1 및 S_2의 근호 내의 값이 0이 되므로 $S_1 = S_2$는 $-\alpha = -\frac{R}{2L}$ 이 될 때

$$S_1 = S_2 = -\frac{R}{2L} = -\alpha \tag{10.84}$$

이며 식 (10.73)의 일반해는 식 (10.85)와 같이 된다.

$$q(t) = (A_1 + A_2 t)\varepsilon^{-\alpha t} \tag{10.85}$$

$$i(t) = \frac{dq(t)}{dt} = \varepsilon^{-\alpha t}\{A_2 - \alpha(A_1 + A_2 t)\} \tag{10.86}$$

여기서 적분상수 A_1 및 A_2는 위의 식에 초기 조건 $t=0$일 때 $q(t) = Q = CE$[C], $i(t)=0$를 대입하여

$$A_1 = CE = Q, \ A_2 = \alpha A_1 = \alpha CE = \alpha Q \tag{10.87}$$

로 된다. A_1 및 A_2의 값을 식 (10.85)에 대입하면 식 (10.88)과 같이 된다.

$$q(t) = Q(1 - \alpha t)\varepsilon^{-\alpha t} \text{ [C]} \tag{10.88}$$

와 같고, 식 (10.86)에 대입하면 전류 i는 식 (10.89)와 같다.

$$i(t) = -\frac{Q}{LC} \cdot t\varepsilon^{-\alpha t} = -\frac{E}{L} t\varepsilon^{-\alpha t} \tag{10.89}$$

그림 10-18은 방전전류 $i(t)$와 전하 $q(t)$의 시간에 따르는 변화를 나타낸 것이다.

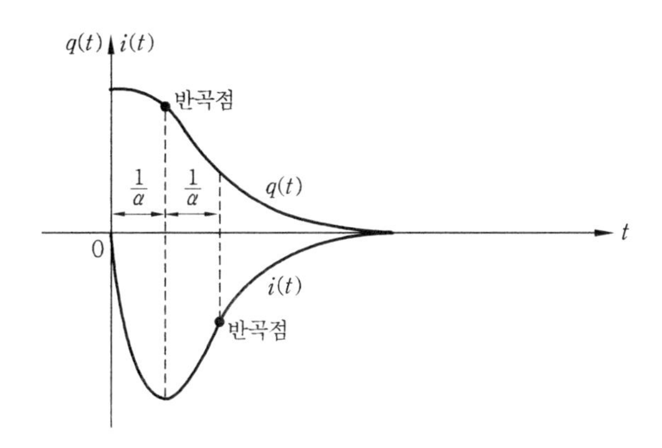

그림 10-18 $R^2 = \frac{4L}{C}$ 일 때 방전전류 $i(t)$와 전하 $q(t)$의 변화

(3) $R^2 < \frac{4L}{C}$ 의 경우

식 (10.73)과 식 (10.74)의 S_1 및 S_2가 다음과 같이 복소수이므로 식 (10.82)와 식 (10.83)에 β 대신에 $j\beta$를 대입하면 즉,

$$S_1 = -\alpha + j\beta, \qquad S_2 = -\alpha + j\beta$$

를 대입하면, 전하 $q(t)$와 전류 $i(t)$는 식 (10.90), 식 (10.91)과 같이 된다.

$$q(t)=\frac{Q}{j\beta}\varepsilon^{-\alpha t}(j\alpha\sin\beta t+j\beta\cos\beta t)=\frac{Q}{\beta}\varepsilon^{-\alpha t}(\alpha\sin\beta t+\beta\cos\beta t)\,[\mathrm{C}] \quad (10.90)$$

$$i(t)=\frac{dq(t)}{dt}=-\frac{Q}{\beta LC}\varepsilon^{-\alpha t}\cdot\sin\beta t=-\frac{E}{\beta L}\varepsilon^{-\alpha t}\cdot\sin\beta t\,[\mathrm{A}] \quad (10.91)$$

그림 10－19는 방전전류 $i(t)$와 전하 $q(t)$의 시간에 따라서 변화하는 과정을 나타내고 있다.

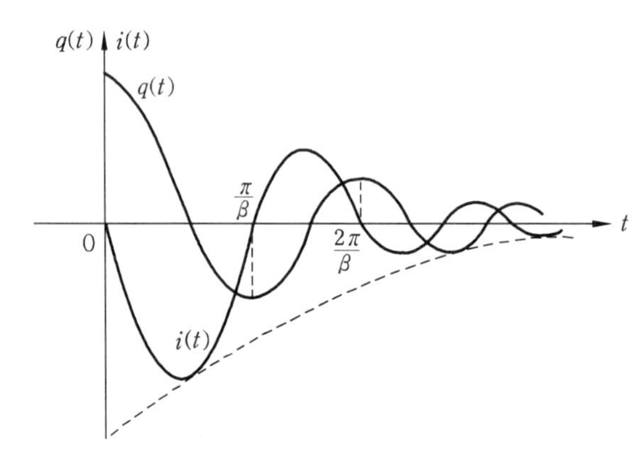

그림 10-19 $R^2 < \frac{4L}{C}$일 때 방전전류 $i(t)$와 전하 $q(t)$의 변화

예제 6. 그림 10－20과 같은 RLC 직렬회로에서 $R=100\,[\Omega]$, $L=10\,[\mathrm{mH}]$, $C=1\,[\mu\mathrm{F}]$라면 이 회로의 스위치 S를 닫은 직후의 진동 여부를 판별하여라.

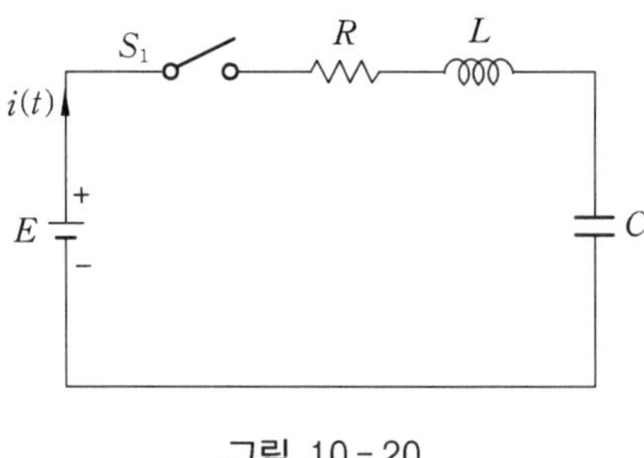

그림 10-20

해설 진동 여부를 판별하는 조건식 $R^2-4\frac{L}{C}$에 의하여

$$R^2-4\frac{L}{C}=10^4-4\times\frac{10\times10^{-3}}{1\times10^{-6}}=10^4-4\times10^4<0$$

가 된다. 0보다 작은 값이 되므로 이 회로는 진동적이 된다.

예제 7. 그림 10－20과 같은 RLC 직렬회로에서 저항 $R=1[\mathrm{k}\Omega]$, 인덕턴스 $L=100\,[\mathrm{mH}]$일 때 이 회로가 임계적이기 위한 커패시턴스 C의 범위를 구하여라.

해설 $R^2 = \frac{4L}{C}$ 의 조건에서

$$C = \frac{4L}{R^2} = \frac{4\times100\times10^{-3}}{10^6} = 0.4\,[\mu\text{F}]$$

예제 8. 그림 10-20과 같은 저항 $R=1000\,[\Omega]$, 인덕턴스 $L=10\,[\text{mH}]$, 정전용량 $C=0.1[\mu\text{F}]$인 RLC 직렬회로에 직류전압 $E=10\,[\text{V}]$를 공급하고 있다. 이 회로의 스위치 S를 닫은 직후 $\frac{di(0^+)}{dt}$ 의 전류를 구하여라.

해설 판별하는 조건식으로부터

$$R^2 - 4\frac{L}{C} = 10^6 - 4\times\frac{10\times10^{-3}}{0.1\times10^{-6}} = 10^6 - 4\times10^5 > 0$$

가 되므로 비진동적이다. 따라서 전류식은 식 (10.67)으로부터

$$\left.\frac{di(t)}{dt}\right|_{t=0} = \frac{E}{\beta L}[-\alpha\varepsilon^{-\alpha t}\sin\beta t + \beta\varepsilon^{-\alpha t}\cos\beta t]_{t=0}$$

$$= \frac{E}{\beta L}[-\alpha\varepsilon^{-0}\sin0 + \beta\varepsilon^{-0}\cos0] = \frac{E}{\beta L}\beta = \frac{10}{10\times10^{-3}} = 1000\,[\text{A/s}]$$

3-3 교류전압을 가한 경우

이제까지는 저항 R, 인덕턴스 L과 커패시턴스 C들의 조합인 직렬회로에 직류전원을 공급하는 경우에 대하여 해를 구하였다. 본 절에서는 그림 10-21과 같은 RLC 직렬회로에 정현파 교류전압 $e(t) = E_m\sin(\omega t + \phi)$를 인가하면 회로의 전압방정식은 키르히호프의 전압법칙으로부터 식 (10.92)와 같이 된다.

$$L\frac{di(t)}{dt} + Ri(t) + \frac{1}{C}\int i(t)dt = E_m\sin(\omega t + \phi) \tag{10.92}$$

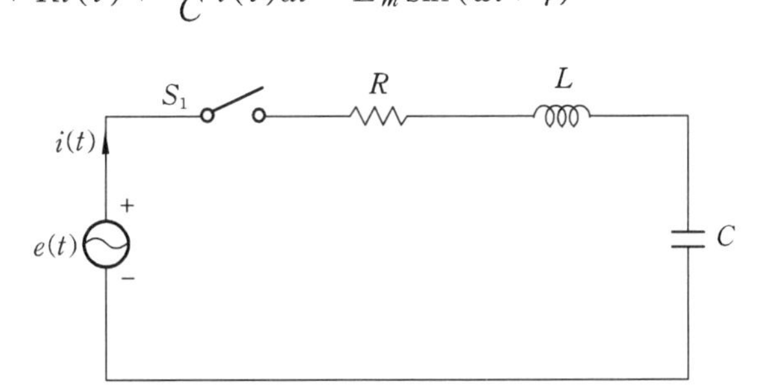

그림 10-21 RLC **직렬회로에 교류전압 공급**

식 (10.92)를 $i(t) = \frac{dq(t)}{dt}$, $\frac{di(t)}{dt} = \frac{d^2q(t)}{dt^2}$ 를 적용하여 미분방정식으로 풀이하고, 양변을 인덕턴스 L로 나누어 주면

$$\frac{d^2q(t)}{dt^2}+\frac{R}{L}\cdot\frac{dq(t)}{dt}+\frac{1}{LC}\cdot q(t)=\frac{E_m}{L}\cdot\sin(\omega t+\phi) \quad (10.93)$$

로 된다. 그림 10-21의 정상 상태에서 흐르는 전류 $i_s(t)$는

$$i_s(t)=\frac{E_m}{\sqrt{R^2+\left(\omega L-\frac{1}{\omega C}\right)^2}}\sin\left\{\omega t+\phi-\tan^{-1}\left(\frac{\omega L-\frac{1}{\omega C}}{R}\right)\right\}[A] \quad (10.94)$$

와 같다. 임피던스 Z와 RLC 직렬회로의 위상 θ 는

$$Z=\sqrt{R^2+\left(\omega L-\frac{1}{\omega C}\right)^2}, \quad \theta=\tan^{-1}\frac{\omega L-\frac{1}{\omega C}}{R} \quad (10.95)$$

이므로 식 (10.93)의 정상항 $q_s(t)$는 $i(t)=\frac{dq(t)}{dt}$의 관계로부터

$$q_s(t)=\int i_s(t)dt=\frac{-E_m}{\omega Z}\cos(\omega t+\phi-\theta)[C] \quad (10.96)$$

로 얻게 된다. 미분연산자 $\frac{d}{dt}=S$로 놓고, 식 (10.93)을 정리하면

$$\left(S^2+\frac{R}{L}S+\frac{1}{LC}\right)=0 \quad (10.97)$$

과 같다. 식 (10.97)의 근을 근의 공식으로부터 식 (10.46)과 같은

$$S=-\frac{R}{2L}\pm\sqrt{\left(\frac{R}{2L}\right)^2-\frac{1}{LC}} \quad (10.98)$$

을 얻는다. 여기서 이 두 근을 S_1, S_2라 하면

$$S_1=-\frac{R}{2L}+\sqrt{\left(\frac{R}{2L}\right)^2-\frac{1}{LC}}=-\alpha+\beta \quad (10.99)$$

$$S_2=-\frac{R}{2L}+\sqrt{\left(\frac{R}{2L}\right)^2-\frac{1}{LC}}=-\alpha-\beta \quad (10.100)$$

$$\alpha=\frac{R}{2L}, \quad \beta=\sqrt{\left(\frac{R}{2L}\right)^2-\frac{1}{LC}} \quad (10.101)$$

과 같다. 따라서 과도항 $q_t(t)$는 식 (10.93)의 우변을 0으로 놓은 보조방정식의 해로서

$$q_t(t)=A_1\varepsilon^{S_1t}+A_2\varepsilon^{S_2t} \quad (10.102)$$

와 같다. 따라서 전하 $q(t)$와 전류 $i(t)$는

$$q(t)=q_s(t)+q_t(t)=\frac{-E_m}{\omega Z}\cos(\omega t+\phi-\theta)+A_1\varepsilon^{s_1t}+A_2\varepsilon^{s_2t}[C] \quad (10.103)$$

식 (10.103)을 미분하여 정리하면

$$i(t)=\frac{E_m}{Z}\sin(\omega t+\phi-\theta)+S_1A_1\varepsilon^{S_1t}+S_2A_2\varepsilon^{S_2t}[A] \quad (10.104)$$

가 된다. 여기서 적분상수 A_1 및 A_2는 식 (10.103)과 식 (10.104)에 초기 조건 $t=0$일 때 $q(t)=i(t)=0$에 의해서

$$0=\frac{-E_m}{\omega Z}\cos(\phi-\theta)+A_1+A_2$$
$$0=\frac{E_m}{Z}\sin(\phi-\theta)+S_1 A_1+S_2 A_2 \qquad (10.105)$$

와 같은 결과를 얻는다.

이 두 연립방정식을 A_1 및 A_2에 대하여 풀면

$$A_1=\frac{-1}{S_1-S_2}\left\{\frac{S_2}{\omega Z}E_m\cos(\phi-\theta)+\frac{E_m}{Z}\sin(\phi-\theta)\right\}$$
$$A_2=\frac{1}{S_1-S_2}\left\{\frac{S_1 E_m}{\omega Z}\cos(\phi-\theta)+\frac{E_m}{Z}\sin(\phi-\theta)\right\} \qquad (10.106)$$

가 되므로 식 (10.103)에 대입하여 정리하면 식 (10.107)과 같이 된다.

$$q(t)=\frac{-E_m}{\omega Z}\cos(\omega t+\phi-\theta)$$
$$+\frac{E_m}{(S_1-S_2)Z}\left[\left\{-\frac{S_2}{\omega}\cos(\phi-\theta)-\sin(\phi-\theta)\right\}\varepsilon^{S_1 t}\right.$$
$$\left.+\left\{\frac{S_1}{\omega}\cos(\phi-\theta)+\sin(\phi-\theta)\right\}\varepsilon^{S_2 t}\right][\mathrm{C}] \qquad (10.107)$$

식 (10.107)을 dt로 미분하면

$$i(t)=\frac{E_m}{Z}\sin(\omega t+\phi-\theta)$$
$$+\frac{E_m}{(S_1-S_2)Z}\left[\left\{-\frac{S_2}{\omega}\cos(\phi-\theta)-\sin(\phi-\theta)\right\}S_1\varepsilon^{S_1 t}\right.$$
$$\left.+\left\{\frac{S_1}{\omega}\cos(\phi-\theta)+\sin(\phi-\theta)\right\}S_2\varepsilon^{S_2 t}\right][\mathrm{A}] \qquad (10.108)$$

와 같은 결과를 얻는다.

전하 $q(t)$와 전류 $i(t)$는 직류전압을 가할 때와 동일하게 S_1 및 S_2의 근호 내의 값에 따라 다음 세 가지의 현상이 발생하는 것이 똑같다.

(1) $R^2>\frac{4L}{C}$ (비진동)

이 때는 S_1과 S_2가 실수를 갖게 되어

$$S_1=-\alpha+\beta\ ,\quad S_2=-\alpha-\beta \qquad (10.109)$$

가 되며 S_1과 S_2를 식 (10.108)에 대입하여 정리하면 식 (10.110)과 같이 된다.

$$i(t)=\frac{E_m}{Z}\sin(\omega t+\phi-\theta)+\frac{E_m}{Z}\varepsilon^{-\alpha t}\left\{\left(\frac{\alpha}{\beta}\sinh\beta t\right)\sin(\phi-\theta)\right.$$

$$\left.-\frac{\alpha^2-\beta^2}{\omega\beta}\sinh\beta t\cos(\phi-\theta)\right\}[\mathrm{A}] \qquad (10.110)$$

이 경우 전류 $i(t)$는 정상값과 시간과 함께 지수적으로 감소하는 과도항으로 이루어지며 저항 R의 값이 클수록 과도항의 α 가 커져 감쇠가 빨라진다. 따라서 전류 $i(t)$는 빠르게 정상값에 도달하지만 교류 파형의 모양은 달라진다.

(2) $R^2=\frac{4L}{C}$ (임계적)

이 때의 S_1 및 S_2는 음의 실수를

$$S_1=S_2=-\alpha \qquad (10.111)$$

와 같이 갖게 되므로 식 (10.108)에 대입하여 정리하면 식 (10.112)와 같이 된다.

$$i(t)=\frac{E_m}{Z}\sin(\omega t+\phi-\theta)$$

$$+\frac{E_m}{Z}\varepsilon^{-\alpha t}\left\{(\alpha t-1)\sin(\phi-\theta)-\frac{\alpha^2}{\omega}t\cos(\phi-\theta)\right\}[\mathrm{A}] \qquad (10.112)$$

이 때의 전하 $q(t)$와 전류 $i(t)$의 과도항은 진동 요소와 비진동 요소가 같이 존재하여 파형이 변화하는 것으로 임계감쇠 또는 임계진동을 하는 경우이다.

(3) $R^2<\frac{4L}{C}$ (진동)

S_1 및 S_2는 다음과 같이 복소수가 될 때 식 (10.113)과 같다.

$$S_1=-\alpha+j\beta, \quad S_2=-\alpha-j\beta \qquad (10.113)$$

식 (10.110)에 β 대신 $j\beta$를 대입하여 정리하면 식 (10.114)와 같다.

$$i(t)=\frac{E_m}{Z}\varepsilon^{-\alpha t}\sin(\omega t+\phi-\theta)+\frac{E_m}{Z}\varepsilon^{-\alpha t}\left\{\left(\frac{\alpha}{\beta}\sin\beta t-\cos\beta t\right)\sin(\phi-\theta)\right.$$

$$\left.-\frac{\alpha^2-\beta^2}{\omega\beta}\sin\beta t\cos(\phi-\theta)\right\}[\mathrm{A}] \qquad (10.114)$$

이러한 경우 전하 $q(t)$와 전류 $i(t)$는 공급전압과 동일한 각속도 ω로 진동하는 정상항과 수동소자 RLC에 의하여 결정되는 회로 고유의 각속도 β로 진동을 시작하는 항이 존재한다. 각속도 β로 진동하는 값은 감쇠정수 α에 의하여 점점 감쇠하고, 일정시간이 지난 후에는 정상항으로 진동한다.

연 · 습 · 문 · 제

1. 저항 $R=100[\Omega]$, 인덕턴스 $L=20[mH]$인 RL 직렬회로의 시정수 $\tau[s]$는 얼마인가?

답 $\tau=2\times10^{-4}[s]$

2. RC 직렬회로에서 저항 $R=1[k\Omega]$이고, 시정수 $\tau=1\times10^{-3}[s]$일 때 회로에 연결된 정전용량 C를 구하여라.

답 $C=1[\mu F]$

3. 그림 10-22와 같은 RL 직렬회로에서 S를 닫은 후 $t=0.5[s]$일 때의 회로에 흐르는 전류를 구하여라.

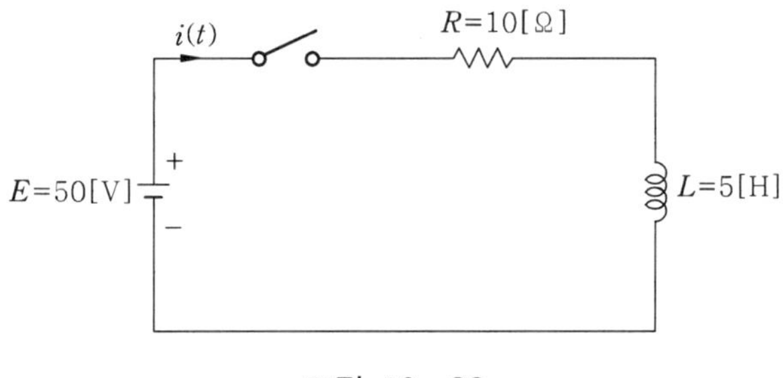

그림 10-22

답 $i(t)=3.16[A]$

4. 그림 10-23과 같은 회로에서 정상상태로 전류가 흐르고 있을 때 $t=0$인 순간 스위치 S를 1에서 2로 닫은 후 0.5 [s] 지난 때의 전류를 구하여라.

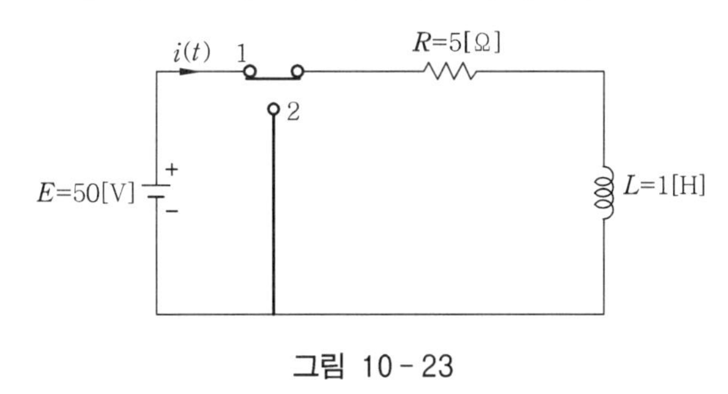

그림 10-23

답 $i(t)=0.8[A]$

5. RC 직렬회로에서 저항 $R=1[k\Omega]$이고, $\tau=0.05[s]$일 때 정전용량 C를 구하여라.

답 $C=50[\mu F]$

6. 그림 10-24와 같은 회로에서 $t=0$일 때 전압을 공급하면 진동적이기 위한 저항 R과 그 진동수를 구하여라. (단, 초기값은 모두 0이다.)

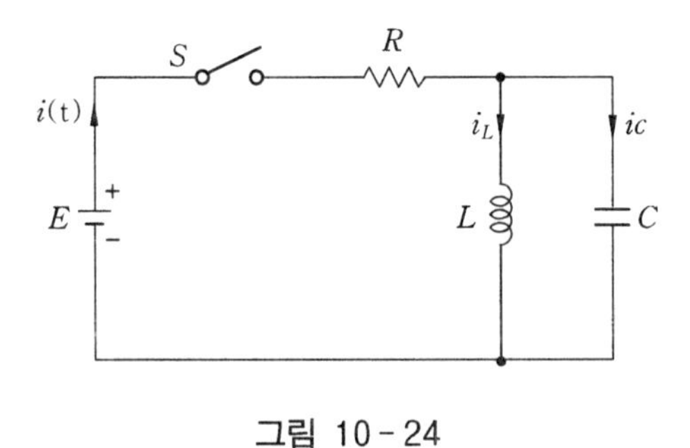

그림 10-24

답 $R > \frac{1}{2}\sqrt{\frac{L}{C}}$, $f=\frac{1}{2\pi}\sqrt{\frac{1}{LC}-\frac{1}{4C^2R^2}}$ [Hz]

7. 그림 10-25와 같은 RLC 직렬회로에서 인덕턴스 $L=1$[mH]이고, 정전용량 $C=0.1$[μF]일 때 임계적이기 위한 저항 R을 구하여라.

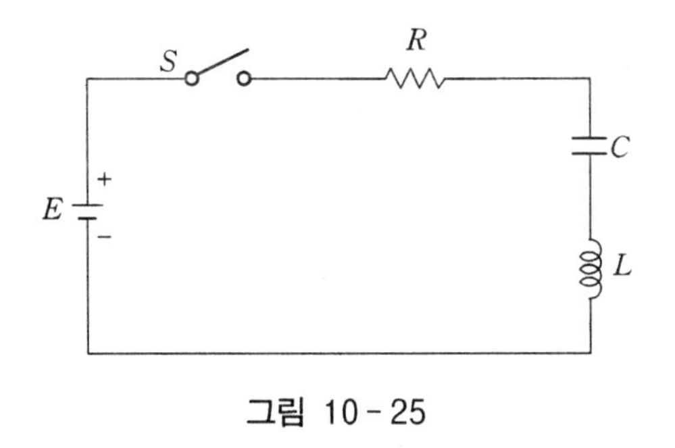

그림 10-25

답 $R=200$ [Ω]

8. 7번 문제의 그림과 같은 RLC 직렬회로에서 저항 $R=10$[kΩ], 인덕턴스 $L=20$[mH], 정전용량 $C=10$[μF]의 회로에 $E=6$[V]의 전압을 공급하고 있다. 이 회로의 스위치 S를 닫은 직후의 $\frac{di(0^+)}{dt}$의 전류를 구하여라.

답 $i=300$ [A/s]

9. 7번 문제의 그림과 같은 RLC 직렬회로에서 저항 $R=2$ [kΩ], 정전용량 $C=100$[pF]일 때 진동하기 위한 인덕턴스 L을 구하여라.

답 $L=0.1$ [mH] 넘는 값

부 록

1. 문자와 기호

(1) 그리스 문자

대문자	소문자	명 칭		대문자	소문자	명 칭	
A	α	알 파	alpha	N	ν	뉴	ny
B	β	베 타	beta	Ξ	ξ	크사이	xi
Γ	γ	감 마	gamma	O	o	오미크론	omicron
Δ	δ	델 타	delta	Π	π	파 이	pi
E	ε	엡실론	epsilon	P	ρ	로 오	rho
Z	ζ	제 타	zeta	Σ	σ	시그마	sigma
H	η	이 타	eta	T	τ	타 우	tau
Θ	θ	세 타	theta	Υ	υ	입실론	upsilon
I	ι	요 타	iota	Φ	ϕ	화 이	phi
K	κ	카 파	kappa	X	χ	카 이	chi
Λ	λ	람 다	lambda	Ψ	ψ	프사이	psi
M	μ	뮤	my	Ω	ω	오메가	omega

(2) 기 호

기 호	설 명	기 호	설 명	기 호	설 명
$\pm$	플러스 또는	$>$	보다 크다	$\propto$	비례한다
	마이너스	$\geqq$	보다 크거나 같다	∞	무한대
$\mp$	마이너스 또는	$<$	보다 작다	$\parallel$	평행이다
	플러스	$\leqq$	보다 작거나 같다	$\overline{AB}$	선분 AB
$=$	같다	$\sim$	닮다	$\times$	곱하기
$\neq$	같지 않다	$\perp$	수직이다	$\div$, /	나누기
$\approx$	거의 같다	$\sqrt{\ }$	제곱근	$\angle a$	각 a, 호 AB
$\rightarrow$	접근한다	$\sqrt[n]{\ }$	n 승근		

2. 단 위 계

(1) 단위의 접두어

단위에 곱해지는 배수	SI 접두어		단위에 곱해지는 배수	SI 접두어	
	명 칭	배 수		명 칭	배 수
10^{24}	요 타	Y	10^{-24}	욕 토	y
10^{21}	제 타	Z	10^{-21}	젭 토	Z
10^{18}	엑 사	E	10^{-18}	아 토	a
10^{15}	페 타	P	10^{-15}	펨 토	f
10^{12}	테 라	T	10^{-12}	피 코	p
10^{9}	기 가	G	10^{-9}	나 노	n
10^{6}	메 가	M	10^{-6}	마이크로	μ
10^{3}	킬 로	k	10^{-3}	밀 리	m
10^{2}	헥 토	h	10^{-2}	센 티	c
10^{1}	데 카	da	10^{-1}	데 시	d

(2) SI 기본 단위

양	단위의 명칭	단위기호	정 의
길 이	미 터 (meter)	m	1 m는 빛이 진공에서 299,792,458 분의 1초 동안 진행한 경로의 길이이다.
질 량	킬로그램 (kilogram)	kg	킬로그램은 질량의 단위이며, 1 kg은 킬로그램 국제원기의 질량과 같다.
시 간	초 (second)	s	1초는 세슘-133 원자의 바닥 상태에 있는 두 초미세 준위 사이의 천이에 대응하는 복사선의 9,192,631,770 주기의 지속 시간이다.
전 류	암페어 (ampere)	A	1 A는 진공 중에 1 m의 간격으로 평행하게 놓여 있는 무한히 작은 원형 단면적을 갖는 무한히 긴 2 개의 직선 모양의 도체의 각각에 일정한 전류를 통하게 하여 이들 도체의 길이 1 m당 2×10^{-7} 뉴턴의 힘이 미치는 전류를 말한다.
열역학적 온도	켈빈(kelvin)	K	1켈빈은 물의 삼중점에서 열역학적 온도의 1/273.16이다.
몰질량	몰 (mol)	mol	1몰은 탄소 - 12의 0.012킬로그램에 존재하는 원자수와 같은 수의 요소 입자(원자, 분자, 이온, 전자, 그 밖의 입자) 또는 요소 입자의 집합체(조성이 명확하지 않는 것에 한함)로서 구성된 계의 몰질량이다.
광 도	칸델라 (candela)	cd	1칸델라는 주파수 540×10^{12} 헤르츠의 단색 복사를 방출하고, 소정의 방향에서 복사 강도가 매 스테라디안당 1 / 683 W일 때의 광도이다.

(3) SI 보조 단위

양	단위의 명칭	단위 기호	정 의
평면각	라디안 (radian)	rad	라디안은 원의 원주상에서 반지름의 길이와 같은 길이의 호를 잘랐을 때 이루는 2개의 반지름 사이에 포함된 평면각이다.
입체각	스테라디안 (steradian)	sr	스테라디안은 구의 중심을 꼭지점으로 하여 그 구의 반지름을 일 변으로 하는 정방형 면적과 같은 면적을 그 구의 표면에서 절취한 입체각이다.

(4) SI 유도 단위

양	단위의 명칭	단위 기호	양	단위의 명칭	단위 기호
면 적	평방미터	m^2	전류밀도	암페어매평방미터	A/m^2
체 적	입방미터	m^3	자계의 세기	암페어매미터	A/m
속 도	미터매초	m/s	농 도	몰매입방미터	mol/m^3
가속도	미터매초제곱	m/s^2	휘 도	칸델라매입방미터	cd/m^2
파 수	매미터당개수	m^{-1}	각속도	라디안매초	rad/s
밀 도	킬로그램매입방미터	kg/m^3	각가속도	라디안매초제곱	rad/s^2
비체적	입방미터매킬로그램	m^3/kg			

(5) 고유 명칭을 가진 SI 유도 단위

양	명 칭	기 호	다른 표기법	SI 기초 단위에 의한 표기법
인덕턴스	헨 리	H	Wb / A	$m^2 \cdot kg \cdot s^{-2} \cdot A^{-2}$
섭씨온도	섭씨도	℃		K
광 속	루 멘	lm		cd · sr
광조도	럭 스	lx	lm/m^2	$m^{-2} \cdot cd \cdot sr$

(6) 인체의 보건 안전상 사용되는 고유 명칭을 가진 SI 유도 단위

양	명 칭	기 호	다른 표기법	SI 기초 단위에 의한 표기법
방 사 능	베크렐	Bq		s^{-1}
흡수선량	그레이	Gy	J / kg	$m^2 \cdot s^{-2}$
선량당량	시버트	Sv	J / kg	$m^2 \cdot s^{-2}$

(7) 단위의 환산표

양	환 산
길 이	1 m = 3.28 ft = 39.37 in 1 in = 2.54 cm 1 ft = 0.3048 m 1 mile = 1.609 km
질 량	1 g = 10^{-3} kg 1 slug = 14.59 kg
속 도	1 m/s = 3.6 km/h 1 m/s = 0.447 m/s
가속도	1 ft/s^2 = 0.3048 m/s^2 g = 9.807 m/s^2
면 적	1acre(에이커) = 4,047 m^2 1ft^2 = $9.29 \times 10^{-2} m^2$ 1$mile^2$ = $2.59 \times 10^6 m^2$
밀 도	1g/cm^3 = 10^3 kg/m^3 1slug/ft^3 = 515.4 kg/m^3
체 적	1ft^3 = $2.832 \times 10^{-2} m^2$ 1gal(갈론) = $3.8 \times 10^{-3} m^3$ 1in^3 = $1.64 \times 10^{-5} m^3$ 1l = $10^{-3} m^3$

양	환 산
힘(중량)	1N = 10^5dyn 1lb = 4.448 N 1kgf = 9.8 N
에너지 (열, 일)	1Btu = 1,054J 1J = 10^7erg 1cal = 4.186 J 1ft · lb = 1.356J 1kWh = 3.6×10^6 J
일 률	1Btu/sec = 1,054 W 1ft · lb/sec = 1.356 W 1hp = 746 W 1ps = 736 W
압 력	1atm = 1.013×10^5Pa 1bar = 10^5Pa 1mmHg = 1torr = 133.32 Pa 1lb/in^2(psi) = 6,895 Pa 1dyn/cm^2 = 10^{-1}Pa 1lb/ft^2 = 47.88 Pa

3. 수학 공식

(1) 대수 공식

지 수	$a^m a^n = a^{m+n}$ $(a^m)^n = a^{mn}$ $a^{\frac{m}{n}} = \sqrt[n]{a^m} = (\sqrt[n]{a})^m$	$\frac{a^m}{a^n} = a^{m-n}$ $a^{-n} = \frac{1}{a^n}$ $\sqrt[m]{\sqrt[n]{a}} = \sqrt[mn]{a}$
대 수	$a^x = b \rightarrow x \log ab$ $\log_a a = 1$ $\log_e x = \ln x = 2.306$ $\log_{10} x$ = 상용대수	$\log_a 1 = 0$ 자연대수 $e = 2.7182818285$

2차 방정식	$ax^2+bx+c=0$	$x=\dfrac{-b\pm\sqrt{b^2-4ac}}{2a}$
행렬식	$a_1x+b_1y+c_1z=d_1$ $a_2x+b_2y+c_2z=d_2$ $a_3x+b_3y+c_3z=d_3$ $x=\dfrac{1}{\triangle}\begin{vmatrix} d_1 & b_1 & c_1 \\ d_2 & b_2 & c_2 \\ d_3 & b_3 & c_3 \end{vmatrix}$ $y=\dfrac{1}{\triangle}\begin{vmatrix} a_1 & d_1 & c_1 \\ a_2 & d_2 & c_2 \\ a_3 & d_3 & c_3 \end{vmatrix}$ $z=\dfrac{1}{\triangle}\begin{vmatrix} a_1 & d_1 & d_1 \\ a_2 & d_2 & d_2 \\ a_3 & d_3 & d_3 \end{vmatrix}$	$\triangle=\begin{vmatrix} a_1 & b_1 & c_1 \\ a_2 & b_2 & c_2 \\ a_3 & b_3 & c_3 \end{vmatrix}$ $=a_1\begin{vmatrix} b_2 & c_2 \\ b_3 & c_3 \end{vmatrix}-a_2\begin{vmatrix} b_1 & c_1 \\ b_3 & c_3 \end{vmatrix}+a_3\begin{vmatrix} b_1 & c_1 \\ b_2 & c_2 \end{vmatrix}$ $=a_1b_2c_3+a_2b_3c_1+a_3b_1c_2$ $-a_1b_3c_2-a_2b_1c_3-a_3b_2c_1$

(2) 삼각 공식

구 분	0°	30°	45°	60°	90°	120°	135°	150°	180°
sin	0	$\frac{1}{2}$	$\frac{1}{\sqrt{2}}$	$\frac{\sqrt{3}}{2}$	1	$\frac{\sqrt{3}}{2}$	$\frac{1}{\sqrt{2}}$	$\frac{1}{2}$	0
cos	1	$\frac{\sqrt{3}}{2}$	$\frac{1}{\sqrt{2}}$	$\frac{1}{2}$	0	$-\frac{1}{2}$	$-\frac{1}{\sqrt{2}}$	$-\frac{\sqrt{3}}{2}$	-1
tan	0	$\frac{1}{\sqrt{3}}$	1	$\sqrt{3}$	∞	$-\sqrt{3}$	-1	$-\frac{1}{\sqrt{3}}$	0
cot	∞	$\sqrt{2}$	1	$\frac{1}{\sqrt{3}}$	0	$-\frac{1}{\sqrt{3}}$	-1	$-\sqrt{3}$	∞
sec	1	$\frac{2}{\sqrt{3}}$	$\sqrt{2}$	2	∞	-2	$-\sqrt{2}$	$-\frac{2}{\sqrt{3}}$	-1
cosec	∞	2	$\sqrt{2}$	$\frac{2}{\sqrt{3}}$	1	$\frac{2}{\sqrt{3}}$	$\sqrt{2}$	2	∞

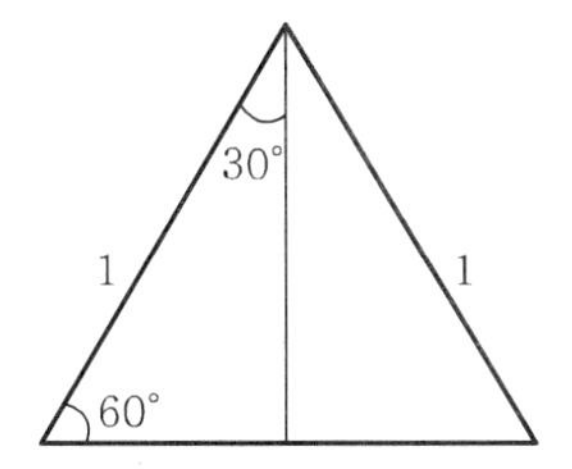

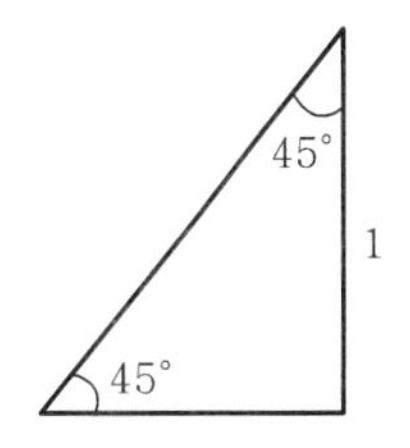

(3) 삼각함수

<table>
<tr><td>정 의</td><td>$\sin\theta = \frac{\text{높이}}{\text{빗변}}$
$\cos\theta = \frac{\text{밑변}}{\text{빗변}}$
$\tan\theta = \frac{\text{높이}}{\text{밑변}}$</td><td>$\mathrm{cosec}\,\theta = \frac{1}{\sin\theta}$
$\sec\theta = \frac{1}{\cos\theta}$
$\cot\theta = \frac{1}{\tan\theta} = \frac{\cos\theta}{\sin\theta}$</td></tr>
<tr><td rowspan="3">정 리</td><td>$\sin(-\theta) = -\sin\theta$
$\cos(-\theta) = \cos\theta$
$\tan(-\theta) = -\tan\theta$</td><td>$\mathrm{cosec}(-\theta) = -\csc\theta$
$\sec(-\theta) = \sec\theta$
$\cot(-\theta) = -\cot\theta$</td></tr>
<tr><td>$\sin(90^\circ+\theta) = \cos\theta$
$\cos(90^\circ+\theta) = -\sin\theta$
$\tan(90^\circ+\theta) = -\cot\theta$
$\sin(180^\circ+\theta) = -\sin\theta$
$\cos(180^\circ+\theta) = -\cos\theta$
$\tan(180^\circ+\theta) = \tan\theta$</td><td>$\sin(90^\circ-\theta) = \cos\theta$
$\cos(90^\circ-\theta) = \sin\theta$
$\tan(90^\circ-\theta) = \cot\theta$
$\sin(180^\circ-\theta) = \sin\theta$
$\cos(180^\circ-\theta) = -\cos\theta$
$\tan(180^\circ-\theta) = -\tan\theta$</td></tr>
<tr><td>$\sin^2\theta + \cos^2\theta = 1$
$1+\tan^2\theta = \sec^2\theta$
$1+\cot^2\theta = \csc^2\theta$</td><td>$\sin(2\pi n+\theta) = \sin\theta$
$\cos(2\pi n+\theta) = \cos\theta$
$\tan(2\pi n+\theta) = \tan\theta$</td></tr>
<tr><td>배각 / 반각</td><td>$\sin 2\theta = 2\sin\theta\cos\theta$
$\cos 2\theta = \cos^2\theta - \sin^2\theta$
$= 2\cos^2\theta - 1$
$= 1 - 2\sin^2\theta$
$\tan 2\theta = \frac{2\tan\theta}{1-\tan^2\theta}$</td><td>$\sin\frac{1}{2}\theta = \pm\sqrt{\frac{1-\cos\theta}{2}}$
$\cos\frac{1}{2}\theta = \pm\sqrt{\frac{1+\cos\theta}{2}}$
$\tan\frac{1}{2}\theta = \pm\sqrt{\frac{1-\cos\theta}{1+\cos\theta}}$
$= \frac{\sin\theta}{1+\cos\theta} = \frac{\cos\theta}{1-\cos\theta}$</td></tr>
<tr><td>덧셈정리</td><td colspan="2">$\sin(A\pm B) = \sin A\cos B \pm \cos A\sin B$
$\tan(A\pm B) = \frac{\tan A \pm \tan B}{1 \mp \tan A\tan B}$
$\cos(A\pm B) = \cos A\cos B \mp \sin A\sin B$</td></tr>
<tr><td rowspan="2">합 공 식</td><td colspan="2">$\sin A + \sin B = 2\sin\frac{1}{2}(A+B)\cos\frac{1}{2}(A-B)$
$\sin A - \sin B = 2\cos\frac{1}{2}(A+B)\sin\frac{1}{2}(A-B)$</td></tr>
<tr><td colspan="2">$\cos A + \cos B = 2\cos\frac{1}{2}(A+B)\cos\frac{1}{2}(A-B)$
$\cos A - \cos B = 2\sin\frac{1}{2}(A+B)\sin\frac{1}{2}(A-B)$</td></tr>
</table>

곱 공 식	$\sin A \cos B = \frac{1}{2}\{\sin(A+B) + \sin(A-B)\}$ $\cos A \sin B = \frac{1}{2}\{\cos(A-B) - \cos(A+B)\}$
	$\cos A \cos B = \frac{1}{2}\{\cos(A+B) + \cos(A-B)\}$ $\sin A \sin B = \frac{1}{2}\{\cos(A-B) - \cos(A+B)\}$

(4) 벡 터

단위 벡터	$A = ia_1 + ja_2 + ka_3$
합 차	$C = A \pm B$ $C_1 = a_1 \pm b_1$ $C_2 = a_2 \pm b_2$ $C_3 = a_3 \pm b_3$
이 동	$A + B = B + A$ $A + (B + C) = (A + B) + C$
스칼라곱	$A \cdot B = (AB) = \|A\|\|B\| \cos\theta$ $= a_1 b_1 + a_2 b_2 + a_3 b_3$
벡 터 곱	$A \times B = [AB] = \|A\|\|B\| \sin\theta$ $= \begin{vmatrix} i & j & k \\ a_1 & a_2 & a_3 \\ b_1 & b_2 & b_3 \end{vmatrix}$
구 배 (gradient) ▽(nabla)	$\mathrm{grad}\ f = \nabla f = \frac{\partial f}{\partial x} i + \frac{\partial f}{\partial x} j + \frac{\partial f}{\partial z} k$
발 산 (divergence)	$\mathrm{div}\ A = \nabla \cdot A = \frac{\partial}{\partial x} a_1 + \frac{\partial}{\partial y} a_2 + \frac{\partial}{\partial z} a_3$
회 전 (rotation, curl)	$\mathrm{rot}\ A = \nabla \cdot A = \begin{vmatrix} i & j & k \\ \frac{\partial}{\partial x} & \frac{\partial}{\partial y} & \frac{\partial}{\partial z} \\ a_1 & a_2 & a_3 \end{vmatrix}$

(5) 쌍곡선 함수

정 리	$\frac{1}{2}(\varepsilon^{x}-\varepsilon^{-x})=\sinh x$ $\frac{1}{2}(\varepsilon^{x}+\varepsilon^{-x})=\cosh x$ $\frac{\sinh x}{\cosh x}=\tanh x=\frac{1}{\coth x}$
	$\sinh x=x+\frac{x^3}{3!}+\frac{x^5}{5!}+\cdots$ $\cosh x=1+\frac{x^2}{2!}+\frac{x^4}{4!}+\cdots$ $\tanh x=x-\frac{1}{3}x^3+\frac{2}{15}x^5-\frac{217}{315}x^7+\cdots$
	$\sinh(-x)=-\sinh x$ $\cosh(-x)=\cosh x$ $\tanh(-x)=-\tanh x$
	$\sinh jx=j\sin x$ $\cosh jx=\cos x$ $\tanh jx=j\tan x$
	$\sinh x\ \cosh y+\cosh x\ \sinh y$ $=\frac{1}{2}\{\varepsilon^{x+y}+\varepsilon^{-(x+y)}\}=\sinh(x+y)$ $\sinh x\ \sinh y+\cosh x\ \cosh y=\cosh(x+y)$
	$\sinh 2x=2\sinh x\ \cosh x$ $\cosh 2x=\cosh^2 x+\sinh^2 x=2\cosh^2 x-1$ $=1+2\sinh^2 x$ $\sinh\frac{x}{2}=\sqrt{\frac{1}{2}(\cosh x-1)}$ $\cosh\frac{x}{2}=\sqrt{\frac{1}{2}(\cosh x+1)}$ $\tanh\frac{x}{2}=\frac{\cosh x-1}{\sinh x}$

(6) 미적분 공식

미 분 공 식(Differentiation)	적 분 공 식(Integration)
$(cu)' = cu'$ (c constant) $(u+v)' = u' + v'$ $(uv)' = u'v + v'u$ $\left(\frac{u}{v}\right)' = \frac{u'v - v'u}{v^2}$ $\frac{du}{dx} = \frac{du}{dy} \cdot \frac{dy}{dx}$ (Chain rule) $(x^n)' = nx^{n-1}$ $(e^x)' = e^x$ $(a^x)' = a^x \ln a$ $(\sin x)' = \cos x$ $(\cos x)' = -\sin x$ $(\tan x)' = \sec^2 x$ $(\cot x)' = -\csc^2 x$ $(\sinh x)' = \cosh x$ $(\cosh x)' = \sinh x$ $(\ln x)' = \frac{1}{x}$ $(\log_a x)' = \frac{\log_a e}{x}$ $(\mathrm{arc}\sin x)' = \frac{1}{\sqrt{1-x^2}}$ $(\mathrm{arc}\cos x)' = -\frac{1}{\sqrt{1-x^2}}$ $(\mathrm{arc}\tan x)' = \frac{1}{1+x^2}$ $(\mathrm{arc}\cot x)' = -\frac{1}{1+x^2}$	$\int uv'\,dx = uv - \int u'v\,dx$ $\int x^n\,dx = \frac{x^{n+1}}{n+1} + c \quad (n \neq -1)$ $\int \frac{1}{x}\,dx = \ln \lvert x \rvert + c$ $\int e^{ax}\,dx = \frac{1}{a}e^{ax} + c$ $\int \sin x\,dx = -\cos x + c$ $\int \cos x\,dx = \sin x + c$ $\int \tan x\,dx = -\ln \lvert \cos x \rvert + c$ $\int \cot x\,dx = \ln \lvert \sin x \rvert + c$ $\int \sec x\,dx = \ln \lvert \sec x + \tan x \rvert + c$ $\int \csc x\,dx = \ln \lvert \csc x - \cot x \rvert + c$ $\int \frac{dx}{x^2+a^2} = \frac{1}{a}\mathrm{arc}\tan\frac{x}{a} + c$ $\int \frac{dx}{\sqrt{a^2-x^2}} = \mathrm{arc}\sin\frac{x}{a} + c$ $\int \frac{dx}{\sqrt{x^2+a^2}} = \sinh^{-1}\frac{x}{a} + c$ $\int \frac{dx}{\sqrt{x^2-a^2}} = \cosh^{-1}\frac{x}{a} + c$ $\int \sin^2 x\,dx = \frac{1}{2}x - \frac{1}{4}\sin 2x + c$ $\int \cos^2 x\,dx = \frac{1}{2}x + \frac{1}{4}\sin 2x + c$ $\int \tan^2 x\,dx = \tan x - x + c$ $\int \cot^2 x\,dx = -\cot x - x + c$ $\int \ln x\,dx = x\ln x - x + c$ $\int e^{ax}\sin bx\,dx$ $= \frac{e^{ax}}{a^2+b^2}(a\sin bx - b\cos bx) + c$ $\int e^{ax}\cos bx\,dx$ $= \frac{e^{ax}}{a^2+b^2}(a\cos bx + b\sin bx) + c$

... 찾아보기 ...

ㅅ

ㅇ

대학과정

회로이론

2003년 3월 15일 1판 1쇄
2015년 3월 15일 1판 5쇄

저　자 : 구춘근
펴낸이 : 이정일

펴낸곳 : 도서출판 **일진사**
www.iljinsa.com
140-896 서울시 용산구 효창원로 64길 6
전화 : 704-1616 / 팩스 : 715-3536
등록 : 제1979-000009호 (1979.4.2)

값 15,000 원

ISBN : 978-89-429-0697-0